全国二级建造师执业资格考试辅导用书

建筑工程管理与实务
应 试 指 导

全国二级建造师执业资格考试辅导用书编写委员会　编写

中国建筑工业出版社

图书在版编目（CIP）数据

建筑工程管理与实务应试指导／全国二级建造师执
业资格考试辅导用书编写委员会编写. — 北京：中国建
筑工业出版社，2022.11（2023.12重印）
全国二级建造师执业资格考试辅导用书
ISBN 978-7-112-28205-0

Ⅰ．①建… Ⅱ．①全… Ⅲ．①建筑工程－工程管理－
资格考试－自学参考资料 Ⅳ．①TU71

中国版本图书馆 CIP 数据核字（2022）第 221959 号

责任编辑：冯江晓　牛　松　张国友
责任校对：张惠雯

全国二级建造师执业资格考试辅导用书
建筑工程管理与实务应试指导
全国二级建造师执业资格考试辅导用书编写委员会　编写

*

中国建筑工业出版社出版、发行（北京海淀三里河路 9 号）
各地新华书店、建筑书店经销
北京红光制版公司制版
建工社（河北）印刷有限公司印刷

*

开本：787 毫米×1092 毫米　1/16　印张：17¼　字数：415 千字
2022 年 12 月第一版　2023 年 12 月第九次印刷
定价：**40.00** 元
ISBN 978-7-112-28205-0
（40648）

前　言

全国二级建造师执业资格考试辅导用书系列图书由教学名师编写，是在多年教学和培训的基础上开发出的新体系，能有效帮助考生快速掌握考试内容，特别适合那些没有时间和精力深入系统学习考试用书的考生。

本系列图书秉承"极简极不同"的理念，将理论化、系统化和学科化的考试用书进行再加工，去粗（低频考点）取精（高频考点），删繁就简。创新运用图示和表格的形式精心编排一部内容全面而又重点突出的辅导用书，节省了考生进行自我总结和查找各方面资料的时间和精力，真正实现了考生自学也能快速通过考试的目的。考生只要能系统掌握本辅导教材的知识点，决胜考场将成为易如反掌之事。

本系列图书以真题为基石，重在应考能力的提升。辅导教材的编写体系遵循如下思路：

【考点图谱】对知识点进行概括，运用思维导图绘制考点图谱，帮助考生明晰知识点之间的逻辑关系，形成完备的知识体系。

【考点精析】图表结合讲解，考点简明总结。全书创新运用图示和表格的形式，通过数百幅图表简单明了地分析了考试涉及的知识。考点一目了然，省却了考生进行总结的过程，达到事半功倍的复习效果。

【考点归纳】为了提升考生的应试能力，尤其是对相关知识的综合掌握能力，全书又编写了综合归纳的部分，将相同、相似、易混的知识点进行归纳总结，图表结合讲解，考点简明总结。

本系列图书作为建造师执业资格考试的辅导教材，既源于考试用书，同时又有自身鲜明特色，是对考试用书的整理和总结，是考生考前复习的必备用书。相比较传统意义上的辅导教材，本系列辅导教材更加符合考生的学习规律和考前心理，能帮助考生从模拟试卷的题海中脱离出来，摒弃盲目押题和无凭据的猜题做法，以回归书本的认真态度，严谨细致地编排工作，实现与考生的共同成长。

本系列图书的作者都是一线教学和科研人员，有着丰富的教育教学经验，同时与实务界保持着密切的联系，熟知考生的知识背景和基础水平，编排的辅导教材在日常培训中取得了较好的效果。

本系列图书在编写过程中，参考了大量的资料，尤其是考试用书和历年真题，限于篇幅恕不一一列示致谢。在编写的过程中，立意较高颇具创新，但由于时间仓促、水平有限，虽经仔细推敲和多次校核，书中难免出现纰漏和瑕疵，敬请广大考生、读者批评和指正。

目　录

上篇　考点图谱与考点精析

下篇　考　点　归　纳

上篇　考点图谱与考点精析

2A310000　建筑工程施工技术

2A311000　建筑工程技术要求

2A311010　建筑构造要求

【考点图谱】

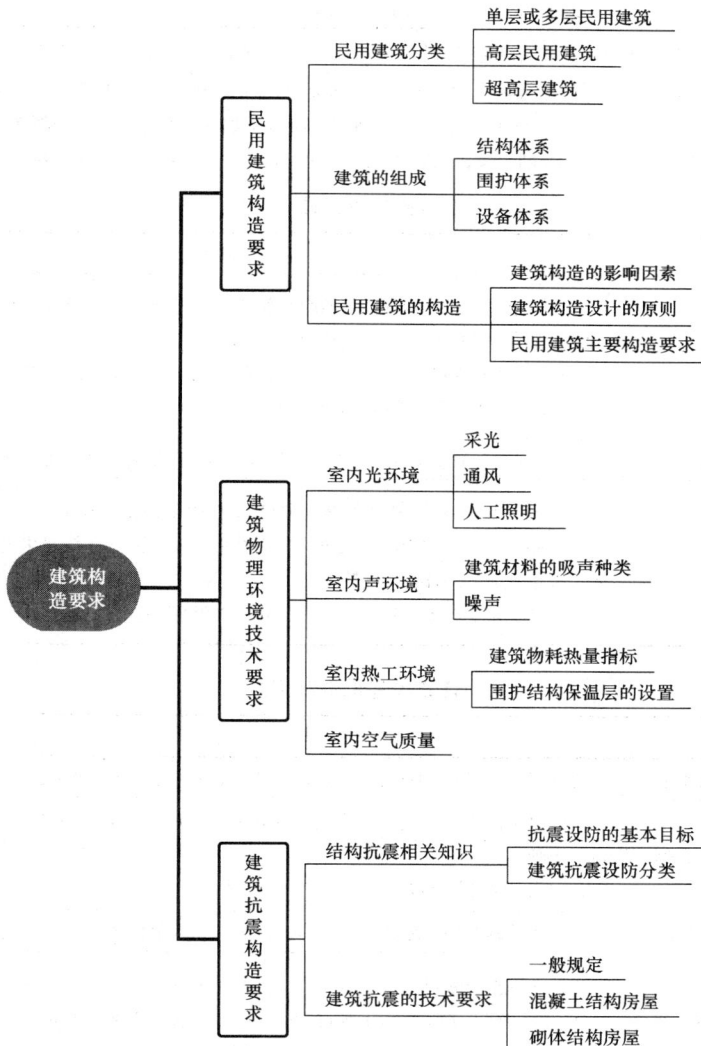

- 建筑构造要求
  - 民用建筑构造要求
    - 民用建筑分类
      - 单层或多层民用建筑
      - 高层民用建筑
      - 超高层建筑
    - 建筑的组成
      - 结构体系
      - 围护体系
      - 设备体系
    - 民用建筑的构造
      - 建筑构造的影响因素
      - 建筑构造设计的原则
      - 民用建筑主要构造要求
  - 建筑物理环境技术要求
    - 室内光环境
      - 采光
      - 通风
      - 人工照明
    - 室内声环境
      - 建筑材料的吸声种类
      - 噪声
    - 室内热工环境
      - 建筑物耗热量指标
      - 围护结构保温层的设置
    - 室内空气质量
  - 建筑抗震构造要求
    - 结构抗震相关知识
      - 抗震设防的基本目标
      - 建筑抗震设防分类
    - 建筑抗震的技术要求
      - 一般规定
      - 混凝土结构房屋
      - 砌体结构房屋

考点1 民用建筑构造要求

民用建筑分类

序号	类型	标准
1	单层或多层民用建筑	(1) 建筑高度不大于27.0m的住宅建筑。 (2) 建筑高度不大于24.0m的公共建筑。 (3) 建筑高度大于24.0m的单层公共建筑
2	高层民用建筑	(1) 建筑高度大于27.0m的住宅建筑。 (2) 建筑高度大于24.0m，且不大于100.0m的非单层公共建筑
3	超高层建筑	建筑高度大于100m的民用建筑

注：1. 建筑物通常按其使用性质分为民用建筑、工业建筑和农业建筑。工业建筑是供生产使用的建筑物，民用建筑是供人们居住和进行公共活动的建筑的总称，农业建筑是指用于农业、牧业生产和加工的建筑。

　　2. 民用建筑按使用功能又可分为居住建筑和公共建筑两大类，居住建筑包括住宅建筑和宿舍建筑，公共建筑是供人们进行各种公共活动的建筑，如图书馆、车站、办公楼、电影院、宾馆、医院等。

建筑的组成

序号	项目	内容
1	结构体系	(1) 结构体系承受竖向荷载和侧向荷载，并将这些荷载安全地传至地基。 (2) 结构体系包括上部结构和地下结构。 (3) 上部结构是指基础以上部分的建筑结构，包括墙、柱、梁、屋顶等。 (4) 地下结构指建筑物的基础结构
2	围护体系	围护体系由屋面、外墙、门、窗等组成，内墙将建筑物内部划分为不同的单元
3	设备体系	(1) 设备体系包括给排水系统、供电系统和供热通风系统。 (2) 供电系统分为强电系统和弱电系统两部分：强电系统指供电、照明等，弱电系统指通信、信息、探测、报警等。 (3) 另有防盗报警、灾害探测、自动灭火等智能系统

建筑构造的影响因素

序号	项目	内容
1	荷载因素的影响	荷载有结构自重、使用活荷载、风荷载、雪荷载、地震作用等
2	环境因素的影响	(1) 自然因素的影响：采用相应的防潮、防水、保温、隔热、防温度变形、防震等构造措施。 (2) 人为因素的影响：采用相应的防护措施
3	技术因素的影响	主要指建筑材料、建筑结构、施工方法等技术条件对于建筑建造设计的影响
4	建筑标准的影响	(1) 包括造价标准、装修标准、设备标准等方面。 (2) 民用建筑属于一般标准的建筑，构造做法多为常规做法。 (3) 大型公共建筑，标准要求较高、做法复杂

民用建筑主要构造要求

序号	项目	内容
1	建筑高度控制要求	（1）实行建筑高度控制区内建筑的高度：其建筑高度应以绝对海拔高度控制建筑物室外地面至建筑物和构筑物最高点的高度。 （2）非实行建筑高度控制区内建筑的高度： ① 平屋顶：应按建筑物主入口场地室外设计地面至建筑女儿墙顶点的高度计算，无女儿墙的建筑物应计算至其屋面檐口。 ② 坡屋顶：应按建筑物室外地面至屋檐和屋脊的平均高度计算，同一座建筑物有多种屋面形式时，分别计算后取最大值。 ③ 下列突出物不计入建筑高度内：局部突出屋面的楼梯间、电梯机房、水箱间等辅助用房占屋顶平面面积不超过 1/4 者，突出屋面的通风道、烟囱、通信设施、装饰构件、花架、空调冷却塔等设施、设备
2	不允许突出道路红线和用地红线的设施	（1）地下设施：地下连续墙、支护桩、地下室底板及其基础、化粪池、各类水池等。 （2）地上设施：门廊、连廊、阳台、室外楼梯、凸窗、空调机位、雨篷、挑檐、装饰架构、固定遮阳板、台阶、坡道、花池、围墙、平台、散水明沟、地下室进排风口、地下室入口、集水井、采光井、烟囱等
3	人行道上空既有建筑改造工程必须突出道路红线的建筑突出物	（1）2.50m 及以上允许突出凸窗、窗扇、窗罩时，突出深度不应大于 0.60m。 （2）2.50m 及以上允许突出活动遮阳时，突出宽度不应大于人行道宽减 1m，并不应大于 3m。 （3）3m 及以上允许突出雨篷、挑檐时，突出深度不应大于 2m。 （4）3m 及以上允许突出空调机位时，突出深度不应大于 0.6m
4	无人行道上空既有建筑改造工程必须突出道路红线的建筑突出物	在无人行道的道路路面上空，4m 及以上允许突出空调机位、凸窗、窗扇、窗罩时，突出深度不应大于 0.60m
5	建（构）筑物的主体不得突出建筑控制线	除地下室、窗井、建筑入口的台阶、坡道、雨篷等以外，建（构）筑物的主体不得突出建筑控制线
6	室内净高要求	（1）应按楼地面完成面至吊顶、楼板或梁底面之间的垂直距离计算。 （2）当楼盖、屋盖的下悬构件或管道底面影响有效使用空间时，应按楼地面完成面至下悬构件下缘或管道底面之间的垂直距离计算。 （3）地下室、局部夹层、走道等有人员正常活动的最低处的净高不应小于 2m
7	地下室、半地下室要求	（1）供日常人员使用时，应符合安全、卫生及节能的要求，且宜利用窗井或下沉庭院等进行自然通风和采光。 （2）地下室不应布置居室。 （3）当居室布置在半地下室时，必须采取满足采光、通风、日照、防潮、防霉及安全防护等要求的措施
8	避难层（间）设置要求	（1）建筑高度大于 100m 的民用建筑，应设置避难层（间）。 （2）有人员正常活动的架空层及避难层的净高不应低于 2m

序号	项目	内容
9	建筑卫生设备间距规定	（1）洗脸盆或盥洗槽水嘴中心与侧墙面净距不应小于 0.55m；居住建筑洗脸盆水嘴中心与侧墙面净距不应小于 0.35m。 （2）并列洗脸盆或盥洗槽水嘴中心间距不应小于 0.7m。 （3）单侧并列洗脸盆或盥洗槽外沿至对面墙的净距不应小于 1.25m；居住建筑洗脸盆外沿至对面墙的净距不应小于 0.6m。 （4）双侧并列洗脸盆或盥洗槽外沿之间的净距不应小于 1.80m。 （5）浴盆长边至对面墙面的净距不应小于 0.65m；无障碍浴盆间短边净宽度不应小于 2m，并应在浴盆一端设置方便出入和使用的坐台，其深度不应小于 0.4m。 （6）并列小便器的中心距离不应小于 0.7m
10	台阶与坡道设置要求	（1）公共建筑室内外台阶踏步宽度不宜小于 0.30m，踏步高度不宜大于 0.15m，并不宜小于 0.10m，室内台阶踏步数不宜少于 2 级，高差不足 2 级时，应按坡道设置。 （2）室内坡道坡度不宜大于 1∶8，室外坡道坡度不宜大于 1∶10
11	防护栏杆要求	（1）阳台、外廊、室内回廊、内天井、上人屋面及室外楼梯等临空处应设置防护栏杆，栏杆应以坚固、耐久的材料制作，并能承受荷载规范规定的水平荷载。 （2）临空高度在 24m 以下时，栏杆高度不应低于 1.05m，临空高度在 24m 及以上时，栏杆高度不应低于 1.10m；上人屋面和交通、商业、旅馆、学校、医院等建筑临开敞中庭的栏杆高度不应低于 1.2m。 （3）住宅、托儿所、幼儿园、中小学及少年儿童专用活动场所的栏杆必须采用防止攀登的构造，当采用垂直杆件做栏杆时，其杆件净距不应大于 0.11m
12	楼梯的梯段净宽	（1）主要交通用的楼梯的梯段净宽一般按每股人流宽为 0.55m＋（0~0.15）m 的人流股数确定，并不应少于两股。 （2）梯段改变方向时，扶手转向端的平台最小宽度不应小于梯段净宽度，并不得小于 1.20m。 （3）每个梯段的踏步不应超过 18 级，且不应少于 3 级。 （4）楼梯平台上部及下部过道处的净高不应小于 2m。 （5）梯段净高不应小于 2.20m。 （6）楼梯应至少于一侧设扶手，梯段净宽达三股人流时应两侧设扶手，达四股人流时应加设中间扶手。 （7）室内楼梯扶手高度自踏步前缘线量起不宜小于 0.90m，楼梯水平栏杆或栏板长度超过 0.50m 时，其高度不应小于 1.05m。 （8）托儿所、幼儿园、中小学校及其他少年儿童专用活动场所，当楼梯井净宽大于 0.20m 时，必须采取防止少年儿童坠落的措施
13	墙身防潮、防渗与防水要求	（1）砌筑墙体应在室外地面以上、位于室内地面垫层处设置连续的水平防潮层。 （2）室内相邻地面有高差时，应在高差处墙身贴临土壤一侧加设防潮层。 （3）室内墙面有防潮要求时，其迎水面一侧应设防潮层。 （4）室内墙面有防水要求时，其迎水面一侧应设防水层。 （5）室内墙面有防污、防碰等要求时，应按使用要求设置墙裙
14	门窗要求	（1）门窗应满足抗风压、水密性、气密性等要求，且应综合考虑安全、采光、节能、通风、防火、隔声等要求。 （2）门窗与墙体应连接牢固，不同材料的门窗与墙体连接处应采用相应的密封材料及构造做法
15	屋面坡度要求	屋面采用结构找坡时，坡度不应小于 3%，采用建筑找坡时，坡度不应小于 2%
16	管道井、烟道和通风道要求	（1）民用建筑管道井、烟道和通风道应用非燃烧体材料制作，分别独立设置，不得共用。 （2）自然排放的烟道或通风道应伸出屋面，平屋面伸出高度不得小于 0.60m，坡屋面伸出高度应符合规范相关要求

考点 2 建筑物理环境技术要求

室 内 光 环 境

序号	项目	内容
1	自然采光	（1）居住建筑的卧室和起居室（厅）、医疗建筑的一般病房的采光不应低于采光等级Ⅳ级的采光系数标准值。 （2）教育建筑的普通教室的采光不应低于采光等级Ⅲ级的采光系数标准值；并应进行采光计算。 （3）每套住宅至少应有一个居住空间满足采光系数标准要求，当一套住宅中居住空间总数超过 4 个时，其中应有 2 个及以上满足采光系数标准要求。 （4）老年人居住建筑和幼儿园的主要功能房间应有不小于 75％的面积满足采光系数标准要求
2	自然通风	（1）生活、工作的房间的通风开口有效面积不应小于该房间地面面积的 1/20。 （2）厨房的通风开口有效面积不应小于该房间地板面积的 1/10，并不得小于 0.60m²。 （3）进出风开口的位置应避免设在通风不良区域，且应避免进出风开口气流短路。 （4）公共建筑外窗可开启面积≥外窗总面积的 30％。 （5）透明幕墙应具有可开启部分或设有通风换气装置。 （6）屋顶透明部分的面积≤屋顶总面积的 20％
3	人工照明——光源的主要类别	（1）热辐射光源有白炽灯和卤钨灯。 （2）气体放电光源有荧光灯、荧光高压汞灯、金属卤化物灯、钠灯、氙灯等
4	人工照明——光源的选择	（1）开关频繁、要求瞬时启动和连续调光等场所，宜采用热辐射光源。 （2）有高速运转物体的场所宜采用混合光源。 （3）应急照明须选用能瞬时启动的光源。 （4）工作场所内安全照明的照度不宜低于该场所一般照明照度的 5％。 （5）备用照明（不包括消防控制室、消防水泵房、配电室和自备发电机房等场所）的照度不宜低于一般照明照度的 10％。 （6）图书馆存放或阅读珍贵资料的场所，不宜采用具有紫外光、紫光和蓝光等短波辐射的光源。 （7）长时间连续工作的办公室、阅览室、计算机显示屏等工作区域，宜控制光幕反射和反射眩光。 （8）顶棚上的灯具不宜设在工作位置的正前方，宜设在工作区的两侧，长轴方向与水平视线相平行

室内声环境

序号	项目	内容	说　明
1	建筑材料的吸声种类	（1）多孔吸声材料：麻棉毛毡、玻璃棉、岩棉、矿棉等	主要吸中高频声能
		（2）穿孔板共振吸声结构：穿孔的各类板材	在其结构共振频率附近有较大的吸收
		（3）薄膜吸声结构：皮革、人造革、塑料薄膜等材料	吸收其共振频率 200～1000Hz 附近的声能
		（4）薄板吸声结构：固定在框架上的各类板材	吸收其共振频率 80～300Hz 附近的声能
		（5）帘幕：具有多孔材料的吸声特性	离墙面 1/4 波长的奇数倍距离悬挂时可获得相应频率的高吸声量

序号	项目	内容	说　明
2	噪声	（1）室内允许噪声级	① 昼间卧室内的等效连续 A 声级不应大于 45dB。 ② 夜间卧室内的等效连续 A 声级不应大于 37dB。 ③ 起居室（厅）的等效连续 A 声级不应大于 45dB。 ④ 分隔卧室、起居室（厅）的分户墙和分户楼板，空气声隔声评价量（R_w+C_{tr}）应大于 45dB。 ⑤ 分隔住宅和非居住用途空间的楼板，空气声隔声评价量（R_w+C_{tr}）应大于 51dB
		（2）噪声控制	① 结构整体性较强的民用建筑，应对附着于墙体和楼板的传声源部件采取防止结构声传播的措施。 ② 有噪声和振动的设备用房应采取隔声、隔振和吸声的措施，并应对设备和管道采取减振、消声处理。 ③ 平面布置中，不宜将有噪声和振动的设备用房设在噪声敏感房间的直接上、下层或贴邻布置，当其设在同一楼层时，应分区布置。 ④ 安静要求较高的房间内设置吊顶时，应将隔墙砌至梁、板底面

室内热工环境和空气质量要求

序号	项目	内容
1	建筑物耗热量指标——体形系数	（1）含义：建筑物与室外大气接触的外表面积 F_0 与其所包围的体积 V_0 的比值（面积中不包括地面和不采暖楼梯间隔墙与户门的面积）。 （2）严寒、寒冷地区的公共建筑的体形系数应不大于 0.40。 （3）建筑物的高度相同，其平面形式为圆形时体形系数最小，其次为正方形、长方形以及其他组合形式。 （4）体形系数越大，耗热量比值也越大
2	建筑物耗热量指标——围护结构的热阻与传热系数	（1）围护结构的热阻 R 与其厚度 d 成正比，与围护结构材料的导热系数 λ 成反比。 （2）$R=d/\lambda$。 （3）围护结构的传热系数 $K=1/R$。 （4）墙体节能改造前计算要素：外墙的平均传热系数、保温材料的厚度、墙体改造的构造措施及节点设计
3	围护结构外保温相对其他类型保温做法	（1）间歇空调的房间宜采用内保温。 （2）连续空调的房间宜采用外保温。 （3）旧房改造用外保温的效果最好
4	围护结构和地面的保温设计	（1）控制窗墙面积比：公共建筑每个朝向的窗（包括透明幕墙）墙面积比不大于 0.70。 （2）提高窗框的保温性能，采用塑料构件或断桥处理。 （3）采用双层中空玻璃或双层玻璃窗。 （4）结构转角或交角、外墙中钢筋混凝土柱、圈梁、楼板等处是热桥，应在热桥部位采取保温措施

序号	项目	内容
5	外墙防结露与隔热措施	（1）冬季使外墙内表面附近的气流畅通，降低室内湿度，有良好的通风换气设施。 （2）夏季防结露：将地板架空、通风，用导热系数小的材料装饰室内墙面和地面。 （3）隔热的方法：外表面采用浅色处理，增设墙面遮阳以及绿化。设置通风间层，内设铝箔隔热层
6	室内空气质量要求	（1）住宅室内装修设计宜进行环境空气质量预评价。 （2）住宅室内空气污染物的活度和浓度限值为： ① 氡不大于 200Bq/m³。 ② 游离甲醛不大于 0.07mg/m³。 ③ 苯不大于 0.06mg/m³。 ④ 氨不大于 0.15mg/m³。 ⑤ TVOC 不大于 0.45mg/m³

考点3　建筑抗震构造要求

我国抗震设防要求

序号	项目	内容
1	抗震设防基本目标	小震不坏、中震可修、大震不倒
2	建筑抗震设防分类	抗震设防的各类建筑与市政工程，根据其遭受地震破坏后可能造成的人员伤亡、经济损失、社会影响程度及其在抗震救灾中的作用等因素划分为甲、乙、丙、丁四个抗震设防类别： （1）甲类：特殊设防类，指使用上有特殊要求的设施，涉及国家公共安全的重大建筑与市政工程，地震时可能发生严重次生灾害等特别重大灾害后果，需要进行特殊设防的建筑与市政工程。 （2）乙类：重点设防类，指地震时使用功能不能中断或需尽快恢复的生命线相关建筑与市政工程，以及地震时可能导致大量人员伤亡等重大灾害后果，需要提高设防标准的建筑与市政工程。 （3）丙类：标准设防类，指除甲类、乙类、丁类以外按标准要求进行设防的建筑与市政工程。 （4）丁类：适度设防类，指使用上人员稀少且震损不致产生次生灾害，允许在一定条件下适度降低设防要求的建筑与市政工程

《建筑与市政工程抗震通用规范》GB 55002—2021 抗震要求规定

序号	项目	内容
1	一般规定	（1）混凝土结构房屋以及钢-混凝土组合结构房屋中，框支梁、框支柱及抗震等级不低于二级的框架梁、柱、节点核芯区的混凝土强度等级不应低于C30。 （2）对于框架结构房屋，应考虑填充墙、围护墙和楼梯构件的刚度影响，避免不合理设置而导致主体结构的破坏。 （3）建筑的非结构构件及附属机电设备，其自身及与结构主体的连接，应进行抗震设防。 （4）建筑主体结构中，幕墙、围护墙、隔墙、女儿墙、雨篷、商标、广告牌、顶篷支架、大型储物架等建筑非结构构件的安装部位，应采取加强措施，以承受由非结构构件传递的地震作用。

序号	项目	内容
1	一般规定	（5）围护墙、隔墙、女儿墙等非承重墙体的设计与构造应符合下列规定： ① 采用砌体墙时，应设置拉结筋、水平系梁、圈梁、构造柱等与主体结构可靠拉结。 ② 墙体及其与主体结构的连接应具有足够的延性和变形能力，以适应主体结构不同方向的层间变形需求。 ③ 人流出入口和通道处的砌体女儿墙应与主体结构锚固；防震缝处女儿墙的自由端应予以加强。 （6）建筑装饰构件的设计与构造应符合下列规定： ① 各类顶棚的构件及与楼板的连接件，应能承受顶棚、悬挂重物和有关机电设施的自重和地震附加作用；其锚固的承载力应大于连接件的承载力。 ② 悬挑构件或一端由柱支承的构件，应与主体结构可靠连接。 ③ 玻璃幕墙、预制墙板、附属于楼屋面的悬臂构件和大型储物架的抗震构造应符合抗震设防类别和烈度的要求
2	混凝土结构房屋	（1）框架梁和框架柱的潜在塑性铰区应采取箍筋加密措施；抗震墙结构、部分框支抗震墙结构、框架-抗震墙结构等结构的墙肢和连梁、框架梁、框架柱以及框支框架等构件的潜在塑性铰区和局部应力集中部位应采取延性加强措施。 （2）框架-核心筒结构、筒中筒结构等筒体结构，外框架应有足够刚度，确保结构具有明显的双重抗侧力体系特征。 （3）对钢筋混凝土结构，当施工中需要以不同规格或型号的钢筋替代原设计中的纵向受力钢筋时，应按照钢筋受拉承载力设计值相等的原则换算，并符合抗震构造要求
3	砌体结构房屋	（1）砌体房屋应设置现浇钢筋混凝土圈梁、构造柱或芯柱。 （2）多层砌体房屋的楼、屋盖应符合下列规定： ① 楼板在墙上或梁上应有足够的支承长度，罕遇地震下楼板不应跌落或拉脱。 ② 装配式钢筋混凝土楼板或屋面板，应采取有效的拉结措施，保证楼、屋盖的整体性。 ③ 楼、屋盖的钢筋混凝土梁或屋架应与墙、柱（包括构造柱）或圈梁可靠连接；不得采用独立砖柱。跨度不小于6m的大梁，其支承构件应采用组合砌体等加强措施，并应满足承载力要求。 （3）砌体结构楼梯间应符合下列规定： ① 不应采用悬挑式踏步或踏步竖肋插入墙体的楼梯，8度、9度时不应采用装配式楼梯段。 ② 装配式楼梯段应与平台板的梁可靠连接。 ③ 楼梯栏板不应采用无筋砖砌体。 ④ 楼梯间及门厅内墙阳角处的大梁支承长度不应小于500mm，并应与圈梁连接。 ⑤ 顶层及出屋面的楼梯间，构造柱应伸到顶部，并与顶部圈梁连接，墙体应设置通长拉结钢筋网片。 ⑥ 顶层以下楼梯间墙体应在休息平台或楼层半高处设置钢筋混凝土带或配筋砖带，并与构造柱连接。 （4）砌体结构房屋还应符合下列规定： ① 砌体结构房屋中的构造柱、芯柱、圈梁及其他各类构件的混凝土强度等级不应低于C25。 ② 对于砌体抗震墙，其施工应先砌墙后浇构造柱、框架梁柱

2A311020 建筑结构技术要求

【考点图谱】

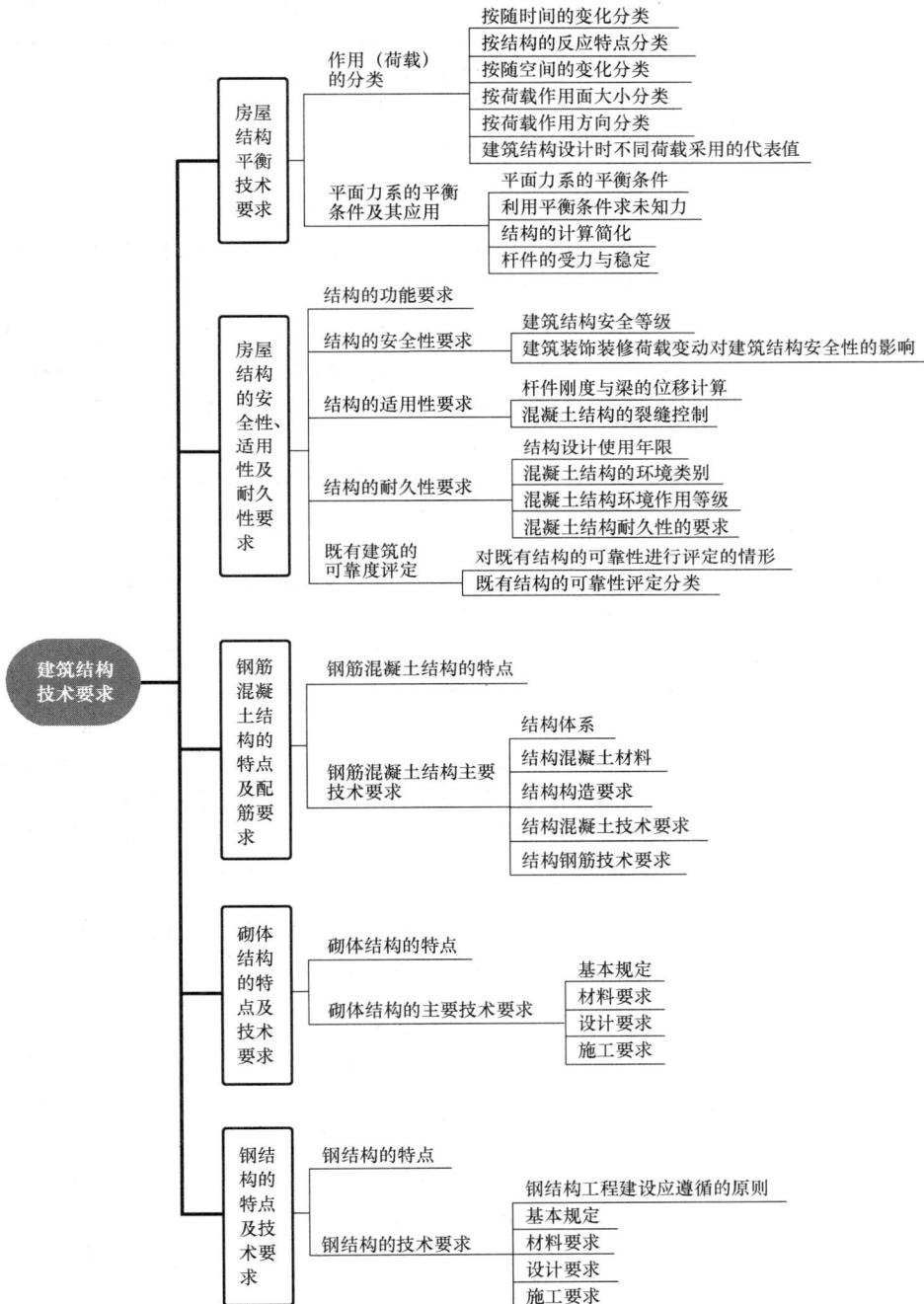

考点1 房屋结构平衡技术要求

作用（荷载）分类

序号	分类标准	类别	说明
1	按随时间的变化分类	（1）永久作用（永久荷载或恒载）	① 结构使用期间，其值不随时间变化，或其变化与平均值相比可以忽略不计，或其变化是单调的并能趋于限值的荷载。 ② 永久荷载包括结构构件、围护构件、面层及装饰、固定设备、长期储物的自重，土压力、水压力，以及其他需要按永久荷载考虑的荷载
		（2）可变作用（可变荷载或活荷载）	结构使用期间，其值随时间变化，且其变化与平均值相比不可以忽略不计的荷载
		（3）偶然作用（偶然荷载、特殊荷载）	在结构使用年限内不一定出现，而一旦出现其量值很大，且持续时间很短的荷载，例如撞击、爆炸、地震作用、龙卷风、火灾
2	按结构的反应特点分类	（1）静态作用或静力作用	不使结构或结构构件产生加速度或所产生的加速度可以忽略不计，如固定隔墙自重、住宅与办公楼的楼面活荷载、雪荷载等
		（2）动态作用或动力作用	使结构或结构构件产生不可忽略的加速度，例如地震作用、吊车设备振动
3	（1）按随空间的变化分类		分固定作用和自由作用
	（2）按有无限值分类		分有界作用和无界作用
4	按荷载作用面大小分类	（1）均布面荷载 Q	① 建筑物楼面或墙面上分布的荷载，如铺设的木地板、地砖、花岗石或大理石面层等重量引起的荷载，都属于均布面荷载。 ② 均布面荷载 Q 的计算，可用材料的重度 γ 乘以面层材料的厚度 d，即可得出增加的均布面荷载值，$Q=\gamma \cdot d$
		（2）线荷载	建筑物原有的楼面或屋面上的各种面荷载传到梁上或条形基础上时，可简化为单位长度上的分布荷载，称为线荷载 q
		（3）集中荷载	建筑物原有的楼面或屋面上放置或悬挂较重物品（如洗衣机、冰箱、空调机、吊灯等）时，其作用面积很小
5	按荷载作用方向分类	（1）垂直荷载	如结构自重、雪荷载等
		（2）水平荷载	如风荷载、水平地震作用等
备注	设计时不同荷载采用代表值	确定可变荷载代表值时应采用 50 年设计基准期	（1）永久荷载应采用标准值作为代表值。 （2）可变荷载应根据设计要求采用标准值、组合值、频遇值或准永久值作为代表值。 （3）偶然荷载应按建筑结构使用的特点确定其代表值

杆件的受力与稳定

序号	项目	内容
1	杆件的受力形式	按其变形特点可归纳为以下五种：拉伸、压缩、弯曲、剪切和扭转
2	材料强度	（1）结构杆件所用材料在规定的荷载作用下，材料发生破坏时的应力称为强度。 （2）要求不破坏的要求，称为强度要求。 （3）根据外力作用方式不同，材料有抗拉强度、抗压强度、抗剪强度等。 （4）对有屈服点的钢材还有屈服强度和极限强度的区别。 （5）在相同条件下，材料的强度高，则结构的承载力也高
3	杆件稳定	（1）受压杆件要有稳定的要求，防止失稳。 （2）临界力越大，压杆的稳定性就越好

考点 2 房屋结构的安全性、适用性及耐久性要求

结构的功能要求和安全性要求

序号	项目	内容
1	结构的功能要求	结构的设计、施工和维护应使结构在规定的设计使用年限内以规定的可靠度满足规定的各项功能要求。应满足的功能要求有： （1）能承受在施工和使用期间可能出现的各种作用。 （2）保持良好的使用性能。 （3）具有足够的耐久性能。 （4）当发生火灾时，在规定的时间内可保持足够的承载力。 （5）当发生爆炸、撞击、人为错误等偶然事件时，结构能保持必要的整体稳固性，不出现与起因不相称的破坏后果，防止出现结构的连续倒塌
2	结构的安全性要求	安全性是指在正常施工和正常使用的条件下，结构应能承受可能出现的各种荷载作用和变形而不发生破坏；在偶然事件发生后，结构仍能保持必要的整体稳定性

建筑结构的安全等级

安全等级	破坏后果
一级	很严重：对人的生命、经济、社会或环境影响很大
二级	严重：对人的生命、经济、社会或环境影响较大
三级	不严重：对人的生命、经济、社会或环境影响较小

建筑结构设计使用年限分类

类别	设计使用年限（年）
临时性建筑结构	5
易于替换的结构构件	25
普通房屋和构筑物	50
标志性建筑和特别重要的建筑结构	100

混凝土结构的环境类别

环境类别	名称	劣化机理
Ⅰ	一般环境	正常大气作用引起钢筋锈蚀
Ⅱ	冻融环境	反复冻融导致混凝土损伤
Ⅲ	海洋氯化物环境	氯盐引起钢筋锈蚀
Ⅳ	除冰盐等其他氯化物环境	氯盐引起钢筋锈蚀
Ⅴ	化学腐蚀环境	硫酸盐等化学物质对混凝土的腐蚀

既有建筑的可靠性评定

序号	项目	内容
1	对既有结构的可靠性进行评定的情形	(1) 结构的使用时间超过规定的年限。 (2) 结构的用途或使用要求发生改变。 (3) 结构的使用环境恶化。 (4) 结构存在较严重的质量缺陷。 (5) 出现材料性能劣化、构件损伤或其他不利状态。 (6) 对既有结构的可靠性有怀疑或有异议
2	既有结构的可靠性评定类型	(1) 承载能力评定。 (2) 适用性评定。 (3) 耐久性评定。 (4) 抵抗偶然作用能力评定
3	承载能力评定	结构构件和连接的承载力可采取下列方法进行评定: (1) 基于结构良好状态的评定方法。 (2) 基于材料性能分项系数。 (3) 构件分项系数的评定方法。 (4) 基于可靠指标的评定方法。 (5) 重力荷载检验的评定方法等
4	适用性评定	(1) 结构构件正常使用极限状态应以现行结构设计标准限定的变形和位移为基准对结构构件的状况进行评价。 (2) 结构构件的变形和位移等状况可通过现场的检测确定;现场测定时应区分施工偏差和构件的变形或位移。当不能通过现场的检测确定时,应采用结构分析的方法计算确定
5	耐久性评定	(1) 既有建筑结构耐久性的评定应实施下列现场检测: ① 确定已出现耐久性极限状态标志的构件和连接。 ② 测定构件材料性能劣化的状况。 ③ 测定有害物质的含量或侵入深度。 ④ 确定环境侵蚀性的变化情况。 (2) 结构构件的耐久年数可采取下列方法推定: ① 经验的方法。 ② 依据实际劣化情况验证或校准已有劣化模型的方法。 ③ 基于快速检验的方法。 ④ 其他适用的方法等

序号	项目	内容
6	抗偶然作用能力的评定	（1）既有建筑结构的偶然作用包括其可能遭受的罕遇地震、洪水、爆炸、非正常撞击、火灾等。 （2）既有结构抵抗偶然作用的能力，宜从结构体系与构件布置、连接与构造、承载力、防灾减灾和防护措施等方面综合评定。 （3）对于罕遇地震可采取下列方法予以评定： ① 按现行标准对建筑物的总高度、层数、高宽比等限制要求和结构构造措施进行抗倒塌能力的评定。 ② 采取结构分析的方法对结构整体的变形限值和薄弱层变形限值予以评定。 （4）对于发生在建筑内部的火灾，可进行下列评定： ① 对于未设置喷淋设施的建筑，可评价可燃物全部燃烧的持续时间与结构构件耐火极限的关系。 ② 对于设置喷淋设施的建筑，应评价烟感和喷淋设施的有效性。 ③ 建筑内的排烟措施和疏散措施

考点3　钢筋混凝土结构的特点及配筋要求

钢筋混凝土结构主要技术要求

序号	项目	内容
1	基本规定	混凝土结构工程应确定其结构设计工作年限、结构安全等级、抗震设防类别、结构上的作用和作用组合；应进行结构承载能力极限状态、正常使用极限状态和耐久性设计，并应符合工程的功能和结构性能要求
2	结构体系	（1）混凝土结构体系应满足工程的承载能力、刚度和延性性能要求。 （2）混凝土结构体系设计应符合下列规定： ① 不应采用混凝土结构构件与砌体结构构件混合承重的结构体系。 ② 房屋建筑结构应采用双向抗侧力结构体系。 ③ 抗震设防烈度为9度的高层建筑，不应采用带转换层的结构、带加强层的结构、错层结构和连体结构。 （3）房屋建筑的混凝土楼盖应满足楼盖竖向振动舒适度要求；混凝土结构高层建筑应满足10年重现期水平风荷载作用的振动舒适度要求
3	结构混凝土材料	（1）结构混凝土用水泥主要控制指标应包括凝结时间、安定性、胶砂强度和氯离子含量。水泥中使用的混合材品种和掺量应在出厂文件中明示。 （2）结构混凝土用砂应符合下列规定： ① 砂的坚固性指标不应大于10%；对于有抗渗、抗冻、抗腐蚀、耐磨或其他特殊要求的混凝土，砂的含泥量和泥块含量分别不应大于3.0%和1.0%，坚固性指标不应大于8%；高强混凝土用砂的含泥量和泥块含量分别不应大于2.0%和0.5%；机制砂应按石粉的亚甲蓝值指标和石粉的流动比指标控制石粉含量。 ② 混凝土结构用海砂必须经过净化处理。 ③ 钢筋混凝土用砂的氯离子含量不应大于0.03%，预应力混凝土用砂的氯离子含量不应大于0.01%。

序号	项目	内容
3	结构混凝土材料	（3）结构混凝土用粗骨料的坚固性指标不应大于 12%；对于有抗渗、抗冻、抗腐蚀、耐磨或其他特殊要求的混凝土，粗骨料中含泥量和泥块含量分别不应大于 1.0% 和 0.5%，坚固性指标不应大于 8%；高强混凝土用粗骨料的含泥量和泥块含量分别不应大于 0.5% 和 0.2%。 （4）结构混凝土用外加剂应符合下列规定： ① 含有六价铬、亚硝酸盐和硫氰酸盐成分的混凝土外加剂，不应用于饮水工程中建成后与饮用水直接接触的混凝土。 ② 含有强电解质无机盐的早强型普通减水剂、早强剂、防冻剂和防水剂，严禁用于下列混凝土结构： Ⅰ. 与镀锌钢材或铝材相接触部位的混凝土结构。 Ⅱ. 有外露钢筋、预埋件而无防护措施的混凝土结构。 Ⅲ. 使用直流电源的混凝土结构。 Ⅳ. 距离高压直流电源 100m 以内的混凝土结构。 ③ 含有氯盐的早强型普通减水剂、早强剂、防水剂和氯盐类防冻剂，不应用于预应力混凝土、钢筋混凝土和钢纤维混凝土结构。 ④ 含有硝酸铵、碳酸铵的早强型普通减水剂、早强剂和含有硝酸铵、碳酸铵、尿素的防冻剂，不应用于民用建筑工程。 ⑤ 含有亚硝酸盐、碳酸盐的早强型普通减水剂、早强剂、防冻剂和含有硝酸盐的阻锈剂，不应用于预应力混凝土结构。 （5）混凝土拌合用水应控制 pH、硫酸根离子含量、氯离子含量、不溶物含量、可溶物含量；当混凝土骨料具有碱活性时，还应控制碱含量；地表水、地下水、再生水在首次使用前应检测放射性
4	结构构造要求	（1）混凝土结构构件应根据受力状况分别进行正截面、斜截面、扭曲截面、受冲切和局部受压承载力计算；对于承受动力循环作用的混凝土结构或构件，尚应进行构件的疲劳承载力验算。 （2）混凝土结构构件之间、非结构构件与结构构件之间的连接应符合下列规定： ① 应满足被连接构件之间的受力及变形性能要求。 ② 非结构构件与结构构件的连接应适应主体结构变形需求。 ③ 连接不应先于被连接构件破坏。 （3）混凝土结构构件的最小截面尺寸应满足结构承载力极限状态、正常使用极限状态的计算要求，并应满足结构耐久性、防水、防火、配筋构造及混凝土浇筑施工要求，且尚应符合下列规定： ① 矩形截面框架梁的截面宽度不应小于 200mm。 ② 矩形截面框架柱的边长不应小于 300mm，圆形截面柱的直径不应小于 350mm。 ③ 高层建筑剪力墙的截面厚度不应小于 160mm，多层建筑剪力墙的截面厚度不应小于 140mm。 ④ 现浇钢筋混凝土实心楼板的厚度不应小于 80mm，现浇空心楼板的顶板、底板厚度均不应小于 50mm。 ⑤ 预制钢筋混凝土实心叠合楼板的预制底板及后浇混凝土厚度均不应小于 50mm。 （4）装配式混凝土结构应根据结构性能以及构件生产、安装施工的便捷性要求确定连接构造方式并进行连接及节点设计

序号	项目	内容
5	结构混凝土技术要求	（1）结构混凝土应进行配合比设计，并应采取保证混凝土拌合物性能、混凝土力学性能和耐久性能的措施。 （2）结构混凝土强度等级的选用应满足工程结构的承载力、刚度及耐久性需求。对设计工作年限为 50 年的混凝土结构，结构混凝土的强度等级尚应符合下列规定；对设计工作年限大于 50 年的混凝土结构，结构混凝土的最低强度等级应比下列规定提高。 ① 素混凝土结构构件的混凝土强度等级不应低于 C20；钢筋混凝土结构构件的混凝土强度等级不应低于 C25；预应力混凝土楼板结构的混凝土强度等级不应低于 C30；其他预应力混凝土结构构件的混凝土强度等级不应低于 C40；钢-混凝土组合结构构件的混凝土强度等级不应低于 C30。 ② 承受重复荷载作用的钢筋混凝土结构构件，混凝土强度等级不应低于 C30。 ③ 抗震等级不低于二级的钢筋混凝土结构构件，混凝土强度等级不应低于 C30。 ④ 采用 500MPa 及以上等级钢筋的钢筋混凝土结构构件，混凝土的强度等级不应低于 C30。 （3）混凝土结构应从设计、材料、施工、维护各环节采取控制混凝土裂缝的措施。混凝土构件受力裂缝的计算应符合下列规定： ① 不允许出现裂缝的混凝土构件，应根据实际情况控制混凝土截面不产生拉应力或控制最大拉应力不超过混凝土抗拉强度标准值。 ② 允许出现裂缝的混凝土构件，应根据构件类别与环境类别控制受力裂缝宽度，使其不致影响设计工作年限内的结构受力性能、使用性能和耐久性能
6	结构钢筋技术要求	（1）混凝土结构用普通钢筋、预应力筋应具有符合工程结构在承载能力极限状态和正常使用极限状态下需求的强度和延伸率。 （2）混凝土结构中普通钢筋、预应力筋应采取可靠的锚固措施。普通钢筋锚固长度取值应符合下列规定： ① 受拉钢筋锚固长度应根据钢筋的直径、钢筋及混凝土抗拉强度、钢筋的外形、钢筋锚固端的形式、结构或结构构件的抗震等级进行计算。 ② 受拉钢筋锚固长度不应小于 200mm。 ③ 对受压钢筋，当充分利用其抗压强度并需锚固时，其锚固长度不应小于受拉钢筋锚固长度的 70％。 （3）混凝土结构中的普通钢筋、预应力筋应设置混凝土保护层，混凝土保护层厚度应符合下列规定： ① 满足普通钢筋、有粘结预应力筋与混凝土共同工作性能要求。 ② 满足混凝土构件的耐久性能及防火性能要求。 ③ 不应小于普通钢筋的公称直径，且不应小于 15mm。 （4）钢筋套筒灌浆连接接头的实测极限抗拉强度不应小于连接钢筋的抗拉强度标准值，且接头破坏应位于套筒外的连接钢筋。 （5）当施工中进行混凝土结构构件的钢筋、预应力筋代换时，应符合设计规定的构件承载能力、正常使用、配筋构造及耐久性能要求，并应取得设计变更文件

考点 4　砌体结构的特点及技术要求

砌体结构的主要技术要求

序号	项目	内容
1	基本规定	（1）砌体结构应布置合理、受力明确、传力途径合理，并应保证砌体结构的整体性和稳定性。 （2）砌体结构施工质量控制等级应根据现场质量管理水平、砂浆和混凝土质量控制、砂浆拌合工艺、砌筑工人技术等级四个要素从高到低分为 A、B、C 三级，设计工作年限为 50 年及以上的砌体结构工程，应为 A 级或 B 级。 （3）砌体结构应选择满足工程耐久性要求的材料，建筑与结构构造应有利于防止雨雪、湿气和侵蚀性介质对砌体的危害。 （4）环境类别为 2 类～5 类条件下砌体结构的钢筋应采取防腐处理或其他保护措施。 （5）处于环境类别为 4 类、5 类条件下的砌体结构应采取抗侵蚀和耐腐蚀措施
2	材料要求	（1）砌体结构材料应根据其承载性能、节能环保性能、使用环境条件合理选用。 （2）所用的材料应有产品出厂合格证书、产品性能型式检验报告。应对块材、水泥、钢筋、外加剂、预拌砂浆、预拌混凝土的主要性能进行检验。 （3）砌体结构不应采用非蒸压硅酸盐砖、非蒸压硅酸盐砌块及非蒸压加气混凝土制品。 （4）砌体结构应推广应用以废弃砖瓦、混凝土块、渣土等废弃物为主要材料制作的砌块。 （5）夹心墙的外叶墙的砖及混凝土砌块的强度等级不应低于 MU10。 （6）填充墙的块材最低强度等级应满足：内墙空心砖、轻骨料混凝土砌块、混凝土空心砌块应为 MU3.5，外墙应为 MU5。内墙蒸压加气混凝土砌块应为 A2.5，外墙应为 A3.5。 （7）下列部位或环境中的填充墙不应使用轻骨料混凝土小型空心砌块或蒸压加气混凝土砌块砌体： ① 建筑物防潮层以下墙体。 ② 长期浸水或化学侵蚀环境。 ③ 砌体表面温度高于 80℃的部位。 ④ 长期处于有振动源环境的墙体。 （8）砌筑砂浆的最低强度等级应符合下列规定： ① 设计工作年限大于和等于 25 年的烧结普通砖和烧结多孔砖砌体为 M5。设计工作年限小于 25 年的烧结普通砖和烧结多孔砖砌体为 M2.5。 ② 蒸压加气混凝土砌块砌体为 Ma5.0。蒸压灰砂普通砖和蒸压粉煤灰普通砖砌体为 Ms5.0。 ③ 混凝土普通砖、混凝土多孔砖砌体为 Mb5。 ④ 混凝土砌块、煤矸石混凝土砌块为 Mb7.5。 ⑤ 配筋砌块砌体为 Mb10。 ⑥ 毛料石、毛石砌体为 M5。 （9）混凝土砌块砌体的灌孔混凝土最低强度等级不应低于 Cb20，且不应低于块体强度等级的 1.5 倍
3	设计要求	（1）墙体转角处和纵横墙交接处应设置拉结钢筋或钢筋焊接网。 （2）砌体结构钢筋混凝土板、屋面板应符合下列规定： ① 现浇钢筋混凝土楼板或屋面板伸进纵、横墙内的长度，均不应小于 120mm。 ② 预制钢筋混凝土板在混凝土梁或圈梁上的支承长度不应小于 80mm。当板未直接搁置在圈梁上时，在内墙上的支承长度不应小于 100mm，在外墙上的支承长度不应小于 120mm。 ③ 预制钢筋混凝土板端钢筋应与支座处沿墙或圈梁配置的纵筋绑扎，应采用强度等级不低于 C25 的混凝土浇筑成板带。 ④ 预制钢筋混凝土板与现浇板对接时，预制板端钢筋应与现浇板可靠连接。

序号	项目	内容
3	设计要求	⑤ 当预制钢筋混凝土板的跨度大于4.8m并与外墙平行时,靠外墙的预制板侧边应与墙或圈梁拉结。 ⑥ 钢筋混凝土预制板应相互拉结,并应与梁、墙或圈梁拉结。 (3) 承受吊车荷载的单层砌体结构应采用配筋砌体结构。 (4) 多层砌体结构房屋中的承重墙梁不应采用无筋砌体构件支承。 (5) 对于多层砌体结构民用房屋,当层数为3层、4层时,应在底层和檐口标高处各设置一道圈梁。当层数超过4层时,除应在底层和檐口标高处各设置一道圈梁外,至少应在所有纵、横墙上隔层设置。 (6) 圈梁宽度不应小于190mm,高度不应小于120mm,配筋不应少于4φ12,箍筋间距不应大于200mm。 (7) 底部框架-抗震墙结构房屋底部现浇混凝土抗震墙厚度不应小于160mm。框架柱截面尺寸不应小于400mm×400mm,圆柱直径不应小于450mm。 (8) 配筋砌块砌体抗震墙应全部用灌孔混凝土灌实。 (9) 填充墙与周边主体结构构件的连接构造和嵌缝材料应能满足传力、变形、耐久、防护和防止平面外倒塌要求
4	施工要求	(1) 砌筑前需要湿润的块材应对其进行适度浇(喷)水,不得采用干砖或吸水饱和状态的砖砌筑。 (2) 砌体砌筑时,墙体转角处和纵横交接处应同时咬槎砌筑。砖柱不得采用包心砌法。带壁柱墙的壁柱应与墙身同时咬槎砌筑。临时间断处应留槎砌筑。块材应内外搭砌、上下错缝砌筑。 (3) 砌体与构造柱的连接处以及砌体抗震墙与框架柱的连接处均应采用先砌墙后浇柱的施工顺序,并应按要求设置拉结钢筋。砖砌体与构造柱的连接处应砌成马牙槎。 (4) 承重墙体使用的小砌块应完整、无破损、无裂缝。 (5) 采用小砌块砌筑时,应将小砌块生产时的底面朝上反砌于墙上。施工洞口预留直槎时,应对直槎上下搭砌的小砌块孔洞采用混凝土灌实。 (6) 砌体结构的芯柱的混凝土应分段浇筑并振捣密实

考点5 钢结构的特点及技术要求

钢结构的优缺点

序号	项目	内容
1	优点	(1) 材料强度高,自重轻,塑性和韧性好,材质均匀。 (2) 便于工厂生产和机械化施工,便于拆卸,施工工期短。 (3) 具有优越的抗震性能。 (4) 无污染、可再生、节能、安全,符合建筑可持续发展的原则
2	缺点	(1) 易腐蚀,需经常油漆维护,故维护费用较高。 (2) 钢结构的耐火性差,当温度达到250℃时,钢结构的材质将会发生较大变化。当温度达到500℃时,结构会瞬间崩溃,完全丧失承载能力

钢结构的主要技术要求

序号	项目	内容
1	钢结构工程建设应遵循的原则	(1) 满足适用、经济和耐久性要求。 (2) 提高工程建设质量和运营维护水平。 (3) 符合国家节能、环保、防灾减灾和应急管理等政策。 (4) 符合建筑技术的发展方向，鼓励新技术应用
2	基本规定	当施工方法对结构的内力和变形有较大影响时，应进行施工方法对主体结构影响的分析，并应对施工阶段结构的强度、稳定性和刚度进行验算
3	材料要求	钢结构承重构件所用的钢材应具有屈服强度、断后伸长率、抗拉强度和磷、硫含量的合格保证，在低温使用环境下尚应具有冲击韧性的合格保证。对焊接结构尚应具有碳或碳当量的合格保证
4	设计要求	(1) 螺栓孔加工精度、高强度螺栓施加的预拉力、高强度螺栓摩擦型连接的连接板摩擦面处理工艺应保证螺栓连接的可靠性。已施加过预拉力的高强度螺栓拆卸后不应作为受力螺栓循环使用。 (2) 焊接材料应与母材相匹配。焊缝应采用减少垂直于厚度方向的焊接收缩应力的坡口形式与构造措施。 (3) 钢结构承受动荷载且需进行疲劳验算时，严禁使用塞焊、槽焊、电渣焊和气电立焊接头。 (4) 高强度螺栓承压型连接不应用于直接承受动力荷载重复用且需要进行疲劳计算的构件连接。 (5) 栓焊并用连接应按全部剪力由焊缝承担的原则，对焊缝进行疲劳验算。 (6) 焊接结构设计中不得任意加大焊缝尺寸，避免焊缝密集交叉。对直接承受动力荷载的普通螺栓受拉连接应采用双螺母或其他防止螺母松动的有效措施。 (7) 多层和高层钢结构结构计算时应考虑构件的下列变形： ① 梁的弯曲和剪切变形。 ② 柱的弯曲、轴向、剪切变形。 ③ 支撑的轴向变形。 ④ 剪力墙板和延性墙板的剪切变形。 ⑤ 消能梁段的剪切、弯曲和轴向变形。 ⑥ 楼板的变形
5	施工要求	(1) 构件工厂加工制作应采用机械化与自动化等工业化方式，并应采用信息化管理。 (2) 钢结构安装方法和顺序应根据结构特点、施工现场情况等确定，安装时应形成稳固的空间刚度单元。测量、校正时应考虑温度、日照和焊接变形等对结构变形的影响。 (3) 钢结构吊装作业必须在起重设备的额定起重量范围内进行。用于吊装的钢丝绳、吊装带、卸扣、吊钩等吊具应经检验合格，并应在其额定许用荷载范围内使用。 (4) 对于大型复杂钢结构，应进行施工成形过程计算，并应进行施工过程监测。索膜结构或预应力钢结构施工张拉时应遵循分级、对称、匀速、同步的原则。 (5) 钢结构施工方案应包含专门的防护施工内容，或编制防护施工专项方案，应明确现场防护施工的操作方法和环境保护措施。 (6) 首次采用的钢材、焊接材料、焊接方法、接头形式、焊接位置、焊后热处理制度以及焊接工艺参数、预热和后热措施等各种参数的组合条件，应在钢结构构件制作及安装施工之前按照规定程序进行焊接工艺评定，并制定焊接操作规程。 (7) 全部焊缝应进行外观检查。要求全焊透的一级、二级焊缝应进行内部缺陷无损检测，一级焊缝探伤比例应为100%，二级焊缝探伤比例应不低于20%

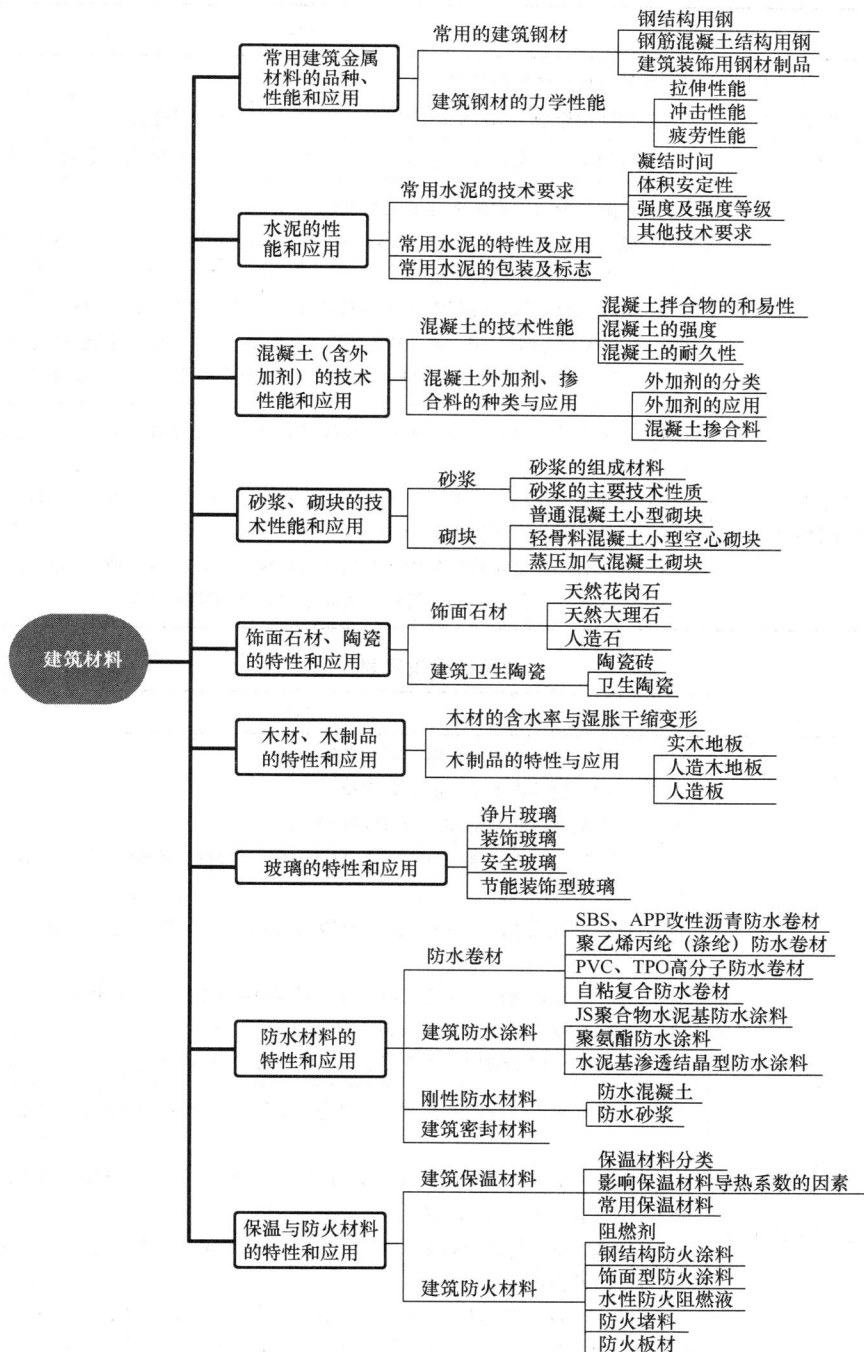

2A311030　建筑材料

【考点图谱】

建筑材料
- 常用建筑金属材料的品种、性能和应用
  - 常用的建筑钢材
    - 钢结构用钢
    - 钢筋混凝土结构用钢
    - 建筑装饰用钢材制品
  - 建筑钢材的力学性能
    - 拉伸性能
    - 冲击性能
    - 疲劳性能
- 水泥的性能和应用
  - 常用水泥的技术要求
    - 凝结时间
    - 体积安定性
    - 强度及强度等级
    - 其他技术要求
  - 常用水泥的特性及应用
  - 常用水泥的包装及标志
- 混凝土（含外加剂）的技术性能和应用
  - 混凝土的技术性能
    - 混凝土拌合物的和易性
    - 混凝土的强度
    - 混凝土的耐久性
  - 混凝土外加剂、掺合料的种类与应用
    - 外加剂的分类
    - 外加剂的应用
    - 混凝土掺合料
- 砂浆、砌块的技术性能和应用
  - 砂浆
    - 砂浆的组成材料
    - 砂浆的主要技术性质
  - 砌块
    - 普通混凝土小型砌块
    - 轻骨料混凝土小型空心砌块
    - 蒸压加气混凝土砌块
- 饰面石材、陶瓷的特性和应用
  - 饰面石材
    - 天然花岗石
    - 天然大理石
    - 人造石
  - 建筑卫生陶瓷
    - 陶瓷砖
    - 卫生陶瓷
- 木材、木制品的特性和应用
  - 木材的含水率与湿胀干缩变形
  - 木制品的特性与应用
    - 实木地板
    - 人造木地板
    - 人造板
- 玻璃的特性和应用
  - 净片玻璃
  - 装饰玻璃
  - 安全玻璃
  - 节能装饰型玻璃
- 防水材料的特性和应用
  - 防水卷材
    - SBS、APP改性沥青防水卷材
    - 聚乙烯丙纶（涤纶）防水卷材
    - PVC、TPO高分子防水卷材
    - 自粘复合防水卷材
  - 建筑防水涂料
    - JS聚合物水泥基防水涂料
    - 聚氨酯防水涂料
    - 水泥基渗透结晶型防水涂料
  - 刚性防水材料
    - 防水混凝土
    - 防水砂浆
  - 建筑密封材料
- 保温与防火材料的特性和应用
  - 建筑保温材料
    - 保温材料分类
    - 影响保温材料导热系数的因素
    - 常用保温材料
  - 建筑防火材料
    - 阻燃剂
    - 钢结构防火涂料
    - 饰面型防火涂料
    - 水性防火阻燃液
    - 防火堵料
    - 防火板材

考点1 常用建筑金属材料的品种、性能和应用

钢材基础知识

序号	项目	内容
1	常用建筑金属材料	主要是建筑钢材和铝合金
2	建筑钢材分类	分为钢结构用钢、钢筋混凝土结构用钢和建筑装饰用钢材制品
3	钢材	是以铁为主要元素，含碳量为 $0.02\%\sim2.06\%$，并含有其他元素的合金材料
4	钢材分类	按化学成分分为碳素钢和合金钢两大类： （1）碳素钢根据含碳量又可分为低碳钢（含碳量小于 0.25%）、中碳钢（含碳量 $0.25\%\sim0.6\%$）和高碳钢（含碳量大于 0.6%）。 （2）合金钢是在炼钢过程中加入一种或多种合金元素，如硅（Si）、锰（Mn）、钛（Ti）、钒（V）等而得的钢种。按合金元素的总含量合金钢又可分为低合金钢（总含量小于 5%）、中合金钢（总含量 $5\%\sim10\%$）和高合金钢（总含量大于 10%）
5	优质碳素结构钢钢材分类	（1）按冶金质量等级分为优质钢、高级优质钢（牌号后加"A"）和特级优质钢（牌号后加"E"）。 （2）优质碳素结构钢一般用于生产预应力混凝土用钢丝、钢绞线、锚具，以及高强度螺栓、重要结构的钢铸件等。 （3）低合金高强度结构钢的牌号与碳素结构钢类似，不过其质量等级分为五级，特别适用于各种重型结构、高层结构、大跨度结构及桥梁工程等

常用的建筑钢材

序号	项目	内容
1	钢结构用钢	（1）钢结构用钢主要有型钢、钢板和钢索等。 （2）型钢是钢结构中采用的主要钢材。 （3）型钢又分热轧型钢和冷弯薄壁型钢。 （4）常用热轧型钢主要有工字钢、H型钢、T型钢、槽钢、等边角钢、不等边角钢等。 （5）薄壁型钢是用薄钢板经模压或冷弯而制成，主要采用薄壁型钢、圆钢和小角钢。 （6）钢板材包括钢板、花纹钢板、建筑用压型钢板和彩色涂层钢板等。 （7）钢板分厚板（厚度大于4mm）和薄板（厚度不大于4mm）两种。 （8）厚板主要用于结构，薄板主要用于屋面板、楼板和墙板等
2	钢筋混凝土结构用钢	（1）主要品种有热轧钢筋、预应力混凝土用热处理钢筋、预应力混凝土用钢丝和钢绞线等。 （2）热轧钢筋是建筑工程中用量最大的钢材品种之一，主要用于钢筋混凝土结构和预应力钢筋混凝土结构的配筋。 （3）热轧光圆钢筋强度较低，与混凝土的粘结强度也较低，主要用作板的受力钢筋、箍筋以及构造钢筋。 （4）热轧带肋钢筋与混凝土之间的握裹力大，共同工作性能较好，其中的HRB400级钢筋是钢筋混凝土用的主要受力钢筋，是目前工程中常用的钢筋牌号。

序号	项目	内容
2	钢筋混凝土结构用钢	(5) 有较高要求的抗震结构适用的钢筋牌号为在已有带肋钢筋牌号后加 E（例如：HRB400E、HRBF400E）的钢筋。该类钢筋除满足强度标准值要求外，还应满足以下要求： ① 抗拉强度实测值与屈服强度实测值的比值不应小于 1.25。 ② 屈服强度实测值与屈服强度标准值的比值不应大于 1.30。 ③ 最大力总延伸率实测值不应小于 9%。 (6) 国家标准还规定，热轧带肋钢筋应在其表面轧上牌号标志、生产企业序号（许可证后 3 位数字）和公称直径毫米数字，还可轧上经注册的厂名（或商标）。钢筋牌号以阿拉伯数字或阿拉伯数字加英文字母表示，HRB400、HRB500 分别以 4、5 表示，HRBF400、HRBF500 分别以 C4、C5 表示，HRB400E、HRB500E 分别以 4E、5E 表示，HRBF400E、HRBF500E 分别以 C4E、C5E 表示。厂名以汉语拼音字头表示。公称直径毫米数以阿拉伯数字表示
3	建筑装饰用钢材制品	(1) 常用的主要有不锈钢钢板和钢管、彩色不锈钢板、彩色涂层钢板和彩色涂层压型钢板，以及镀锌钢卷帘门板及轻钢龙骨等。 (2) 不锈钢是指含铬量在 12% 以上的铁基合金钢。 (3) 铬的含量越高，钢的抗腐蚀性越好。 (4) 建筑装饰的不锈钢材主要有薄板（厚度小于 2mm）和用薄板加工制成的管材、型材。 (5) 轻钢龙骨是以镀锌钢带或薄钢板由特制轧机经多道工艺轧制而成，断面有 U 形、C 形、T 形和 L 形。 (6) 轻钢龙骨主要用于装配各种类型的石膏板、钙塑板、吸声板等，用作室内隔墙和吊顶的龙骨支架。 (7) 轻钢龙骨主要分为吊顶龙骨（代号 D）和墙体龙骨（代号 Q）两大类。 (8) 吊顶龙骨又分为主龙骨（承载龙骨）、次龙骨（覆面龙骨）。 (9) 墙体龙骨分为竖龙骨、横龙骨和通贯龙骨等

常用热轧钢筋的品种及强度标准值

品种	牌号	屈服强度 f_{yk}（MPa） 不小于	极限强度 f_{stk}（MPa） 不小于
光圆钢筋	HPB300	300	420
带肋钢筋	HRB400	400	540
	HRBF400		
	HRB400E		
	HRBF400E		
	HRB500	500	630
	HRBF500		
	HRB500E		
	HRBF500E		

注：HPB 属于热轧光圆钢筋，HRB 属于普通热轧钢筋，HRBF 属于细晶粒热轧钢筋。

建筑钢材的力学性能

序号	项目	内容
1	钢材性能的表示	（1）钢材的主要性能包括力学性能和工艺性能。 （2）力学性能是钢材最重要的使用性能，包括拉伸、冲击、疲劳性能。 （3）工艺性能表示钢材在各种加工过程中的行为，包括弯曲性能和焊接性能
2	拉伸性能	（1）指标包括屈服强度、抗拉强度和伸长率。 （2）屈服强度是结构设计中钢材强度的取值依据。 （3）抗拉强度与屈服强度之比（强屈比）是评价钢材使用可靠性的一个参数。 （4）强屈比越大，钢材受力超过屈服点工作时的可靠性越大，安全性越高。 （5）强屈比太大，钢材强度利用率偏低，浪费材料。 （6）钢材在受力破坏前可以经受永久变形的性能，称为塑性。 （7）钢材的塑性指标通常用伸长率表示。 （8）伸长率是钢材发生断裂时所能承受永久变形的能力。 （9）常用的热轧钢筋还有一个最大力总伸长率指标要求
3	冲击性能	（1）指钢材抵抗冲击荷载的能力。 （2）钢的化学成分及冶炼、加工质量、温度都对冲击性能有明显的影响。 （3）冲击性能随温度的下降而减小。 （4）当降到一定温度范围时，冲击值急剧下降，从而使钢材出现脆性断裂，这种性质称为钢的冷脆性，这时的温度称为脆性临界温度。 （5）脆性临界温度的数值越低，钢材的低温冲击性能越好。 （6）在负温下使用的结构，应选用脆性临界温度较使用温度为低的钢材
4	疲劳性能	（1）疲劳破坏是在低应力状态下突然发生的。 （2）钢材的疲劳极限与其抗拉强度有关。 （3）抗拉强度高，疲劳极限也较高

考点2 水泥的性能和应用

六大通用硅酸盐水泥的代号和强度等级

序号	水泥名称	简称	代号	强度等级
1	硅酸盐水泥	硅酸盐水泥	P·Ⅰ、P·Ⅱ	42.5、42.5R、52.5、52.5R、62.5、62.5R
2	普通硅酸盐水泥	普通水泥	P·O	42.5、42.5R、52.5、52.5R
3	矿渣硅酸盐水泥	矿渣水泥	P·S·A、P·S·B	32.5、32.5R
4	火山灰质硅酸盐水泥	火山灰水泥	P·P	42.5、42.5R
5	粉煤灰硅酸盐水泥	粉煤灰水泥	P·F	52.5、52.5R
6	复合硅酸盐水泥	复合水泥	P·C	42.5、42.5R、52.5、52.5R

注：强度等级中，R表示早强型。

常用水泥的技术要求及包装等

序号	项目	内容
1	凝结时间	（1）水泥的凝结时间分初凝时间和终凝时间。 （2）初凝时间是从水泥加水拌合起至水泥浆开始失去可塑性所需的时间。 （3）终凝时间是从水泥加水拌合起至水泥浆完全失去可塑性并开始产生强度所需的时间。 （4）六大常用水泥的初凝时间均不得短于45min，硅酸盐水泥的终凝时间不得长于6.5h，其他五类常用水泥的终凝时间不得长于10h
2	体积安定性	（1）水泥的体积安定性是指水泥在凝结硬化过程中，体积变化的均匀性。 （2）体积安定性不良，就会使混凝土构件产生膨胀性裂缝，降低建筑工程质量。 （3）施工中必须使用安定性合格的水泥
3	强度及强度等级	采用胶砂法来测定水泥的3d和28d的抗压强度和抗折强度，根据测定结果来确定该水泥的强度等级
4	其他技术要求	（1）包括标准稠度用水量、水泥的细度及化学指标，水泥的细度属于选择性指标。 （2）通用硅酸盐水泥的化学指标有不溶物、烧失量、三氧化硫、氧化镁、氯离子和碱含量，碱含量属于选择性指标
5	水泥包装要求	（1）可以散装或袋装，袋装水泥每袋净含量为50kg。 （2）水泥包装袋上标明：执行标准、水泥品种、代号、强度等级、生产者名称、生产许可证标志（QS）及编号、出厂编号、包装日期、净含量。 （3）散装发运时应提交与袋装标志相同内容的卡片

六大常用水泥对比

序号	对比项目	硅酸盐水泥	普通水泥	粉煤灰水泥	火山灰水泥	矿渣水泥	复合水泥
1	凝结硬化速度	快	较快	慢			
2	早期强度	高	较高	低，后期强度增长较快			
3	水化热	大	较大	较小			
4	抗冻性	好	较好	差			
5	耐热性	差	较差			好	—
6	耐蚀性	差	较差	较好			
7	干缩性	较小			较大		—
8	其他			抗裂性较高	抗渗性较好	泌水性大、抗渗性差	其他性能与所掺入的两种或两种以上混合材料的种类、掺量有关

考点3 混凝土（含外加剂）的技术性能和应用

混凝土的技术性能

序号	项目		内容
1	混凝土拌合物的和易性	（1）概念	是指混凝土拌合物易于施工操作（搅拌、运输、浇筑、捣实）并能获得质量均匀、成型密实的性能，又称工作性

序号	项目		内容
1	混凝土拌合物的和易性	（2）和易性指标	① 和易性是一项综合的技术性质，包括流动性、黏聚性和保水性三方面。 ② 用坍落度试验来测定混凝土拌合物的坍落度或坍落扩展度，作为流动性指标，坍落度或坍落扩展度越大表示流动性越大。 ③ 对坍落度值小于10mm的干硬性混凝土拌合物，则用维勃稠度试验测定其稠度作为流动性指标，稠度值越大表示流动性越小。 ④ 混凝土拌合物的黏聚性和保水性主要通过目测结合经验进行评定
		（3）影响混凝土拌合物和易性的主要因素	① 包括单位体积用水量、砂率、组成材料的性质、时间和温度等。 ② 单位体积用水量决定水泥浆的数量和稠度，它是影响混凝土和易性的最主要因素。 ③ 砂率是指混凝土中砂的质量占砂、石总质量的百分率。 ④ 组成材料的性质包括水泥的需水量和泌水性、骨料的特性、外加剂和掺合料的特性等几方面
2	混凝土的强度	（1）混凝土立方体抗压强度	制作边长为150mm的立方体试件，在标准条件（温度$20\pm2℃$，相对湿度95%以上）下，养护到28d龄期，测得的抗压强度值为混凝土立方体试件抗压强度，以f_{cu}表示，单位为N/mm^2或MPa
		（2）混凝土立方体抗压标准强度与强度等级	① 按标准方法制作和养护的边长为150mm的立方体试件，在28d龄期，用标准试验方法测得的抗压强度总体分布中具有不低于95%保证率的抗压强度值，以$f_{cu,k}$表示。 ② 混凝土强度等级采用符号C与立方体抗压强度标准值（单位为MPa）表示。 ③ 普通混凝土划分为C15、C20、C25、C30、C35、C40、C45、C50、C55、C60、C65、C70、C75和C80共14个等级。 ④ C30即表示混凝土立方体抗压强度标准值$30MPa\leqslant f_{cu,k}<35MPa$
		（3）混凝土的轴心抗压强度	① 测定采用$150mm\times150mm\times300mm$棱柱体作为标准试件。 ② 在立方体抗压强度$f_{cu}=10\sim55MPa$的范围内，轴心抗压强度$f_c=(0.70\sim0.80)f_{cu}$。 ③ 结构设计中，混凝土受压构件的计算采用混凝土的轴心抗压强度
		（4）混凝土的抗拉强度	① 抗拉强度只有抗压强度的$1/20\sim1/10$，且随着混凝土强度等级的提高，比值有所降低。 ② 采用立方体的劈裂抗拉试验来测定混凝土的劈裂抗拉强度f_{ts}，并可换算得到混凝土的轴向抗拉强度f_t
		（5）影响混凝土强度的因素	① 主要有原材料及生产工艺方面的因素。 ② 原材料方面的因素包括：水泥强度与水胶比、骨料的种类、质量和数量，外加剂和掺合料。 ③ 生产工艺方面的因素包括：搅拌与振捣，养护的温度和湿度，龄期

序号	项目		内容
3	混凝土的耐久性	（1）抗渗性	① 抗渗性直接影响到混凝土的抗冻性和抗侵蚀性。 ② 混凝土的抗渗性用抗渗等级表示，分 P4、P6、P8、P10、P12、＞P12 共六个等级。 ③ 混凝土的抗渗性主要与其密实度及内部孔隙的大小和构造有关
		（2）抗冻性	① 抗冻性用抗冻等级表示，分 F50、F100、F150、F200、F250、F300、F350、F400、＞F400 共九个等级。 ② 抗冻等级 F50 以上的混凝土简称抗冻混凝土
		（3）抗侵蚀性	侵蚀性介质包括软水、硫酸盐、镁盐、碳酸盐、一般酸、强碱、海水等
		（4）混凝土的碳化（中性化）	① 混凝土的碳化是环境中的二氧化碳与水泥石中的氢氧化钙作用，生成碳酸钙和水。 ② 碳化使混凝土的碱度降低，削弱混凝土对钢筋的保护作用，可能导致钢筋锈蚀。 ③ 碳化显著增加混凝土的收缩，使混凝土抗压强度增大，但可能产生细微裂缝，而使混凝土抗拉强度、抗折强度降低
		（5）碱骨料反应	吸水后会产生较大的体积膨胀，导致混凝土胀裂的现象

混凝土外加剂、掺合料的种类与应用

序号	项目	内容
1	外加剂的分类	（1）改善混凝土拌合物流变性能的外加剂：减水剂、引气剂和泵送剂等。 （2）调节混凝土凝结时间、硬化性能的外加剂：缓凝剂、早强剂和速凝剂等。 （3）改善混凝土耐久性的外加剂：引气剂、防水剂和阻锈剂等。 （4）改善混凝土其他性能的外加剂：膨胀剂、防冻剂、着色剂、防水剂和泵送剂等
2	外加剂的应用	（1）减水剂：显著提高拌合物的流动性、提高混凝土强度、可节约水泥、耐久性也能得到显著改善。 （2）早强剂：加速混凝土硬化和早期强度发展，缩短养护周期，加快施工进度，提高模板周转率，多用于冬期施工或紧急抢修工程。 （3）缓凝剂：用于高温季节混凝土、大体积混凝土、泵送与滑模方法施工以及远距离运输的商品混凝土等，不宜用于日最低气温 5℃ 以下施工的混凝土，也不宜用于有早强要求的混凝土和蒸汽养护的混凝土。 （4）引气剂：可改善混凝土拌合物的和易性，减少泌水离析，并能提高混凝土的抗渗性和抗冻性，对提高混凝土的抗裂性有利，抗压强度会有所降低。引气剂适用于抗冻、防渗、抗硫酸盐、泌水严重的混凝土等
3	混凝土掺合料	（1）掺合料可分为活性矿物掺合料和非活性矿物掺合料两大类。 （2）非活性矿物掺合料：磨细石英砂、石灰石、硬矿渣之类材料。 （3）活性矿物掺合料：粒化高炉矿渣、火山灰质材料、粉煤灰、硅粉、钢渣粉、磷渣粉等。 （4）通常使用的掺合料多为活性矿物掺合料。 （5）在掺有减水剂的情况下，能增加新拌混凝土的流动性、黏聚性、保水性、改善混凝土的可泵性，并能提高硬化混凝土的强度和耐久性。 （6）常用的混凝土掺合料有粉煤灰、粒化高炉矿渣、火山灰类物质。 （7）粉煤灰、超细粒化电炉矿渣、硅灰等应用效果良好

考点 4　砂浆、砌块的技术性能和应用

砂　浆

序号	项目	内容
1	建筑砂浆分类	（1）按所用胶凝材料的不同，可分为水泥砂浆、石灰砂浆、水泥石灰混合砂浆等。 （2）按用途不同，可分为砌筑砂浆、抹面砂浆等
2	常用的普通抹面砂浆种类	有水泥砂浆、石灰砂浆、水泥石灰混合砂浆、麻刀石灰砂浆（简称麻刀灰）、纸筋石灰砂浆（纸筋灰）等（特种砂浆是具有特殊用途的砂浆，主要有隔热砂浆、吸声砂浆、耐腐蚀砂浆、聚合物砂浆、防辐射砂浆等）
3	砂浆的组成材料	（1）包括胶凝材料、细骨料、掺合料、水和外加剂。 （2）胶凝材料：常用的胶凝材料有水泥、石灰、石膏等，干燥条件下使用的砂浆既可选用气硬性胶凝材料（石灰、石膏），也可选用水硬性胶凝材料（水泥），潮湿环境或水中使用的砂浆必须选用水泥作为胶凝材料。 （3）细骨料：砌筑砂浆用砂，优先选用中砂，毛石砌体宜选用粗砂，保温砂浆、吸声砂浆和装饰砂浆中，采用轻砂（如膨胀珍珠岩）、白色砂或彩色砂等。 （4）掺加料：石灰膏、电石膏、黏土膏、粉煤灰、沸石粉等，掺加料对砂浆强度无直接作用
4	砂浆的主要技术性质——流动性（稠度）	（1）指砂浆在自重或外力作用下流动的性能，圆锥沉入深度越大，砂浆的流动性越大。 （2）吸水性强的砌体材料和高温干燥的天气，砂浆稠度要大些；反之稠度可小些。 （3）影响砂浆稠度的因素有：所用胶凝材料种类及数量、用水量、掺合料的种类与数量、砂的形状粗细与级配、外加剂的种类与掺量、搅拌时间
5	砂浆的主要技术性质——保水性	（1）指砂浆拌合物保持水分的能力。 （2）砂浆的保水性用分层度表示，砂浆的分层度不得大于30mm。 （3）通过保持一定数量的胶凝材料和掺合料，或采用较细砂并加大掺量，或掺入引气剂等，可改善砂浆保水性
6	砂浆的主要技术性质——抗压强度与强度等级	（1）砌筑砂浆的强度用强度等级来表示。 （2）砂浆强度等级是以边长为70.7mm的立方体试件，在标准养护条件下，用标准试验方法测得28d龄期的抗压强度值（单位为MPa）确定。 （3）砌筑砂浆的强度等级宜采用 M30、M25、M20、M15、M10、M7.5、M5 七个等级。 （4）立方体试件以 3 个为一组进行评定，以三个试件测值的算术平均值作为该组试件的砂浆立方体试件抗压强度平均值（f_2）（精确至 0.1MPa）。 （5）当三个测值的最大值或最小值中如有一个与中间值的差值超过中间值的 15% 时，则把最大值及最小值一并舍去，取中间值作为该组试件的抗压强度值；如有两个测值与中间值的差值均超过中间值的 15% 时，则该组试件的试验结果无效。 （6）影响砂浆强度的因素：砂浆的组成材料、配合比、施工工艺、施工及硬化时的条件、砌体材料的吸水率

砌　　块

序号	项目	内容
1	砌块分类	（1）按主规格尺寸可分为小砌块、中砌块和大砌块。 （2）按其空心率大小砌块又可分为空心砌块和实心砌块两种。 （3）空心率小于25％或无孔洞的砌块为实心砌块。 （4）空心率大于或等于25％的砌块为空心砌块。 （5）按其所用主要原料及生产工艺命名：如水泥混凝土砌块、加气混凝土砌块、粉煤灰砌块、石膏砌块、烧结砌块等。 （6）常用砌块：普通混凝土小型空心砌块、轻骨料混凝土小型空心砌块和蒸压加气混凝土砌块等
2	普通混凝土小型砌块	（1）普通混凝土小型砌块出厂检验项目有尺寸偏差、外观质量、最小壁肋厚度和强度等级。 （2）空心砌块按其强度等级分为MU5.0、MU7.5、MU10、MU15、MU20和MU25六个等级。 （3）实心砌块按其强度等级分为MU10、MU15、MU20、MU25、MU30、MU35和MU40七个等级。 （4）普通混凝土小型空心砌块作为烧结砖的替代材料，可用于承重结构和非承重结构。 （5）混凝土砌块砌筑前不允许浇水。 （6）在气候特别干燥炎热时，可在砌筑前稍喷水湿润。 （7）注意防止外墙面渗漏，粉刷时作好填缝，并压实、抹平
3	轻骨料混凝土小型空心砌块	（1）按密度划分为700kg/m³、800kg/m³、900kg/m³、1000kg/m³、1100kg/m³、1200kg/m³、1300kg/m³和1400kg/m³八个等级。 （2）按强度可采用MU3.5、MU5.0、MU7.5、MU10.0和MU15五个等级。 （3）同一强度等级砌块的抗压强度和密度等级范围应同时符合规定方为合格。 （4）轻骨料混凝土小型空心砌块密度较小、热工性能较好，但干缩值较大，使用时更容易产生裂缝。 （5）主要用于非承重的隔墙和围护墙
4	蒸压加气混凝土砌块	（1）按干密度分为B03、B04、B05、B06、B07、B08共六个级别。 （2）按抗压强度分A1.0、A2.0、A2.5、A3.5、A5.0、A7.5、A10七个强度级别。 （3）按尺寸偏差与外观质量、干密度、抗压强度和抗冻性分为优等品（A）、合格品（B）两个等级。 （4）用于一般建筑物墙体、多层建筑物的非承重墙及隔墙、低层建筑的承重墙。 （5）体积密度级别低的砌块可用于屋面保温

考点5　饰面石材、陶瓷的特性和应用

饰面石材

序号	项目	内容
1	天然花岗石	（1）花岗石适宜制作火烧板。 （2）技术要求：规格尺寸允许偏差、平面度允许公差、角度允许公差、外观质量和物理性能。 （3）花岗石板材主要用于大型公共建筑或装饰等级要求较高的室内外装饰工程。 （4）花岗石粗面和细面板材常用于室外地面、墙面、柱面、勒脚、基座、台阶。 （5）镜面板材主要用于室内外地面、墙面、柱面、台面、台阶等，特别适宜做大型公共建筑大厅的地面

序号	项目	内容
2	天然大理石	(1) 建筑装饰工程上所指的大理石是广义的，除指大理岩外，还泛指具有装饰功能，可以磨平、抛光的各种碳酸盐类的沉积岩和与其有关的变质岩，如石灰岩、白云岩、钙质砂岩等。 (2) 大理石质地密实、抗压强度较高、吸水率低、质地较软，属中硬石材。天然大理石易加工，开光性好，常被制成抛光板材，其色调丰富、材质细腻、极富装饰性。 (3) 天然大理石板材按板材的加工质量和外观质量分为 A、B、C 三级。 (4) 天然大理石板材的技术要求包括加工质量、外观质量和物理性能。 (5) 天然大理石板材是装饰工程的常用饰面材料。一般用于宾馆、展览馆、剧院、商场、图书馆、机场、车站等工程的室内墙面、柱面、服务台、栏板、电梯间门口等部位。由于其耐磨性相对较差，用于室内地面，可以采取表面结晶处理，提高表面耐磨性和耐腐蚀能力。大理石由于耐酸腐蚀能力较差，除个别品种外，一般只适用于室内
3	人造石	(1) 人造石按主要原材料分包括人造石实体面材、人造石英石和人造石岗石等产品。 (2) 人造石实体面材以甲基丙烯酸甲酯（MMA；俗称亚克力）或不饱和聚酯树脂（UPR）为基体，主要以氢氧化铝为填料，加入颜料及其他辅助剂，经浇筑成型或真空模塑或模压成型。按基体树脂分为丙烯酸类（代号 PMMA）和不饱和聚酯类（代号 UPR）两种类型。按巴氏硬度、落球冲击分为优等 A 级和合格 B 级两个等级。 (3) 人造石英石以天然石英石（砂、粉）、硅砂、尾矿渣等无机材料（主要成分为二氧化硅）为主要原材料，以高分子聚合物或水泥或两者混合物为粘结材料制成，简称石英石或人造石英石，俗称石英微晶合成装饰板或人造硅晶石。按规格尺寸允许偏差、角度公差、平整度、外观质量和落球冲击（仅限用于台面时）分为优等 A 级和合格 B 级。 (4) 人造石岗石以大理石、石灰石等的碎料、粉料为主要原材料，以高分子聚合物或水泥或两者混合物为粘合材料制成，简称岗石或人造大理石。按规格尺寸允许偏差、角度公差、平整度、外观质量分为优等 A 级和合格 B 级

建筑卫生陶瓷

序号	项目	内容
1	种类	(1) 建筑卫生陶瓷包括建筑陶瓷和卫生陶瓷两大类。 (2) 建筑陶瓷包括陶瓷砖、建筑琉璃制品、微晶玻璃陶瓷复合砖、陶瓷烧结透水砖、建筑幕墙用陶瓷板等。 (3) 卫生陶瓷指用作卫生设施的有釉陶瓷制品
2	陶瓷砖	(1) 按成型方法分类，可分为挤压砖（称为 A 类砖）、干压砖（称为 B 类砖）。 (2) 按吸水率（E）分类，可分为低吸水率砖（Ⅰ类）；中吸水率砖（Ⅱ类）和高吸水率砖（Ⅲ类）。其中低吸水率砖（Ⅰ类）包括：瓷质砖和炻瓷砖；中吸水率砖（Ⅱ类）包括：细炻砖和炻质砖；高吸水率砖（Ⅲ类）为陶质砖。 (3) 按表面施釉与否分类，可分为有釉（GL）砖和无釉（UGL）砖两种
3	卫生陶瓷分类	根据吸水率分为瓷质卫生陶瓷和炻陶质卫生陶瓷
4	卫生陶瓷通用技术要求	(1) 釉面与陶瓷坯体完全结合，同一件产品或配套产品之间应无明显色差，经抗裂实验应无釉裂、无坯裂。 (2) 卫生陶瓷产品的任何部位的坯体厚度应不小于 6mm，不包括为防止烧变形外加的支撑坯体。 (3) 轻量化产品单件质量符合以下要求：连体坐便器质量不宜超过 40kg；分体坐便器（不含水箱）质量不宜超过 25kg；蹲便器、洗面器质量不宜超过 20kg；壁挂式小便器质量不宜超过 15kg。 (4) 卫生陶瓷产品经耐荷重性测试后，应无变形、无任何可见结构破损

序号	项目	内容
5	便器技术要求	（1）下排式坐便器排污口安装距应为305mm，后排落地式坐便器排污口安装距应为180mm或100mm。 （2）所有带整体存水弯便器的水封深度应不小于50mm。 （3）坐便器的普通型和节水型分别为不大于6.4L和5.0L；蹲便器的普通型分别不大于8.0L（单冲式）和6.4L（双冲式）、节水型不大于6.0L；小便器普通型和节水型分别不大于4.0L和3.0L

考点6　木材、木制品的特性和应用

木制品的特性与应用

序号	项目		内容
1	实木地板	（1）分类	实木地板是指未经拼接、覆贴的单块木材直接加工而成的地板。 ① 按表面形态分类实木地板可分为平面实木地板、非平面实木地板。 ② 按照表面有无涂饰分类分为涂饰实木地板和未涂饰实木地板。 ③ 按表面涂饰类型分为漆饰实木地板和油饰实木地板。 ④ 按加工工艺分为普通实木地板、仿古实木地板
		（2）技术要求	① 平面实木地板按外观质量、理化性能分为优等品和合格品，非平面实木地板不分等级。 ② 理化性能指标有：含水率、漆膜表面耐磨、漆膜附着力、漆膜硬度和漆膜表面耐污染、重金属含量（限色漆）等
2	人造木地板	（1）实木复合地板	① 按结构分为两层实木复合地板、三层实木复合地板、多层实木复合地板 ② 按外观质量等级分为优等品、一等品和合格品
		（2）浸渍纸层压木质地板	① 浸渍纸层压木质地板是指以一层或多层专用纸浸渍热固性氨基树脂，铺装在刨花板、高密度纤维板等人造板基材正面，专用纸表面加耐磨层，基材背面加平衡层，经热压、成型的地板。商品名称为强化木地板。 ② 强化木地板规格尺寸大、花色品种较多、铺设整体效果好、色泽均匀，视觉效果好。表面耐磨性高，有较高的阻燃性能，耐污染腐蚀能力强，抗压、抗冲击性能好。便于清洁、护理，尺寸稳定性好，不易起拱。铺设方便，可直接铺装在防潮衬垫上。价格较便宜，但密度较大、脚感较生硬、可修复性差。 ③ 分类：按用途分为商用Ⅰ级浸渍纸层压木质地板、商用Ⅱ级浸渍纸层压木质地板、家用Ⅰ级浸渍纸层压木质地板、家用Ⅱ级浸渍纸层压木质地板。按地板基材分为以高密度纤维板为基材的浸渍纸层压木质地板和以刨花板为基材的浸渍纸层压木质地板。按装饰层分为单层浸渍装饰纸层压木质地板、热固性树脂浸渍纸高压装饰层积板层压木质地板。按表面模压形状分为平面浸渍纸层压木质地板、非平面浸渍纸层压木质地板。按是否适用地面辐射供暖场所分为非地采暖用浸渍纸层压木质地板、地采暖用浸渍纸层压木质地板。根据产品的外观质量分为优等品和合格品。 ④ 强化地板适用于会议室、办公室、高清洁度实验室等，也可用于中、高档宾馆，饭店及民用住宅的地面装修等。强化地板虽然有防潮层，但不宜用于浴室、卫生间等潮湿的场所

序号	项目		内容
2	人造木地板	(3) 软木地板	① 软木地板是用栓皮栎或类似树种的树皮经加工并施加胶粘剂制成的地板。其特点为绝热、隔振、防滑、防潮、阻燃、耐水、不霉变、不易翘曲和开裂、脚感舒适、有弹性。栓皮栎橡树的树皮可再生，属于绿色建材。 ② 分类：按表面涂饰方式分为未涂饰软木地板、涂饰软木地板、油饰软木地板。按使用场所分为商用软木地板、家用软木地板。 ③ 根据理化性能指标，软木地板分为优等品、合格品。软木复合地板的理化性能指标包括密度、含水率、初始压缩度、残留压缩度、表面耐磨、抗拉强度、表面耐污染、耐沸水（不发生任何散解现象）。软木地板中若使用脲醛树脂或者三聚氰胺甲醛树脂，甲醛释放量限值为 0.124 mg/m³
3	人造板	(1) 胶合板	① 胶合板是指由单板构成的多层材料，通常按相邻层单板的纹理方向垂直组坯胶合而成的板材。 ② 分类：普通胶合板按成品板上可见的材质缺陷和加工缺陷的数量和范围分为三个等级，即优等品、一等品和合格品。按使用环境条件分为Ⅰ类、Ⅱ类、Ⅲ类胶合板。Ⅰ类胶合板即耐气候胶合板，供室外条件下使用，能通过煮沸试验。Ⅱ类胶合板即耐水胶合板，供潮湿条件下使用，能通过 63±3℃ 热水浸渍试验。Ⅲ类胶合板即不耐潮胶合板，供干燥条件下使用，能通过干燥试验。 ③ 室内用胶合板甲醛释放限量为 0.124mg/m³，限量标识为 E_1
		(2) 纤维板	① 将木材或其他植物纤维原料分离成纤维，利用纤维之间的交织及其自身固有的粘结物质，或者施加胶粘剂，在加热和（或）加压条件下制成的人造板材。 ② 纤维板构造均匀，完全克服了木材的各种缺陷，不易变形、翘曲和开裂，各向同性，硬质纤维板可代替木材用于室内墙面、顶棚等。软质纤维板可用作保温、吸声材料
		(3) 刨花板	① 刨花板是将木材或非木材植物纤维原料加工成刨花（或碎料），施加胶粘剂（和其他添加剂），组坯成型并经热压而成的一类人造板材。 ② 刨花板密度小，材质均匀，但易吸湿、强度不高，可用于保温、吸声或室内装饰等
		(4) 细木工板	① 由木条或木块顺纹方向组成板芯，两面与单板或胶合板组坯胶合而成的一种人造板。 ② 细木工板不仅是一种综合利用木材的有效措施，而且这样制得的板材构造均匀、尺寸稳定、幅面较大、厚度较大。 ③ 除可用作表面装饰外，也可直接兼作构造材料

考点 7　玻璃的特性和应用

建筑工程常用玻璃

序号	名称	性能特征	用　途
1	净片玻璃	(1) 未经深加工的平板玻璃，也称为净片玻璃。 (2) 普遍采用制造方法是浮法。 (3) 有良好的透视、透光性能。对太阳光中热射线的透过率较高，但对室内墙、顶、地面和物品产生的长波热射线却能有效阻挡，可产生明显的"暖房效应"，夏季空调能耗加大。 (4) 太阳光中紫外线对净片玻璃的透过率较低	(1) 3～5mm 净片玻璃一般直接用于有框门窗采光。 (2) 8～12mm 的平板玻璃可用于隔断、橱窗、无框门。 (3) 净片玻璃是作深加工玻璃的原片

序号	名称		性能特征	用途
2	装饰玻璃		包括以装饰性能为主要特性的彩色平板玻璃、釉面玻璃、压花玻璃、喷花玻璃、乳花玻璃、刻花玻璃、冰花玻璃等	装饰使用
3	安全玻璃	钢化玻璃	（1）机械强度高，抗冲击性也很高，弹性比普通玻璃大得多，热稳定性好，在受急冷急热作用时，不易发生炸裂，碎后不易伤人。 （2）用于大面积玻璃幕墙时要采取必要技术措施，以避免受风荷载引起振动而自爆	用作建筑物的门窗、隔墙、幕墙及橱窗、家具等
		均质钢化玻璃	普通退火玻璃经过热处理工艺成为钢化玻璃，通过对钢化玻璃进行均质（第二次热处理工艺）处理，可以大大降低钢化玻璃的自爆率，称为均质钢化玻璃	在玻璃或最小包装上一般都会标识"均质钢化玻璃"或符号"HST"
		防火玻璃	（1）指在规定的耐火试验中能够保持其完整性和隔热性的安全玻璃。 （2）防火玻璃按结构可分为复合防火玻璃（FFB）和单片防火玻璃（DFB）。 （3）防火玻璃按耐火性能指标分为：隔热型防火玻璃（A类）和非隔热型防火玻璃（C类）两类。 （4）A类防火玻璃要同时满足耐火完整性、耐火隔热性的要求。 （5）C类防火玻璃要满足耐火完整性的要求。 （6）防火玻璃按耐火极限可分为五级，其耐火时间分别为不小于 3h、2h、1.5h、1h、0.5h	防火玻璃常用作建筑物的防火门、窗和隔断的玻璃
		夹层玻璃	（1）是在两片或多片玻璃原片（浮法玻璃、钢化玻璃、彩色玻璃、吸热玻璃或热反射玻璃等）之间，用以 PVB（聚乙烯醇缩丁醛）为主的中间材料经加热、加压粘合而成的平面或曲面的复合玻璃制品。 （2）夹层玻璃透明度好，抗冲击性能高，玻璃破碎不会散落伤人	（1）用于高层建筑的门窗、天窗、楼梯栏板和有抗冲击作用要求的商店、银行、橱窗、隔断及水下工程等安全性能高的场所或部位等。 （2）夹层玻璃不能切割，需要选用定型产品或按尺寸定制
4	节能装饰型玻璃	着色玻璃	（1）是一种既能显著地吸收阳光中的热射线，又能保持良好透明度的节能装饰型玻璃，也称为着色吸热玻璃，产生"冷室效应"。 （2）能较强地吸收太阳的紫外线，有效地防止室内物品的褪色和变质起到保持物品色泽鲜丽、经久不变，增加建筑物外形美观的作用	（1）用于既需采光又要隔热之处，能合理利用太阳光，调节室内温度，节省空调费用，且对建筑物的外形有很好的装饰效果。 （2）一般多用作建筑物的门窗或玻璃幕墙
		阳光控制镀膜玻璃	（1）是对太阳光中的热射线具有一定控制作用的镀膜玻璃。 （2）具有良好的隔热性能，可以避免暖房效应，节约室内降温空调的能源消耗。 （3）具有单向透视性，故又称为单反玻璃	

序号	名称		性能特征	用途
4	节能装饰型玻璃	低辐射膜玻璃	（1）又称"Low-E"玻璃。 （2）对可见光有较高的透过率，但对阳光和室内物体辐射的热射线却可有效阻挡，可使室内夏季凉爽、冬季保温，节能效果明显。 （3）有阻止紫外线透射的功能，起到改善室内物品、家具老化、褪色的作用	低辐射膜玻璃一般不单独使用，往往与净片玻璃、浮法玻璃、钢化玻璃等配合，制成高性能的中空玻璃
		中空玻璃	（1）光学性能良好，且由于玻璃层间干燥气体导热系数极小，露点很低。 （2）具有良好的隔声性能	用于保温隔热、隔声等功能要求的建筑物，如宾馆、住宅、医院、商场、写字楼等幕墙工程

考点8　防水材料的特性和应用

防水卷材

序号	项目	性能	用途
1	SBS、APP 改性沥青防水卷材	SBS、APP 改性沥青防水卷材具有不透水性能强，抗拉强度高，延伸率大，耐高低温性能好，施工方便等特点	适用于工业与民用建筑的屋面、地下等处的防水防潮以及桥梁、停车场、游泳池、隧道等建筑物的防水
2	聚乙烯丙纶（涤纶）防水卷材	聚乙烯丙纶（涤纶）防水卷材具有优良的机械强度、抗渗性能、低温性能、耐腐蚀性和耐候性	广泛应用于各种建筑结构的屋面、墙体、厕浴间、地下室、冷库、桥梁、水池、地下管道等工程的防水、防渗、防潮、隔气等工程
3	PVC 高分子防水卷材	它是一种性能优异的高分子防水卷材，具有拉伸强度大、延伸率高、收缩率小、低温柔性好、使用寿命长等特点。产品性能稳定、质量可靠、施工方便	广泛应用于各类工业与民用建筑、地铁、隧道、水利、垃圾掩埋场、化工、冶金等多个领域的防水、防渗、防腐工程
4	TPO 高分子防水卷材	具有超强的耐紫外线、耐自然老化能力，优异的抗穿刺性能，高撕裂强度、高断裂延伸性等特点	主要适用于工业与民用建筑及公共建筑的各类屋面防水工程
5	自粘复合防水卷材	具有强度高、延伸性强，自愈性好，施工简便、安全性高等特点	广泛适用于工业与民用建筑的室内、屋面、地下防水工程，蓄水池、游泳池及地铁隧道防水工程，木结构及金属结构屋面的防水工程

建筑防水涂料

序号	项目	性能	用途
1	JS聚合物水泥基防水涂料	具有较高的断裂伸长率和拉伸强度，优异的耐水、耐碱、耐候、耐老化性能，使用寿命长等特点	广泛应用于屋面、内外墙、厕浴间、水池及地下工程的防水、防渗、防潮
2	聚氨酯防水涂料	有"液体橡胶"的美誉。使用聚氨酯防水涂料进行防水工程施工，涂刷后形成的防水涂膜耐水、耐碱、耐久性优异，粘结良好，柔韧性强	广泛适用于屋面、地下室、厕浴间、桥梁、冷库、水池等工程的防水、防潮；亦可用于形状复杂、管道纵横部位的防水，也可作为防腐涂料使用
3	水泥基渗透结晶型防水涂料	是一种刚性防水材料。具有独特的呼吸、防腐、耐老化、保护钢筋能力，环保、无毒、无公害。施工简单、节省人工	广泛用于隧道、大坝、水库、发电站、核电站、冷却塔、地下铁道、立交桥、桥梁、地下连续墙、机场跑道、桩头桩基、废水处理池、蓄水池、工业与民用建筑地下室、屋面、厕浴间的防水施工，以及混凝土建筑设施等所有混凝土结构弊病的维修堵漏

刚性防水材料

序号	项目	性能	用途
1	防水混凝土	（1）以调整混凝土的配合比、掺外加剂或使用新品种水泥等方法提高自身的密实性、憎水性和抗渗性，使其满足抗渗压力大于0.6MPa的不透水性的混凝土。 （2）具有节约材料，成本低廉，渗漏水时易于检查，便于修补，耐久性好等特点。 （3）其防水机理是依靠结构构件（如梁、板、柱、墙体等）混凝土自身的密实性，再加上一些构造措施（如设置坡度、变形缝或者使用嵌缝膏、止水环等），达到结构自防水的目的	（1）主要适用于一般工业、民用及公共建筑的地下防水工程。 （2）防水混凝土兼有结构层和防水层的双重功效
2	防水砂浆	（1）具有操作简便，造价便宜，易于修补等特点。 （2）应用人工抹压的防水砂浆，这种砂浆主要依靠特定的某种外加剂，如防水剂、膨胀剂、聚合物等，以提高水泥砂浆的密实性或改善砂浆的抗裂性，从而达到防水抗渗的目的	适用于结构刚度大、建筑物变形小、基础埋深小、抗渗要求不高的工程，不适用于有剧烈振动、处于侵蚀性介质及环境温度高于100℃的工程
	备注	常用的建筑密封材料有硅酮、聚氨酯、聚硫、丙烯酸酯等密封材料	

考点 9　保温与防火材料的特性和应用

建筑保温材料

序号	项目	内容
1	材料一般要求	密度小、导热系数小、吸水率低、尺寸稳定性好、保温性能可靠、施工方便、环境友好、造价合理
2	保温材料分类	(1) 按材质可分为无机保温材料、有机保温材料和复合保温材料三大类。 (2) 按形态分为纤维状、多孔（微孔、气泡）状、层状等
3	保温功能性指标	由材料导热系数的大小决定的，导热系数越小，保温性能越好
4	影响保温材料导热系数的因素	(1) 材料的性质。导热系数以金属最大，非金属次之，液体较小，气体更小。 (2) 表观密度与孔隙特征。表观密度小的材料，导热系数小。孔隙率相同时，孔隙尺寸越大，导热系数越大。 (3) 湿度。材料吸湿受潮后，导热系数就会增大。水的导热系数为 0.5 W/（m·K）比空气的导热系数 0.029 W/（m·K）大 20 倍。而冰的导热系数是 2.33 W/（m·K），导热系数更大。 (4) 温度。材料的导热系数随温度的升高而增大，但温度在 0～50℃时并不显著，只有对处于高温和负温下的材料，才要考虑温度的影响。 (5) 热流方向。当热流平行于纤维方向时，保温性能减弱；而热流垂直纤维方向时，保温材料的阻热性能发挥最好

常用保温材料

序号	项目	特点	说明
1	聚氨酯泡沫塑料	(1) 保温性能好。硬泡聚氨酯是高度交联、低密度、多孔的绝热结构材料，导热系数低（0.017～0.024）W/（m·K）。 (2) 防水性能优异。具有封闭的泡孔结构，闭孔率超过 90%，吸水率很低，能有效阻碍水汽的渗透，被视为防水保温一体化产品。 (3) 防火阻燃性能好。硬泡聚氨酯燃烧性能等级不低于 B₂ 级，其离火自熄，遇火时不产生熔滴；过火后表面形成碳化结焦层，阻缓内部进一步燃烧；没有阴燃现象，不会成为二次火源。 (4) 使用温度范围广。使用温度范围为 −50～150℃，短期使用温度可达 250℃，可应用于严寒和高温地区。 (5) 耐化学腐蚀性好。硬泡聚氨酯可耐多种有机溶剂，甚至在一些极性较强的溶剂里，也只发生膨胀现象；在较浓的酸和氧化剂中，才发生分解现象。 (6) 使用方便。可现场喷涂为任意形状，板材具有良好的可加工性，使用方便	(1) 聚氨酯泡沫塑料按所用材料的不同分为聚醚型和聚酯型两种，又有软质和硬质之分。 (2) 按照成型方法又分为喷涂型硬泡聚氨酯和硬泡聚氨酯板材。 (3) 硬泡聚氨酯板材广泛应用于屋面和墙体保温。可代替传统的防水层和保温层，具有一材多用的功效

序号	项目	特点	说明
2	改性酚醛泡沫塑料	（1）绝热性。其热导率仅为（0.022～0.045）W/（m·K），在所有无机及有机保温材料中是最低的。适用于做宾馆、公寓、医院等高级建筑物内顶棚的衬里和房顶隔热板。 （2）耐化学溶剂腐蚀性。其性能优于其他泡沫塑料，除能被强酸腐蚀外，几乎能耐所有的无机酸、有机酸及盐类。可与任何水溶型、溶剂型胶类并用。 （3）吸声性能。其吸声系数在中、高频区仅次于玻璃棉、板，而优于其他泡沫塑料。广泛用于隔墙、外墙复合板、吊顶顶棚等。 （4）吸湿性。酚醛泡沫闭孔率大于97%，泡沫不吸水。可用于管道保冷。 （5）抗老化性。长期暴露在阳光下，无明显老化现象，使用寿命明显长于其他泡沫材料。 （6）阻燃性。检测表明，酚醛泡沫无须加入任何阻燃剂，氧化指数即高达40，属B₁级难燃材料；添加无机填料的高密度酚醛泡沫塑料氧化指数可达60，燃烧等级为A级。 （7）抗火焰穿透性。泡沫遇见火时表面能形成结构碳的石墨层，有效保护了泡沫的内部结构，在材料一侧燃烧时另一侧的温度不会升得较高，也不扩散，当火焰撤后火自动熄灭。有测试表明酚醛泡沫在1000℃火焰温度下，抗火焰能力可达120min	（1）用于生产酚醛泡沫的树脂有两种：热塑性树脂和热固性树脂，并大多采用热固性树脂。 （2）酚醛泡沫塑料广泛应用于防火保温要求较高的工业建筑和民用建筑
3	聚苯乙烯泡沫塑料	具有重量轻、隔热性能好、隔声性能优、耐低温性能强的特点，还具有一定弹性、低吸水性和易加工等优点	广泛应用于建筑外墙外保温和屋面的隔热保温系统
4	岩棉、矿渣棉制品	优良的绝热性、使用温度高、防火不燃、较好的耐低温性、长期使用稳定性、吸声、隔声、对金属无腐蚀性等	燃烧性能为不燃材料

建筑防火材料

序号	项目	内容
1	阻燃剂	（1）按使用方法分类，阻燃剂可分为添加型阻燃剂和反应型阻燃剂两类。添加型又可分为有机阻燃剂和无机阻燃剂。 （2）按所含元素分类，阻燃剂可分为磷系、卤素系（溴系、氯系）、氮系和无机系等几类
2	钢结构防火涂料	钢结构防火涂料是施涂于建（构）筑物钢结构表面，能形成耐火隔热保护层以提高钢结构耐火极限的涂料，具体知识点见下表
3	饰面型防火涂料	（1）饰面型防火涂料是涂覆于可燃基材（如木材、纤维板、纸板及制品）表面，具有一定装饰作用，遇火灾能膨胀发泡形成隔热保护层的涂料。 （2）其按分散介质可分为以水作为分散介质的水基性饰面型防火涂料和以有机溶剂作为分散介质的溶剂性饰面型防火涂料

序号	项目	内容
4	水性防火阻燃液	根据水性防火阻燃液的使用对象，可分为木材阻燃处理用的水性防火阻燃液、织物阻燃处理用的水性防火阻燃液及纸板阻燃处理用的水性防火阻燃液三类
5	防火堵料	根据防火封堵材料的组成、形状与性能特点可分为三类：以有机高分子材料为胶粘剂的有机防火堵料；以快干水泥为胶凝材料的无机防火堵料；将阻燃材料用织物包裹形成的防火包
6	防火板材	防火板材广泛用于建筑物的顶棚、墙面、地面等多种部位

钢结构防火涂料

序号	项目	内容
1	钢结构防火涂料分类	（1）按火灾防护对象分类 1）普通钢结构防火涂料：用于普通工业与民用建（构）筑物钢结构表面的防火涂料。 2）特种钢结构防火涂料：用于特殊建（构）筑物（如石油化工设施、变配电站等）钢结构表面的防火涂料。 （2）按使用场所分类 1）室内钢结构防火涂料：用于建筑物室内或隐蔽工程的钢结构表面的防火涂料。 2）室外钢结构防火涂料：用于建筑物室外或露天工程的钢结构表面的防火涂料。 （3）按分散介质分类 1）水基性钢结构防火涂料：以水作为分散介质的钢结构防火涂料。 2）溶剂性钢结构防火涂料：以有机溶剂作为分散介质的钢结构防火涂料。 （4）按防火机理分类 1）膨胀型钢结构防火涂料：涂层在高温时膨胀发泡，形成耐火隔热保护层的钢结构防火涂料。 2）非膨胀型钢结构防火涂料：涂层在高温时不膨胀发泡，其自身成为耐火隔热保护层的钢结构防火涂料
2	耐火极限	钢结构防火涂料的耐火极限分为：0.50h、1.00h、1.50h、2.00h、2.50h 和 3.00h
3	一般技术要求	（1）用于生产钢结构防火涂料的原材料应符合国家环境保护和安全卫生相关法律法规的规定。 （2）钢结构防火涂料应能采用规定的分散介质进行调和、稀释。 （3）钢结构防火涂料应能采用喷涂、抹涂、刷涂、辊涂、刮涂等方法中的一种或多种方法施工，并能在正常的自然环境条件下干燥固化，涂层实干后不应有刺激性气味。 （4）复层涂料应相互配套，底层涂料应能同防锈漆配合使用，或者底层涂料自身具有防锈性能。 （5）膨胀型钢结构防火涂料的涂层厚度不应小于 1.5mm，非膨胀型钢结构防火涂料的涂层厚度不应小于 15mm

2A312000　建筑工程专业施工技术

2A312010　施工测量技术

【考点图谱】

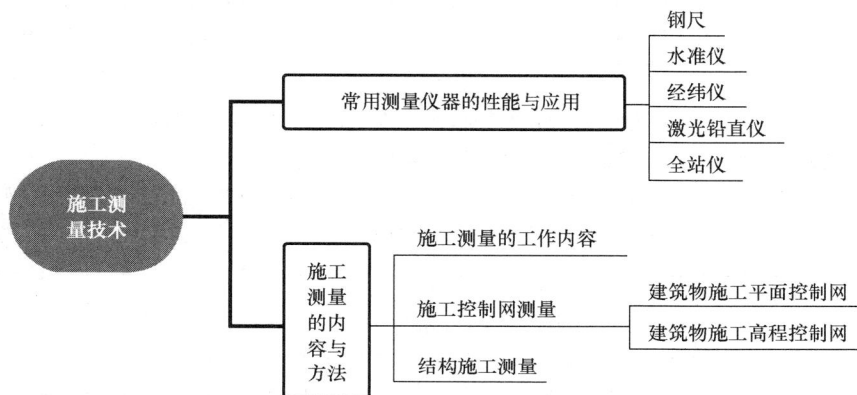

【考点精析】

考点1　常用测量仪器的性能与应用

常用测量仪器的性能和应用

序号	项目	性能	应用
1	钢尺	(1) 钢尺按零点位置分为端点尺和刻线尺。 (2) 钢尺量距时应使用拉力计，拉力与钢尺检定时一致。 (3) 距离测量结果中应加入尺长、温度、倾斜等改正数	距离测量，钢尺量距是目前楼层测量放线最常用的距离测量方法
2	水准仪	(1) DS05型和DS1型水准仪称为精密水准仪，用于国家一、二等水准测量和其他精密水准测量。 (2) DS3型水准仪称为普通水准仪，用于国三、四等水准测量和一般工程水准测量。 (3) 水准仪主要由望远镜、水准器和基座三个部分组成	测量两点间的高差，它不能直接测量待定点的高程，但可由控制点的已知高程来推算测点的高程；利用视距测量原理，它还可以测量两点间的大致水平距离
3	经纬仪	(1) 经纬仪分光学经纬仪和电子经纬仪，主要区别在于角度值读取方式的不同。 (2) DJ6型进行普通等级测量，DJ2型则可进行高等级测量工作。 (3) 经纬仪主要由照准部、水平度盘和基座三部分组成	进行水平角和竖直角测量的仪器，它还可以借助水准尺，利用视距测量原理，测出两点间的大致水平距离和高差，也可以进行点位的竖向传递测量
4	激光铅直仪	(1) 建筑施工测量一般采用1/（4万）精度激光铅直仪。 (2) 除激光铅直仪外，有的工程也采用激光经纬仪来进行点位的竖向传递测量	主要用来进行点位的竖向传递，如高层建筑施工中轴线点的竖向投测等
5	全站仪	(1) 具有操作方便、快捷、测量功能全等特点，使用全站仪测量时，在测站上安置好仪器后，除照准需人工操作外，其余操作可以自动完成，而且几乎是在同一时间测得平距、高差、点的坐标和高程。 (2) 全站仪能实现测量信息化和自动化。 (3) 由电子测距仪、电子经纬仪和电子记录装置三部分组成	可以同时进行角度测量和距离测量的仪器

考点 2 施工测量的内容与方法

施工测量

序号	项目	内容
1	施工测量的工作内容	（1）施工测量现场主要工作有：施工控制网建立、已知长度的测设、已知角度的测设、建筑物细部点平面位置的测设、建筑物细部点高程位置及倾斜线的测设等。 （2）通常先布设施工控制网，再以施工控制网为基础，开展建筑物轴线测量和细部放样等施工测量工作
2	建筑物施工平面控制网	（1）建筑物施工平面控制网，应根据建筑物的设计形式和特点布设，一般布设成十字轴线或矩形控制网；也可根据建筑红线定位。 （2）平面控制网的主要测量方法有直角坐标法、极坐标法、角度交会法、距离交会法等，一般采用极坐标法建立平面控制网
3	建筑物施工高程控制网	（1）建筑物高程控制，应采用水准测量。 （2）附合路线闭合差，不应低于四等水准测量的要求。 （3）水准点可设置在平面控制网的标桩或外围的固定地物上，也可单独埋设。 （4）水准点的个数，不应少于两个。 （5）当采用主要建筑物附近的高程控制点时，也不应少于两个点。 （6）高程控制点的高程值一般采用工程±0.000 高程值。 （7）±0.000 高程测设一般用水准仪进行。 （8）高程测设的公式：$b = H_A + a - H_P$
4	结构施工测量	（1）结构施工测量的主要内容包括：主轴线内控基准点的设置、施工层的放线与抄平、建筑物主轴线的竖向投测、施工层标高的竖向传递等。 （2）建筑物主轴线的竖向投测，主要有外控法和内控法两类。 （3）多层建筑可采用外控法或内控法，高层建筑一般采用内控法。 （4）采用外控法进行轴线竖向投测时，应将控制轴线引测至首层结构外立面上，作为各施工层主轴线竖向投测的基准。 （5）采用内控法进行轴线竖向投测时，应在首层或最底层底板上预埋钢板，划"十"字线，并在"十"字线中心钻孔，作为基准点，且在各层楼板对应位置预留 200mm×200mm 孔洞，以便传递轴线。 （6）轴线竖向投测前，应检测基准点，确保其位置正确，每层投测的允许偏差应在 3mm 以内，并逐层纠偏。 （7）标高的竖向传递，宜采用钢尺从首层起始标高线垂直量取。 （8）规模较小的工业建筑或多层民用建筑宜从 2 处分别向上传递，规模较大的工业建筑或高层建筑宜从 3 处分别向上传递。 （9）施工层抄平之前，应先检测三个传递标高点，当较差小于 3mm 时，以其平均值作为本层标高基准，否则应重新传递

2A312020 地基与基础工程施工技术

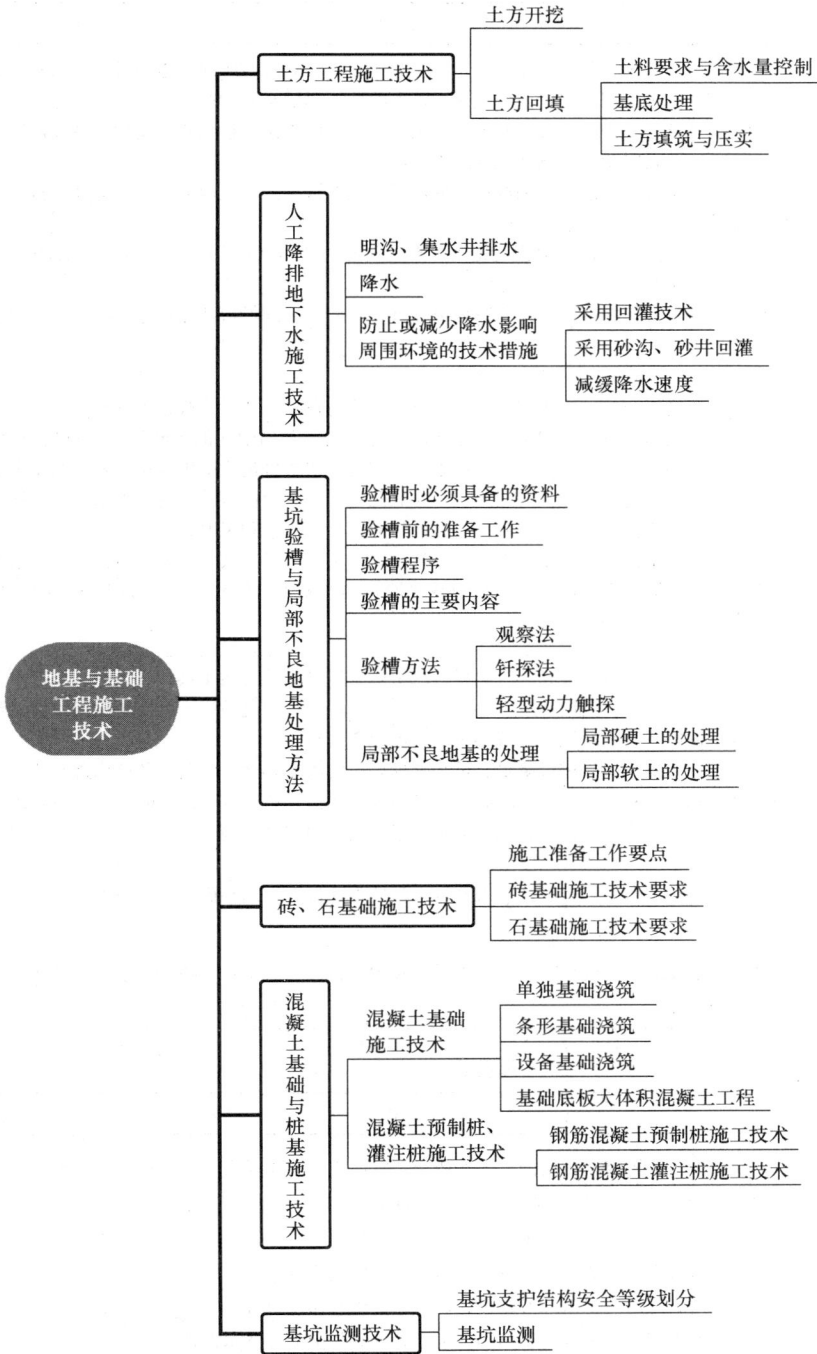

地基与基础工程施工技术
- 土方工程施工技术
  - 土方开挖
  - 土方回填
    - 土料要求与含水量控制
    - 基底处理
    - 土方填筑与压实
- 人工降排地下水施工技术
  - 降水
    - 明沟、集水井排水
  - 防止或减少降水影响周围环境的技术措施
    - 采用回灌技术
    - 采用砂沟、砂井回灌
    - 减缓降水速度
- 基坑验槽与局部不良地基处理方法
  - 验槽时必须具备的资料
  - 验槽前的准备工作
  - 验槽程序
  - 验槽的主要内容
  - 验槽方法
    - 观察法
    - 钎探法
    - 轻型动力触探
  - 局部不良地基的处理
    - 局部硬土的处理
    - 局部软土的处理
- 砖、石基础施工技术
  - 施工准备工作要点
  - 砖基础施工技术要求
  - 石基础施工技术要求
- 混凝土基础与桩基施工技术
  - 混凝土基础施工技术
    - 单独基础浇筑
    - 条形基础浇筑
    - 设备基础浇筑
    - 基础底板大体积混凝土工程
  - 混凝土预制桩、灌注桩施工技术
    - 钢筋混凝土预制桩施工技术
    - 钢筋混凝土灌注桩施工技术
- 基坑监测技术
  - 基坑支护结构安全等级划分
  - 基坑监测

考点 1　土方工程施工技术

土方开挖

序号	项目	内容
1	开挖前工作	（1）土方工程施工前应考虑土方量、土方运距、土方施工顺序、地质条件等因素，进行土方平衡和合理调配，确定土方机械的作业线路、运输车辆的行走路线、弃土地点。 （2）基坑开挖应进行全过程监测，应采用信息化施工法，根据基坑支护体系和周边环境的监测数据，适时调整基坑开挖的施工顺序和施工方法。 （3）土方工程施工前，应采取有效的地下水控制措施。基坑内地下水位应降至拟开挖下层土方的底面以下不小于 0.5m。 （4）无支护土方工程采用放坡挖土，有支护土方工程可采用中心岛式（也称墩式）挖土、盆式挖土和逆作法挖土等方法。 （5）当基坑开挖深度不大、周围环境允许，经验算能确保边坡的稳定性时，可采用放坡开挖
2	开挖方法	（1）中心岛式挖土：用于支护结构的支撑形式为角撑、环梁式或边桁（框）架式，中间具有较大空间情况下的大型基坑土方开挖。此方法可利用中间的土墩作为支点搭设栈桥，挖土机可利用栈桥下到基坑挖土，运土汽车亦可利用栈桥进入基坑运土，具有挖土和运土速度快的优点。支护结构受荷时间长，在软黏土中时间效应显著，有可能增大支护结构的变形量，对于支护结构受力不利，应在设计时充分考虑不利工况。 （2）盆式挖土：先开挖基坑中间部分的土，周围四边留土坡，土坡最后挖除。周边预留的土坡对围护墙有支撑作用，有利于减少围护墙的变形。缺点是大量的土方不能直接外运，需集中提升后装车外运
3	开挖要求	（1）基坑边缘堆置土方和建筑材料，或沿挖方边缘移动运输工具和机械，一般应距基坑上部边缘不少于 2m，堆置高度不应超过 1.5m。在垂直的坑壁边，此安全距离还应适当加大。软土地区不宜在基坑边堆置弃土或其他建筑材料等。 （2）基坑周围地面应进行防水、排水处理，严防雨水等地表水浸入基坑周边土体。 （3）当基坑较深，地下水位较高，开挖土体大多位于地下水位以下时，应采取合理的人工降水措施，降水时应根据相关要求观察附近已有建筑物或构筑物、道路、管线，有无下沉和变形。 （4）开挖时应对平面控制桩、水准点、基坑平面位置、水平标高、边坡坡度等经常进行检查
4	开挖后工作	基坑开挖完成后，应及时清底、验槽，减少暴露时间，防止暴晒和雨水浸刷破坏地基土的原状结构

土方回填要求

序号	项目	内容
1	土料要求与含水量控制	（1）填方一般不能选用淤泥、淤泥质土、膨胀土、有机质大于 5% 的土、含水溶性硫酸盐大于 5% 的土、含水量不符合压实要求的黏性土。 （2）填方土尽量采用同类土。 （3）土料含水量一般以手握成团、落地开花为适宜。 （4）气候干燥时，采取加速挖土、运土、平土和碾压过程。 （5）填料为碎石类土（充填物为砂土）时，碾压前充分洒水湿透

序号	项目	内容
2	基底处理	（1）清除基底上的垃圾、草皮、树根、杂物，排除坑穴中积水、淤泥和种植土，将基底充分夯实和碾压密实。 （2）采取措施防止地表滞水流入填方区，浸泡地基，造成基土下陷。 （3）当填土场地地面陡于 1∶5 时，可将斜坡挖成阶梯形，阶高 0.2～0.3m，阶宽大于 1m，然后分层填土，以利土料接合和防止滑动
3	土方填筑与压实	（1）填方的边坡坡度应根据填方高度、土的种类及其重要性确定。对使用时间较长的临时性填方边坡度，当填方高度小于 10m 时，可采用 1∶1.5；超过 10m 时，可做成折线形，上部采用 1∶1.5，下部采用 1∶1.75。 （2）填土应从场地最低处开始，由下而上整个宽度分层铺填。每层虚铺厚度应根据夯实机械确定。 （3）填方应在相对两侧或周围同时进行回填和夯实。 （4）填土应尽量采用同类土填筑，填方的密实度要求和质量指标通常以压实系数 λ_c 表示

考点 2　人工降排地下水施工技术

人工降排地下水技术

序号	项目	内容
1	明沟、集水井排水	（1）明沟、集水井排水是指在基坑的两侧或四周设置排水明沟，在基坑四角或每隔30～50m 设置集水井，使基坑渗出的地下水通过排水明沟汇集于集水井内（排水沟纵坡宜控制在 1‰～2‰），然后用水泵将其排出基坑外。 （2）排水明沟宜布置在拟建建筑基础边 0.4m 以外，沟边缘离开边坡坡脚应不小于 0.5m。排水明沟的底面应比挖土面低 0.3～0.4m。集水井底面应比明沟底面低 0.5m 以上。 （3）集水明沟排水常用水泵有潜水泵、离心式水泵和泥浆泵。 （4）集水明排的作用是：收集外排坑底、坑壁渗出的地下水；收集外排降雨形成的基坑内、外地表水；收集外排基坑内部降水井抽出的地下水
2	降水	（1）基坑降水应编制降水施工方案。 （2）降水设备的管道、部件和附件等，在组装前必须经过检查和清洗。滤管在运输、装卸和堆放时应防止损坏滤网。 （3）井孔应垂直，孔径上下一致。井点管应居于井孔中心，滤管不得紧靠井孔壁或插入淤泥中，滤管周围滤料应干净、分布均匀。 （4）井点管安装完毕应进行试运转，全面检查管路接头、出水状况和机械运转情况。 （5）降水系统运转过程中应随时检查观测井孔中的水位。 （6）降水期间，根据结构施工情况和土方回填进度，陆续关闭和逐根拔出井点管。 （7）如基坑坑底进行压密注浆加固时，要待注浆初凝后再进行降水施工
3	防止或减少降水影响周围环境的技术措施	（1）采用回灌技术：采用回灌井点时，回灌井点与降水井点的距离不宜小于 6m。 （2）采用砂沟、砂井回灌：回灌砂井的灌砂量，应取井孔体积的 95%，填料宜采用含泥量不大于 3%、不均匀系数在 3～5 之间的纯净中粗砂。 （3）减缓降水速度，可在井点系统降水过程中，调小离心泵阀，减缓抽水速度。在邻近被保护建（构）筑物一侧，将井点管间距加大，需要时甚至暂停抽水

考点 3　基坑验槽与局部不良地基处理方法

基坑验槽准备工作

序号	项目	内容
1	验槽时必须具备的资料	(1) 岩土工程勘察报告。 (2) 轻型动力触探记录（可不进行轻型动力触探的情形除外）。 (3) 地基基础设计文件。 (4) 地基处理或深基础施工质量检测报告等
2	验槽前的准备工作	(1) 察看结构说明和地质勘察报告，对比结构设计所用的地基承载力、持力层与报告所提供的是否相同。 (2) 询问、察看建筑位置是否与勘察范围相符。 (3) 察看场地内是否有软弱下卧层。 (4) 场地是否为特别的不均匀场地、是否存在勘察方要求进行特别处理的情况，而设计方没有进行处理。 (5) 要求建设方提供场地内是否有地下管线和相应的地下设施说明或图纸
3	验槽程序	(1) 在施工单位自检合格的基础上进行。施工单位确认自检合格后提出验收申请。 (2) 由总监理工程师或建设单位项目负责人组织建设、监理、勘察、设计及施工单位的项目负责人、技术质量负责人，共同按设计要求和有关规定进行
4	验槽的主要内容	(1) 根据设计图纸检查基槽的开挖平面位置、尺寸、槽底深度，检查是否与设计图纸相符，开挖深度是否符合设计要求。 (2) 仔细观察槽壁、槽底土质类型、均匀程度和有关异常土质是否存在，核对基坑土质及地下水情况是否与勘察报告相符。 (3) 检查基槽之中是否有旧建筑物基础、古井、古墓、洞穴、地下掩埋物及地下人防工程等。 (4) 检查基槽边坡外缘与附近建筑物的距离，基坑开挖对建筑物稳定是否有影响。 (5) 天然地基验槽应检查核实分析钎探资料，对存在的异常点位进行复合检查。桩基应检测桩的质量合格

验槽方法

序号	项目	内容
1	观察法	(1) 槽壁、槽底的土质情况，验证基槽开挖深度，初步验证基槽底部土质是否与勘察报告相符（对难于鉴别的土质，应采用洛阳铲等工具挖至一定深度仔细鉴别），观察槽底土质结构是否受到人为破坏；验槽时应重点观察柱基、墙角、承重墙下或其他受力较大部位，如有异常部位，要会同勘察、设计等有关单位进行处理。 (2) 基槽边坡是否稳定，是否有影响边坡稳定的因素存在，如坑底或边坡渗水、坑边堆载或近距离扰动等。 (3) 基槽内有无旧的房基、洞穴、古井、掩埋的管道和人防设施等，如存在上述问题，应沿其走向进行追踪，查明其在基槽内的范围、延伸方向、长度、深度及宽度。 (4) 在进行直接观察时，可用袖珍式贯入仪作为辅助手段

序号	项目	内容
2	钎探法	(1) 钎探是用锤将钢钎打入坑底以下的土层内一定深度，根据锤击次数和入土难易程度来判断土的软硬情况及有无古井、古墓、洞穴、地下掩埋物等。 (2) 钢钎的打入分人工和机械两种。 (3) 根据基坑平面图，依次编号绘制成钎探点平面布置图。 (4) 按照钎探点顺序号进行钎探施工。 (5) 打钎时，同一工程应钎径一致、锤重一致、用力（落距）一致。每贯入30cm（通常称为一步），记录一次锤击数，每打完一个孔，填入钎探记录表内，最后进行统一整理。 (6) 分析钎探资料：检查其测试深度、部位，以及测试钎探器具是否标准，记录是否规范，对钎探记录各点的测试击要认真分析，分析钎探击数是否均匀，对偏差大于50%的点位，分析原因，确定范围，重新补测，对异常点采用洛阳铲进一步核查。 (7) 钎探后的孔要用砂灌实
3	轻型动力触探情形	(1) 持力层明显不均匀。 (2) 局部有软弱下卧层。 (3) 有浅埋的坑穴、古墓、古井等，直接观察难以发现时。 (4) 勘察报告或设计文件规定应进行轻型动力触探时

注：地基验槽通常采用观察法，对于基底以下的土层不可见部位，通常辅以钎探法配合完成。

局部地基不良的处理

序号	项目	内容
1	局部硬土的处理	挖掉硬土部分，以免造成不均匀沉降。处理时要根据周边土的土质情况确定回填材料，如果全部开挖较困难时，在其上部做软垫层处理，使地基均匀沉降
2	局部软土的处理	在地基土中由于外界因素的影响（如管道渗水）、地层的差异或含水量的变化，造成地基局部土质软硬差异较大。如软土厚度不大时，通常采取清除软土的换土垫层法处理，一般采用级配砂石垫层，压实系数不小于0.94；当厚度较大时，一般采用现场钻孔灌注桩、混凝土或砌块石支撑墙（或支墩）至基岩进行局部地基处理

考点 4　砖、石基础施工技术

砖石基础施工技术

序号	项目	内容
1	施工准备工作要点	(1) 砖应提前1~2d浇水湿润，烧结普通砖的相对含水率宜为60%~70%。清除砌筑部位处所残存的砂浆、杂物等。 (2) 在砖砌体转角处、交接处应设置皮数杆，皮数杆上标明砖皮数、灰缝厚度以及竖向构造的变化部位。皮数杆间距不应大于15m。在相对两皮数杆上砖上边线处拉准线。 (3) 根据皮数杆最下面一层砖或毛石的标高，拉线检查基础垫层表面标高是否合适，如第一层砖的水平灰缝大于20mm，毛石大于30mm时，应用细石混凝土找平，不得用砂浆或在砂浆中掺细砖或碎石处理

序号	项目	内容
2	砖基础施工技术要求	（1）砖基础的下部为大放脚、上部为基础墙。 （2）大放脚有等高式和间隔式。等高式大放脚是每砌两皮砖，两边各收进 1/4 砖长；间隔式大放脚是每砌两皮砖及一皮砖，轮流两边各收进 1/4 砖长，最下面应为两皮砖。 （3）砖基础大放脚一般采用一顺一丁砌筑形式，即一皮顺砖与一皮丁砖相间，上下皮垂直灰缝相互错开 60mm。 （4）砖基础的转角处、交接处，为错缝需要应加砌配砖（3/4 砖、半砖或 1/4 砖）。 （5）砖基础的水平灰缝厚度和垂直灰缝宽度宜为 10mm（±2mm）。水平灰缝的砂浆饱满度不得小于 80％，竖向灰缝饱满度不得低于 90％。 （6）砖基础底标高不同时，应从低处砌起，并应由高处向低处搭砌。当设计无要求时，搭砌长度不应小于砖基础底的高差。 （7）砖基础的转角处和交接处应同时砌筑，当不能同时砌筑时，应留置斜槎。 （8）基础墙的防潮层，当设计无具体要求，宜用 1：2 水泥砂浆加适量防水剂铺设，其厚度宜为 20mm。防潮层位置宜在室内地面标高以下一皮砖处
3	石基础施工技术要求	（1）毛石基础截面形状有矩形、阶梯形、梯形等。基础上部宽度一般比墙厚大 20cm 以上。 （2）为保证毛石基础的整体刚度和传力均匀，每一台阶应不少于 2～3 皮毛石，每阶宽度应不小于 20cm，每阶高度不小于 40cm。 （3）毛石基础的扩大部分做成阶梯形时，上级阶梯的石块应至少压砌下级阶梯石块的 1/2，相邻阶梯的毛石应相互错缝搭砌。 （4）砌筑毛石基础的第一皮石块坐浆，并将石块的大面向下。毛石基础的转角处、交接处应用较大的平毛石砌筑。 （5）砌筑时应双挂线，分层砌筑，每层高度为 30～40cm，大体砌平。 （6）大、中、小毛石应搭配使用，使砌体平稳。形状不规则的石块，应将其棱角适当加工后使用，灰缝要饱满密实，厚度一般为毛石砌体不宜大于 40mm，粗料石和毛料石砌体不宜大于 20mm，细料石砌体不宜大于 5mm，石块上下皮竖缝必须错开（不少于 10cm，角石不少于 15cm），做到丁顺交错排列。 （7）毛石基础必须设置拉结石。 （8）墙基需留槎时，不得留在外墙转角或纵墙与横墙的交接处，至少应离开 1.0～1.5m 的距离。接槎应做成阶梯式，不得留直槎或斜槎。沉降缝应分成两段砌筑，不得搭接。 （9）石砌体的组砌形式应内外搭砌，上下错缝，拉结石、丁砌石交错设置

考点5　混凝土基础与桩基施工技术

混凝土基础施工

序号	项目	内容
1	单独基础浇筑	（1）台阶式基础施工，可按台阶分层一次浇筑完毕（预制柱的高杯口基础的高台部分应另行分层），不允许留设施工缝。每层混凝土要一次灌足，顺序是先边角后中间，务必使混凝土充满模板。 （2）宜先将杯口底混凝土振实并稍停片刻，再浇筑振捣杯口模四周的混凝土，振动时间尽可能缩短。 （3）高杯口基础：采用后安装杯口模的方法，再安杯口模板后继续浇捣。 （4）锥式基础：注意斜坡部位混凝土的捣固质量，在振捣器振捣完毕后，用人工将斜坡表面拍平

序号	项目	内容
2	条形基础浇筑	（1）根据基础深度宜分段分层连续浇筑混凝土，一般不留施工缝。 （2）各段层间应相互衔接，每段间浇筑长度控制在2000～3000mm距离，做到逐段逐层呈阶梯形向前推进
3	设备基础浇筑	（1）一般应分层浇筑，并保证上下层之间不形成施工缝，每层混凝土的厚度为300～500mm。 （2）每层浇筑顺序应从低处开始，沿长边方向自一端向另一端浇筑，也可采取中间向两端或两端向中间浇筑的顺序

基础底板大体积混凝土工程

序号	项目	内容
1	大体积混凝土的浇筑	浇筑方案根据整体性要求、结构大小、钢筋疏密及混凝土供应等情况，可以选择全面分层、分段分层、斜面分层等
2	大体积混凝土的振捣	（1）混凝土应采取振捣棒振捣。 （2）在振动初凝以前对混凝土进行二次振捣，排除混凝土因泌水在粗骨料、水平钢筋下部生成的水分和空隙，提高混凝土与钢筋的握裹力，防止因混凝土沉落而出现的裂缝，减少内部微裂，增加混凝土密实度，使混凝土抗压强度提高，从而提高抗裂性
3	大体积混凝土的养护	（1）养护方法分为保温法和保湿法两种。 （2）大体积混凝土浇筑完毕后，应在12h内加以覆盖和浇水养护（非冬施）。 （3）采用普通硅酸盐水泥拌制的混凝土养护时间不得少于14d。 （4）采用矿渣水泥、火山灰水泥等拌制的混凝土养护时间由其相关水泥性能确定，同时应满足施工方案要求
4	大体积混凝土裂缝的控制	（1）优先选用低水化热的矿渣水泥拌制混凝土，并适当使用缓凝减水剂。 （2）在保证混凝土设计强度等级前提下，适当降低水胶比，减少水泥用量。 （3）降低混凝土的入模温度（入模温度范围宜为5～30℃），控制混凝土内外的温差（当设计无要求时，控制在25℃以内）。降低拌合水温度（拌合水中加冰屑或用地下水），骨料用水冲洗降温，避免暴晒。 （4）及时对混凝土覆盖保温、保湿材料。 （5）可在基础内预埋冷却水管，通入循环水，强制降低混凝土水化热产生的温度。 （6）掺入适量的微膨胀剂或膨胀水泥，减少混凝土的收缩变形。 （7）设置后浇缝。 （8）采用二次抹面工艺，减少表面收缩裂缝

钢筋混凝土预制桩施工技术

序号	项目	内容
1	预制桩打（沉）桩施工方法	锤击沉桩法、静力压桩法及振动法等
2	锤击沉桩法施工程序	确定桩位和沉桩顺序→桩机就位→吊桩喂桩→校正→锤击沉桩→接桩→再锤击沉桩→送桩→收锤→转移桩机
3	静力压桩法施工程序	测量定位→桩机就位→吊桩、插桩→桩身对中调直→静压沉桩→接桩→再静压沉桩→送桩→终止压桩→转移桩机

钢筋混凝土灌注桩施工技术

序号	项目	内容
1	钻孔灌注桩	（1）钻孔灌注桩可以分为：干作业法钻孔灌注桩、泥浆护壁法钻孔灌注桩及套管护壁法钻孔灌注桩。 （2）泥浆护壁法钻孔灌注桩施工工艺流程：场地平整→桩位放线→开挖浆池、浆沟→护筒埋设→钻机就位、孔位校正→成孔、泥浆循环、清除废浆、泥渣→第一次清孔→质量验收→下钢筋笼和钢导管→第二次清孔→水下浇筑混凝土→成桩
2	沉管灌注桩	沉管灌注桩成桩施工工艺流程：桩机就位→锤击（振动）沉管→上料→边锤击（振动）边拔管，并继续浇筑混凝土→下钢筋笼，继续浇筑混凝土及拔管→成桩
3	人工挖孔灌注桩	施工时必须考虑预防孔壁坍塌和流砂现象发生，应制定合理安全的护壁措施

考点 6　基坑监测技术

基坑支护结构安全等级及重要性系数

安全等级	破　坏　后　果	重要性系数 γ_0
一级	支护结构失效、土体过大变形对基坑周边环境或主体结构施工安全的影响很严重	1.10
二级	支护结构失效、土体过大变形对基坑周边环境或主体结构施工安全的影响严重	1.00
三级	支护结构失效、土体过大变形对基坑周边环境或主体结构施工安全的影响不严重	0.90

基坑监测要求

序号	项目	内容
1	监测范围	安全等级为一、二级的支护结构，对水平位移监测和基坑开挖影响范围内建（构）筑物及地面的沉降监测
2	监测主体	（1）建设方委托具备相应资质第三方对基坑工程实施现场检测。 （2）监测单位编制监测方案，经建设方、设计方、监理方等认可后方可实施。 （3）监测单位将监测数据向建设方及相关单位作信息反馈。 （4）监测数据达到监测报警值时，必须立即通报建设方及相关单位。 （5）出现下列危险征兆时应立即报警： ①支护结构位移值突然明显增大或基坑出现流沙、管涌、隆起、陷落等。 ②基坑支护结构的支撑或锚杆体系出现过大变形、压屈、断裂、松弛或拔出迹象。 ③基坑周边建筑的结构部分出现危害结构的变形裂缝。 ④基坑周边地面出现较严重的突发裂缝或地下空洞、地面下陷。 ⑤基坑周边管线变形突然明显增长或出现裂缝、泄漏等。 ⑥冻土基坑经受冻融循环时，基坑周边土体温度显著上升，发生明显的冻融变形。 ⑦出现基坑工程设计方提出的其他危险报警情况，或根据当地工程经验判断，出现其他必须进行危险报警的情况

序号	项目	内容
3	墙顶监测布点	（1）基坑围护墙或基坑边坡顶部的水平和竖向位移监测点应沿基坑周边布置，周边中部、阳角处应布置监测点。 （2）监测点水平间距不宜大于15～20m，每边监测点数不宜少于3个。 （3）水平和竖向监测点宜为共用点，监测点宜设置在围护墙或基坑坡顶上
4	坑内监测布点	（1）采用深井降水时监测点宜布置在基坑中央和两相邻降水井的中间部位。 （2）采用轻型井点、喷射井点降水时，监测点布置在基坑中央和周边拐角处
5	坑外监测布点	（1）基坑外地下水位监测点应沿基坑、被保护对象的周边或在基坑与被保护对象之间布置。 （2）监测点间距宜为20～50m
6	监测要求	（1）水位观测管管底埋置深度应在最低水位或最低允许地下水位之下3～5m。 （2）初始值应在相关施工工序之前测定，并取至少连续观测3次的稳定值的平均值。 （3）基坑围护墙（边坡）顶部、基坑周边管线、邻近建筑水平位移应根据其水平位移预警值确定。 （4）围护墙（边坡）顶部、立柱、基坑周边地表、管线和邻近建筑的竖向位移监测精度应根据其竖向位移预警值确定。 （5）地下水位量测精度不宜低于10mm。 （6）基坑工程监测预警值应由监测项目的累计变化量和变化速率值共同控制
7	提高监测频率的情形	（1）监测数据达到预警值。 （2）监测数据变化较大或者速率加快。 （3）存在勘察未发现的不良地质状况。 （4）超深、超长开挖或未时加撑等违反设计工况施工。 （5）基坑附近地面荷载突然增大或超过设计限值。 （6）周边地面突发较大沉降、不均匀沉降或出现严重开裂。 （7）支护结构出现开裂。 （8）邻近建筑突发较大沉降、不均匀沉降或出现严重开裂。 （9）基坑及周边大量积水、长时间连续降雨、市政管道出现泄漏。 （10）基坑底部、侧壁出现管涌、渗漏或流沙等现象。 （11）膨胀土、湿陷性黄土等水敏性特殊土基坑出现防水、排水等防护设施损坏，开挖暴露面有被水浸湿的现象。 （12）多年冻土、季节性冻土等温度敏感性土基坑经历冻、融季节。 （13）高灵敏性软土基坑受施工扰动严重、支撑施作不及时、有软土侧壁挤出、开挖暴露面未及时封闭等异常情况。 （14）出现其他影响基坑及周边环境安全的异常情况

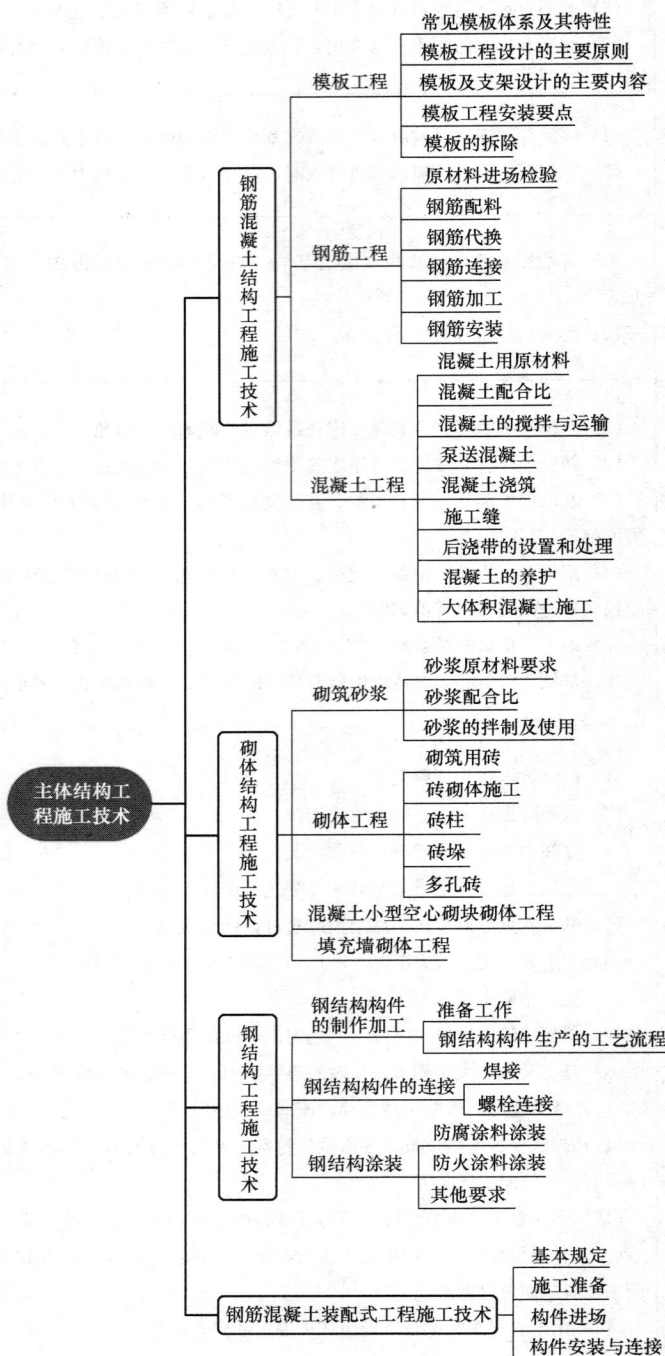

2A312030 主体结构工程施工技术

【考点图谱】

```
                                                    ┌─ 常见模板体系及其特性
                                                    ├─ 模板工程设计的主要原则
                                          模板工程 ──┼─ 模板及支架设计的主要内容
                                                    ├─ 模板工程安装要点
                                                    └─ 模板的拆除

                                                    ┌─ 原材料进场检验
                                                    ├─ 钢筋配料
                       钢筋混凝土结构工程施工技术      钢筋工程 ──┼─ 钢筋代换
                                                    ├─ 钢筋连接
                                                    ├─ 钢筋加工
                                                    └─ 钢筋安装

                                                    ┌─ 混凝土用原材料
                                                    ├─ 混凝土配合比
                                                    ├─ 混凝土的搅拌与运输
                                                    ├─ 泵送混凝土
                                          混凝土工程 ─┼─ 混凝土浇筑
                                                    ├─ 施工缝
                                                    ├─ 后浇带的设置和处理
                                                    ├─ 混凝土的养护
                                                    └─ 大体积混凝土施工

                                                    ┌─ 砂浆原材料要求
                                          砌筑砂浆 ──┼─ 砂浆配合比
                                                    └─ 砂浆的拌制及使用

                       砌体结构工程施工技术                        ┌─ 砌筑用砖
主体结构工程施工技术                                              ├─ 砖砌体施工
                                          砌体工程 ──┼─ 砖柱
                                                    ├─ 砖垛
                                                    └─ 多孔砖

                                          混凝土小型空心砌块砌体工程
                                          填充墙砌体工程

                                          钢结构构件的制作加工 ──┬─ 准备工作
                                                            └─ 钢结构构件生产的工艺流程

                       钢结构工程施工技术    钢结构构件的连接 ──┬─ 焊接
                                                          └─ 螺栓连接

                                          钢结构涂装 ──┬─ 防腐涂料涂装
                                                      ├─ 防火涂料涂装
                                                      └─ 其他要求

                                                          ┌─ 基本规定
                       钢筋混凝土装配式工程施工技术 ──────────┼─ 施工准备
                                                          ├─ 构件进场
                                                          └─ 构件安装与连接
```

考点 1　钢筋混凝土结构工程施工技术

钢筋混凝土结构基础知识

序号	项目	内容
1	混凝土结构优点	(1) 强度较高。 (2) 整体性好。 (3) 可塑性好。 (4) 耐久性和耐火性好。 (5) 防振性和防辐射性能较好。 (6) 工程造价和维护费用低。 (7) 易于就地取材
2	混凝土结构缺点	(1) 结构自重大。 (2) 抗裂性差。 (3) 施工过程复杂。 (4) 受环境影响大。 (5) 施工工期较长
3	模板工程	(1) 包括模板和支架两部分。模板及支架保证其安全可靠，具有足够的承载力和刚度，并保证其整体稳固性。 (2) 模板：直接接触新浇混凝土的模板面板、支承面板的次楞和主楞以及对拉螺栓等组件统称为模板。 (3) 支架：指模板背侧的支承（撑）架和连接件等，统称为支架或模板支架
4	模板工程专项施工方案内容	(1) 模板及支架的类型。 (2) 模板及支架的材料要求。 (3) 模板及支架的计算书和施工图。 (4) 模板及支架安装、拆除相关技术措施。 (5) 施工安全和应急措施（预案）。 (6) 文明施工、环境保护等技术要求

常见模板体系及其特性

序号	项目	内容
1	木模板体系	优点是制作、拼装灵活，较适用于外形复杂或异形混凝土构件，以及冬期施工的混凝土工程。缺点是制作量大、木材资源浪费大等
2	组合中小钢模板体系	优点是轻便灵活、拆装方便、通用性强、周转率高等。缺点是接缝多且严密性差，导致混凝土成型后外观质量差
3	铝合金模板体系	采用铝合金材料挤压而成的 U 形面板，按模数制作成不同尺寸的模板，配以相应的卡件、早拆柱头、可调支撑、背楞等组成的体系。优点是强度高、整体性好、拼装灵活、拆装方便、周转率高、占用机械少等。缺点是拼缝多、人工拼装、倒运频繁等

序号	项目	内容
4	大模板体系	它由板面结构、支撑系统、操作平台和附件等组成，是现浇墙、壁结构施工的一种工具式模板，其特点是以建筑物的开间、进深和层高确定大模板尺寸，其优点是模板整体性好、抗振性强、拼缝少等。缺点是模板重量大，移动安装需起重机械吊运，面层可以是钢、木等材料
5	散支散拆胶合板模板体系	面板采用高耐候、耐水性的Ⅰ类木胶合板或竹胶合板。优点是自重轻、板幅大、板面平整、施工安装方便简单等。缺点是功效低，损耗大等
6	早拆模板体系	在模板支架立柱的顶端，采用柱头的特殊构造装置来保证国家现行标准所规定的拆模原则前提下，达到尽早拆除部分模板的体系。优点是部分模板可早拆，加快周转，节约成本
7	其他	还有滑升模板、爬升模板、飞模、模壳模板、钢框木（竹）模板、胎模及永久性压型钢板模板和各种配筋的混凝土薄板模板等

模板工程

序号	项目	内容
1	模板工程设计的主要原则	（1）实用性。 （2）安全性。 （3）经济性
2	模板及支架设计应包括的主要内容	（1）模板及支架的选型及构造设计。 （2）模板及支架上的荷载及其效应计算。 （3）模板及支架的承载力、刚度验算。 （4）模板及支架的抗倾覆验算。 （5）绘制模板及支架施工图
3	模板工程安装要点	（1）模板安装应按设计与施工说明书顺序拼装。木杆、钢管、门架等支架立柱不得混用。 （2）在基土上安装竖向模板和支架立柱支承部分时，基土应坚实，并有排水措施；设置具有足够强度和支承面积的垫板，且中心承载；对冻胀性土，应有防冻融措施；对软土地基，当需要时，可采取堆载预压的方法调整模板面安装高度。 （3）竖向模板安装时，应在安装基层面上测量放线，并应采取保证模板位置准确的定位措施。对竖向模板及支架，安装时应有临时稳定措施。安装位于高空的模板时，应有可靠的防倾覆措施。应根据混凝土一次浇筑高度和浇筑速度，采取合理的竖向模板抗侧移、抗浮和抗倾覆措施。 （4）对跨度不小于4m的现浇钢筋混凝土梁、板，其模板应按设计要求起拱；当设计无具体要求时，起拱高度应为跨度的1/1000～3/1000。 （5）采用扣件式钢管作高大模板支架的立杆时，支架搭设应完整。钢管规格、间距和扣件应符合设计要求；立杆上应每步设置双向水平杆，水平杆应与立杆扣接；立杆底部应设置垫板。 （6）安装现浇结构的上层模板及其支架时，下层楼板应具有承受上层荷载的承载能力，或加设支架；上、下层模板支架的立柱宜对准，并铺设垫板；模板及支架杆件等应分散堆放。

序号	项目	内容
3	模板工程安装要点	（7）模板安装应保证混凝土结构构件各部分形状、尺寸和相对位置准确；模板的接缝不应漏浆；在浇筑混凝土前，木模板应浇水润湿，但模板内不应有积水。 （8）模板与混凝土的接触面应清理干净并涂刷隔离剂，不得采用影响结构性能或妨碍装饰工程的隔离剂；隔离剂不得污染钢筋和混凝土接槎处。 （9）模板安装应与钢筋安装配合进行，梁柱节点的模板宜在钢筋安装后安装。 （10）浇筑混凝土前，模板内的杂物应清理干净（可设置清扫口）。 （11）对清水混凝土工程及装饰混凝土工程，应使用能达到设计效果的模板。 （12）用作模板的地坪、胎模等应平整光洁，不得产生影响构件质量的下沉、裂缝、起砂或起鼓。 （13）固定在模板上的预埋件、预留孔和预留洞均不得遗漏，且应安装牢固、位置准确。 （14）后浇带的模板及支架应独立设置
4	模板的拆除	（1）模板拆除时，拆模的顺序和方法应按模板的设计规定进行。当设计无规定时，可采取先支的后拆、后支的先拆，先拆非承重模板、后拆承重模板的顺序，并应从上而下进行拆除。 （2）当混凝土强度达到设计要求时，方可拆除底模及支架；当设计无具体要求时，同条件养护试件的混凝土抗压强度应符合规定。 （3）当混凝土强度能保证其表面及棱角不受损伤时，方可拆除侧模。 （4）快拆支架体系的支架立杆间距不应大于2m。拆模时应保留立杆并顶托支承楼板，拆模时的混凝土强度取构件跨度为2m的规定确定

底模拆除时的混凝土强度要求

构件类型	构件跨度（m）	达到设计的混凝土立方体抗压强度标准值的百分率（%）
板	≤2	≥50
	>2，≤8	≥75
	>8	≥100
梁、拱、壳	≤8	≥75
	>8	≥100
悬臂结构		≥100

混凝土结构用的普通钢筋

序号	项目	内容
1	热轧钢筋	（1）热轧钢筋按屈服强度（MPa）分为300级、400级、500级、600级。 （2）纵向受力普通钢筋可采用HRB400、HRB400E、HRBF400、HRBF400E、HRB500、HRB500E、HRBF500、HRBF500E钢筋。箍筋除上述级别外，还可采用HPB300钢筋

序号	项目	内容
2	冷加工钢筋	分为冷轧带肋钢筋和冷拔螺旋钢筋等（冷拉钢筋、冷轧扭钢筋和冷拔低碳钢丝已逐渐淘汰）

钢筋进场、下料、代换

序号	项目	内容
1	原材进场检验	(1) 检查产品合格证、出厂检验报告。 (2) 抽取试件作力学性能检验合格后方准使用
2	钢筋下料长度	(1) 直钢筋下料长度＝构件长度－保护层厚度＋弯钩增加长度。 (2) 弯起钢筋下料长度＝直段长度＋斜段长度－弯曲调整值＋弯钩增加长度。 (3) 箍筋下料长度＝箍筋周长＋箍筋调整值。 注：上述钢筋如需要搭接，还要增加钢筋搭接长度；对复杂节点部位宜做大样图后进行下料
3	钢筋代换	应征得设计单位的同意，并办理相应设计变更文件

钢筋连接

序号	项目	内容
1	连接方法	焊接、机械连接和绑扎连（搭）接
2	钢筋焊接	(1) 常用焊接方法：电阻点焊、闪光对焊、电弧焊（包括帮条焊、搭接焊、熔槽焊、坡口焊、预埋件角焊和塞孔焊等）、电渣压力焊、气压焊、埋弧压力焊等。 (2) 电渣压力焊适用于现浇钢筋混凝土结构中竖向或斜向（倾斜度在4：1范围内）钢筋的连接。 (3) 直接承受动力荷载的结构构件中，纵向钢筋不宜采用焊接接头
3	钢筋机械连接	(1) 方法有：钢筋套筒挤压连接、钢筋直螺纹套筒连接（包括钢筋镦粗直螺纹套筒连接、钢筋剥肋滚压直螺纹套筒连接）。 (2) 最常见、采用最多的方式是钢筋剥肋滚压直螺纹套筒连接
4	钢筋绑扎连接（或搭接）	(1) 当受拉钢筋直径大于25mm、受压钢筋直径大于28mm时，不宜采用绑扎搭接接头。 (2) 轴心受拉及小偏心受拉杆件（如桁架和拱架的拉杆等）的纵向受力钢筋均不得采用绑扎搭接接头
5	钢筋接头位置	(1) 宜设置在受力较小处。 (2) 同一纵向受力钢筋不宜设置两个或两个以上接头。 (3) 接头末端至钢筋弯起点的距离不应小于钢筋直径的10倍
6	性能检验	现场应按国家现行标准抽取钢筋机械连接接头、焊接接头试件作力学性能检验

钢 筋 加 工

1. 钢筋加工包括调直、除锈、下料切断、接长、弯曲成型等。

2. 钢筋宜采用无延伸功能的机械设备进行调直，也可采用冷拉调直。当采用冷拉调直时，HPB300 光圆钢筋的冷拉率不宜大于 4‰。HRB400、HRB500 级带肋钢筋的冷拉率不宜大于 1‰。钢筋调直过程中不应损伤带肋钢筋的横肋。

3. 钢筋除锈：一是在钢筋冷拉或调直过程中除锈。二是可采用机械除锈机除锈、喷砂除锈、酸洗除锈和手工除锈等。

4. 钢筋下料切断可采用钢筋切断机或手动液压切断器进行。钢筋的切断口不得有马蹄形或起弯等现象。

5. 钢筋加工宜在常温状态下进行，加工过程中不应加热钢筋。钢筋弯曲成型可采用钢筋弯曲机、四头弯筋机及手工弯曲工具等进行。钢筋弯折可采用专用设备一次弯折到位，不得反复弯折。

钢筋安装

序号	项目	内容
1	准备工作	（1）现场弹线，并剔凿、清理接头处混凝土表面浮浆、松动石子、混凝土块等，整理接头处钢筋。 （2）核对需绑扎钢筋的规格、直径、形状、尺寸和数量等是否与料单、料牌和图纸相符。 （3）准备绑扎用的铁丝和绑扎工具等
2	柱钢筋绑扎	（1）应在柱模板安装前进行。 （2）纵向受力钢筋有接头时，设置在同一构件内的接头宜相互错开。 （3）每层柱第一个钢筋接头位置距楼地面高度不宜小于 500mm、柱高的 1/6 及柱截面长边（或直径）的较大值。 （4）框架梁、牛腿及柱帽等钢筋，应放在柱子纵向钢筋的内侧。 （5）柱中的竖向钢筋搭接时，角部箍筋的弯钩应与模板成 45°（多边形柱为模板内角的平分角，圆柱形应与模板切线垂直），中间箍筋的弯钩应与模板成 90°。 （6）箍筋的接头（弯钩叠合处）应交错布置在四角纵向钢筋上；箍筋转角与纵向钢筋交叉点均应扎牢（钢筋平直部分与纵向钢筋交叉点可间隔扎牢），绑扎箍筋时绑扣相互间成八字形。 （7）如设计无特殊要求，当柱中纵向受力钢筋直径大于 25mm 时，应在搭接接头两个端面外 100mm 范围内各设置两个箍筋，其间距宜为 50mm
3	墙钢筋绑扎	（1）应在墙模板安装前进行。 （2）墙（包括水塔壁、烟囱筒身、池壁等）的垂直钢筋每段长度不宜超过 4m（钢筋直径不大于 12mm）或 6m（钢筋直径大于 12mm）或层高加搭接长度，水平钢筋每段长度不宜超过 8m，以利绑扎。钢筋的弯钩应朝向混凝土内。 （3）采用双层钢筋网时，在两层钢筋间应设置撑铁或绑扎架，以固定钢筋间距
4	梁、板钢筋绑扎	（1）连续梁、板的上部钢筋接头位置宜设置在跨中 1/3 跨度范围内，下部钢筋接头位置宜设置在梁端 1/3 跨度范围内。 （2）当梁的高度较小时，梁的钢筋架空在梁模板顶上绑扎，然后再落位。 （3）当梁的高度较大（大于等于 1.0m）时，梁的钢筋宜在梁底模上绑扎，其两侧或一侧模板后安装。

序号	项目	内容
4	梁、板钢筋绑扎	（4）梁纵向受力钢筋采取双层排列时，两排钢筋之间应垫以不小于 25mm 的短钢筋，以保证其设计距离。箍筋的接头（弯钩叠合处）应交错布置在两根架立钢筋上，其余同柱。 （5）板的钢筋网绑扎，四周两行钢筋交叉点应每点扎牢，中间部分交叉点可相隔交错扎牢，但必须保证受力钢筋不移位。双向主筋的钢筋网，则须将全部钢筋相交点扎牢。采用双层钢筋网时，在上层钢筋网下面应设置钢筋撑脚，以保证钢筋位置正确。绑扎时应注意相邻绑扎点的铁丝要成八字形，以免网片歪斜变形。 （6）板上部的负筋要防止被踩下，特别是雨篷、挑檐、阳台等悬臂板，要严格控制负筋位置，以免拆模后断裂。 （7）板、次梁与主梁交叉处，板的钢筋在上，次梁的钢筋居中，主梁的钢筋在下；当有圈梁或垫梁时，主梁的钢筋在上。 （8）框架节点处钢筋穿插十分稠密时，应特别注意梁顶面主筋间的净距要有 30mm，以利浇筑混凝土。 （9）梁板钢筋绑扎时，应防止水电管线影响钢筋位置
5	细部构造钢筋处理	（1）钢筋的绑扎搭接接头应在接头中心和两端用铁丝扎牢。 （2）墙、柱、梁钢筋骨架中各垂直面钢筋网交叉点应全部扎牢。 （3）板上部钢筋网的交叉点应全部扎牢，底部钢筋网除边缘部分外可间隔交错扎牢。 （4）梁、柱的箍筋弯钩及焊接封闭箍筋的对焊点应沿纵向受力钢筋方向错开设置。 （5）构件同一表面，焊接封闭箍筋的对焊接头面积百分率不宜超过 50%。 （6）填充墙构造柱纵向钢筋宜与框架梁钢筋共同绑扎。 （7）梁及柱中箍筋、墙中水平分布钢筋及暗柱箍筋、板中钢筋距构件边缘的距离宜为 50mm。 （8）当设计无要求时，应优先保证主要受力构件和构件中主要受力方向钢筋的位置。 （9）框架节点处梁纵向受力钢筋宜置于柱纵向钢筋内侧。 （10）次梁钢筋宜放在主梁钢筋内侧。 （11）剪力墙中水平分布钢筋宜放在外部，并在墙边弯折锚固。 （12）钢筋安装应采用定位件固定钢筋的位置，并宜采用专用定位件。 （13）混凝土框架梁、柱保护层内，不宜采用金属定位件。 （14）采用复合箍筋时，箍筋外围应封闭。 （15）梁类构件复合箍筋内部宜选用封闭箍筋，单数肢也可采用拉筋；柱类构件复合箍筋内部可部分采用拉筋。当拉筋设置在复合箍筋内部不对称的一边时，沿纵向受力钢筋方向的相邻复合箍筋应交错布置

混凝土原材料

序号	项目	内容
1	水泥品种与强度	（1）应根据设计、施工要求以及工程所处环境条件确定。 （2）普通混凝土结构宜选用通用硅酸盐水泥。 （3）有抗渗、抗冻融要求的混凝土，宜选用硅酸盐水泥或普通硅酸盐水泥。 （4）处于潮湿环境的混凝土结构，当使用碱活性骨料时，宜采用低碱水泥

序号	项目	内容
2	粗骨料	(1) 宜选用粒形良好、质地坚硬的洁净碎石或卵石。 (2) 粗骨料最大粒径不应超过构件截面最小尺寸的 1/4，且不应超过钢筋最小净间距的 3/4。 (3) 对实心混凝土板，粗骨料的最大粒径不宜超过板厚的 1/3，且不应超过 40mm。 (4) 粗骨料宜采用连续粒级，也可用单粒级组合成满足要求的连续粒级
3	细骨料	(1) 宜选用级配良好、质地坚硬、颗粒洁净的天然砂或机制砂。 (2) 细骨料宜选用Ⅱ区中砂。 (3) 当选用Ⅰ区砂时，应提高砂率，并应保持足够的胶凝材料用量，满足混凝土的工作性要求。 (4) 当采用Ⅲ区砂时，宜适当降低砂率，其含泥量、泥块含量指标应符合规范规定。如采用海砂，应符合现行行业标准《海砂混凝土应用技术规范》JGJ 206—2010 的有关规定。 (5) 混凝土中氯离子含量应符合相关规定：预应力混凝土限制在 0.02g/m³ 以下，普通钢筋混凝土限制在 0.02～0.2kg/m³
4	特殊要求	(1) 对于有抗渗、抗冻融或其他特殊要求的混凝土，宜选用连续级配的粗骨料，最大粒径不宜大于 40mm，含泥量不应大于 1.0%，泥块含量不应大于 0.5%。 (2) 所用细骨料含泥量不应大于 3.0%，泥块含量不应大于 1.0%
5	用水	未经处理的海水严禁用于钢筋混凝土拌制和养护
6	混凝土外加剂	(1) 根据设计和施工要求选择，并通过试验及技术经济因素比较确定。 (2) 应检验外加剂与水泥的适应性，符合要求方可使用。 (3) 不同品种外加剂复合使用，应试验相容性及对混凝土性能的影响。 (4) 严禁使用对人体产生危害、对环境产生污染的外加剂。 (5) 含有尿素、氨类等有刺激性气味成分的外加剂，不得用于房屋建筑工程中
7	矿物掺合料	应根据设计、施工要求以及工程所处环境条件确定，掺量应通过试验确定

混凝土施工要求

序号	项目	内容
1	混凝土配合比	(1) 应根据原材料性能及对混凝土的技术要求（强度等级、耐久性和工作性等），由具有资质的试验室进行计算，并经试配、调整后确定。 (2) 混凝土配合比应采用重量比，且每盘混凝土试配量不应小于 20L。 (3) 采用搅拌运输车运输的混凝土，当运输时间可能较长时，试配时应控制混凝土坍落度经时损失值
2	混凝土的搅拌与运输	(1) 混凝土搅拌一般宜由场外预拌商品混凝土搅拌站或现场搅拌站搅拌，应严格掌握混凝土配合比，确保各种原材料合格，计量偏差符合标准规定要求，投料顺序、搅拌时间应合理、准确，最终确保混凝土搅拌质量满足设计、施工要求。当掺有外加剂时，搅拌时间适当延长。 (2) 混凝土在运中不应发生分层、离析现象，否则应在浇筑前二次搅拌。尽量减少混凝土的运输时间和转运次数，确保混凝土在初凝前运至现场并浇筑完毕。 (3) 采用搅拌运输车运送混凝土，运输途中及等候卸料时，不得停转。卸料前，宜快速旋转搅拌 20s 以上后再卸料。 (4) 当坍落度损失较大不能满足施工要求时，可在运输车罐内加入适量的与原配合比相同成分的减水剂。减水剂加入量应事先由试验确定，并应做出记录。加入减水剂后，混凝土罐车应快速旋转搅拌均匀，并应达到要求的工作性能后再泵送或浇筑

序号	项目	内容
3	泵送混凝土配合比设计	（1）泵送混凝土的入泵坍落度不宜低于100mm。 （2）用水量与胶凝材料总量之比不宜大于0.6。 （3）泵送混凝土的胶凝材料总量不宜小于300kg/m³。 （4）泵送混凝土宜掺用适量粉煤灰或其他活性矿物掺合料，掺粉煤灰的泵送混凝土配合比设计，必须经过试配确定，并应符合相关规范要求。 （5）泵送混凝土掺加的外加剂品种和掺量宜由试验确定，不得随意使用；当掺用引气型外加剂时，其含气量不宜大于4%
4	泵送要求	泵送混凝土搅拌时，应按规定顺序进行投料，粉煤灰宜与水泥同步，外加剂的添加宜滞后于水和水泥
5	混凝土浇筑	（1）浇筑前应认真交底，并做好浇筑前的各项准备工作。 （2）浇筑混凝土前，应清除模板内或垫层上的杂物。 （3）表面干燥的地基、垫层、模板上应洒水湿润。 （4）现场环境温度高于35℃时宜对金属模板进行洒水降温，洒水后不得留有积水。 （5）混凝土输送宜采用泵送方式。 （6）混凝土粗骨料最大粒径不大于25mm时，可采用内径不小于125mm的输送泵管。 （7）混凝土粗骨料最大粒径不大于40mm时，可采用内径不小于150mm的输送泵管。 （8）混凝土泵或泵车设置处，应场地平整、坚实，具有重车行走条件。混凝土泵或泵车应尽可能靠近浇筑地点，浇筑时由远至近进行。 （9）在浇筑竖向结构混凝土前，应先在底部填以不大于30mm厚与混凝土中水泥、砂配比成分相同的水泥砂浆；浇筑过程中混凝土不得发生离析现象。 （10）柱、墙模板内的混凝土浇筑时，当无可靠措施保证混凝土不产生离析，自由倾落高度应符合规定，不能满足时，应加设串筒、溜管、溜槽等装置。 （11）柱、墙模板内的混凝土浇筑的自由坍落度为：粗骨料粒径大于25mm时，不宜超过3m；粗骨料粒径不大于25mm时，不宜超过6m。 （12）浇筑混凝土应连续进行。当必须间歇时，其间歇时间宜尽量缩短，并应在前层混凝土初凝之前，将次层混凝土浇筑完毕，否则应留置施工缝。 （13）混凝土宜分层浇筑，分层振捣。每一振点的振捣延续时间，应使混凝土不再往上冒气泡，表面呈现浮浆和不再沉落时为止。当采用插入式振捣器振捣普通混凝土时，应快插慢拔，移动间距不宜大于振捣器作用半径的1.4倍，与模板的距离不应大于其作用半径的0.5倍，并应避免碰撞钢筋、模板、芯管、吊环、预埋件等，振捣器插入下层混凝土内的深度应不小于50mm。当采用平板振动器时，其移动间距应保证捣动器的平板能覆盖已振实部分的边缘。 （14）梁和板宜同时浇筑混凝土，有主次梁的楼板宜顺着次梁方向浇筑，单向板宜沿着板的长边方向浇筑；拱和高度大于1m的梁等结构，可单独浇筑混凝土。 （15）混凝土浇筑后，在混凝土初凝前和终凝前宜分别对混凝土裸露表面进行抹面处理

施工缝与后浇带

序号	项目	内容
1	施工缝的留置	（1）施工缝的位置应在混凝土浇筑之前确定，并宜留置在结构受剪力较小且便于施工的部位。 （2）柱、墙水平施工缝可留设在基础、楼层结构顶面，柱施工缝与结构上表面的距离宜为0～100mm，墙施工缝与结构上表面的距离宜为0～300mm。 （3）柱、墙水平施工缝也可留设在楼层结构底面，施工缝与结构下表面的距离宜为0～50mm；当板下有梁托时，可留设在梁托下0～20mm。

序号	项目	内容
1	施工缝的留置	（4）高度较大的柱、墙、梁以及厚度较大的基础可根据施工需要在其中部留设水平施工缝；必要时，可对配筋进行调整，并应征得设计单位认可。 （5）有主次梁的楼板垂直施工缝应留设在次梁跨度中间的 1/3 范围内。 （6）单向板施工缝应留设在平行于板短边的任何位置。 （7）楼梯梯段施工缝宜设置在梯段板跨度端部的 1/3 范围内。 （8）墙的垂直施工缝宜设置在门洞口过梁跨中 1/3 范围内，也可留设在纵横交接处。 （9）特殊结构部位留设水平或垂直施工缝应征得设计单位同意
2	施工缝浇筑混凝土要求	（1）已浇筑的混凝土，其抗压强度不应小于 1.2N/mm²。 （2）对已硬化的混凝土表面，应清除水泥薄膜和松动石子以及软弱混凝土层，并加以充分湿润和冲洗干净，且不得有积水。 （3）在浇筑混凝土前，宜先在施工缝处铺一层水泥浆（可掺适量界面剂）或与混凝土内成分相同的水泥砂浆。 （4）混凝土应细致捣实，使新旧混凝土紧密结合
3	后浇带的设置	根据设计要求留设，并保留一段时间（若设计无要求，则至少保留 14d 并经设计确认）后再浇筑，将结构连成整体
4	后浇带的处理	（1）应采取钢筋防锈或阻锈等保护措施。 （2）填充后浇带可采用微膨胀混凝土，强度等级比原结构强度提高一级，并保持至少 14d 的湿润养护。 （3）后浇带接缝处按施工缝的要求处理

混凝土的养护

序号	项目	内容
1	养护方式	（1）浇筑后应及时进行保湿养护，保湿养护可采用洒水、覆盖、喷涂养护剂等方式。 （2）选择养护方式应考虑现场条件、环境温湿度、构件特点、技术要求、施工操作等因素
2	养护限制	（1）已浇筑完毕的混凝土，应在混凝土终凝前（通常为混凝土浇筑完毕后 8～12h 内）开始进行自然养护。 （2）混凝土洒水次数应能保持混凝土处于润湿状态，混凝土的养护用水应符合相关要求。 （3）当采用塑料薄膜布覆盖包裹养护时，其外表面全部应覆盖包裹严密，并应保证塑料布内有凝结水。 （4）采用养生液养护时，应按产品使用要求，均匀喷刷在混凝土外表面，不得漏喷刷
3	养护时间	（1）采用硅酸盐水泥、普通硅酸盐水泥或矿渣硅酸盐水泥配制的混凝土，不应少于 7d；采用其他品种水泥时，养护时间应根据水泥性能确定。 （2）采用缓凝型外加剂、大掺量矿物掺合料配制的混凝土，不应少于 14d。 （3）抗渗混凝土、强度等级 C60 及以上的混凝土，不应少于 14d。 （4）后浇带混凝土的养护时间不应少于 14d。 （5）地下室底层墙、柱和上部结构首层墙、柱宜适当增加养护时间。 （6）基础大体积混凝土养护时间应根据施工方案及相关规范确定

序号	项目	内容
4	其他要求	（1）混凝土洒水次数应能保持混凝土处于润湿状态，混凝土的养护用水应符合相关要求。 （2）当采用塑料薄膜布覆盖包裹养护时，其外表面应全部覆盖包裹严密，并应保证塑料布内有凝结水。 （3）采用养护剂养护时，应按产品使用要求，均匀喷刷在混凝土外表面，不得漏喷刷

大体积混凝土施工

序号	项目	内容
1	温控指标	（1）混凝土浇筑体的入模温度不宜大于 30℃，最大温升值不宜大于 50℃。 （2）混凝土浇筑块体的里表温差（不含混凝土收缩的当量温度）不宜大于 25℃。 （3）混凝土浇筑体的降温速率不宜大于 2.0℃/d。 （4）混凝土浇筑体表面与大气温差不宜大于 20℃
2	水泥选用	（1）应选用中、低热硅酸盐水泥或低热矿渣硅酸盐水泥。 （2）所用水泥 3d 的水化热不宜大于 240kJ/kg，7d 的水化热不宜大于 270kJ/kg。 （3）细骨料宜采用中砂。 （4）粗骨料宜选用粒径 5～31.5mm，并连续级配。 （5）当采用非泵送施工时，粗骨料的粒径可适当增大
3	大体积混凝土配制	（1）采用混凝土 60d 或 90d 强度作为指标时，应将其作为混凝土配合比的设计依据。 （2）所配制的混凝土拌合物，到浇筑工作面时的坍落度不宜低于 160mm。 （3）拌合水用量不宜大于 175kg/m³。 （4）水胶比不宜大于 0.55。 （5）砂率宜为 38%～42%。 （6）拌合物泌水量宜小于 10L/m³
4	运输要求	（1）运输过程中出现离析或使用外加剂进行调整时，搅拌运输车应进行快速搅拌，搅拌时间应不小于 120s。 （2）运输过程中严禁向拌合物中加水。 （3）运输过程中，坍落度损失或离析严重，经补充外加剂或快速搅拌已无法恢复混凝土拌合物的工艺性能时，不得浇筑入模。 （4）入模温度的测量，每台班不少于 2 次
5	浇筑要求	（1）施工宜采用整体分层连续浇筑施工或推移式连续浇筑施工。 （2）浇筑厚度应根据所用振捣器的作用深度及混凝土的和易性确定，整体连续浇筑时宜为 300～500mm。 （3）整体分层连续浇筑或推移式连续浇筑，应缩短间歇时间，并在前层混凝土初凝之前将次层混凝土浇筑完毕。 （4）层间最长的间歇时间不应大于混凝土的初凝时间。 （5）混凝土的初凝时间应通过试验确定。 （6）当层间间隔时间超过混凝土的初凝时间时，层面应按施工缝处理。 （7）混凝土浇筑宜从低处开始，沿长边方向自一端向另一端进行。 （8）当混凝土供应量有保证时，亦可多点同时浇筑。 （9）混凝土宜采用二次振捣工艺

序号	项目	内容
6	超长大体积混凝土病害处理	选用下列方法控制结构不出现有害裂缝： （1）留置变形缝。 （2）设置后浇带。 （3）跳仓法施工：跳仓的最大分块尺寸不宜大于40m，跳仓间隔施工的时间不宜小于7d，跳仓接缝处按施工缝的要求设置和处理
7	分层间歇浇筑水平施工缝处理	（1）清除浇筑表面的浮浆、软弱混凝土层及松动的石子，并均匀地露出粗骨料。 （2）在上层混凝土浇筑前，应用压力水冲洗混凝土表面的污物，充分润湿，但不得有积水。 （3）对非泵送及低流动度混凝土，在浇筑上层混凝土时，应采取接浆措施
8	养护要求	（1）应进行保温保湿养护，在每次混凝土浇筑完毕后，除应按普通混凝土进行常规养护外，尚应及时按温控技术措施的要求进行保温养护。 （2）保湿养护的持续时间不得少于14d，应经常检查塑料薄膜或养护剂涂层的完整情况，保持混凝土表面湿润。 （3）保温覆盖层的拆除应分层逐步进行，当混凝土的表面温度与环境最大温差小于20℃时，可全部拆除。 （4）在混凝土浇筑完毕初凝前，宜立即进行喷雾养护工作
9	大体积混凝土温差测试	浇筑体里表温差、降温速率及环境温度及温度应变的测试，在混凝土浇筑后： （1）1～4d，每4h不应少于1次。 （2）5～7d，每8h不应少于1次。 （3）7d后，每12h不应少于1次，直至测温结束

考点2 砌体结构工程施工技术

砌筑砂浆

序号	项目	内容
1	砂浆原材料要求	（1）水泥：M15及以下强度等级的砌筑砂浆宜选用32.5级通用硅酸盐水泥或砌筑水泥；M15以上强度等级的砌筑砂浆宜选用42.5级普通硅酸盐水泥。 （2）砂：宜选用过筛中砂。 （3）拌制水泥混合砂浆，采用建筑生石灰、建筑生石灰粉制作石灰膏时，其熟化时间分别不得少于7d和2d。 （4）水：宜采用自来水
2	砂浆配合比	（1）砌筑砂浆配合比同时满足稠度、分层度和抗压强度的要求。 （2）砂浆的组成材料变更时，应重新确定配合比。 （3）砌筑砂浆的稠度通常为30～90mm。 （4）在砌筑材料为粗糙多孔且吸水较大的块料或在干热条件下砌筑时，应选用较大稠度值的砂浆，反之应选用稠度值较小的砂浆。 （5）砌筑砂浆的分层度不得大于30mm，确保砂浆具有良好的保水性。 （6）施工中不应采用强度等级小于M5水泥砂浆替代同强度等级水泥混合砂浆，如需替代，应将水泥砂浆提高一个强度等级。 （7）宜采用砌筑干混砂浆，现场随用随拌

序号	项目	内容
3	砂浆的称重搅拌	(1) 砂浆现场拌制时，各组分材料应采用重量计量。 (2) 砂浆应采用机械搅拌
4	砂浆拌制时间	(1) 水泥砂浆和水泥混合砂浆不得少于120s。 (2) 水泥粉煤灰砂浆和掺用外加剂的砂浆不得少于180s。 (3) 掺液体增塑剂的砂浆，应先将水泥、砂干拌混合均匀后，将混有增塑剂的拌合水倒入干混砂浆中继续搅拌。 (4) 掺固体增塑剂的砂浆，应先将水泥、砂和增塑剂干拌混合均匀后，将拌合水倒入其中继续搅拌。从加水开始，搅拌时间不应少于210s
5	砂浆使用	(1) 现场拌制的砂浆应随拌随用，拌制的砂浆应在3h内使用完毕。 (2) 当施工期间最高气温超过30℃时，应在2h内使用完毕。 (3) 采用缓凝剂的砂浆，其使用时间可根据其缓凝时间的试验结果确定

砖砌体工程

序号	项目	内容
1	砌筑用砖	(1) 烧结普通砖根据尺寸偏差、外观质量、泛霜和石灰爆裂的程度分为优等品、一等品、合格品三个质量等级。 (2) 优等品适用于清水墙，一等品、合格品可用于混水墙。 (3) 烧结普通砖的外形为直角六面体，其公称尺寸为：长240mm、宽115mm、高53mm。 (4) 混凝土砖、蒸压砖的生产龄期应达到28d后，方可用于砌体的施工
2	砖砌体施工	(1) 砌筑烧结普通砖、烧结多孔砖、蒸压灰砂砖、蒸压粉煤灰砖砌体时，砖应提前1~2d适度湿润，严禁采用干砖或处于吸水饱和状态的砖砌筑。 (2) 砌筑方法有"三一"砌筑法、挤浆法（铺浆法）、刮浆法和满口灰法四种。通常宜采用"三一"砌筑法，当采用铺浆法砌筑时，铺浆长度不得超过750mm，施工期间气温超过30℃时，铺浆长度不得超过500mm。 (3) 设置皮数杆：在砖砌体转角处、交接处应设置皮数杆，皮数杆上标明砌砖皮数、灰缝厚度以及竖向构造的变化部位。皮数杆间距不应大于15m。在相对两皮数杆上砖上边线处拉水准线。 (4) 砖墙砌筑形式：采用全顺、两平一侧、全丁、一顺一丁、梅花丁或三顺一丁等砌筑形式。 (5) 弧拱式及平拱式过梁的灰缝应砌成楔形缝，拱底灰缝宽度不宜小于5mm，拱顶灰缝宽度不应大于15mm，拱体的纵向及横向灰缝应填实砂浆。 (6) 平拱式过梁拱脚下面应伸入墙内不小于20mm；砖砌平拱过梁底应有1%的起拱。 (7) 砖过梁底部的模板及其支架拆除时，灰缝砂浆强度不应低于设计强度的75%。 (8) 砖墙灰缝宽度宜为10mm，且不应小于8mm，也不应大于12mm；砖墙的水平灰缝砂浆饱满度不得小于80%；竖缝宜采用挤浆或加浆方法，不得出现透明缝、瞎缝和假缝。不得用水冲浆灌缝。 (9) 在砖墙上留置临时施工洞口，其侧边离交接处墙面不应小于500mm，洞口净宽不应超过1m。 (10) 脚手眼处砖及填塞用砖应湿润，不得用干砖填塞。 (11) 设计要求的洞口、沟槽、管道应于砌筑时正确留出或预埋，未经设计同意，不得打凿墙体和在墙体上开凿水平沟槽。 (12) 砖砌体的转角处和交接处应同时砌筑，严禁无可靠措施的内外墙分砌施工。

序号	项目	内容
2	砖砌体施工	（13）非抗震设防及抗震设防烈度为 6 度、7 度地区的临时间断处，当不能留斜槎时，除转角处外，可留直槎，但直槎必须做成凸槎，且应加设拉结钢筋。 （14）设有钢筋混凝土构造柱的抗震多层砖房，应先绑扎钢筋，然后砌砖墙，最后浇筑混凝土。墙与柱应沿高度方向每 500mm 设 2φ6 拉筋（一砖墙），每边伸入墙内不应少于 1m；构造柱应与圈梁连接；砖墙应砌成马牙槎，每一马牙槎沿高度方向的尺寸不超过 300mm，马牙槎从每层柱脚开始，先退后进。 （15）砖墙工作段的分段位置，宜设在变形缝、构造柱或门窗洞口处；相邻工作段的砌筑高度不得超过一个楼层高度，也不宜大于 4m。 （16）正常施工条件下，砖砌体每日砌筑高度宜控制在 1.5m 或一步脚手架高度内
3	禁止设置脚手眼的情况	（1）120mm 厚墙、清水墙、料石墙、独立柱和附墙柱。 （2）过梁上与过梁成 60°角的三角形范围及过梁净跨度 1/2 的高度范围内。 （3）宽度小于 1m 的窗间墙。 （4）门窗洞口两侧石砌体 300mm，其他砌体 200mm 范围内；转角处石砌体 600mm，其他砌体 450mm 范围内。 （5）梁或梁垫下及其左右 500mm 范围内。 （6）设计不允许设置脚手眼的部位。 （7）轻质墙体。 （8）夹心复合墙外叶墙
4	拉结钢筋规定	（1）每 120mm 墙厚放置 1φ6 拉结钢筋（120mm 厚墙放置 2φ6 拉结钢筋）。 （2）间距沿墙高不应超过 500mm，且竖向间距偏差不应超过 100mm。 （3）埋入长度从留槎处算起每边均不应小于 500mm，抗震设防烈度 6 度、7 度地区，不应小于 1000mm。 （4）末端应有 90°弯钩
5	砖柱	（1）砖柱应选用整砖砌筑，砖柱断面宜为方形或矩形。 （2）砖柱砌筑应保证砖柱外表面上下皮垂直灰缝相互错开 1/4 砖长，且不得采用包心砌法。 （3）砖柱的水平灰缝和竖向灰缝饱满度不应小于 90%，不得用水冲浆灌缝
6	砖垛	（1）砖垛应与所附砖墙同时砌筑。 （2）砖垛应隔皮与砖墙搭砌，搭砌长度应不小于 1/4 砖长。 （3）砖垛外表面上下皮垂直灰缝应相互错开 1/2 砖长
7	多孔砖	（1）多孔砖的孔洞应垂直于受压面砌筑。 （2）半盲孔多孔砖的封底面应朝上砌筑

混凝土小型空心砌块砌体工程

序号	项目	内容
1	分类	混凝土小型空心砌块分普通混凝土小型空心砌块和轻骨料混凝土小型空心砌块（简称小砌块）两种
2	砌块要求	（1）施工采用的小砌块的产品龄期不应小于 28d；承重墙体使用的小砌块应完整、无破损、无裂缝。 （2）防潮层以上的小砌块砌体，宜采用专用砂浆砌筑。 （3）普通混凝土小型空心砌块砌体，不需对小砌块浇水湿润；如遇天气干燥炎热，宜在砌筑前对其浇水湿润。

序号	项目	内容
2	砌块要求	(4) 对轻骨料混凝土小砌块，宜提前 1～2d 浇水湿润。 (5) 雨天及小砌块表面有浮水时，不得用于施工。 (6) 当砌筑厚度大于 190mm 的小砌块墙体时，宜在墙体内外侧双面挂线。 (7) 小砌块应将生产时的底面朝上反砌于墙上，小砌块墙体宜逐块坐（铺）浆砌筑。 (8) 底层室内地面以下或防潮层以下的砌体，应采用强度等级不低于 C20（或 Cb20）的混凝土灌实小砌块的孔洞。 (9) 在散热器、厨房和卫生间等设置的卡具安装处砌筑的小砌块，宜在施工前用强度等级不低于 C20（或 Cb20）的混凝土将其孔洞灌实
3	砌体施工要求	(1) 小砌块墙体应孔对孔、肋对肋错缝搭砌。 (2) 单排孔小砌块的搭接长度应为块体长度的 1/2。 (3) 多排孔小砌块的搭接长度可适当调整，但不宜小于小砌块长度的 1/3，且不应小于 90mm。 (4) 墙体竖向通缝不得超过两皮小砌块，独立柱不允许有竖向通缝。 (5) 砌筑应从转角或定位处开始，内外墙同时砌筑，纵横交错搭接。 (6) 外墙转角处应使小砌块隔皮露端面。 (7) T 字交接处应使横墙小砌块隔皮露端面。 (8) 墙体转角处和纵横交接处应同时砌筑。 (9) 临时间断处应砌成斜槎，斜槎水平投影长度不应小于斜槎高度。 (10) 临时施工洞口可预留直槎，但在补砌洞口时，应在直槎上下搭砌的小砌块孔洞内用强度等级不低于 Cb20 或 C20 的混凝土灌实。 (11) 厚度为 190mm 的自承重小砌块墙体宜与承重墙同时砌筑。 (12) 厚度小于 190mm 的自承重小砌块墙宜后砌，且应按设计要求预留拉结筋或钢筋网片

填充墙砌体工程

序号	项目	内容
1	砌筑准备	(1) 砌筑填充墙时，轻骨料混凝土小型空心砌块和蒸压加气混凝土砌块的产品龄期不应小于 28d，蒸压加气混凝土砌块的含水率宜小于 30%。 (2) 砌块进场后应按品种、规格堆放整齐，堆置高度不宜超过 2m。蒸压加气混凝土砌块在运输及堆放中应防止雨淋。 (3) 吸水率较小的轻骨料混凝土小型空心砌块及采用薄灰砌筑法施工的蒸压加气混凝土砌块，砌筑前不应对其浇（喷）水湿润。 (4) 采用普通砂浆砌筑填充墙时，烧结空心砖、吸水率较大的轻骨料混凝土小型空心砌块应提前 1～2d 浇水湿润；蒸压加气混凝土砌块采用专用砂浆或普通砂浆砌筑时，应在砌筑当天对砌块砌筑面浇水湿润
2	砌筑环境要求	轻骨料混凝土小型空心砌块或蒸压加气混凝土砌块墙如无切实有效措施，不得使用于下列部位或环境： (1) 建筑物防潮层以下墙体。 (2) 长期浸水或化学侵蚀环境。 (3) 砌块表面温度高于 80℃ 的部位。 (4) 长期处于有振动源环境的墙体
3	砌筑要求	(1) 在厨房、卫生间、浴室等处采用轻骨料混凝土小型空心砌块、蒸压加气混凝土砌块砌筑墙体时，墙底部宜现浇混凝土坎台，其高度宜为 150mm。 (2) 填充墙砌体砌筑，应在承重主体结构检验批验收合格后进行；填充墙顶部与承重主体结构之间的空隙部位，应在填充墙砌筑 14d 后进行砌筑

序号	项目	内容
3	砌筑要求	（3）蒸压加气混凝土砌块、轻骨料混凝土小型空心砌块不应与其他块体混砌，不同强度等级的同类块体也不得混砌。 （4）烧结空心砖墙应侧立砌筑，孔洞应呈水平方向。空心砖墙底部宜砌筑 3 皮普通砖，且门窗洞口两侧一砖范围内应采用烧结普通砖砌筑。 （5）砌筑时，墙体的第一皮空心砖应进行试摆。排砖时，不够半砖处应采用普通砖或配砖补砌，半砖以上的非整砖宜采用无齿锯加工制作。 （6）烧结空心砖砌体组砌时，应上下错缝，交接处应咬槎搭砌，掉角严重的空心砖不宜使用。转角及交接处应同时砌筑，不得留直槎，留斜槎时，斜槎高度不宜大于 1.2m。 （7）蒸压加气混凝土砌块填充墙砌筑时应上下错缝，搭砌长度不宜小于砌块长度的 1/3，且不应小于 150mm。当不能满足时，在水平灰缝中应设置 $2\phi6$ 钢筋或 $\phi4$ 钢筋网片加强，每侧搭接长度不宜小于 700mm

考点 3　钢结构工程施工技术

钢结构构件的制作加工

序号	项目	内容
1	准备工作	（1）先进行施工详图设计、审查图纸、提料、备料、相关试验和工艺规程的编制、技术交底。 （2）施工详图应根据结构设计文件和有关技术文件进行编制，并应经原设计单位确认。 （3）需进行节点设计时，节点设计文件也应经原设计单位确认
2	钢结构构件生产的工艺流程	（1）放样：1:1 大样放出节点。 （2）号料：材料上画出切割、铣、刨、制孔等，打冲孔，标出零件编号等。 （3）切割下料：包括氧割（气割）、等离子切割和机切、冲模落料和锯切等。 （4）平直矫正：包括型钢矫正机的机械矫正和火焰矫正等。 （5）边缘及端部加工：有铲边、刨边、铣边、碳弧气刨、半自动和自动气割机、坡口机加工等。 （6）滚圆：用对称三轴滚圆机、不对称三轴滚圆机和四轴滚圆机等进行加工。 （7）煨弯：用型钢滚圆机、弯管机、折弯压力机等。 （8）制孔：通常采用钻孔的方法，较薄的不重要的节点板、垫板、加强板等制孔时也可采用冲孔。 （9）钢结构组装：采用地样法、仿形复制装配法、专用设备装配法、胎模装配法等。 （10）焊接：关键步骤。 （11）摩擦面的处理：用喷砂、喷丸、酸洗、打磨等方法，实现满足设计要求的摩擦系数数值。 （12）涂装：按照要求施工

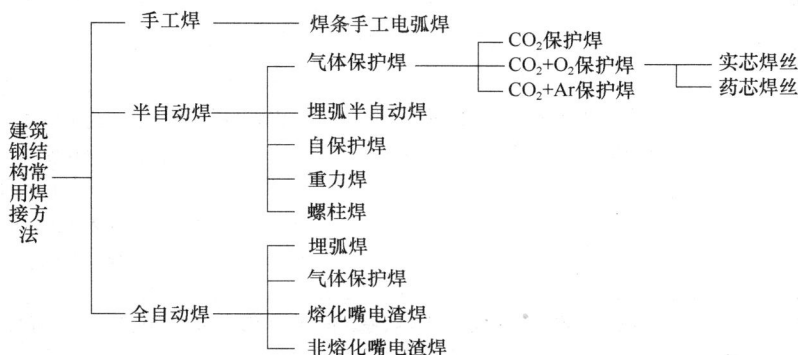

建筑钢结构常用焊接方法一览

钢结构焊接要求

序号	项目	内容
1	焊接方法	（1）按焊接的自动化程度一般分为手工焊接、半自动焊接和全自动化焊接三种。 （2）根据焊接接头的连接部位，可以将熔化焊接头分为：对接接头、角接接头、T形及十字接头、搭接接头和塞焊接头
2	焊工资格	焊工应经考试合格并取得资格证书，应在认可的范围内焊接作业，严禁无证上岗
3	焊接工艺评定试验	施工单位首次采用的钢材、焊接材料、焊接方法、接头形式、焊接位置、焊后热处理等各种参数及参数的组合，应在钢结构制作及安装前进行焊接工艺评定试验

焊缝处理

序号	焊缝缺陷类型	产生原因	处理方法
1	裂纹——热裂纹	母材抗裂性能差、焊接材料质量不好、焊接工艺参数选择不当、焊接内应力过大等	在裂纹两端钻止裂孔或铲除裂纹处的焊缝金属，进行补焊
2	裂纹——冷裂纹	焊接结构设计不合理、焊缝布置不当、焊接工艺措施不合理，如焊前未预热、焊后冷却快等	
3	孔穴——气孔	焊条药皮损坏严重、焊条和焊剂未烘烤、母材有油污或锈和氧化物、焊接电流过小、弧长过长、焊接速度太快等	铲去气孔处的焊缝金属，然后补焊
4	孔穴——弧坑缩孔	焊接电流太大且焊接速度太快、熄弧太快，未反复向熄弧处补充填充金属等	在弧坑处补焊
5	固体夹杂——夹渣	焊接材料质量不好、焊接电流太小、焊接速度太快、熔渣密度太大、阻碍熔渣上浮、多层焊时熔渣未清除干净等	清除夹渣处的焊缝金属，然后焊补
6	固体夹杂——夹钨	氩弧缝金属	重新焊补
7	未熔合		铲除未熔合处的焊缝金属后补焊
8	未焊透	焊接电流太小、焊接速度太快、坡口角度间隙太小、操作技术不佳等	（1）对开敞性好的结构的单面未焊透，可在焊缝背面直接补焊。 （2）对于不能直接焊补的重要焊件，应铲去未焊透的焊缝金属，重新焊接
9	形状缺陷	咬边、焊瘤、下塌、根部收缩、错边、角度偏差、焊缝超高、表面不规则等	
10	其他缺陷	电弧擦伤、飞溅、表面撕裂等	

螺栓连接要求

序号	项目	内容	说明
1	普通螺栓	（1）种类	常用的普通螺栓有六角螺栓、双头螺栓和地脚螺栓等
		（2）制孔方式	① 采用钻孔、冲孔、铣孔、铰孔、镗孔和锪孔等方法。 ② 对直径较大或长形孔也可采用气割制孔。 ③ 严禁气割扩孔。 ④ 钻孔、冲孔为一次制孔（其中，冲孔的板厚应不大于12mm）。 ⑤ 铣孔、铰孔、镗孔和锪孔方法为二次制孔。 ⑥ 气割制孔加工直径在80mm以上的圆孔。 ⑦ 钻孔不能实现时可采用气割制孔。 ⑧ 长圆孔或异形孔采用先行钻孔再用气割制孔法
2	高强度螺栓	（1）连接形式	① 分为摩擦连接、张拉连接和承压连接等，摩擦连接最广泛采用。 ② 普通螺栓的紧固次序应从中间开始，对称向两边进行。 ③ 对大型接头应采用复拧，即两次紧固方法
		（2）摩擦面的处理方法	有喷砂（丸）法、酸洗法、砂轮打磨法和钢丝刷人工除锈法等
		（3）摩擦面规定	① 连接摩擦面保持干燥、清洁，不应有飞边、毛刺、焊接飞溅物、焊疤、氧化铁皮、污垢等。 ② 经处理后的摩擦面采取保护措施，不得在摩擦面上作标记。 ③ 若摩擦面采用生锈处理方法时，安装前应以细钢丝刷垂直于构件受力方向刷除摩擦面上的浮锈
		（4）连接副	① 高强度大六角头螺栓连接副由一个螺栓、一个螺母和两个垫圈组成。 ② 扭剪型高强度螺栓连接副由一个螺栓、一个螺母和一个垫圈组成
		（5）安装环境	气温不宜低于−10℃。当摩擦面潮湿或暴露于雨雪中时，停止作业
		（6）安装方法	① 安装时应先使用安装螺栓和冲钉，限制冲钉用量。 ② 高强度螺栓不得兼作安装螺栓。 ③ 现场安装时应能自由穿入螺栓孔，不得强行穿入。 ④ 若螺栓不能自由穿入时，可采用铰刀或锉刀修整螺栓孔，修孔前应将四周螺栓全部拧紧；不得采用气割扩孔，扩孔数量应征得设计同意，修整后或扩孔后的孔径不应超过1.2倍螺栓直径。 ⑤ 超拧应更换，并废弃换下的螺栓，不得重复使用。 ⑥ 严禁用火焰或电焊切割高强度螺栓梅花头
		（7）安装合格标准	① 螺栓连接副终拧后外露2～3扣丝为标准计算，应在构件安装精度调整后拧紧。 ② 扭剪型高强度螺栓终拧检查，以目测尾部梅花头拧断为合格
		（8）连接副施拧方法	① 大六角头螺栓连接副施拧可采用扭矩法或转角法。 ② 同一接头中，高强度螺栓连接副的初拧、复拧、终拧应在24h内完成。 ③ 连接副初拧、复拧和终拧的顺序：从接头刚度较大的部位向约束较小的部位、从螺栓群中央向四周进行。 ④ 先螺栓紧固后焊接的施工顺序。 ⑤ 螺栓球节点网架总拼完成后，高强度螺栓与球节点应紧固连接，螺栓拧入螺栓球内的螺纹长度不应小于$1.1d$（d为螺栓直径），连接处不应出现有间隙、松动等未拧紧情况

钢结构涂装要求

序号	项目	内容
1	防腐涂料涂装	（1）施工流程：基面处理→底漆涂装→中间漆涂装→面漆涂装→检查验收。 （2）涂料防腐采用机械除锈和手工除锈方法进行处理。 （3）油漆防腐涂装可采用涂刷法、手工滚涂法、空气喷涂法和高压无气喷涂法。 （4）钢结构防腐涂装施工宜在钢构件组装和预拼装工程检验批的施工质量验收合格后进行
2	防火涂料涂装分类	（1）CB类：超薄型钢结构防火涂料，涂层厚度小于或等于3mm。 （2）B类：薄型钢结构防火涂料，涂层厚度一般为3～7mm。 （3）H类：厚型钢结构防火涂料，涂层厚度一般为7～45mm
3	防火涂料施工流程	基层处理→调配涂料→涂装施工→检查验收
4	防火涂料施工方法	（1）可采用喷涂、抹涂或滚涂等方法。 （2）涂装施工通常采用喷涂方法施涂。 （3）对于薄型钢结构防火涂料的面层装饰涂装也可采用刷涂或滚涂等方法施涂。 （4）现场进行搅拌或调配，当天配置的涂料应在产品说明书规定的时间内用完
5	厚型防火涂料适用范围	（1）承受冲击、振动荷载的钢梁。 （2）涂层厚度等于或大于40mm的钢梁和桁架。 （3）涂料粘结强度小于或等于0.05MPa的钢构件。 （4）钢板墙和腹板高度超过1.5m的钢梁
6	其他要求	（1）防腐涂料和防火涂料的涂装油漆工属于特殊工种。施涂时，操作者必须有特殊工种作业操作证（上岗证）和劳动防护。 （2）施涂环境温度、湿度，应按产品说明书和规范规定执行，要做好施工操作面的通风，并做好防火、防毒、防爆措施

考点4　钢筋混凝土装配式工程施工技术

施工准备与构件进场要求

序号	项目	内容
1	专项施工方案	宜包括工程概况、编制依据、进度计划、施工场地布置、预制构件运输与存放、安装与连接施工、成品保护、绿色施工、安全管理、质量管理、信息化管理、应急预案等内容
2	安装准备要求	（1）经验算后选择起重设备、吊具和吊索，在吊装前，应由专人检查核对确保型号、机具与方案一致。 （2）安装施工前应按工序要求检查核对已施工完成结构部分的质量，测量放线后，标出安装定位标志，必要时应提前安装限位装置。 （3）预制构件搁置的底面应清理干净。 （4）吊装设备应满足吊装重量、构件尺寸及作业半径等施工要求，并调试合格
3	构件进场	（1）预制构件进场前，混凝土强度应符合设计要求。当设计无具体要求时，混凝土同条件立方体抗压强度不应小于混凝土强度等级值的75%。 （2）预制构件边角部或与紧固用绳索接触部位，宜采用垫衬加以保护。 （3）预制构件存放场地宜设置在塔式起重机有效起重范围内，并设置通道。 （4）预制墙板可采用插放或靠放的方式，堆放工具或支架应有足够的刚度，并支垫稳固。采用靠放方式时，预制外墙板宜对称靠放、饰面朝外，且与地面倾斜角度不宜小于80°。 （5）预制水平类构件可采用叠放方式，层与层之间应垫平、垫实，各层支垫应上下对齐。垫木距板端部大于200mm，且间距不大于1600mm，最下面一层支垫应通长设置，堆放时间不宜超过两个月。 （6）预制构件堆放时，预制构件与支架、预制构件与地面之间宜设置柔性衬垫保护。 （7）预应力构件需按其受力方式进行存放，不得颠倒其堆放方向

序号	项目	内容
4	构件进场相关质量证明文件	（1）出厂合格证。 （2）混凝土强度检验报告。 （3）钢筋复验单。 （4）钢筋套筒等其他构件钢筋连接类型的工艺检验报告。 （5）合同要求的其他质量证明文件

构件安装与连接

序号	项目	内容
1	预制构件吊装规定	（1）预制构件起吊宜采用标准吊具均衡起吊就位，吊具可采用预埋吊环或埋置式接驳器的形式；专用内埋式螺母或内埋式吊杆及配套的吊具，应根据相应的产品标准和应用技术规定选用。 （2）应根据预制构件形状、尺寸及重量和作业半径等要求选择适宜的吊具和起重设备；在吊装过程中，吊索与构件的水平夹角不宜小于60°，不应小于45°。 （3）预制构件吊装应采用慢起、快升、缓放的操作方式；构件吊装校正，可采用起吊、静停、就位、初步校正、精细调整的作业方式；起吊应依次逐级增加速度，不应越挡操作
2	竖向预制构件安装临时支撑规定	（1）每个预制构件应按照施工方案设置稳定可靠的临时支撑。 （2）对预制柱、墙板的上部斜支撑，其支撑点距离板底不宜小于柱、板高的2/3，且不应小于柱、板高的1/2；下部支承垫块应与中心线对称布置。 （3）对单个构件高度超过10m的预制柱、墙等，需设缆风绳。 （4）构件安装就位后，可通过临时支撑对构件的位置和垂直度进行微调
3	工艺流程	（1）预制柱吊装工艺流程：基层处理→测量放线→预制柱起吊→下层竖向钢筋对孔→预制柱就位→安装临时支撑→预制柱位置、标高调整→临时支撑固定→摘钩→堵缝、灌浆。 （2）预制剪力墙墙板吊装工艺流程：基层处理→测量放线→预制墙板起吊→下层竖向钢筋对孔→预制墙板就位→安装临时支撑→预制墙板校正→临时支撑固定→摘钩→堵缝、灌浆。 （3）预制梁或叠合梁吊装工艺流程：测量放线→支撑架体搭设→支撑架体调节→预制梁或叠合梁起吊→预制梁或叠合梁落位→位置、标高确认→摘钩。 （4）预制叠合板吊装工艺流程：测量放线→支撑架体搭设→支撑架体调节→叠合板起吊→叠合板落位→位置、标高确认→摘钩。 （5）预制楼梯吊装工艺流程：测量放线→钢筋调直→垫片找平→预制楼梯起吊→钢筋对孔校正→位置、标高确认→摘钩→灌浆。 （6）预制阳台板、空调板吊装工艺流程：测量放线→临时支撑搭设→预制阳台板、空调板起吊→预制阳台板、空调板落位→位置、标高确认→摘钩。 （7）预制外墙板接缝施工工艺流程：表面清洁处理→底涂基层处理→贴美纹纸→背衬材料施工→施打密封胶→密封胶整平处理→板缝两侧外观清洁→成品保护

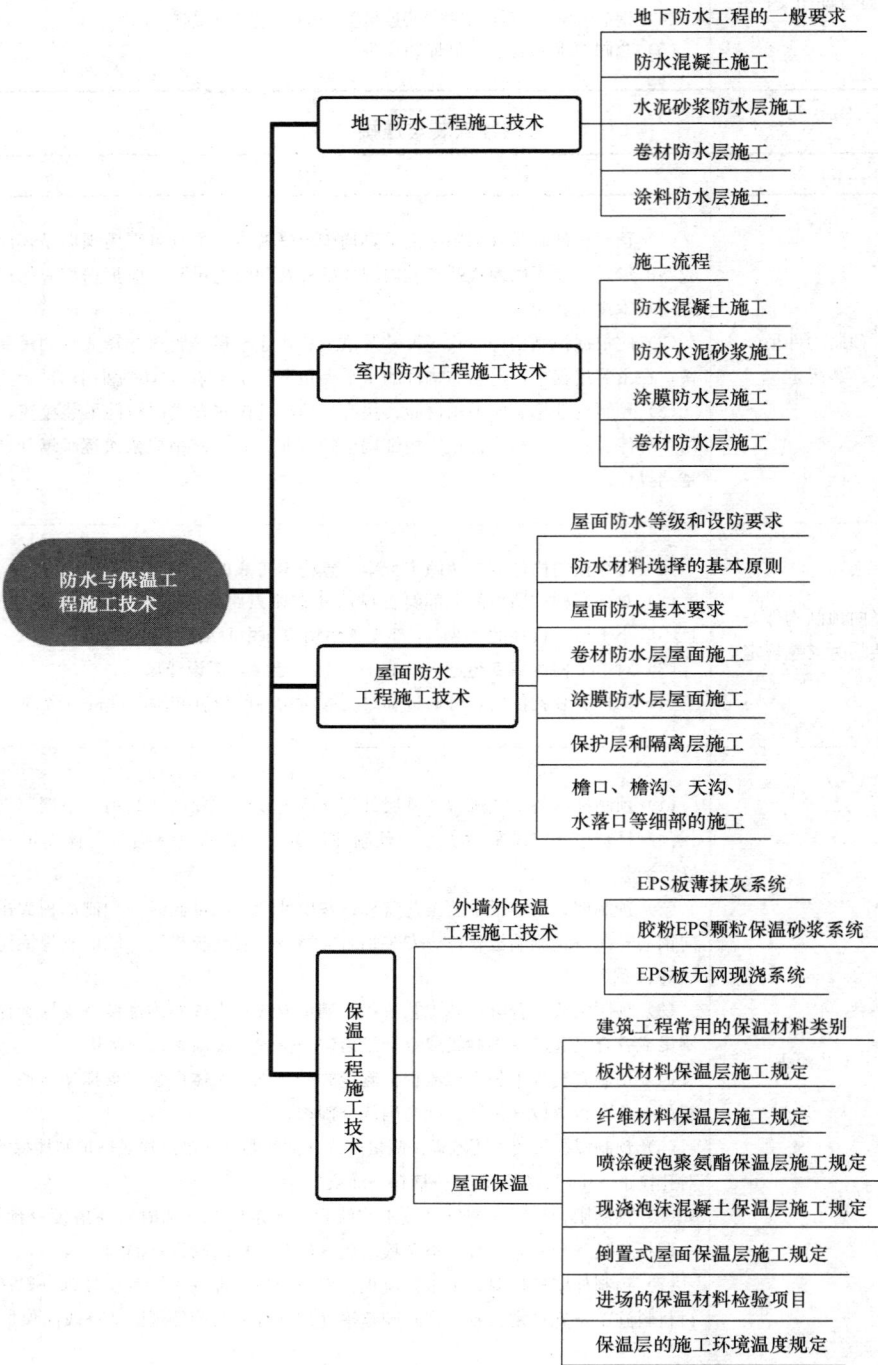

2A312040 防水与保温工程施工技术

【考点图谱】

```
                                              ┌── 地下防水工程的一般要求
                                              ├── 防水混凝土施工
                          地下防水工程施工技术 ──┼── 水泥砂浆防水层施工
                                              ├── 卷材防水层施工
                                              └── 涂料防水层施工

                                              ┌── 施工流程
                                              ├── 防水混凝土施工
                          室内防水工程施工技术 ──┼── 防水水泥砂浆施工
                                              ├── 涂膜防水层施工
                                              └── 卷材防水层施工

                                              ┌── 屋面防水等级和设防要求
                                              ├── 防水材料选择的基本原则
                                              ├── 屋面防水基本要求
  防水与保温工                屋面防水         ├── 卷材防水层屋面施工
  程施工技术    ──┤          工程施工技术 ────┼── 涂膜防水层屋面施工
                                              ├── 保护层和隔离层施工
                                              └── 檐口、檐沟、天沟、
                                                  水落口等细部的施工

                                              外墙外保温      ┌── EPS板薄抹灰系统
                                              工程施工技术 ──┼── 胶粉EPS颗粒保温砂浆系统
                                                            └── EPS板无网现浇系统
                          保
                          温                  ┌── 建筑工程常用的保温材料类别
                          工                  ├── 板状材料保温层施工规定
                          程  ──┤            ├── 纤维材料保温层施工规定
                          施                  ├── 喷涂硬泡聚氨酯保温层施工规定
                          工         屋面保温 ┼── 现浇泡沫混凝土保温层施工规定
                          技                  ├── 倒置式屋面保温层施工规定
                          术                  ├── 进场的保温材料检验项目
                                              └── 保温层的施工环境温度规定
```

考点1　地下防水工程施工技术

防水混凝土施工

序号	项目	内容
1	防水混凝土配制	（1）防水混凝土抗渗等级不得小于 P6，试配混凝土的抗渗等级应比设计要求提高 0.2MPa。 （2）水泥品种宜采用硅酸盐水泥、普通硅酸盐水泥。 （3）宜选用坚固耐久、粒形良好的洁净石子，其最大粒径不宜大于 40mm。 （4）砂宜选用坚硬、抗风化性强、洁净的中粗砂，不宜使用海砂
2	防水混凝土材料用量	（1）防水混凝土胶凝材料总用量不宜小于 320kg/m³，在满足混凝土抗渗等级、强度等级和耐久性条件下，水泥用量不宜小于 260kg/m³。 （2）砂率宜为 35%～40%，泵送时可增至 45%。 （3）水胶比不得大于 0.50，有侵蚀性介质时水胶比不宜大于 0.45。 （4）防水混凝土宜采用预拌商品混凝土，其入泵坍落度宜控制在 120～160mm，坍落度每小时损失值不应大于 20mm，总损失值不应大于 40mm。 （5）掺引气剂或引气型减水剂时，混凝土含气量应控制在 3%～5%。 （6）预拌混凝土的初凝时间宜为 6～8h，混凝土中各类材料的总碱含量不得大于 3kg/m³，氯离子含量不超过胶凝材料总量的 0.1%
3	防水混凝土拌制	防水混凝土拌合物应采用机械搅拌，搅拌时间不宜小于 2min
4	防水混凝土浇筑	（1）应分层连续浇筑，分层厚度不得大于 500mm。 （2）应采用机械振捣，避免漏振、欠振和超振。 （3）宜少留施工缝。 （4）地下室外墙穿墙管必须采取止水措施，单独埋设的管道可采用套管式穿墙防水。 （5）当管道集中多管时，可采用穿墙群管的防水方法
5	施工缝规定	（1）墙体水平施工缝不应留在剪力最大处或底板与侧墙的交接处，应留在高出底板表面不小于 300mm 的墙体上。 （2）拱（板）墙结合的水平施工缝，宜留在拱（板）墙接缝线以下 150～300mm 处。 （3）墙体有预留孔洞时，施工缝距孔洞边缘不应小于 300mm。 （4）垂直施工缝应避开地下水和裂隙水较多的地段，并宜与变形缝相结合
6	施工缝防水构造规定	（1）水平施工缝浇筑混凝土前，应将其表面浮浆和杂物清除，然后铺设净浆或涂刷混凝土界面处理剂、水泥基渗透结晶型防水涂料等材料，再铺 30～50mm 厚的 1∶1 水泥砂浆，并应及时浇筑混凝土。 （2）垂直施工缝浇筑混凝土前，应将其表面清理干净，再涂刷混凝土界面处理剂或水泥基渗透结晶型防水涂料，并应及时浇筑混凝土。 （3）遇水膨胀止水条（胶）应与接缝表面密贴；选用的遇水膨胀止水条（胶）应具有缓胀性能，7d 的净膨胀率不宜大于最终膨胀率的 60%，最终膨胀率宜大于 220%。 （4）采用中埋式止水带或预埋式注浆管时，应定位准确、固定牢靠

序号	项目	内容
7	大体积防水混凝土防水	(1) 宜选用水化热低和凝结时间长的水泥。 (2) 宜掺入减水剂、缓凝剂等外加剂和粉煤灰、磨细矿渣粉等掺合料。 (3) 在设计许可的情况下，掺粉煤灰混凝土设计强度等级的龄期宜为60d或90d。 (4) 炎热季节施工时，入模温度不宜大于30℃；冬期施工时，入模温度不应低于5℃。 (5) 混凝土内部预埋管道，宜进行水冷散热。 (6) 大体积防水混凝土应采取保温保湿养护。 (7) 混凝土中心温度与表面温度的差值不应大于25℃。 (8) 表面温度与大气温度的差值不应大于20℃。 (9) 养护时间不得少于14d
8	地下室外墙穿墙管	必须采取止水措施，单独埋设的管道可采用套管式穿墙防水。当管道集中多管时，可采用穿墙群管的防水方法

水泥砂浆防水层施工

序号	项目	内容
1	适用范围	(1) 用于地下工程主体结构的迎水面或背水面。 (2) 不应用于受持续振动或温度高于80℃的地下工程防水
2	材料要求	(1) 水泥砂浆应使用硅酸盐水泥、普通硅酸盐水泥或特种水泥。 (2) 砂宜采用中砂，含泥量不应大于1%。 (3) 拌制用水、聚合物乳液、外加剂等的质量要求应符合现行标准的规定
3	施工厚度	(1) 聚合物水泥防水砂浆厚度单层施工宜为6~8mm。 (2) 双层施工宜为10~12mm。 (3) 掺外加剂或掺合料的水泥防水砂浆厚度宜为18~20mm
4	施工准备	(1) 基层表面应平整、坚实、清洁，并应充分湿润、无明水。 (2) 基层表面的孔洞、缝隙，应采用与防水层相同的防水砂浆堵塞并抹平。 (3) 应在基础垫层、初期支护、围护结构及内衬结构验收合格后施工。 (4) 施工前应将预埋件、穿墙管预留凹槽内嵌填密封材料后，再施工水泥砂浆防水层
5	施工方法	(1) 宜采用多层抹压法施工。 (2) 各层应紧密粘合，每层宜连续施工。 (3) 应分层铺抹或喷射，铺抹时应压实、抹平，最后一层表面应提浆压光。 (4) 留设施工缝时，应采用阶梯坡形槎，但离阴阳角处的距离不得小于200mm。 (5) 不得在雨天、五级及以上大风中施工。 (6) 冬期施工时，气温不应低于5℃。 (7) 夏季不宜在30℃以上或烈日照射下施工。 (8) 聚合物水泥防水砂浆拌合后应在规定时间内用完，施工中不得任意加水

序号	项目	内容
6	养护要求	（1）终凝后，应及时进行养护。 （2）养护温度不宜低于 5℃，并应保持砂浆表面湿润。 （3）养护时间不得少于 14d。 （4）聚合物水泥防水砂浆未达到硬化状态时，不得浇水养护或直接受雨水冲刷，硬化后应采用干湿交替的养护方法。 （5）潮湿环境中，可在自然条件下养护

卷材防水层施工

序号	项目	内容
1	适用范围	宜用于经常处于地下水环境，且受侵蚀介质作用或受振动作用的地下工程
2	施工环境	（1）严禁在雨天、雪天、五级及以上大风中施工。 （2）冷粘法、自粘法施工的环境气温不宜低于 5℃。 （3）热熔法、焊接法施工的环境气温不宜低于 -10℃。 （4）施工过程中下雨或下雪时，应做好已铺卷材的防护工作
3	基础要求	（1）卷材防水层应铺设在混凝土结构的迎水面上。 （2）用于建筑地下室时，应铺设在结构底板垫层至墙体防水设防高度的结构基面上。 （3）用于单建式的地下工程时，应从结构底板垫层铺设至顶板基面，并应在外围形成封闭的防水层。 （4）卷材防水层的基面应坚实、平整、清洁、干燥，阴阳角处应做成圆弧或 45°坡角，其尺寸应根据卷材品种确定，并应涂刷基层处理剂；当基面潮湿时，应涂刷湿固化型胶粘剂或潮湿界面隔离剂
4	铺设厚度	如设计无要求时，阴阳角等特殊部位铺设的卷材加强层宽度不应小于 500mm
5	施工方法	（1）结构底板垫层混凝土部位的卷材可采用空铺法或点粘法施工。 （2）侧墙采用外防外贴法的卷材及顶板部位的卷材应采用满粘法施工。 （3）铺贴立面卷材防水层时，应采取防止卷材下滑的措施。 （4）铺贴双层卷材时，上下两层和相邻两幅卷材的接缝应错开 1/3～1/2 幅宽，且两层卷材不得相互垂直铺贴。 （5）弹性体改性沥青防水卷材和改性沥青聚乙烯胎防水卷材采用热熔法施工应加热均匀，不得加热不足或烧穿卷材，搭接缝部位应溢出热熔的改性沥青
6	外防外贴法铺贴卷材防水层规定	（1）先铺平面，后铺立面，交接处应交叉搭接。 （2）临时性保护墙宜采用石灰砂浆砌筑，内表面宜做找平层。 （3）从底面折向立面的卷材与永久性保护墙的接触部位，应采用空铺法施工；卷材与临时性保护墙或围护结构模板的接触部位，应将卷材临时贴附在该墙上或模板上，并应将顶端临时固定。当不设保护墙时，从底面折向立面的卷材接槎部位应采取可靠保护措施。 （4）混凝土结构完成，铺贴立面卷材时，应先将接槎部位的各层卷材揭开，并将其表面清理干净，如卷材有损坏应及时修补。卷材接槎的搭接长度，高聚物改性沥青类卷材应为 150mm，合成高分子类卷材应为 100mm；当使用两层卷材时，卷材应错槎接缝，上层卷材应盖过下层卷材

序号	项目	内容
7	外防内贴法铺贴卷材防水层	(1) 混凝土结构的保护墙内表面应抹厚度为 20mm 的 1：3 水泥砂浆找平层，然后铺贴卷材。 (2) 卷材宜先铺立面，后铺平面；铺贴立面时，应先铺转角，后铺大面
8	卷材防水层完工要求	(1) 经检查合格后，应及时做保护层，防水层与保护层之间宜设隔离层。 (2) 顶板卷材防水层上的细石混凝土保护层上部采用人工回填土时厚度不宜小于 50mm，采用机械碾压回填土时厚度不宜小于 70mm。 (3) 底板卷材防水层上细石混凝土保护层厚度不应小于 50mm。 (4) 侧墙卷材防水层宜采用软质保护材料或铺抹 20mm 厚 1：2.5 水泥砂浆层

涂料防水层施工

序号	项目	内容
1	适用范围	(1) 无机防水涂料宜用于结构主体的背水面。 (2) 有机防水涂料宜用于地下工程主体结构的迎水面，用于背水面的有机防水涂料应具有较高的抗渗性，且与基层有较好的粘结性
2	施工环境	(1) 涂料防水层严禁在雨天、雾天、五级及以上大风时施工。 (2) 不得在施工环境温度低于 5℃ 及高于 35℃ 或烈日暴晒时施工。 (3) 涂膜固化前如有降雨可能时，应及时做好已完涂层的保护工作
3	基础要求	(1) 有机防水涂料基层表面应基本干燥，不应有气孔、凹凸不平、蜂窝麻布等缺陷。 (2) 涂料施工前，基层阴阳角应做成圆弧形，阴角直径宜大于 50mm，阳角直径宜大于 10mm，在底板转角部位应增加胎体增强材料，并应增涂防水涂料。 (3) 铺贴胎体增强材料时，应使胎体层充分浸透防水涂料，不得有露槎及褶皱
4	施工方法	(1) 应分层刷涂或喷涂，涂层应均匀，不得漏刷漏涂。 (2) 涂刷应待前遍涂层干燥成膜后进行。 (3) 每遍涂刷时应交替改变涂层的涂刷方向，同层涂膜的先后搭压宽度宜为 30～50mm。 (4) 甩槎处接缝宽度不应小于 100mm，接涂前应将其甩槎表面处理干净。 (5) 采用有机防水涂料时，基层阴阳角处应做成圆弧。 (6) 在转角处、变形缝、施工缝、穿墙管等部位应增加胎体增强材料和增涂防水涂料，宽度不应小于 500mm。 (7) 胎体增强材料的搭接宽度不应小于 100mm，上下两层和相邻两幅胎体的接缝应错开 1/3 幅宽，且上下两层胎体不得相互垂直铺贴
5	完工要求	(1) 完工并经验收合格后应及时做保护层，防水层与保护层之间宜设置隔离层。 (2) 底板宜采用 1：2.5 水泥砂浆层和 50～70mm 厚的细石混凝土保护层。 (3) 顶板采用细石混凝土保护层。 (4) 机械回填时不宜小于 70mm，人工回填时不宜小于 50mm。 (5) 侧墙保护层宜选用软质保护材料或 20mm 厚 1：2.5 水泥砂浆

考点 2　室内防水工程施工技术

室内防水工程施工技术

序号	项目	内容
1	施工流程	防水材料进场复试→技术交底→清理基层→结合层→细部附加层→防水层→试水试验
2	防水混凝土施工	（1）防水混凝土拌合物出现离析现象时，必须进行二次搅拌后使用。 （2）当坍落度损失后不能满足施工要求时，应加入原水胶比的水泥浆或二次掺加减水剂进行搅拌，严禁直接加水。 （3）防水混凝土应采用高频机械分层振捣密实，振捣时间宜为 10～30s。 （4）防水混凝土应连续浇筑，少留施工缝。 （5）当留设施工缝时，宜留置在受剪力较小、便于施工的部位。 （6）墙体水平施工缝应留在高出楼板表面不小于 300mm 的墙体上。 （7）防水混凝土终凝后应立即进行养护，养护时间不得少于 14d。 （8）防水混凝土冬期施工时，其入模温度不应低于 5℃
3	防水水泥砂浆施工	（1）基层表面应充分湿润，无积水。 （2）防水砂浆应采用抹压法施工，分遍成活。各层应紧密结合，每层宜连续施工。 （3）当需留槎时，上下层接槎位置应错开 100mm 以上，离转角 200mm 内不得留接槎。 （4）防水砂浆施工环境温度不应低于 5℃。 （5）终凝后应及时进行养护，养护温度不宜低于 5℃，养护时间不应小于 14d。 （6）聚合物水泥防水砂浆未达到硬化状态时，不得浇水养护或直接受水冲刷，硬化后应采用干湿交替的养护方法。潮湿环境中可在自然条件下养护
4	涂膜防水层施工	（1）基层应平整牢固，表面不得出现孔洞、蜂窝麻面、缝隙等缺陷；基面必须干净、无浮浆，基层干燥度应符合产品要求。 （2）施工环境温度：水乳型涂料宜为 5～35℃。 （3）涂料施工时应先对阴阳角、预埋件、穿墙（楼板）管等部位进行加强或密封处理。 （4）涂膜防水层应多遍成活，后一遍涂料施工应待前一遍涂层实干后再进行。前后两遍的涂刷方向应相互垂直，宜先涂刷立面，后涂刷平面。 （5）铺贴胎体增强材料时应充分浸透防水涂料，不得露胎及褶皱。胎体材料长边搭接不应小于 50mm，短边搭接宽度不应小于 70mm。 （6）防水层施工完毕验收合格后，应及时做保护层
5	卷材防水层施工	（1）基层应平整牢固，表面不得出现孔洞、蜂窝麻面、缝隙等缺陷；基面必须干净、无浮浆，基层干燥度应符合产品要求。采用水泥基胶粘剂的基层应先充分湿润，但不得有明水。 （2）卷材铺贴施工环境温度：采用冷粘法施工不应低于 5℃，热熔法施工不应低于 −10℃。 （3）以粘贴法施工的防水卷材，其与基层应采用满粘法铺贴。 （4）卷材接缝必须粘贴严密。接缝部位应进行密封处理，密封宽度不应小于 10mm。搭接缝位置距阴阳角应大于 300mm。 （5）防水卷材施工宜先铺立面，后铺平面。 （6）防水层施工完毕验收合格后，方可进行其他层面的施工

考点3 屋面防水工程施工技术

屋面防水等级和设防要求

防水等级	建筑类别	设防要求
Ⅰ级	重要建筑和高层建筑	两道防水设防
Ⅱ级	一般建筑	一道防水设防

防水材料与屋面防水要求

序号	项目	内容
1	防水材料选择的基本原则	（1）外露使用的防水层，应选用耐紫外线、耐老化、耐候性好的防水材料。 （2）上人屋面，应选用耐霉变、拉伸强度高的防水材料。 （3）长期处于潮湿环境的屋面，应选用耐腐蚀、耐霉变、耐穿刺、耐长期水浸等性能的防水材料。 （4）薄壳、装配式结构、钢结构及大跨度建筑屋面，应选用耐候性好、适应变形能力强的防水材料。 （5）倒置式屋面应选用适应变形能力强、接缝密封保证率高的防水材料。 （6）坡屋面应选用与基层粘结力强、感温性小的防水材料。 （7）屋面接缝密封防水，应选用与基材粘结强和耐候性好、适应位移能力强的密封材料
2	屋面防水基本要求	（1）屋面防水应以防为主，以排为辅；混凝土结构层宜采用结构找坡，坡度不应小于3%；当采用材料找坡时，宜采用质量轻、吸水率低和有一定强度的材料，坡度宜为2%。檐沟、天沟纵向找坡不应小于1%。找坡应按屋面排水方向和设计坡度要求进行，找坡层最薄处厚度不宜小于20mm。 （2）保温层上的找平层应在水泥初凝前压实抹平，并应留设分格缝，缝宽宜为5～20mm，纵横缝的间距不宜大于6m。水泥终凝前完成收水后应二次压光，并应及时取出分格条。养护时间不得少于7d。 （3）严寒和寒冷地区屋面热桥部位，应按设计要求采取节能保温等隔断热桥措施。 （4）找平层设置的分格缝可兼作排汽道，排汽道的宽度宜为40mm；排汽道应纵横贯通，并应与大气连通的排汽孔相通，排汽孔可设在檐口下或纵横排汽道的交叉处；排汽道纵横间距宜为6m，屋面面积每36m² 宜设置一个排汽孔，排汽孔应作防水处理；在保温层下也可铺设带支点的塑料板。 （5）涂膜防水层的胎体增强材料宜采用聚酯无纺布或化纤无纺布；胎体增强材料长边搭接宽度不应小于50mm，短边搭接宽度不应小于70mm；上下层胎体增强材料的长边搭接缝应错开，且不得小于幅宽的1/3；上下层胎体增强材料不得相互垂直铺设

卷材防水层屋面施工

序号	项目	内容
1	卷材防水层铺贴顺序和方向	（1）卷材防水层施工时，应先进行细部构造处理，然后由屋面最低标高向上铺贴。 （2）檐沟、天沟卷材施工时，宜顺檐沟、天沟方向铺贴，搭接缝应顺流水方向。 （3）卷材宜平行屋脊铺贴，上下层卷材不得相互垂直铺贴
2	粘贴方法	立面或大坡面铺贴卷材时，应采用满粘法，并宜减少卷材短边搭接

序号	项目	内容
3	卷材搭接缝规定	（1）平行屋脊的搭接缝应顺流水方向。 （2）同一层相邻两幅卷材短边搭接缝错开不应小于500mm。 （3）上下层卷材长边搭接缝应错开，且不应小于幅宽的1/3。 （4）叠层铺贴的各层卷材，在天沟与屋面的交接处，应采用叉接法搭接，搭接缝应错开；搭接缝宜留在屋面与天沟侧面，不宜留在沟底
4	热粘法铺贴卷材规定	（1）熔化热熔型改性沥青胶结料时，宜采用专用导热油炉加热，加热温度不应高于200℃，使用温度不宜低于180℃。 （2）粘贴卷材的热熔型改性沥青胶结料厚度宜为1.0～1.5mm。 （3）采用热熔型改性沥青胶结料铺贴卷材时，应随刮随滚铺，并应展平压实
5	改性沥青防水卷材施工要求	（1）厚度小于3mm的高聚物改性沥青防水卷材，严禁采用热熔法施工。 （2）搭接缝部位宜以溢出热熔的改性沥青胶结料为度，溢出的改性沥青胶结料宽度宜为8mm，并宜均匀顺直。 （3）当接缝处的卷材上有矿物粒或片料时，应用火焰烘烤及清除干净后再进行热熔和接缝处理
6	机械固定法铺贴卷材规定	（1）固定件应与结构层连接牢固。 （2）固定件间距应根据抗风揭试验和当地的使用环境与条件确定，并不宜大于600mm。 （3）卷材防水层周边800mm范围内应满粘，卷材收头应采用金属压条钉压固定和密封处理

涂膜防水层屋面施工

序号	项目	内容
1	基层处理	（1）基层应坚实、平整、干净，应无孔隙、起砂和裂缝。 （2）基层的干燥程度应根据所选用的防水涂料特性确定。 （3）当采用溶剂型、热熔型和反应固化型防水涂料时，基层应干燥
2	涂膜防水层施工规定	（1）防水涂料应多遍均匀涂布，涂膜总厚度应符合设计要求。 （2）涂膜间夹铺胎体增强材料时，宜边涂布边铺胎体；胎体应铺贴平整，应排除气泡，并应与涂料粘结牢固。在胎体上涂布涂料时，应使涂料浸透胎体，并应覆盖完全，不得有胎体外露现象。最上面的涂膜厚度不应小于1.0mm。 （3）涂膜施工应先做好细部处理，再进行大面积涂布。 （4）屋面转角及立面的涂膜应薄涂多遍，不得流淌和堆积
3	涂膜防水层施工工艺规定	（1）水乳型及溶剂型防水涂料宜选用滚涂或喷涂施工。 （2）反应固化型防水涂料宜选用刮涂或喷涂施工。 （3）热熔型防水涂料宜选用刮涂施工。 （4）聚合物水泥防水涂料宜选用刮涂法施工。 （5）所有防水涂料用于细部构造时，宜选用刮（刷）涂或喷涂施工

防水保护层和隔离层施工

序号	项目	内容
1	施工后检查	施工完的防水层应进行雨后观察、淋水或蓄水试验，并应在合格后再进行保护层和隔离层的施工
2	块体材料保护层铺设规定	（1）在砂结合层上铺设块体时，砂结合层应平整，块体间应预留 10mm 的缝隙，缝内应填砂，并应用 1∶2 水泥砂浆勾缝。 （2）在水泥砂浆结合层上铺设块体时，应先在防水层上做隔离层，块体间应预留 10mm 的缝隙，缝内应用 1∶2 水泥砂浆勾缝。 （3）块体表面应洁净、色泽一致，应无裂纹、掉角和缺棱等缺陷
3	水泥砂浆及细石混凝土保护层铺设规定	（1）水泥砂浆及细石混凝土保护层铺设前，应在防水层上做隔离层。 （2）细石混凝土铺设不宜留施工缝；当施工间隙超过时间规定时，应对接槎进行处理。 （3）水泥砂浆及细石混凝土表面应抹平压光，不得有裂纹、脱皮、麻面、起砂等缺陷

考点4　保温工程施工技术

室外保温工艺流程

序号	项目	内容
1	EPS 板薄抹灰系统施工工艺流程	基层墙面清理→测量、放线、挂基准线→粘贴或锚固聚苯板→聚苯板表面扫毛→薄抹一层抹面胶浆→贴压耐碱玻纤网布→细部处理和加贴耐碱玻纤网布→面层抹面胶浆找平→面层涂料工程施工→验收
2	胶粉 EPS 颗粒保温砂浆系统施工工艺流程	结构基层处理→吊垂直线、弹控制线、贴饼→复测基层平整度→涂刷基层墙体界面砂浆→抹（喷）胶粉聚苯颗粒保温砂浆→保温层验收→抹抗裂砂浆随即铺压耐碱玻纤网布→涂刷高分子乳液弹性底层涂料→抗裂防护层验收→刮抗裂柔性耐水腻子→饰面层施工→验收
3	EPS 板无网现浇系统施工工艺流程	墙体钢筋绑扎、放垫块→外侧聚苯保温板就位并临时固定→内侧大模板就位固定→插放穿墙螺栓及套管→安装外墙组合模板→调整→支撑加固、螺栓拧紧→浇混凝土→拆模板→清理聚苯板表面污物→吊垂直、套方、弹控制线→做饼、冲筋→用胶粉聚苯颗粒保温浆料修补→抹抗裂砂浆、铺压耐碱玻纤网布→涂刷高分子乳液弹性底层涂料→刮抗裂柔性耐水腻子→涂料饰面施工→验收

屋面保温施工要求

序号	项目	内容
1	材料类型	（1）板状材料：聚苯乙烯泡沫塑料、硬质聚氨酯泡沫塑料、膨胀珍珠岩制品、泡沫玻璃制品、加气混凝土砌块、泡沫混凝土砌块。 （2）纤维材料：玻璃棉制品、岩棉、矿渣棉制品。 （3）整体材料：喷涂硬泡聚氨酯、现浇泡沫混凝土

序号	项目	内容
2	板状材料保温层施工	（1）基层应平整、干燥、干净。 （2）相邻板块应错缝拼接，分层铺设的板块上下层接缝应相互错开，板间缝隙应采用同类材料嵌填密实。 （3）采用干铺法施工时，板状保温材料应紧靠在基层表面上，并应铺平垫稳。 （4）采用粘结法施工时，胶粘剂应与保温材料相容，板状保温材料应贴严、粘牢，在胶粘剂固化前不得上人踩踏。 （5）采用机械固定法施工时，固定件应固定在结构层上，固定件的间距应符合设计要求
3	纤维材料保温层施工	（1）基层应平整、干燥、干净。 （2）纤维保温材料在施工时，应避免重压，并应采取防潮措施。 （3）纤维保温材料铺设时，平面拼接缝应贴紧，上下层拼接缝应相互错开。 （4）屋面坡度较大时，纤维保温材料宜采用机械固定法施工。 （5）在铺设纤维保温材料时，应做好劳动保护工作
4	喷涂硬泡聚氨酯保温层施工	（1）基层应平整、干燥、干净。 （2）施工前应对喷涂设备进行调试，并应对喷涂试块进行材料性能检测。 （3）喷涂时喷嘴与施工基面的间距应由试验确定。 （4）喷涂硬泡聚氨酯的配比应准确计量，发泡厚度应均匀一致。 （5）一个作业面分遍喷涂完成，每遍喷涂厚度不宜大于15mm，硬泡聚氨酯喷涂后20min内严禁上人。 （6）喷涂作业时，应采取防止污染的遮挡措施
5	现浇泡沫混凝土保温层施工	（1）基层应清理干净，不得有油污、浮尘和积水。 （2）泡沫混凝土应按设计要求的干密度和抗压强度进行配合比设计，拌制时应计量准确，并应搅拌均匀。 （3）泡沫混凝土应按设计的厚度设定浇筑面标高线，找坡时宜采取挡板辅助措施。 （4）泡沫混凝土的浇筑出料口离基层的高度不宜超过1m，泵送时应采取低压泵送。 （5）泡沫混凝土应分层浇筑，一次浇筑厚度不宜超过200mm，终凝后应进行保湿养护，养护时间不得少于7d
6	倒置式屋面保温层施工	（1）施工完的防水层，应进行淋水或蓄水试验，并应在合格后再进行保温层的铺设。 （2）板状保温层的铺设应平稳，拼缝应严密。 （3）保护层施工时，应避免损坏保温层和防水层
7	进场的保温材料检验项目	（1）板状保温材料：表观密度或干密度、压缩强度或抗压强度、导热系数、燃烧性能。 （2）纤维保温材料应检验表观密度、导热系数、燃烧性能
8	保温层的施工环境温度	（1）干铺的保温材料可在负温度下施工。 （2）用水泥砂浆粘贴的板状保温材料不宜低于5℃。 （3）喷涂硬泡聚氨酯宜为15～35℃，空气相对湿度宜小于85%，风速不宜大于三级。 （4）现浇泡沫混凝土宜为5～35℃

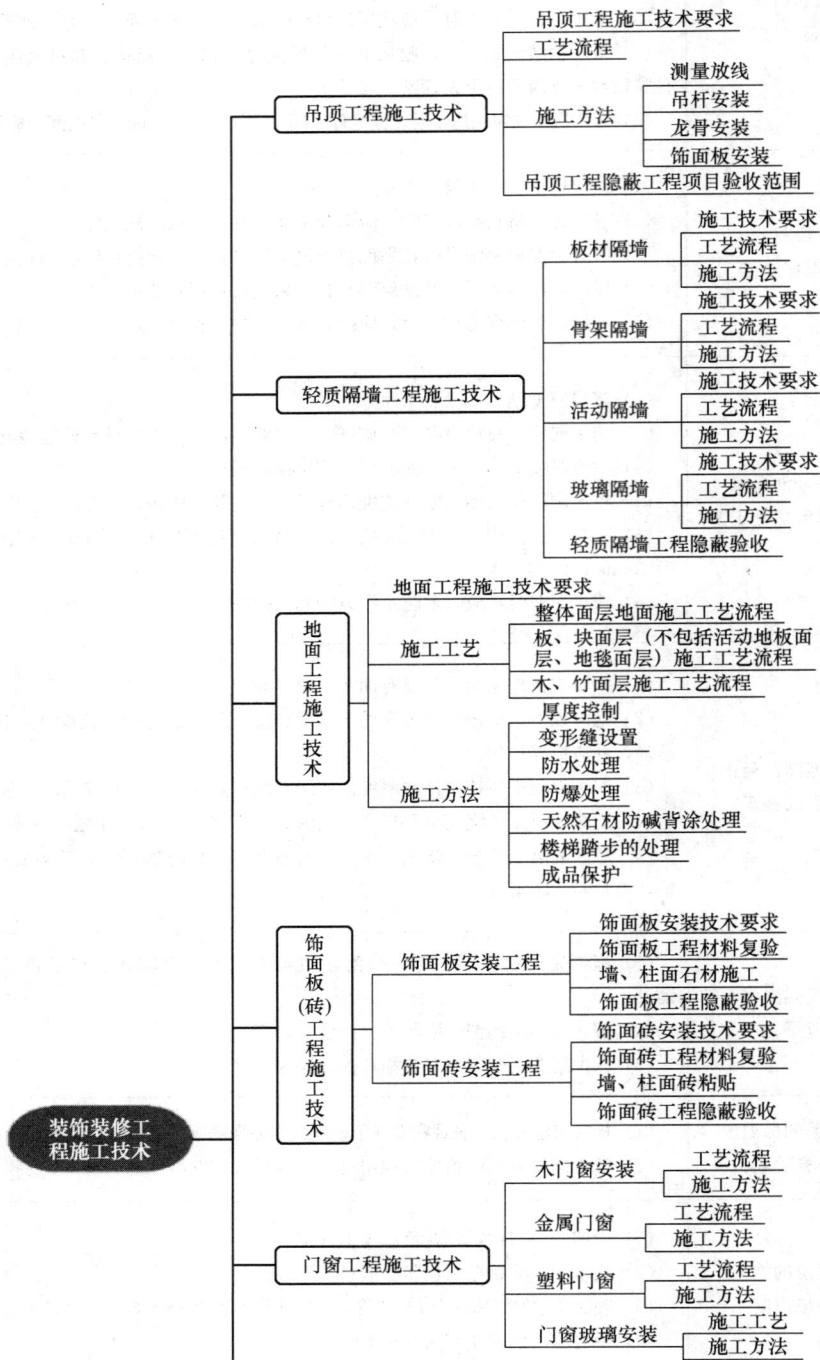

2A312050　装饰装修工程施工技术

【考点图谱】

装饰装修工程施工技术

- 吊顶工程施工技术
  - 吊顶工程施工技术要求
  - 工艺流程
  - 施工方法
    - 测量放线
    - 吊杆安装
    - 龙骨安装
    - 饰面板安装
  - 吊顶工程隐蔽工程项目验收范围

- 轻质隔墙工程施工技术
  - 板材隔墙
    - 施工技术要求
    - 工艺流程
    - 施工方法
  - 骨架隔墙
    - 施工技术要求
    - 工艺流程
    - 施工方法
  - 活动隔墙
    - 施工技术要求
    - 工艺流程
    - 施工方法
  - 玻璃隔墙
    - 施工技术要求
    - 工艺流程
    - 施工方法
  - 轻质隔墙工程隐蔽验收

- 地面工程施工技术
  - 地面工程施工技术要求
  - 施工工艺
    - 整体面层地面施工工艺流程
    - 板、块面层（不包括活动地板面层、地毯面层）施工工艺流程
    - 木、竹面层施工工艺流程
  - 施工方法
    - 厚度控制
    - 变形缝设置
    - 防水处理
    - 防爆处理
    - 天然石材防碱背涂处理
    - 楼梯踏步的处理
    - 成品保护

- 饰面板(砖)工程施工技术
  - 饰面板安装工程
    - 饰面板安装技术要求
    - 饰面板工程材料复验
    - 墙、柱面石材施工
    - 饰面板工程隐蔽验收
  - 饰面砖安装工程
    - 饰面砖安装技术要求
    - 饰面砖工程材料复验
    - 墙、柱面砖粘贴
    - 饰面砖工程隐蔽验收

- 门窗工程施工技术
  - 木门窗安装
    - 工艺流程
    - 施工方法
  - 金属门窗
    - 工艺流程
    - 施工方法
  - 塑料门窗
    - 工艺流程
    - 施工方法
  - 门窗玻璃安装
    - 施工工艺
    - 施工方法

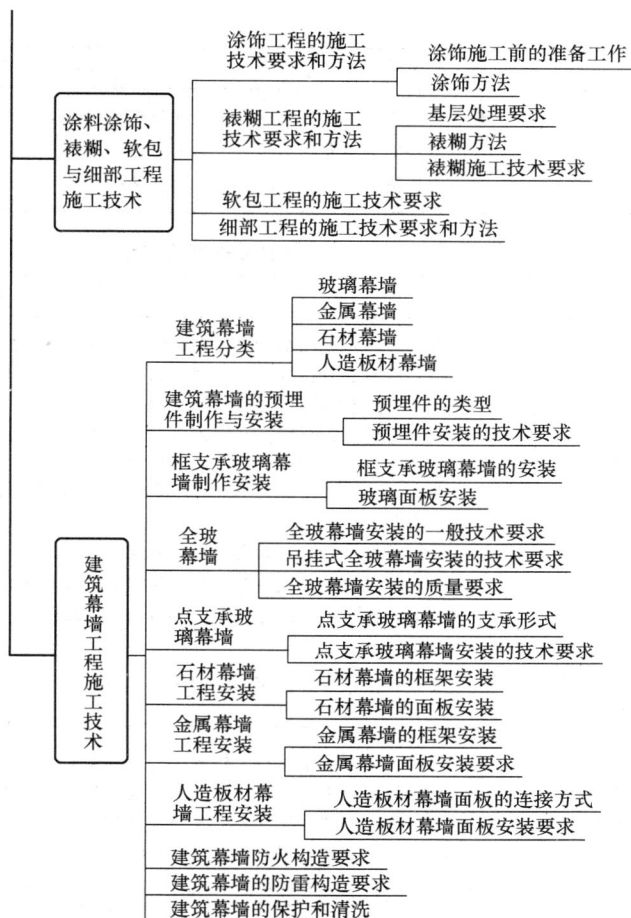

【考点精析】

考点 1　吊顶工程施工技术

吊顶工程施工技术要求与工艺流程

序号	项目	内容
1	施工技术要求	（1）安装龙骨前，应按设计要求对房间净高、洞口标高和吊顶管道、设备及其支架的标高进行交接检验。 （2）吊顶工程的木吊杆、木龙骨和木饰面板必须进行防火处理，并应符合有关设计防火规范的规定。 （3）吊顶工程中的预埋件、钢筋吊杆和型钢吊杆应进行防腐处理。 （4）安装面板前应完成吊顶内管道和设备的调试及验收。 （5）吊杆距主龙骨端部和距墙的距离不应大于 300mm。主龙骨上吊杆之间的距离应小于 1000mm，主龙骨间距不应大于 1200mm，当吊杆长度大于 1.5m 时，应设置反支撑。当吊杆与设备相遇时，应调整增设吊杆。 （6）当石膏板吊顶面积大于 100m² 时，纵横方向每 15m 距离处宜做伸缩缝处理

序号	项目	内容
2	工艺流程	弹吊顶标高水平线→画主龙骨分档线→吊顶内管道、设备的安装、调试及隐蔽验收→吊杆安装→龙骨安装（边龙骨安装、主龙骨安装、次龙骨安装）→填充材料的安装→安装饰面板→安装收口、收边压条

吊顶工程施工方法

序号	项目	内容
1	测量放线	（1）弹吊顶标高水平线：根据吊顶的设计标高在四周墙上弹线。 （2）画龙骨分档线：沿已弹好的顶棚标高水平线，按吊顶平面图，在混凝土顶板画（弹）出主龙骨的分档位置线。主龙骨宜平行房间长向布置，分档位置线从吊顶中心向两边分，并标出吊杆的固定点
2	吊杆安装	（1）不上人的吊顶，吊杆可以采用 $\phi6$ 钢筋等吊杆；上人的吊顶，吊杆可以采用 $\phi8$ 钢筋等吊杆。 （2）吊杆应通直，并有足够的承载能力。 （3）吊顶灯具、风口及检修口等应设附加吊杆。重型灯具、电扇及其他重型设备严禁安装在吊顶工程的龙骨上，必须增设附加吊杆
3	龙骨安装——安装边龙骨	按设计要求弹线，用膨胀螺栓等固定
4	龙骨安装——安装主龙骨	（1）主龙骨应吊挂在吊杆上。主龙骨间距、起拱高度应符合设计要求。主龙骨的接长应采取接长件，相邻龙骨的对接接头要相互错开。 （2）大面积的吊顶，在主龙骨上每隔 12m 加一道横卧主龙骨，并垂直主龙骨连接牢固，采用焊接方式时，焊点应做防腐处理
5	龙骨安装——安装次龙骨	次龙骨应紧贴主龙骨安装。固定板材的次龙骨间距不得大于 600mm，潮湿地区和场所，间距宜为 300~400mm。用沉头自攻钉安装饰面板时，接缝处次龙骨宽度不得小于 40mm
6	龙骨安装——安装横撑龙骨	横撑龙骨应用挂插件通长次龙骨固定，其间距可为 300~600mm
7	饰面板安装——整体面层吊顶工程	（1）面板安装时，正面朝外，面板长边与次龙骨垂直方向铺设。穿孔石膏板背面应有背覆材料，需要施工现场贴覆时，应在穿孔石膏板背面施胶，不得在背覆材料上施胶。 （2）面板的安装固定应先从板的中间开始，然后向板的两端和周边延伸，不应多点同时施工。相邻的板材应错缝安装。穿孔石膏板的固定应从房间的中心开始，固定穿孔板时应先从板的一角开始，向板的两端和周边延伸，不应多点同时施工。穿孔板的孔洞应对齐，无规则孔洞除外。 （3）面板应在自由状态下用自攻枪及高强自攻螺钉与次龙骨、横撑龙骨固定。 （4）自攻螺钉间距和自攻螺钉与板边距离应符合下列规定：纸面石膏板四周自攻螺钉间距不应大于 200mm；板中沿次龙骨或横撑龙骨方向自攻螺钉间距不应大于 300mm；螺钉距板面纸包封的板边宜为 10~15mm；螺钉距板面切割的板边应为 15~20mm。穿孔石膏板、石膏板、硅酸钙板、水泥纤维板自攻钉钉距和自攻钉到板边距离应按设计要求。 （5）自攻螺钉应一次性钉入轻钢龙骨并应与板面垂直，螺钉帽宜沉入板面 0.5~1.0mm，但不应使纸面石膏板的纸面破损暴露石膏。弯曲、变形的螺钉应剔除，并在相隔 50mm 的部位另行安装自攻螺钉。固定穿孔石膏板的自攻钉不得打在穿孔的孔洞上。

序号	项目	内容
7	饰面板安装——整体面层吊顶工程	（6）面板的安装不应采用电钻等工具先打孔后安装螺钉的施工方法。当选用穿孔纸面石膏板作为面板，可先打孔作为定位，但打孔直径不应大于安装螺钉直径的一半。 （7）当设计要求吊顶内添加岩棉或玻璃棉时，应边固定面板，边添加。按照要求码放，与板贴实，不应架空，材料之间的接口应严密。吸声材料应保证干燥。 （8）设备洞口应根据施工图要求开设。开孔应用开孔器
8	饰面板安装——板块面层吊顶工程	（1）面板的安装应按规格、颜色、花饰、图案等进行分类选配、预先排板，保证花饰、图案的整体性。 （2）面板应置放于 T 形龙骨上并应防止污物污染板面。面板需要切割时应用专用工具切割。 （3）吸声板上不宜放置其他材料。面板与龙骨嵌装时，应防止相互挤压过紧引起变形或脱挂。 （4）设备洞口应根据设计要求开孔。开孔应用开孔器。开洞处背面宜加硬质背衬。 （5）当采用纸面石膏板上平贴矿物棉板时应符合下列规定： ① 石膏板上放线位置应符合选用的矿物棉板的规格尺寸。 ② 矿物棉板的背面和企口处的涂胶应均匀、饱满。 ③ 固定矿物棉板时应按画线位置用气钉枪钉实、贴平，板缝应顺直。 ④ 矿物棉板在安装时应保持其背面所示箭头方向一致
9	饰面板安装——格栅吊顶工程	（1）面板与龙骨嵌装时，应防止相互挤压过紧而引起变形或脱挂。 （2）采用挂钩法安装面板时应留有板材安装缝，缝隙宽度应符合设计要求。 （3）当面板安装边为互相咬接的企口或彼此搭接连接时，应按顺序从一侧开始安装。 （4）外挂耳式面板的龙骨应设置于板缝处，面板通过自攻螺钉从板缝处将挂耳与龙骨固定完成面板的安装。面板的龙骨应调平，板缝应根据需要选择密封胶嵌缝。 （5）条形格栅面板应在地面上安装加长连接件，面板宜从一侧开始安装。应按保护膜上所示安装方向安装。方格格栅吊顶没有专用的主、次龙骨，安装时应先将方格组条在地上组成方格组块，然后通过专用扣挂件与吊件连接组装后吊装。 （6）当面板需留设各种孔洞时，应用专用机具开孔，灯具、风口等设备应与面板同步安装。 （7）安装人员施工时应戴手套，避免污染板面。 （8）面板安装完成后应撕掉保护膜，清理表面，应注意成品保护

考点 2　轻质隔墙工程施工技术

轻质隔墙基础知识

1. 轻质隔墙特点是自重轻、墙身薄、拆装方便、节能环保、有利于建筑工业化施工。

2. 按构造方式和所用材料不同分为板材隔墙、骨架隔墙、活动隔墙和玻璃隔墙等。

3. 板材隔墙包括复合轻质墙板、石膏空心板、增强水泥板和混凝土轻质板等隔墙。

4. 骨架隔墙包括以轻钢龙骨、木龙骨等为骨架，以纸面石膏板、人造木板、水泥纤维板等为墙面板的隔墙。

5. 玻璃隔墙包括玻璃板、玻璃砖隔墙。

各类轻质隔墙施工技术要求

序号	项目	内容
1	板材隔墙施工技术要求	（1）当单层条板隔墙采取接板安装且在限高以内时，竖向接板不宜超过一次，相邻条板接头位置应错开300mm以上，错缝范围可为300～500mm。 （2）采用单层条板做分户墙时，其厚度不应小于120mm。做户内卧室间隔墙时，其厚度不宜小于90mm。 （3）在抗震设防区，条板隔墙与顶板、结构梁的接缝处，钢卡间距应不大于600mm。条板隔墙与主体墙、柱的接缝处，钢卡可间断布置，间距应不大于1m。 （4）在抗震设防地区，条板隔墙安装长度超过6m，应设计构造柱并采取加固、防裂处理措施。 （5）条板隔墙下端与楼层地面结合处宜预留安装空隙，空隙在40mm及以下时宜填入1：3水泥砂浆，40mm以上时填入干硬性细石混凝土，撤除木楔后的遗留空隙应采用相同强度等级的砂浆或细石混凝土填塞、捣实。 （6）在条板隔墙上横向开槽、开洞敷设电气暗线、暗管、开关盒时，选用隔墙厚度不宜小于90mm。开槽应在隔墙安装7d后进行，开槽长度不得大于条板宽度的1/2。严禁在隔墙两侧同一部位开槽、开洞，其间距应错开150mm以上。单层条板隔墙内不宜设计暗埋配电箱、控制柜，不宜横向暗埋水管。 （7）条板隔墙上需要吊挂重物和设备时，不得单点固定，并应在设计时考虑加固措施，固定两点间距应大于300mm。 （8）普通石膏条板隔墙及其他防水性能较差的条板隔墙不宜用于潮湿环境及有防潮、防水要求的环境。 （9）隔墙板材的品种、规格、颜色和性能应符合设计要求。有隔声、隔热、阻燃和防潮等特殊要求的工程，板材应有相应性能等级的检验报告。 （10）安装隔墙板材所需预埋件、连接件的位置、数量及连接方法应符合设计要求。 （11）隔墙板材安装应位置正确，板材不应有裂缝或缺损。
2	骨架隔墙施工技术要求	（1）骨架隔墙所用龙骨、配件、墙面板、填充材料及嵌缝材料的品种、规格、性能和木材的含水率应符合设计要求。有隔声、隔热、阻燃和防潮等特殊要求的工程，材料应有相应性能等级的检验报告。 （2）骨架隔墙地梁所用材料、尺寸及位置等应符合设计要求。骨架隔墙的沿地、沿顶及边框龙骨应与基体结构连接牢固。 （3）木龙骨及木墙面板的防火和防腐处理应符合设计要求。 （4）骨架隔墙的墙面板应安装牢固，无脱层、翘曲、折裂及缺损。 （5）骨架隔墙上的孔洞、槽、盒应位置正确、套割吻合、边缘整齐。 （6）骨架隔墙内的填充材料应干燥，填充应密实、均匀、无下坠
3	活动隔墙施工技术要求	（1）活动隔墙所用墙板、轨道、配件等材料的品种、规格、性能和人造木板甲醛释放量、燃烧性能应符合设计要求。 （2）活动隔墙轨道应与基体结构连接牢固，并应位置正确。 （3）活动隔墙用于组装、推拉和制动的构配件应安装牢固、位置正确，推拉应安全、平稳、灵活。 （4）活动隔墙的组合方式、安装方法应符合设计要求。 （5）活动隔墙上的孔洞、槽、盒应位置正确、套割吻合、边缘整齐。 （6）活动隔墙推拉应无噪声

序号	项目	内容
4	玻璃隔墙施工技术要求	（1）玻璃隔墙工程所用材料的品种、规格、图案、颜色和性能应符合设计要求。玻璃板隔墙应使用安全玻璃。 （2）玻璃板安装及玻璃砖砌筑方法应符合设计要求。有框玻璃板隔墙的受力杆件应与基体结构连接牢固，玻璃板安装橡胶垫位置应正确。玻璃板安装应牢固，受力应均匀。 （3）无框玻璃板隔墙的受力爪件应与基体结构连接牢固，爪件的数量、位置应正确，爪件与玻璃板的连接应牢固。 （4）玻璃门与玻璃墙板的连接、地弹簧的安装位置应符合设计要求。 （5）玻璃砖隔墙砌筑中埋设的拉结筋应与基体结构连接牢固，数量、位置应正确。 （6）玻璃隔墙表面应色泽一致、平整洁净、清晰美观。 （7）玻璃隔墙接缝应横平竖直，玻璃应无裂痕、缺损和划痕。玻璃板隔墙嵌缝及玻璃砖隔墙勾缝应密实平整、均匀顺直、深浅一致

板材隔墙施工工艺流程和施工方法

序号	项目	内容
1	工艺流程	结构墙面、地面、顶棚清理找平→按安装排板图放线→细石混凝土墙垫（有防水要求）→配板→配置胶结材料→安装定位板→安装固定卡→安装门窗框→安装隔墙板→机电配合安装、板缝处理
2	施工方法	（1）墙位放线：应按设计要求，沿地、墙、顶弹出隔墙的中心线和宽度线，宽度线应与隔墙厚度一致。弹线应清晰，位置应正确。 （2）组装顺序：条板应从主体墙、柱的一端向另一端按顺序安装；当有门洞口时，应从门洞口处向两侧依次进行。 （3）配板：条板的长度标志尺寸（L）应为楼层高减去梁高或楼板厚度及安装预留空间，并宜为 2200～3500mm；条板应竖向排列，排板应采用标准板。当隔墙端部尺寸不足一块标准板宽时，可采用补板，且补板宽度不应小于 200mm。条板下端距地面的预留安装间隙宜保持在 30～60mm，并可根据需要调整。有门窗时，需计算并测量门窗洞口上部及窗口下部的隔板尺寸，并据此配有预埋件的门窗框板。 （4）安装隔墙板： ① 按排板图在地面及顶棚板上放线，条板应从主体墙、柱的一端向另一端按顺序安装。当有门洞口时，宜从门洞口向两侧安装。 ② 先安装定位板：可在条板的企口处、板的顶面均匀满刮粘结材料，空心条板的上端宜局部封孔，上下对准定位线立板。 ③ 在条板下部打入木楔，并应楔紧，木楔的位置应选择在条板的实心肋处。 ④ 利用木楔调整位置，两个木楔为一组，使条板就位，将板垂直向上挤压，顶紧梁、板底部，调整好板的垂直度后再固定。 ⑤ 按顺序安装条板，将板榫槽对准榫头拼接，条板与条板之间应紧密连接。调整好垂直度和相邻板面的平整度，并应待条板的垂直度、平整度检验合格后，再安装下一块条板。 ⑥ 按排板图在条板与顶板、结构梁，主体墙、柱的连接处设置定位钢卡、抗震钢卡。 ⑦ 板与板之间的对接缝隙内填满、灌实粘结材料，板缝间隙揉挤严密并刮平勾实。 ⑧ 用干硬性细石混凝土填实条板隔墙与楼地面空隙处

骨架隔墙

序号	项目	内容
1	工艺流程	墙位放线→安装沿顶龙骨、沿地龙骨→安装门洞口框的龙骨→竖向龙骨分档→安装竖向龙骨→安装横向贯通龙骨、横撑、卡档龙骨→水电暖等专业工程安装→安装一侧的饰面板→墙体填充材料→安装另一侧的饰面板→板缝处理
2	墙位放线	墙位放线应按设计要求，沿地、墙、顶弹出隔墙的中心线和宽度线，宽度线与隔墙厚度一致。弹线应清晰，位置应准确
3	龙骨安装	（1）采用膨胀螺栓沿弹线位置固定沿顶和沿地龙骨，龙骨与基体的固定点间距不大于1000mm，龙骨的端部必须固定牢固。 （2）将竖龙骨插入沿顶、沿地龙骨之间，开口方向保持一致，间距300mm、400mm或600mm，不应超过600mm。门窗、特殊节点处应按设计要求加装附加龙骨。 （3）隔墙高度3m以下安装一道贯通龙骨，超过3m时，每隔1.2m设置一根通贯龙骨。 （4）边框龙骨与基体之间，应按设计要求密封
4	饰面石膏板安装	（1）安装石膏板前，应对预埋隔墙中的管道和附于墙内的设备采取局部加强措施。 （2）石膏板应竖向铺设，长边接缝应落在竖向龙骨上。双层石膏板安装时两层板的接缝不应在同一根龙骨上；需进行隔声、保温、防火处理的应根据设计要求在一侧板安装好后，进行隔声、保温、防火材料的填充，再封闭另一侧板。 （3）石膏板应采用自攻螺钉固定。周边螺钉的间距不应大于200mm，中间部分螺钉的间距不应大于300mm，螺钉与板边缘的距离应为10～15mm。安装石膏板时，应从板的中部开始向板的四边固定。钉头略埋入板内，但不得损坏纸面；钉眼应用石膏腻子抹平。 （4）石膏板应裁割准确，安装牢固时隔墙端部的石膏板与周围的墙、柱应留有3mm的槽口，槽口处应加注嵌缝膏，使面板与邻近表层接触紧密。石膏板的接缝缝隙宜为3～6mm。 （5）接缝处理：轻质隔墙与顶棚和其他墙体的交接处应采取防开裂措施。隔墙板材所用接缝材料的品种及接缝方法应符合设计要求；设计无要求时，板缝处粘贴50～60mm宽的嵌缝带，阴阳角处粘贴200mm宽纤维布（每边各100mm宽），并用石膏腻子刮平，总厚度应控制在3mm内。 （6）防腐处理：接触砖、石、混凝土的龙骨、埋置的木楔和金属型材应作防腐处理。 （7）踢脚处理：当轻质隔墙下端用木踢脚覆盖时，饰面板应与地面留有20～30mm缝隙；当用大理石、瓷砖、水磨石等做踢脚板时，饰面板下端应与踢脚板上口齐平，接缝应严密

活动隔墙

序号	项目	内容	说明
1	工艺流程	墙位放线→预制隔扇（帷幕）→安装轨道→安装隔扇（帷幕）	
2	施工方法	（1）预制隔扇（帷幕）	① 测量活动隔墙的高、宽净尺寸，并确认轨道的安装方式，然后确定每一块活动隔扇的尺寸。 ② 隔扇（帷幕）宜由专业加工厂制作
		（2）安装轨道	① 采用悬吊导向式固定时，隔扇荷载主要由天轨承载；天轨安装时，应将天轨平行放置于楼板或顶棚下方。 ② 采用支承导向式固定时，隔扇荷载主要由地轨承载。地轨安装时应位置正确，并预留门及转角位置。同时，在楼板或顶棚下方安装导向轨
		（3）安装隔扇（帷幕）	① 根据安装方式确定滑轮安装位置，滑轮应安装牢固，逐块将隔扇装入轨道调整隔扇。 ② 当能自由地回转且垂直于地面时，便可进行连接和固定

玻璃板隔墙

项目	内容	说明
玻璃板隔墙	（1）工艺流程	墙位放线→制作隔墙型材框架→安装隔墙框架→安装玻璃→嵌缝打胶→边框装饰→保洁
	（2）使用材料	① 玻璃板隔墙应使用安全玻璃。 ② 玻璃板隔墙按框架不同分为有竖框玻璃隔墙和无竖框玻璃隔墙
	（3）施工方法	① 框架制作、安装：玻璃隔墙的框架墙、地面固定应通过连接件与墙、地面上设置金属膨胀螺栓焊接或螺栓连接。连接件在安装前应进行防腐处理。 ② 安装玻璃：用玻璃吸盘安装玻璃，调整玻璃位置，两块玻璃之间应留 2～3mm 的缝隙；当采用吊挂式安装时，应将吊挂玻璃的夹具逐块夹牢。 ③ 嵌缝打胶：用聚苯乙烯泡沫条嵌入槽口内，注硅酮结构胶。玻璃板块间接缝应注胶嵌缝

考点3　地面工程施工技术

建筑地面工程施工温度要求

序号	项目	温度要求
1	砂、石材料铺设	不应低于 0℃
2	掺有水泥、石灰的拌合料铺设以及用石油沥青胶结料铺贴	不应低于 5℃
3	自流平涂料铺设	不应低于 5℃，也不应高于 30℃
4	有机胶粘剂粘贴	不宜低于 10℃

地面施工工艺

序号	项目	内容	工艺流程
1	整体面层地面施工工艺流程	（1）混凝土、水泥砂浆、水磨石地面	清理基层→找面层标高、弹线→设标志（打灰饼、冲筋）→镶嵌分格条→结合层（刷水泥浆或涂刷界面处理剂）→铺水泥类等面层→养护（保护成品）→磨光、打蜡、抛光（适用于水磨石类）
		（2）自流平地面	清理基层→抄平设置控制点→设置分段条→涂刷界面剂→滚涂底层→批涂批刮层→研磨清洁批补层→漫涂面层→养护（保护成品）
2	板、块面层（不包括活动地板面层、地毯面层）施工工艺流程		清理基层→找面层标高、弹线→设标志→天然石材"防碱背涂"处理→板、块试拼、编号→分格条镶嵌（设计有时）、板材浸湿、晾干（需要时）→分段铺设结合层、板材→铺设楼梯踏步和台阶板材、安装踢脚线→勾缝、压缝或填缝→养护（保护成品）→竣工清理
3	木、竹面层施工工艺流程	（1）空铺方式施工工艺流程	清理基层→找面层标高、弹线（面层标高线、安装木搁栅位置线）→安装木搁栅（木龙骨）→铺设毛地板→铺设面层板→镶边（需要时）→保护成品
		（2）实铺方式施工工艺流程	清理基层→找面层标高、弹线→安装木搁栅（木龙骨）→可填充轻质材料（单层条式面板含此项，双层条式面板不含此项）→铺设毛地板（双层条式面板含此项，单层条式面板不含此项）→铺设衬垫→铺设面层板→安装踢脚线→保护成品
		（3）粘贴法施工工艺流程	清理基层→找面层标高、弹线→铺设衬垫→满粘或点粘面层板→安装踢脚线→保护成品

地面施工方法

序号	项目	内容
1	厚度控制	（1）水泥混凝土垫层的厚度不应小于 60mm。 （2）水泥砂浆面层的厚度应符合设计要求，且不应小于 20mm。 （3）水磨石面层厚度除有特殊要求外，宜为 12～18mm，且按石粒粒径确定。 （4）水泥钢（铁）屑面层铺设厚度不应小于 30mm，抗压强度不应小于 40MPa。 （5）防油渗面层采用防油渗涂料时，涂层厚度宜为 5～7mm
2	变形缝设置	（1）建筑地面的沉降缝、伸缩缝和防震缝，应与结构相应缝的位置一致，且应贯通建筑地面的各构造层。 （2）沉降缝和防震缝的宽度应符合设计要求，缝内清理干净，以柔性密封材料填嵌后用板封盖，并应与面层齐平。 （3）室内地面的水泥混凝土垫层，应设置纵向缩缝和横向缩缝。纵向缩缝间距不得大于 6m，横向缩缝不得大于 6m。工业厂房、礼堂、门厅等大面积水泥混凝土垫层应分区段浇筑。分区段应结合变形缝位置、不同类型的建筑地面连接处和设备基础的位置进行划分，并应与设置的纵向、横向缩缝的间距相一致。 （4）水泥混凝土散水、明沟应设置伸缩缝，其延长米间距不得大于 10m，对日晒强烈且昼夜温差超过 15℃的地区，其延长米间距宜为 4～6m。水泥混凝土散水、明沟和台阶等与建筑物连接处及房屋转角处应设缝处理。上述缝的宽度为 15～20mm，缝内应填嵌柔性密封材料。 （5）为防止实木地板面层、竹地板面层整体产生线膨胀效应，木搁栅应垫实钉牢，木搁栅与墙、柱之间留出 20mm 的缝隙。当面层下铺设垫层地板时，垫层地板的髓心应向上，板间缝隙不应大于 3mm，与柱、墙之间留出 8～12mm 的缝隙。实木地板面层、竹地板面层铺设时，面板与墙之间留 8～12mm 缝隙，相邻板材接头位置应错开不小于 300mm 距离，实木复合地板面层铺设时，相邻板材接头位置应错开不小于 300mm 的距离，与墙、柱之间应留不小于 10mm 的空隙。当面层采用无龙骨的空铺法铺设时，应在面层与柱、墙之间的空隙内加设金属弹簧卡或木楔子，其间距宜为 200～300mm。大面积铺设实木复合地板面层时，应分段铺设，分段缝隙的处理应符合设计要求
3	防水处理	（1）厕浴间、厨房和有排水（或其他液体）要求的建筑地面面层与相连接各类面层的标高差应符合设计要求。 （2）有防水要求的建筑地面工程，铺设前必须对立管、套管和地漏与楼板节点之间进行密封处理，并进行隐蔽验收。排水坡度应符合设计要求。 （3）厕浴间和有防水要求的建筑地面必须设置防水隔离层。楼层结构必须采用现浇混凝土或整块预制混凝土板，混凝土强度等级不应小于 C20。楼板四周除门洞外应做混凝土翻边，高度不应小于 200mm，宽同墙厚，混凝土强度等级不应小于 C20。施工时结构层标高和预留孔洞位置应准确，严禁乱凿洞。 （4）防水隔离层严禁渗漏，坡向应正确、排水通畅
4	防爆处理	不发火（防爆）面层中的碎石的不发火性必须合格。砂应质地坚硬、表面粗糙，其粒径应为 0.15～5mm，含泥量不应大于 3%，有机物含量不应大于 0.5%。水泥应采用硅酸盐水泥、普通硅酸盐水泥。面层分格的嵌条应采用不发生火花的材料配制。配制时应随时检查，不得混入金属或其他易发生火花的杂质
5	天然石材防碱背涂处理	采用传统的湿作业铺设天然石材，由于水泥砂浆在水化时析出大量的氢氧化钙，透过石材孔隙泛到石材表面，产生不规则的花斑，俗称泛碱现象，严重影响建筑室内外石材饰面的装饰效果。因此，在大理石、花岗岩面层铺设前，应对石材六面进行防碱处理

序号	项目	内容
6	楼梯踏步的处理	楼梯、台阶踏步的宽度、高度应符合设计要求。踏步板块的缝隙宽度应一致。楼层楼梯相邻踏步高度差不应大于10mm。每踏步两端宽度差不应大于10mm，旋转楼梯梯段的每踏步两端宽度差不应大于5mm，踏步面层应做防滑处理，齿角应整齐，防滑条应顺直、牢固
7	成品保护	（1）整体面层施工后，养护时间不应小于7d。抗压强度应达到5MPa后，方准上人行走。抗压强度应达到设计要求后，方可正常使用。 （2）铺设水泥混凝土板块、水磨石板块、水泥花砖、陶瓷锦砖、陶瓷地砖、缸砖、人造石板块、料石、大理石、花岗石面层等的结合层和填缝材料采用水泥砂浆时，在面层铺设后，表面应覆盖、湿润，养护时间不应少于7d。当板块面层的水泥砂浆结合层的抗压强度达到设计要求后，方可正常使用

考点4 饰面板（砖）工程施工技术

饰面板与饰面砖安装工程

序号	对比项目	饰面板安装工程	饰面砖安装工程
1	含义	饰面板安装工程是指内墙饰面板安装工程和高度不大于24m，抗震设防烈度不大于8度的外墙饰面板安装工程	饰面砖安装工程是指内墙饰面砖粘贴和高度不大于100m、抗震设防烈度不大于8度、采用满粘法施工的外墙饰面砖安装工程
2	类型	包括石板安装、陶瓷板安装、木板安装、金属板安装、塑料板安装等分项工程	
3	安装技术要求	（1）饰面板安装工程的预埋件（或后置埋件）、连接件的材质、数量、规格、位置、连接方法和防腐处理应符合设计要求。 （2）采用满粘法施工的饰面板工程，饰面板与基层之间的粘结料应饱满、无空鼓。饰面板粘结应牢固。 （3）采用湿作业法施工的石板安装工程，石板应进行防碱封闭处理。石板与基体之间的灌注材料应饱满、密实。 （4）金属板的品种、规格、颜色和性能应符合设计要求及国家现行标准的有关规定。 （5）后置埋件的现场拉拔力应符合设计要求。 （6）木龙骨、木饰面板的燃烧性能等级应符合设计要求。 （7）外墙金属板的防雷装置应与主体结构防雷装置可靠接通	（1）外墙饰面砖工程施工前，应在待施工基层上做样板，并对样板的饰面砖粘结强度进行检验。 （2）饰面砖工程的防震缝、伸缩缝、沉降缝等部位的处理应保证缝的使用功能和饰面的完整性

89

序号	对比项目	饰面板安装工程	饰面砖安装工程
4	工程材料复验	(1) 室内用花岗石板的放射性、室内用人造木板的甲醛释放量。 (2) 水泥基粘结料的粘结强度。 (3) 外墙陶瓷板的吸水率。 (4) 严寒和寒冷地区外墙陶瓷板的抗冻性	(1) 室内用花岗石和瓷质饰面砖的放射性。 (2) 水泥基粘结材料与所用外墙饰面砖的拉伸粘结强度。 (3) 外墙陶瓷饰面砖的吸水率。 (4) 严寒及寒冷地区外墙陶瓷饰面砖的抗冻性
5	墙、柱面石材施工	(1) 墙、柱面石材安装施工方法包括干挂法、干粘法和湿贴法，干挂法主要有短槽式、背槽式和背栓式。 (2) 石材上的挂件安装槽或孔应在工厂采用专用工具加工，加工槽口时宜采用无齿锯，加工后的槽口或孔内应清洁干燥。槽口或孔的位置准确，并与挂件或背栓尺寸相匹配。 (3) 干粘法每个粘结点的面积不应小于40mm×40mm，在钢骨架粘结点中心钻6mm孔，安装时使胶从粘结点上的 6mm 孔中挤出一些。高度大于 8m 的墙、柱面以及弧形墙、柱面不宜采用干粘法。 (4) 高度大于 6m 的墙、柱面不宜采用湿贴法，湿贴法的石材厚度宜为 12～20mm，单块面积不宜大于 0.2m²	(1) 墙、柱面砖粘贴前应进行挑选，并应浸水 2h 以上（需要时），晾干表面水分。 (2) 粘贴前应进行放线定位和排砖，非整砖应排放在次要部位或阴角处。每面墙不宜有两列（行）以上非整砖，非整砖宽度不宜小于整砖的 1/3。 (3) 粘贴前应确定水平及竖向标志，垫好底尺，挂线粘贴。墙面砖表面应平整、接缝应平直、缝宽应均匀一致。阴角砖应压向正确，阳角线宜做成 45°角对接。在墙、柱面突出物处，应整砖套割吻合，不得用非整砖拼凑粘贴。 (4) 结合层砂浆宜采用 1：2 水泥砂浆，砂浆厚度宜为 6～10mm。水泥砂浆应满铺在墙面砖背面，一面墙、柱不宜一次粘贴到顶，以防塌落。 (5) 如采用专用胶粘剂施工时，胶粘剂厚度宜为 5～8mm，胶粘剂应满铺在墙面砖背面，一面墙、柱不宜一次粘贴到顶，以防塌落
6	隐蔽验收项目	(1) 预埋件（或后置埋件）。 (2) 龙骨安装。 (3) 连接节点。 (4) 防水、保温、防火节点。 (5) 外墙金属板防雷连接节点	(1) 基层和基体。 (2) 防水层

考点 5　门窗工程施工技术

木门窗安装

序号	项目	内容
1	工艺流程	定位放线→安装门、窗框→安装门、窗扇→安装门、窗玻璃→安装门、窗配件→框与墙体之间的缝隙、框与扇之间填嵌、密封→清理→保护成品

序号	项目	内容
2	门窗框安装	（1）木门窗与砖石砌体混凝土或抹灰层接触处应进行防腐处理并应设置防潮层，埋入砌体或混凝土中的木砖应进行防腐处理。 （2）门窗框安装前应校正方正，加钉必要拉条避免变形。安装门窗框时，每边固定点不得少于两处，其间距不得大于1.2m。 （3）木门窗框需镶贴脸时，门窗框应凸出墙面，凸出的厚度应等于抹灰层或装饰面层的厚度。 （4）木门窗与墙体间缝隙应填嵌饱满。严寒和寒冷地区外门窗或门窗框与砌体间的缝隙应填充保温材料
3	木门窗扇安装	木门窗扇必须安装牢固，并应开关灵活，关闭严密，无倒翘。框扇之间、扇与扇之间、门扇与建筑地面工程的面层标高之间的留缝限值应符合规定的要求
4	配件安装	木门窗五金配件应安装齐全，位置适宜，固定可靠

金属门窗安装

序号	项目	内容
1	工艺流程	定位放线→安装门、窗框（包括金属门窗的副框）→校正门、窗框→固定门、窗框（与主体结构连接）→安装门、窗扇→安装门、窗玻璃→安装门、窗配件→框与墙体之间的缝隙填嵌、密封→清理→保护成品
2	施工方法	（1）门窗安装应采用预留洞口的方法施工，不得采用边安装边砌口或先安装后砌口的方法施工。 （2）在砌体上安装金属门窗严禁用射钉固定
3	铝合金门窗框安装	墙体与连接件、连接件与门窗框的固定方式应符合要求
4	门窗扇安装	（1）推拉门窗在门窗框安装固定后，将配好玻璃的门窗扇整体安入框内滑槽，调整好与扇的缝隙，推拉扇开关力应不大于50N，须有防脱落措施。 （2）平开门窗在框与扇格架组装上墙、安装固定好后再安玻璃。密封条安装时应留比门窗的装配边长20～30mm，转角处应斜面断开，并用胶粘剂粘贴牢固
5	安装五金配件	五金配件与门窗连接用镀锌螺钉

铝合金门窗的固定方式

序号	连接方式	适用范围
1	连接件焊接连接	适用于钢结构
2	预埋件连接	适用于钢筋混凝土结构
3	燕尾铁脚连接	适用于砖墙结构
4	金属膨胀螺栓固定	适用于钢筋混凝土结构、砖墙结构
5	射钉固定	适用于钢筋混凝土结构

塑料门窗安装

序号	项目	内容
1	工艺流程	洞口找中线→补贴保护膜→框上找中线→安装固定片→框进洞口→调整定位→门窗框固定→框与洞口之间填缝→装玻璃（或门窗扇）→配件安装→清理→成品保护
2	施工方法	塑料门窗应采用预留洞口的方法安装，不得边安装边砌口或先安装后砌口施工
3	门窗框上安装固定片	（1）检查门窗框上下边的位置及其内外朝向，并确认无误后，再安装固定片。 （2）应使用单向固定片，双向交叉安装。 （3）固定片的位置应距门窗端角、中竖梃、中横梃 150～200mm，固定片之间的间距应符合设计要求，并不得大于 600mm。 （4）不得将固定片直接装在中横梃、中竖梃的端头上
4	门窗框安装	（1）当门窗框装入洞口时，其上下框中线应与洞口中线对齐并临时固定，然后再按图纸确定门窗框在洞口墙体厚度方向的安装位置。安装时应采取防止门窗变形的措施。应随时调整门框的水平度、垂直度和直角度，用木楔临时固定。 （2）门窗框固定 当门窗与墙体固定时，应先固定上框，后固定边框。固定方法如下： ① 混凝土墙洞口采用射钉或膨胀螺钉固定。 ② 砖墙洞口或空心砖洞口应用膨胀螺钉固定，不得固定在砖缝处。 ③ 轻质砌块或加气混凝土洞口可在预埋混凝土块上用射钉或膨胀螺钉固定。 ④ 设有预埋铁件的洞口应采用焊接的方法固定，也可先在预埋件上按紧固件规格打基孔，然后用紧固件固定。 ⑤ 窗下框与墙体也采用固定片固定，但应按照设计要求，处理好室内窗台板与室外窗台的节点处理，防止窗台渗水。 （3）安装组合窗时，应从洞口的一端按顺序安装。拼樘料与混凝土连接可与连接件搭接，也可与预埋件或连接件焊接。拼樘料与砖墙连接可采用预留洞口，拼樘料两端应插入预留洞中。当门窗与拼樘料连接时，应先将两窗框与拼樘料卡接，然后用自钻自攻螺钉拧紧，其间距不得大于 600mm。紧固件端头及拼樘料与窗框之间缝隙也应用密封胶进行密封处理
5	门窗扇安装	（1）门窗扇应待水泥砂浆硬化后安装。 （2）门窗扇安装后，框扇应无可视变形，关闭应严密，搭接量应均匀，开关应灵活。 （3）铰链部位配合间隙的允许偏差及框、扇的搭接量、开关力等应符合国家现行标准的规定。 （4）推拉门窗必须有防脱落装置
6	配件安装	（1）将螺钉固定在内衬增强型钢或局部加强钢板上，或使螺钉至少穿过塑料型材的两层壁厚，紧固件应采用自钻自攻螺钉一次钻入固定，不得采用预先打孔的固定方法。 （2）安装滑撑时，紧固螺钉必须使用不锈钢材质，并应与框扇增强型钢或内衬加强钢板可靠连接。 （3）螺钉与框扇连接处应进行防水密封处理。 （4）平开窗扇高度大于 900mm 时，窗扇锁闭点不应少于 2 个

门窗玻璃安装

序号	项目	内容
1	施工工艺	清理门窗框→量尺寸→下料→裁割→安装
2	施工方法	（1）单块玻璃大于 1.5m² 时应使用安全玻璃。 （2）玻璃表面应洁净，不得有腻子、密封胶、涂料等污渍。 （3）中空玻璃内外表面均应洁净，玻璃中空层内不得有灰尘和水蒸气。 （4）门窗玻璃不应直接接触型材

考点 6　涂料涂饰、裱糊、软包与细部工程施工技术

涂饰工程的施工技术要求和方法

序号	项目	内容
1	涂饰工程范围	包括水性涂料涂饰工程、溶剂型涂料涂饰工程、美术涂饰工程
2	涂饰施工前的准备工作	（1）涂饰工程应在抹灰、吊顶、细部、地面及电气工程等已完成并验收合格后进行。 （2）涂料涂饰工程施工的环境温度应满足产品说明书的要求，并注意通风换气和防尘
3	基层处理要求	（1）新建筑物的混凝土或抹灰基层在涂饰涂料前应涂刷抗碱封闭底漆。 （2）旧墙面在涂饰涂料前应清除疏松的旧装修层，并涂刷界面剂。 （3）基层腻子应平整、坚实、牢固，无粉化、起皮和裂缝；内墙腻子的粘结强度应符合规定。厨房、卫生间墙面必须使用耐水腻子。 （4）混凝土或抹灰基层涂刷溶剂型涂料时，含水率不得大于 8%；涂刷乳液型涂料时，含水率不得大于 10%。木材基层的含水率不得大于 12%
4	涂饰方法	一般采用喷涂、滚涂、刷涂、抹涂和弹涂等方法，以取得不同的表面质感
5	木质基层涂刷方法	木质基层涂刷采用工厂加工施工工艺

裱糊工程的施工技术要求和方法

序号	项目	内容
1	基层处理要求	（1）新建筑物的混凝土或抹灰基层墙面在刮腻子前应涂刷抗碱封闭底漆。 （2）旧墙面在裱糊前应清除疏松的旧装修层并涂刷界面剂。 （3）混凝土或抹灰基层含水率不得大于 8%；木材基层的含水率不得大于 12%。 （4）基层腻子应平整、坚实、牢固，无粉化、起皮和裂缝，腻子的粘结强度应符合 N 型的规定。 （5）基层表面平整度、立面垂直度及阴阳角方正应达到高级抹灰的要求。 （6）基层表面颜色应一致。 （7）裱糊前应用封闭底胶涂刷基层
2	裱糊方法	（1）墙、柱面裱糊常用的方法有搭接法裱糊、拼接法裱糊。 （2）顶棚裱糊一般采用推贴法裱糊
3	裱糊施工技术要求	（1）裱糊前，应按壁纸、墙布的品种、花色、规格进行选配、拼花、裁切、编号，裱糊时应按编号顺序粘贴。 （2）裱糊使用的胶粘剂应按壁纸或墙布的品种选配，应具备防霉、耐久等性能。如有防火要求，则应有耐高温、不起层性能。 （3）各幅拼接应横平竖直，拼接处花纹、图案应吻合，不离缝，不搭接，不显拼缝。 （4）裱糊时，阳角处应无接缝，应包角压实，阴处应断开，并应顺光搭接。 （5）壁纸、墙布应粘贴牢固，不得有漏贴、补贴、脱层、空鼓和翘边

细部工程的施工技术要求和方法

序号	项目	内容
1	工程范围	包括五个分项工程： （1）橱柜制作与安装。 （2）窗帘盒、窗台板制作与安装。 （3）门窗套制作与安装。 （4）护栏和扶手制作与安装。 （5）花饰制作与安装
2	细部工程的隐蔽工程验收项目	（1）预埋件（或后置埋件）。 （2）护栏与预埋件的连接节点
3	护栏、扶手的技术要求	（1）护栏高度、栏杆间距、安装位置必须符合设计要求。 （2）窗台的防护高度，住宅、托儿所、幼儿园、中小学校及供少年儿童独自活动的场所不应低于0.90m，其余建筑不应低于0.80m。 （3）阳台、外廊、室内外平台、露台、室内回廊、内天井、上人屋面及室外楼梯、台阶等临空处的防护栏杆，栏板或水平构件的间隙应大于30mm且不应大于110mm，有无障碍要求或挡水要求时，离楼面、地面或屋面100mm高度处不应留空。 （4）住宅、托儿所、幼儿园、中小学及供少年儿童独自活动的场所，直接临空的通透防护栏杆垂直杆件的净间距不应大于110mm且不宜小于30mm。 （5）护栏和扶手制作与安装所使用材料的材质、规格、数量和木材、塑料的燃烧性能等级应符合设计要求。 （6）当采用玻璃栏板直接承受人体荷载且栏板玻璃最低点离一侧楼地面高度不大于5m的护栏系统时，应使用公称厚度不小于16.76mm钢化夹层玻璃。当栏板玻璃最低点离一侧楼地面高度大于5m时，不得采用玻璃栏板直接承受人体荷载的护栏系统

考点7 建筑幕墙工程施工技术

按建筑幕墙的面板材料分类

序号	项目	内容
1	玻璃幕墙	（1）框支承玻璃幕墙：玻璃面板周边由金属框架支承的玻璃幕墙。 （2）全玻幕墙：由玻璃肋和玻璃面板构成的玻璃幕墙。 （3）点支承玻璃幕墙：由玻璃面板、点支承装置和支承结构构成的玻璃幕墙
2	金属幕墙	面板为金属板材的建筑幕墙，主要包括：单层铝板幕墙、铝塑复合板幕墙、蜂窝铝板幕墙、不锈钢板幕墙、搪瓷板幕墙等
3	石材幕墙	面板为建筑石材板的建筑幕墙
4	人造板材幕墙	面板为人造板材的建筑幕墙，包括瓷板、陶板、微晶玻璃板、石材蜂窝复合板、高压热固化木纤维板和纤维水泥板等人造板幕墙

<h3>建筑幕墙的预埋件制作与安装</h3>

序号	项目	内容
1	预埋件制作的技术要求	常用建筑幕墙预埋件有平板形和槽形两种，其中平板形预埋件应用最为广泛。平板形预埋件的锚板通过与其焊接的锚筋埋入混凝土，幕墙骨架焊接在外露的锚板上。槽形预埋件是将 C 型钢槽及其锚固件埋入混凝土，幕墙骨架通过螺栓固定在预埋件的槽中。 （1）锚板宜采用 Q235、Q345 级钢，锚筋应采用 HPB300、HRB335 或 HRB400 级热轧钢筋，严禁采用冷加工钢筋。 （2）直锚筋与锚板应采用 T 形焊。当锚筋直径不大于 20mm 时，宜采用压力埋弧焊；当锚筋直径大于 20mm 时，宜采用穿孔塞焊。当采用手工焊时，焊缝高度不宜小于 6mm 和 $0.5d$（HPB300 级钢筋）或 $0.6d$（HRB335 级、HRB400 钢筋），d 为锚筋直径。 （3）幕墙与主体结构连接的各种预埋件，其数量、规格、位置和防腐处理必须符合设计要求
2	预埋件安装的技术要求	（1）预埋件应在主体结构浇捣混凝土时按照设计要求的位置、规格埋设。 （2）测量并根据复测结果采取补救措施。 （3）为保证预埋件与主体结构连接的可靠性，连接部位的主体结构混凝土强度等级不应低于 C20，轻质填充墙不应作幕墙的支承结构

<h3>框支承玻璃幕墙制作安装</h3>

序号	项目	内容
1	立柱安装	（1）立柱应先与角码连接，角码再与主体结构连接。立柱与主体结构连接必须具有一定的适应位移能力，采用螺栓连接时，应有可靠的防松、防滑措施。每个连接部位的受力螺栓，至少需要布置 2 个，螺栓直径不宜小于 10mm。 （2）角码和立柱采用不同金属材料时，应采用绝缘垫片分隔或采取其他有效措施，以防止产生双金属腐蚀。 （3）立柱安装的允许偏差应符合规范和质量检验标准的要求
2	横梁安装	（1）横梁与立柱之间的连接紧固件应按照设计要求采用不锈钢螺栓、螺钉等连接。为了横梁与立柱连接处避免刚性接触，可设置柔性垫片。 （2）当横梁安装完成一层高度时，应及时进行检查、校正，合格后及时固定。 （3）横梁安装的允许偏差应符合规范和质量检验标准的要求
3	玻璃面板安装	（1）明框玻璃幕墙的玻璃面板安装 ① 明框玻璃幕墙的玻璃面板安装时，构件框槽底部应设两块橡胶块，放置宽度与槽宽相同、长度不小于 100mm，玻璃四周嵌入量及空隙应符合要求，左右空隙宜一致。 ② 明框玻璃幕墙橡胶条镶嵌应平整、密实，橡胶条的长度宜比框内槽口长 1.5%～2.0%，斜面断开，断口应留在四角；拼角处应采用胶粘剂粘结牢固后嵌入槽内。不得采用自攻螺钉固定承受水平荷载的玻璃压条。压条的固定方法、固定点数量应符合设计要求。 （2）半隐框、隐框玻璃幕墙的玻璃面板安装 ① 半隐框、隐框玻璃幕墙的玻璃面板安装前，应对四周的立柱、横梁和玻璃板块的铝合金副框进行清洁工作，以保证框与嵌缝密封胶的粘结强度。固定玻璃面板的压块或勾块，其规格和间距应符合设计要求，固定点的间距不宜大于 300 mm，并不得采用自攻螺丝固定玻璃面板。 ② 隐框和横向半隐框玻璃幕墙的玻璃面板依靠胶缝承受面板的自重，而硅酮结构密封胶承受永久荷载的能力很低，所以应在每块玻璃面板底端设置两个铝合金或不锈钢托条，以避免玻璃坠落事故。

序号	项目	内容
3	玻璃面板安装	（3）玻璃幕墙开启窗的开启角度不宜大于30°，开启距离不宜大于300mm。开启窗周边缝隙宜采用氯丁橡胶、三元乙丙橡胶或硅橡胶密封条制品密封。开启窗的五金配件应齐全，应安装牢固、开启灵活、关闭严密
4	密封胶嵌缝	（1）硅酮耐候密封胶嵌缝前应将板缝清洁干净，并保持干燥。 （2）密封胶的施工厚度应大于3.5mm，一般控制在4.5mm以内。密封胶的施工宽度不宜小于厚度的2倍。 （3）密封胶在接缝内应两对面粘结，不应三面粘结。为了防止形成三面粘结，可用无粘结胶带置于胶缝（槽口）的底部，将缝底与胶分开。较深的槽口可用聚乙烯发泡垫杆填塞，既可控制胶缝的厚度，又能起到与缝底隔离的作用。 （4）不宜在夜晚、雨天打胶。打胶温度应符合设计要求和产品要求。 （5）严禁使用过期的密封胶。硅酮结构密封胶不宜作为硅酮耐候密封胶使用，两者不能互代。同一个工程应使用同一品牌的硅酮结构密封胶和硅酮耐候密封胶。 （6）密封胶注满后应检查胶缝，如有气泡、空心、断缝、夹杂等缺陷，应及时处理。应保证胶缝饱满、密实、连续、均匀。胶缝外观横平竖直、深浅一致、宽窄均匀、光滑顺直

全玻幕墙

序号	项目	内容
1	全玻幕墙安装的一般技术要求	（1）全玻幕墙面板玻璃厚度：单片玻璃不宜小于10mm。夹层玻璃单片厚度不应小于8mm。玻璃肋截面厚度不应小于12mm，截面高度不应小于100mm。 （2）全玻幕墙玻璃面板的尺寸一般较大，宜采用机械吸盘安装。 （3）全玻幕墙玻璃上下两端嵌入槽口深度及预留空隙应符合设计和规范要求，以防止玻璃受力弯曲变形后从槽口拔出，或因空隙不足而使玻璃伸缩受限而破损。嵌入左右两侧的槽口的预留空隙宜相同。 （4）全玻幕墙安装过程中，应随时检测和调整玻璃面板和肋的水平度和垂直度，以保证幕墙面顺直、平整。 （5）全玻幕墙面板承受的荷载和作用，是通过胶缝传递到玻璃肋上去的，其胶缝必须采用硅酮结构密封胶。胶缝的厚度应由设计计算决定。 （6）全玻幕墙允许在现场打注硅酮结构密封胶。 （7）全玻幕墙面板安装的胶缝，一般可以采用酸性密封胶。由于酸性密封胶对镀膜玻璃的膜层、夹层玻璃的夹层材料以及中空玻璃的合片胶都有腐蚀作用，所以当全玻幕墙面板采用上述种类的玻璃时，不得采用酸性密封胶。 （8）全玻幕墙的板面不得与其他刚性材料直接接触。板面与装修面或结构面之间的最小空隙应符合规范要求，且应采用密封胶密封
2	吊挂式全玻幕墙安装的技术要求	（1）当全玻幕墙高度超过4m（玻璃厚度10mm、12mm）、5m（玻璃厚度15mm）、6m（玻璃厚度19mm）时，全玻幕墙应悬挂在主体结构上。 （2）吊挂全玻幕墙的结构构件应有足够的刚度。采用钢桁架或钢梁作为受力构件时，其中心线必须与幕墙中心线相一致。 （3）吊挂式全玻幕墙的吊夹与主体结构之间应设置刚性水平传力结构。吊夹安装应通顺平直。每块玻璃的吊夹应位于同一平面，吊夹的受力应均匀。 （4）吊挂玻璃下端与下槽底应留空隙，以满足玻璃伸长变形要求。玻璃与下槽底应采用弹性垫块支承或填塞。槽壁与玻璃之间应用硅酮耐候密封胶密封。 （5）吊挂玻璃的夹具不得与玻璃直接接触。夹具衬垫材料与玻璃应平整结合、紧密牢固。 （6）吊挂玻璃的夹具等支承装置应符合现行国家行业标准的要求
3	全玻幕墙安装的质量要求	墙面外观应平整，胶缝应均匀、密实、连续、平整、光滑，幕墙垂直度、水平度、胶缝宽度、直线度的允许偏差均应符合现行国家标准的要求

点支承玻璃幕墙

序号	项目	内容
1	点支承玻璃幕墙的支承形式	（1）玻璃肋支承的点支承玻璃幕墙。 （2）单根型钢或钢管支承的点支承玻璃幕墙。 （3）钢桁架支承的点支承玻璃幕墙。 （4）拉索式支承的点支承玻璃幕墙
2	点支承玻璃幕墙安装的技术要求	（1）点支承玻璃幕墙玻璃面板的厚度：采用浮头式连接件的幕墙玻璃厚度不应小于6mm；采用沉头式连接件的幕墙玻璃厚度不应小于8mm；安装连接件的夹层玻璃和中空玻璃，其单片玻璃厚度也应符合上述要求。沉头式连接件应采用锥形孔洞，使连接件"沉入"玻璃面板，与板面平齐。 （2）点支承玻璃幕墙的面板应采用钢化玻璃或由钢化玻璃合成的夹层玻璃和中空玻璃。采用玻璃肋支承的点支承玻璃幕墙，其玻璃肋必须采用钢化夹层玻璃。 （3）玻璃面板支承孔边缘与板边的距离不宜小于70mm。孔洞边缘应倒棱和磨边，磨边宜细磨。 （4）矩形玻璃面板一般采用四点支承玻璃，但当设计需要加大面板尺寸而导致玻璃跨中挠度过大时，可采用六点支承。 （5）点支承玻璃幕墙的点支承装置应符合现行国家行业标准的要求。 （6）玻璃幕墙的支承钢结构安装过程中，其组装、焊接和涂装工艺均应符合现行国家标准的有关规定

石材幕墙工程安装

序号	项目	内容
1	石材幕墙的框架安装	（1）石材幕墙的框架最常用的是钢管或钢型材框架，较少采用铝合金型材。 （2）石材幕墙的框架安装前，应对进场构件进行检验和校正。在进行测量放线、墙面基体偏差修正及预埋件调整增补后，先将立柱上墙安装。 （3）幕墙构架立柱与主体结构的连接应有一定的相对位移的能力。立柱应采用螺栓与角码连接，再通过角码与预埋件或钢构件连接。 （4）幕墙横梁应通过角码、螺钉或螺栓与立柱连接。螺钉直径不得小于4mm，每处连接螺钉不应少于3个，如用螺栓不应少于2个。横梁与立柱之间应有一定的相对位移能力。 （5）幕墙立柱、横梁安装的允许偏差应符合国家标准和国家行业标准要求
2	石材幕墙的面板安装	（1）石材幕墙面板与骨架常用的连接方式有短槽式、背栓式、背挂式等方式。 （2）短槽式石材幕墙安装，先按幕墙面基准线安装好第一层石材，然后依次向上逐层安装，槽内注胶，以保证石板与挂件的可靠连接。 （3）短槽支撑石板的不锈钢挂件的厚度不应小于3.0mm，铝合金挂件的厚度不应小于4.0mm。 （4）石材幕墙面板宜采用便于各板块独立安装和拆卸的支承固定系统。近年使用较多的短槽式T型挂件，不宜作为石材幕墙的支承固定系统。 （5）石板空缝安装时，必须有防水措施，并应有排水出口。 （6）石材幕墙的板缝尺寸及填充材料应符合设计要求。 （7）石材幕墙板面嵌缝应采用中性硅酮耐候密封胶。因石材内部有孔隙，为防止密封胶内的某些物质渗入板内，故要求采用经耐污染性试验合格的（石材专用）硅酮耐候密封胶。嵌缝前应将槽口清洗干净，完全干燥后方可注胶。注胶应饱满、密实、连续、均匀无气泡。 （8）石材的转角宜采用不锈钢或铝合金型材专用的转角连接件进行安装。 （9）石板与不锈钢安装挂件之间应采用环氧树脂型石材专用结构胶粘结。 （10）石材幕墙面板安装的允许偏差应符合国家标准和国家行业标准的要求

金属幕墙工程安装

序号	项目	内容
1	金属幕墙的框架安装	金属幕墙的框架安装的技术要求与石材幕墙相同
2	金属幕墙面板安装要求	（1）将金属面板用紧固件固定在骨架上，其位置、规格及紧固件的品种、规格和间距均应符合设计要求。 （2）金属面板的安装应注意与产品指示箭头方向保持一致。 （3）金属面板嵌缝前，先把胶缝处的保护膜撕开，清洁胶缝后打胶。大面上的保护膜待工程验收前方可撕去。 （4）金属板空缝安装时，必须有防水措施，并应有排水出口。 （5）金属幕墙的板缝尺寸及填充材料应符合设计要求。 （6）金属幕墙板面嵌缝应采用中性硅酮耐候密封胶。 （7）金属幕墙面板安装的允许偏差应符合国家标准和国家行业标准的要求

人造板材幕墙工程安装

序号	项目	内容
1	人造板材幕墙面板的连接方式	按照人造板材幕墙面板的类别分，包括以瓷板、陶板、微晶玻璃板、石材蜂窝复合、高压热固化木纤维板和纤维水泥板等六类人造板为面板的幕墙。六类人造板材幕墙工程适用于地震区和抗震设防烈度不大于8度地震区的民用建筑，幕墙应用高度不宜大于100m。不同的人造板材幕墙的面板与建筑外墙的连接方式也各不相同： （1）瓷板、微晶玻璃板宜采用短挂件连接、通长挂件连接和背栓连接。 （2）陶板宜采用短挂件连接，也可采用通长挂件连接。 （3）纤维水泥板宜采用穿透支承连接或背栓支承连接，也可采用通长挂件连接。 （4）石材蜂窝板宜通过板材背面预置螺母连接。 （5）木纤维板宜采用末端形式为刮削式（SC）的螺钉连接或背栓连接，也可采用穿透连接
2	人造板材幕墙面板安装要求	（1）安装面板前，应按规范进行面板弯曲强度试验。用于寒冷地区的幕墙面板，还应进行抗冻性试验。 （2）面板表面防护应符合设计要求。 （3）检查面板用胶粘剂的相容性和密封胶的污染性。 （4）根据连接方式确定幕墙面板的安装顺序，预安装并调整后，需在孔、槽内注胶粘剂的面板，胶粘剂的品种和性能应符合规范及设计要求。 （5）幕墙面板开缝安装时，应对主体结构采取可靠的防水措施，并应有符合设计要求的排水出口。 （6）板缝密封施工，不得在雨天打胶，也不宜在夜晚进行。打胶温度应符合设计要求和产品要求，打胶前应使打胶面清洁、干燥。较深的密封槽口底部采用聚乙烯发泡材料填塞

建筑幕墙防火、防雷、防护等要求

序号	项目	内容
1	防火构造要求	（1）幕墙与各层楼板、隔墙外沿间的缝隙，应采用不燃材料或难燃材料封堵，填充材料可采用岩棉或矿棉，其厚度不应小于100mm，并应满足设计的耐火极限要求，在楼层间和房间之间形成防火烟带。防火层应采用厚度不小于1.5mm的镀锌钢板承托。承托板与主体结构、幕墙结构及承托板之间的缝隙应采用防火密封胶密封；防火密封胶应有法定检测机构的防火检验报告。 （2）无窗槛墙的幕墙，应在每层楼板的外沿设置耐火极限不低于1.0h、高度不低于0.8m的不燃烧实体裙墙或防火玻璃墙。在计算裙墙高度时可计入钢筋混凝土楼板厚度或边梁高度。 （3）当建筑设计要求防火分区隔有通透效果时，可采用单片防火玻璃或由其加工成的中空、夹层防火玻璃。 （4）同一幕墙玻璃单元不应跨越两个防火分区
2	防雷构造要求	（1）防雷连接的钢构件在完成后都应进行防锈油漆处理。 （2）幕墙的金属框架应与主体结构的防雷体系可靠连接，连接部位清除非导电保护层。 （3）幕墙的铝合金立柱，在不大于10m范围内宜有一根立柱采用柔性导线，把每个上柱与下柱的连接处连通。导线截面积铜质不宜小于25mm²，铝质不宜小于30mm²。 （4）主体结构有水平均压环的楼层，对应导电通路的立柱预埋件或固定件应用圆钢或扁钢与均压环焊接连通，形成防雷通路。镀锌圆钢直径不宜小于12mm，镀锌扁钢截面不宜小于5mm×40mm。避雷接地一般每三层与均压环连接。 （5）兼有防雷功能的幕墙压顶板宜采用厚度不小于3mm的铝合金板制造，与主体结构屋顶的防雷系统应有效连通。 （6）在有镀膜层的构件上进行防雷连接，应除去其镀膜层。 （7）使用不同材料的防雷连接应避免产生双金属腐蚀。 （8）防雷连接的钢构件在完成后都应进行防锈油漆处理。 （9）幕墙工程防雷施工应符合现行国家标准《建筑物防雷工程施工与质量验收规范》GB 50601—2010的要求
3	建筑幕墙的保护和清洗	（1）幕墙框架安装后不得作为操作人员和物料进出的通道，操作人员不得踩在框架上操作。 （2）玻璃面板安装后，在易撞、易碎部位都应有醒目的警示标识或安全装置。 （3）有保护膜的铝合金型材和面板，在不妨碍下道工序施工的前提下，不应提前撕除，待竣工验收前撕去。 （4）对幕墙的框架、面板等应采取措施进行保护，使其不发生变形、污染和被刻划等现象。幕墙施工中表面的粘附物，都应随时清除。 （5）幕墙工程安装完成后，应制定清洁方案。应选择无腐蚀性的清洁剂进行清洗。在清洗时，应检查幕墙排水系统是否畅通，发现堵塞应及时疏通。 （6）幕墙外表面的检查、清洗作业不得在4级以上风力和大雨（雪）天气下进行。作业机具设备（提升机、擦窗机、吊篮等）应安全可靠，每次使用前都应经检查合格后方能使用。高空作业应符合《建筑施工高处作业安全技术规范》JGJ 80的有关规定

2A312060　建筑工程季节性施工技术

【考点图谱】

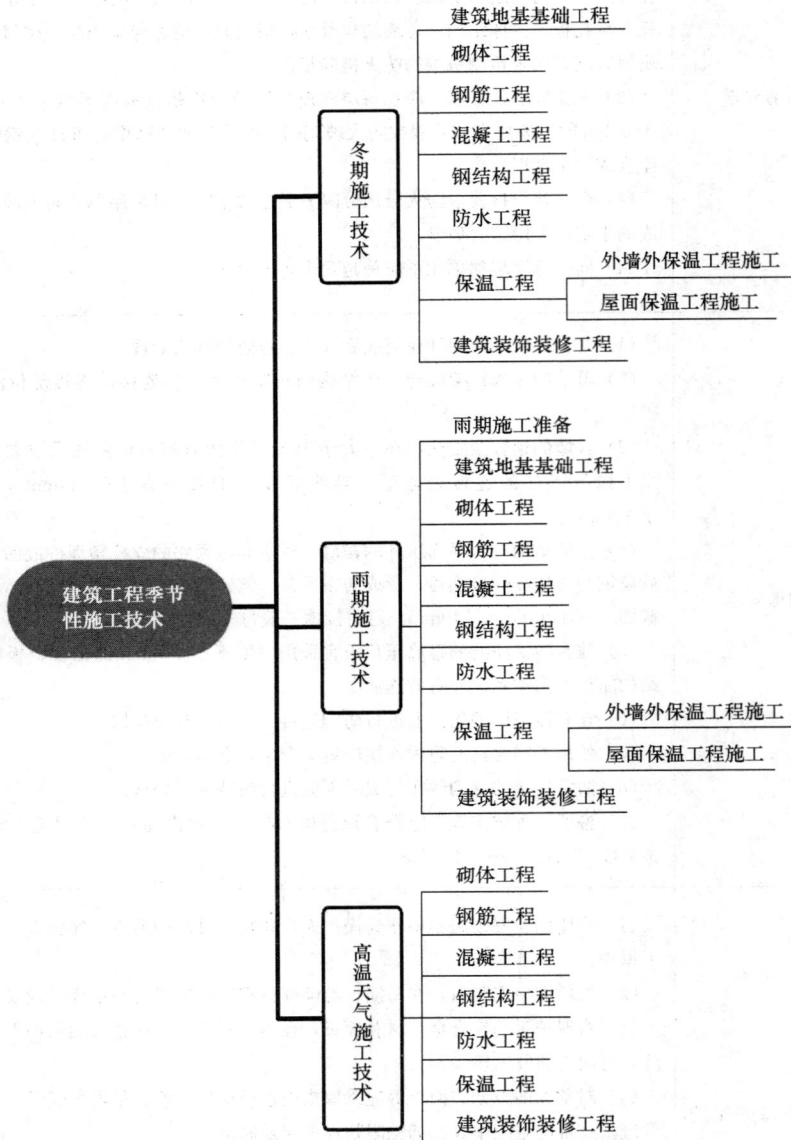

考点1 冬期施工技术

冬期施工期限：室外日平均气温连续5d稳定低于5℃即进入冬期施工，编制冬期施工专项方案。

建筑地基基础工程

序号	项目	内容
1	回填厚度	每层铺土厚度应比常温施工时减少20%～25%，预留沉陷量应比常温施工时增加
2	可以回填冻土要求	（1）大面积回填土和有路面的路基及其人行道范围内的平整场地填方，可采用含有冻土块的土回填，但冻土块的粒径不得大于150mm，其含量不得超过30%。 （2）铺填时冻土块应分散开，并应逐层夯实。 （3）室外的基槽（坑）或管沟可采用含有冻土块的土回填，冻土块粒径不得大于150mm，含量不得超过15%，应均匀分布。
3	不可以回填冻土要求	（1）填方上层部位应采用未冻的或透水性好的土方回填。填方边坡的表层1m以内，不得采用含有冻土块的土填筑。管沟以上500mm范围内不得含有冻土块的土回填。 （2）室内的基槽（坑）或管沟不得采用含有冻土块的土回填，室内地面垫层下回填的土方，填料中不得含有冻土块，至地面施工前，应采取防冻措施
4	冻土层施工要求	（1）桩基施工时，当冻土层厚度超过500mm，冻土层宜采用钻孔机引孔，引孔直径不宜大于桩径20mm。振动沉管成孔施工有间歇时，宜将桩管埋入桩孔中进行保温。 （2）预制桩沉桩应连续进行，施工完成后应采用保温材料覆盖桩头上进行保温。 （3）桩基静荷载试验前，应将试桩周围的冻土融化或挖除。试验期间，应对试桩周围地表土和锚桩横梁支座进行保温

砌体工程

序号	项目	内容
1	冬期施工材料规定	（1）砖、砌块在砌筑前，应清除表面污物、冰雪等，不得使用遭水浸和受冻后表面结冰、污染的砖或砌块。 （2）砌筑砂浆宜采用普通硅酸盐水泥配制，不得使用无水泥拌制的砂浆。 （3）现场拌制砂浆所用砂中不得含有直径大于10mm的冻结块或冰块。 （4）砂浆拌合水温不得超过80℃，砂加热温度不得超过40℃，且水泥不得与80℃以上热水直接接触；砂浆稠度宜较常温适当增大，且不得二次加水调整砂浆和易性
2	施工日记记载内容	大气温度、暖棚内温度、砌筑时砂浆温度、外加剂掺量
3	施工要求	（1）砌筑施工时，砂浆温度不应低于5℃。 （2）当设计无要求，且最低气温等于或低于-15℃时，砌体砂浆强度等级应较常温施工提高一级。 （3）砌体采用氯盐砂浆施工。 （4）每日砌筑高度不宜超过1.2m。 （5）墙体留置的洞口，距交接墙处不应小于500mm。 （6）暖棚法施工时，暖棚内的最低温度不应低于5℃。 （7）砂浆试块的留置，除应按常温规定的要求外，尚应增加一组与砌体同条件养护的试块，用于检验转入常温28d的强度

序号	项目	内容
4	不得采用掺氯盐的砂浆砌筑砌体的情形	(1) 对装饰工程有特殊要求的建筑物。 (2) 配筋、钢埋件无可靠防腐处理措施的砌体。 (3) 接近高压电线的建筑物（如变电所、发电站等）。 (4) 经常处于地下水位变化范围内，以及在地下未设防水层的结构

暖棚法施工时的砌体养护时间

暖棚内温度（℃）	5	10	15	20
养护时间（d）	≥6	≥5	≥4	≥3

钢筋工程

序号	项目	内容
1	施工温度	(1) 钢筋调直冷拉温度不宜低于−20℃。 (2) 当环境温度低于−20℃时，不宜进行施焊。 (3) 当环境温度低于−20℃时，不得对HRB400、HRB500钢筋进行冷弯加工
2	施工天气	(1) 雪天或施焊现场风速超过三级风焊接时，应采取遮蔽措施。 (2) 焊接后未冷却的接头应避免碰到冰雪
3	施工方法	(1) 钢筋负温闪光对焊工艺应控制热影响区长度。 (2) 钢筋负温电弧焊宜采取分层控温施焊。 (3) 帮条接头或搭接接头的焊缝厚度不应小于钢筋直径的30%，焊缝宽度不应小于钢筋直径的70%。 (4) 电渣压力焊焊接前，应进行现场负温条件下的焊接工艺试验，经检验满足要求后方可正式作业。 (5) 焊接完毕，应停歇20s以上方可卸下夹具回收焊剂，回收的焊剂内不得混入冰雪，接头渣壳应待冷却后清理

混凝土工程

序号	项目	内容
1	水泥选择	(1) 冬期施工配制混凝土宜选用硅酸盐水泥或普通硅酸盐水泥。 (2) 冬期采用蒸汽养护时，宜选用矿渣硅酸盐水泥。 (3) 冬期施工混凝土配合比宜选择较小的水胶比和坍落度
2	冬期施工原材料的预热要求	(1) 宜加热拌合水。当仅加热拌合水不能满足热工计算要求时，可加热骨料。拌合水与骨料的加热温度可通过热工计算确定。 (2) 水泥、外加剂、矿物掺合料不得直接加热，应事先贮存于暖棚内预热
3	温度控制	(1) 混凝土拌合物的出机温度不宜低于10℃，入模温度不应低于5℃。 (2) 对预拌混凝土或需远距离输送的混凝土，混凝土拌合物的出机温度可根据运输条件和输送距离经热工计算确定，但不宜低于15℃。 (3) 大体积混凝土的入模温度可根据实际情况适当降低
4	混凝土养护	(1) 混凝土浇筑后，对裸露表面应采取防风、保湿、保温措施，对边、棱角及易受冻部位应加强保温。 (2) 在混凝土养护和越冬期间，不得直接对负温混凝土表面浇水养护。 (3) 施工期间的测温项目与频次应符合规定

序号	项目	内容
4	混凝土养护	（4）采用蓄热法或综合蓄热法时，在达到受冻临界强度之前应每隔 4～6h 测量一次。 （5）采用负温养护法时，在达到受冻临界强度之前应每隔 2h 测量一次。 （6）采用加热法时，升温和降温阶段应每隔 1h 测量一次，恒温阶段每隔 2h 测量一次。 （7）混凝土在达到受冻临界强度后，可停止测温。 （8）拆模时混凝土表面与环境温差大于 20℃时，混凝土表面应及时覆盖，缓慢冷却。 （9）冬期施工混凝土强度试件的留置应增设与结构同条件养护试件，养护试件不应少于 2 组。同条件养护试件应在解冻后进行试验。 （10）冬施浇筑的混凝土，其临界强度应符合下列规定： ①采用蓄热、暖棚法、加热法等施工的普通混凝土，采用硅酸盐水泥、普通硅酸盐水泥配制时，其受冻临界强度不应小于设计混凝土强度等级的 30%；采用矿渣硅酸盐水泥、粉煤灰硅酸盐水泥、火山灰质硅酸盐水泥、复合硅酸盐水泥时，不应小于设计混凝土强度等级的 40%。 ②当室外最低气温不低于－15℃时，采用综合蓄热法、负温养护法施工的混凝土受冻临界强度不应小于 4.0MPa；当室外最低气温不低于－30℃时，采用负温养护法施工的混凝土受冻临界强度不应小于 5.0MPa。 ③对强度等级等于或高于 C50 的混凝土，不宜小于设计混凝土强度等级值的 30%。 ④对有抗渗要求的混凝土，不宜小于设计混凝土强度等级值的 50%。 ⑤当施工需要提高混凝土的强度等级时，应按提高后的强度等级确定受冻临界强度

冬期施工期间的测温项目与频次

测温项目	频次
室外气温	测量最高、最低气温
环境温度	每昼夜不少于 4 次
搅拌机棚温度	每一工作班不少于 4 次
水、水泥、矿物掺合料、砂、石及外加剂溶液温度	每一工作班不少于 4 次
混凝土出机、浇筑、入模温度	每一工作班不少于 4 次

钢结构工程

序号	项目	内容
1	用料	冬期施工宜采用 Q345 钢、Q390 钢、Q420 钢
2	负温施工	（1）负温下施工用钢材，应进行负温冲击韧性试验，合格后方可使用。 （2）负温下放样时，切割、铣刨的尺寸，应考虑负温对钢材收缩的影响
3	施工限制	（1）普通碳素结构钢工作地点温度低于－16℃、低合金结构钢工作地点温度低于－12℃时不得进行冷矫正和冷弯曲。 （2）工作地点温度低于－30℃时，不宜进行现场火焰切割作业

序号	项目	内容
4	施工要求	（1）焊接作业区环境温度低于 0℃时，应将构件焊接区各方向大于或等于 2 倍钢板厚度且不小于 100mm 范围内的母材，加热到 20℃以上时方可施焊，且在焊接过程中均不得低于 20℃。 （2）当焊接场地环境温度低于－15℃时，应适当提高焊机的电流强度。每降低 3℃，焊接电流应提高 2%。 （3）低于 0℃的钢构件上涂刷防腐或防火涂层前，应进行涂刷工艺试验。可用热风或红外线照射干燥，干燥温度和时间应由试验确定。雨雪天气或构件上有薄冰时不得进行涂刷工作。 （4）钢结构焊接加固时，应由对应类别合格的焊工施焊；施焊镇静钢板的厚度不大于 30mm 时，环境空气温度不应低于－15℃，当厚度超过 30mm 时，温度不应低于 0℃；当施焊沸腾钢板时，环境空气温度应高于 5℃。 （5）栓钉施焊环境温度低于 0℃时，打弯试验的数量应增加 1%；当栓钉采用手工电弧焊或其他保护性电弧焊焊接时，其预热温度应符合相应工艺的要求

防水工程

序号	项目	内容
1	防水混凝土的冬期施工规定	（1）混凝土入模温度不应低于 5℃。 （2）混凝土养护宜采用蓄热法、综合蓄热法、暖棚法、掺化学外加剂等方法。 （3）应采取保湿保温措施。大体积防水混凝土的中心温度与表面温度的差值不应大于 25℃，表面温度与大气温度的差值不应大于 20℃，温降梯度不得大于 3℃/d，养护时间不应少于 14d
2	水泥砂浆防水层冬期施工	（1）施工气温不应低于 5℃。 （2）养护温度不宜低于 5℃。 （3）应保持砂浆表面湿润。 （4）养护时间不得少于 14d
3	防水卷材冬期施工	（1）屋面隔气层可采用气密性好的单层卷材或防水涂料。 （2）冬期施工采用卷材时，可采用花铺法施工，卷材搭接宽度不应小于 80mm。 （3）采用防水涂料时，宜选用溶剂型涂料。 （4）隔气层施工的温度不应低于－5℃。 （5）单层卷材防水严禁在雪天和 5 级及以上大风天气时施工

防水工程冬期施工环境气温要求

防水材料	施工环境气温
现喷硬泡聚氨酯	不低于 15℃
高聚物改性沥青防水卷材	热熔性不低于－10℃
合成高分子防水卷材	冷粘法不低于 5℃；焊接法不低于－10℃
高聚物改性沥青防水涂料	溶剂型不低于 5℃；热熔型不低于－10℃
合成高分子防水涂料	溶剂型不低于－5℃
改性石油沥青密封材料	不低于 0℃
合成高分子密封材料	溶剂型不低于 0℃

保温工程

序号	项目	内容
1	外墙外保温工程施工	（1）建筑外墙外保温工程冬期施工最低温度不应低于−5℃。 （2）外墙外保温工程施工期间以及完工后 24h 内，基层及环境空气温度不应低于 5℃。 （3）胶粘剂和聚合物抹面胶浆拌合温度均应高于 5℃。 （4）聚合物抹面胶浆拌合水温度不宜大于 80℃，且不宜低于 40℃。 （5）拌合完毕的 EPS 板胶粘剂和聚合物抹面胶浆每隔 15min 搅拌一次，1h 内使用完毕。 （6）EPS 板粘贴应保证有效粘贴面积大于 50%
2	屋面保温工程施工	（1）干铺的保温层可在负温下施工。 （2）采用沥青胶结的保温层应在气温不低于−10℃时施工。 （3）采用水泥、石灰或其他胶结料胶结的保温层应在气温不低于 5℃时施工。 （4）当气温低于上述要求时，应采取保温、防冻措施

装饰装修工程

序号	项目	温度
1	室内抹灰，块料装饰工程施工与养护期间	不应低于 5℃
2	油漆、刷浆、裱糊、玻璃工程室外施工	不应低于 5℃
3	室外喷、涂、刷油漆和高级涂料	粉浆类料浆宜采用热水配制，随用随配并应将料浆保温，温度宜保持 15℃左右
4	塑料门窗在 5℃以下的环境中存放	安装前应在室温下不低于 15℃的环境下放置 24h

考点 2 雨期施工技术

雨期施工要求

序号	项目	内容
1	雨期施工准备	（1）施工现场及生产、生活基地的排水设施畅通，雨水可从排水口顺利排出。 （2）现场道路路面硬化处理，道路要起拱，两旁设排水沟。 （3）大型高耸物件有防风加固措施，外用电梯要做好附墙。 （4）在相邻建筑物、构筑物防雷装置保护范围外的高大脚手架、井架等，安装防雷装置。 （5）施工现场的木料与钢筋加工机械、混凝土搅拌设备、空气压缩机等设有防砸、防雨的操作棚和相应的保护措施。 （6）袋装水泥应存入仓库。仓库要求不漏、不潮，水泥底层架空通风，四周有排水沟。 （7）砂石堆放场地四周有排水出路（保证一定的排水坡度），防止淤泥渗入。 （8）楼层露天的预留洞口均做防漏水处理；地下室人防入口、管沟口等加以封闭并设防水门槛；室外露天采光井全部用盖板盖严并固定，同时铺上塑料薄膜

序号	项目	内容
2	建筑地基基础工程	（1）基坑坡顶做 1.5m 宽散水、挡水墙，四周做混凝土路面。基坑内，沿四周挖砌排水沟、设集水井，用排水泵抽至市政排水系统。 （2）土方开挖施工中，基坑内临时道路上铺渣土或级配砂石；自然坡面防止雨水直接冲刷，遇大雨时覆盖塑料布。 （3）土方回填应避免在雨天进行。 （4）锚杆施工时，如遇地下水造成孔壁坍塌，可采用注浆护壁工艺成孔。 （5）CFG 桩施工，槽底预留的保护土层厚度不小于 0.5m
3	砌体工程	（1）雨天不应在露天砌筑墙体。 （2）砌体结构工程使用的湿拌砂浆，砂浆在使用过程中严禁随意加水。 （3）淋雨过湿的砖不得使用，雨天及小砌块表面有浮水时，不得施工。 （4）烧结类块体的相对含水率 60%～70%。 （5）吸水率较大的轻骨料混凝土小型空心砌块、蒸压加气混凝土砌块的相对含水率 40%～50%。 （6）每天砌筑高度不得超过 1.2m
4	钢筋工程	（1）雨天施焊应采取遮蔽措施，焊接后未冷却的接头应避免遇雨急速降温。 （2）基础后浇带可两边各砌一道 120mm 宽、200mm 高的砖墙，上用硬质材料或预制板封口，预制板上做防水层及砂浆保护层。 （3）雨后要检查基础底板后浇带，后浇带内的积水必须及时清理干净，楼层后浇带可以用硬质材料封盖，临时固定保护。 （4）钢筋机械必须设置在平整、坚实的场地上，设置机棚和排水沟，焊机必须接地，焊工必须穿戴防护衣具
5	混凝土工程	（1）应对粗、细骨料含水率实时监测，及时调整混凝土配合比。 （2）应选用具有防雨水冲刷性能的模板脱模剂。 （3）混凝土搅拌、运输设备和浇筑作业面应采取防雨措施，加强施工机械检查维修及接地接零检测工作。 （4）小雨、中雨天气不宜进行混凝土露天浇筑，且不应开始大面积作业面的混凝土露天浇筑。 （5）大雨、暴雨天气不应进行混凝土露天浇筑。 （6）雨后应检查地基面的沉降，并应对模板及支架进行检查。 （7）浇筑板、墙、柱混凝土时，可适当减小坍落度。 （8）梁板同时浇筑时应沿次梁方向浇筑，此时如遇雨而停止施工，可将施工缝留在弯矩剪力较小处的次梁和板上，从而保证主梁的整体性。 （9）混凝土浇筑完毕后，应及时采取覆盖塑料薄膜等防雨措施
6	钢结构工程	（1）现场应设置专门的构件堆场，场地平整。满足运输车辆通行要求。有电源、水源，排水通畅。堆场的面积满足工程进度需要，若现场不能满足要求时可设置中转场地。露天设置的堆场应对构件采取适当的覆盖措施。 （2）高强螺栓、焊条、焊丝、涂料等材料应在干燥、封闭环境下储存。 （3）雨期由于空气比较潮湿，焊条储存应防潮，使用时应进行烘烤，同一焊条重复烘烤次数不宜超过两次，并由管理人员及时做好烘烤记录。 （4）焊接作业区的相对湿度不大于 90%；如焊缝部位比较潮湿，必须用干布擦净并在焊接前用氧炔焰烤干，保持接缝干燥，没有残留水分。 （5）雨天构件不能进行涂刷工作，涂装后 4h 内不得雨淋；风力超过 5 级时，室外不宜进行喷涂作业。

序号	项目	内容
6	钢结构工程	（6）吊装时，构件上如有积水，安装前应清除干净，但不得损伤涂层。 （7）高强螺栓接头安装时，构件摩擦面应干净，不能有水珠，更不能雨淋和接触泥土及油污等脏物。 （8）如遇上大风天气，柱、主梁、支撑等大构件应立即进行校正，位置校正后，立即进行永久固定，以防止发生单侧失稳。当天安装的构件，应形成空间稳定体系
7	防水工程	（1）防水工程严禁在雨天施工，五级及以上大风时不得施工防水层。 （2）防水材料进场后应存放在干燥通风处，严防雨水浸入受潮，露天保存时应用防水布覆盖。 （3）雨期进行防水混凝土和其他防水层施工时，应采取防雨措施。 （4）基础底板的大体积混凝土应避免在雨天进行浇筑。 （5）热熔法施工防水卷材时，施工中途下雨，应做好已铺卷材的封闭和防护工作。 （6）涂料防水层涂膜固化前如有降雨可能时，应提前做好已完涂层的保护工作
8	外墙外保温工程施工	（1）避免保温材料受潮。 （2）EPS 板粘贴应保证有效粘贴面积大于 50%
9	屋面保温工程施工	雨天不得进行保温层施工，已施工的保温层应采取遮盖措施，防止雨淋
10	建筑装饰装修工程	（1）中雨、大雨或五级（含）以上大风天气，不得进行室外装饰装修工程的施工。 （2）高层建筑幕墙施工必须做好防雷保护装置。 （3）抹灰、粘贴饰面砖、打密封胶等粘结工艺施工，尤其应保证基底或基层的含水率符合施工要求。 （4）混凝土或抹灰基层涂刷溶剂型涂料时，含水率不得大于 8%。 （5）混凝土或抹灰基层涂刷水性涂料时，含水率不得大于 10%。 （6）木质基层含水率不得大于 12%。 （7）裱糊工程不宜在相对湿度过高时施工。 （8）雨天应停止在外脚手架上施工

考点 3　高温天气施工技术

高温天气施工技术要求

序号	项目	内容
1	砌体工程	（1）现场拌制的砂浆应随拌随用。 （2）施工期间最高气温超过 30℃时，应在 2h 内使用完毕。 （3）预拌砂浆及蒸压加气混凝土砌块专用砂浆的使用时间应按照厂方提供的说明书确定。 （4）采用铺浆法砌筑砌体，施工期间气温超过 30℃时，铺浆长度不得超过 500mm。 （5）砌筑普通混凝土小型空心砌块砌体，遇天气干燥炎热，宜在砌筑前对其喷水湿润
2	钢筋工程	（1）钢筋冷拉设备仪表和液压工作系统油液应根据环境温度选用。 （2）存放焊条的库房温度不高于 50℃，室内保持干燥

序号	项目	内容
3	混凝土工程	（1）当日平均气温达到 30℃及以上时，应按高温施工要求采取措施。 （2）高温施工时，对露天堆放的粗、细骨料应采取遮阳防晒等措施。必要时，可对粗骨料进行喷雾降温。 （3）高温施工混凝土配合比设计除应符合规范规定外，尚应符合下列规定： ①应考虑原材料温度、环境温度、混凝土运输方式与时间对混凝土初凝时间、坍落度损失等性能指标的影响，根据环境温度、湿度、风力和采取温控措施的实际情况，对混凝土配合比进行调整。 ②宜在近似现场运输条件、时间和预计混凝土浇筑作业最高气温的天气条件下，通过混凝土试拌合与试运输的工况试验后，调整并确定适合高温天气条件下施工的混凝土配合比。 ③宜采用低水泥用量的原则，并可采用粉煤灰取代部分水泥。宜选用水化热较低的水泥。 ④混凝土坍落度不宜小于 70mm。 （4）混凝土的搅拌应符合下列规定： ①应对搅拌站料斗、储水器、皮带运输机、搅拌楼采取遮阳防晒措施。 ②对原材料进行直接降温时，宜采用对水、粗骨料进行降温的方法。当对水直接降温时，可采用冷却装置冷却拌合用水并应对水管及水箱加设遮阳和隔热设施，也可在水中加碎冰作为拌合用水的一部分。混凝土拌合时掺加的固体冰应确保在搅拌结束前融化，且在拌合用水中应扣除其重量。 ③原材料入机温度不宜超过规定。 ④混凝土拌合物出机温度不宜大于 30℃。必要时，可采取掺加干冰等附加控温措施。 （5）混凝土宜采用白色涂装的混凝土搅拌运输车运输。对混凝土输送管应进行遮阳覆盖，并应洒水降温。 （6）混凝土浇筑入模温度不应高于 35℃。 （7）混凝土浇筑宜在早间或晚间进行，且宜连续浇筑。当水分蒸发速率大于 1kg/（m²·h）时，应在施工作业面采取挡风、遮阳、喷雾等措施。 （8）混凝土浇筑前，施工作业面宜采取遮阳措施，并应对模板、钢筋和施工机具采用洒水等降温措施，但浇筑时模板内不得有积水。 （9）混凝土浇筑完成后，应及时进行保湿养护。侧模拆除前宜采用带模湿润养护
4	钢结构工程	（1）钢构件预拼装宜按照钢结构安装状态进行定位，并应考虑预拼装与安装时的温差变形。 （2）钢结构安装校正时应考虑温度、日照等因素对结构变形的影响。施工单位和监理单位宜在大致相同的天气条件和时间段进行测量验收。 （3）大跨度空间钢结构施工应考虑环境温度变化对结构的影响。 （4）高耸钢结构安装的标高和轴线基准点向上转移传递时应考虑环境温度和日照对结构变形的影响。 （5）涂装环境温度和相对湿度应符合涂料产品说明书的要求，产品说明书无要求时，环境温度不宜高于 38℃，相对湿度不应大于 85%
5	防水工程	（1）大体积防水混凝土入模温度不应大于 30℃。 （2）防水工程不宜在高于防水材料最高施工环境气温下施工，并应避免在烈日暴晒下施工。 （3）夏季施工，屋面如有露水潮湿，应待其干燥后方可进行防水施工。 （4）防水材料应随用随配，配制好的混合料宜在 2h 内用完

序号	项目	内容
6	保温工程	（1）聚合物抹面胶浆拌合水温度不宜大于 80℃，且不宜低于 40℃。 （2）拌合完毕的 EPS 板胶粘剂和聚合物抹面胶浆每隔 15min 搅拌一次，1h 内使用完毕
7	装饰装修工程	（1）装修材料的储存保管应避免受潮、雨淋和暴晒。 （2）烈日或高温天气应做好抹灰等装修面的洒水养护工作，防止出现裂缝和空鼓。 （3）涂饰工程施工现场环境温度不宜高于 35℃。室内施工应注意通风换气和防尘，水溶性涂料应避免在烈日暴晒下施工。 （4）塑料门窗储存的环境温度应低于 50℃。 （5）抹灰、粘贴饰面砖、打密封胶等粘结工艺施工，环境温度不宜高于 35℃，并避免烈日暴晒

防水工程施工环境最高气温

序号	防水材料	施工环境最高气温
1	现喷硬泡聚氨酯	30℃
2	水泥砂浆防水层	
3	溶剂型涂料	35℃
4	水乳型涂料	
5	油毡瓦	
6	改性石油沥青密封材料	

2A320000 建筑工程项目施工管理

2A320010 建筑工程施工招标投标管理

【考点图谱】

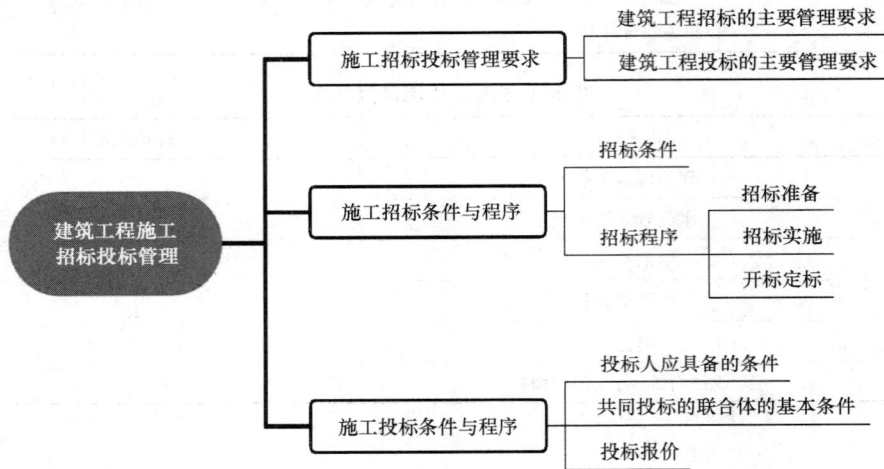

【考点精析】

考点 1 施工招标投标管理要求

施工招标管理要求

序号	项目	内容
1	必须进行招标的项目范围	在中华人民共和国境内进行下列工程建设项目包括项目的勘察、设计、施工、监理以及与工程建设有关的重要设备、材料等的采购，必须进行招标： （1）大型基础设施、公用事业等关系社会公共利益、公众安全的项目。 （2）全部或者部分使用国有资金投资或者国家融资的项目。 （3）使用国际组织或者外国政府贷款、援助资金的项目
2	可以不进行招标的项目范围	涉及国家安全、国家秘密、抢险救灾或者属于利用扶贫资金实行以工代赈、需要使用农民工等特殊情况不适宜进行招标的项目，按照国家有关规定可以不进行招标。有下列情形之一的，可以不进行招标： （1）需要采用不可替代的专利或者专有技术。 （2）采购人依法能够自行建设、生产或者提供。 （3）已通过招标方式选定的特许经营项目投资人依法能够自行建设、生产或者提供。 （4）需要向原中标人采购工程、货物或者服务，否则将影响施工或者功能配套要求。 （5）国家规定的其他特殊情形

序号	项目	内容
3	招标方式	（1）招标分为公开招标和邀请招标。公开招标，是指招标人以招标公告的方式邀请不特定的法人或者其他组织投标。邀请招标，是指招标人以投标邀请书的方式邀请特定的法人或者其他组织投标。 （2）国有资金占控股或者主导地位的依法必须进行招标的项目，应当公开招标。但有下列情形之一的，可以邀请招标： ①技术复杂、有特殊要求或者受自然环境限制，只有少量潜在投标人可供选择。 ②采用公开招标方式的费用占项目合同金额的比例过大
4	自行招标和委托招标	（1）招标人具有编制招标文件和组织评标能力的，可以自行办理招标事宜。 （2）任何单位和个人不得强制其委托招标代理机构办理招标事宜。 （3）招标人有权自行选择招标代理机构，委托其办理招标事宜。 （4）任何单位和个人不得以任何方式为招标人指定招标代理机构。 （5）招标代理机构不得在所代理的招标项目中投标或者代理投标，也不得为所代理的招标项目的投标人提供咨询。 （6）招标代理机构不得涂改、出租、出借、转让资格证书
5	项目审批	（1）按照国家有关规定需要履行项目审批、核准手续的依法必须进行招标的项目，其招标范围、招标方式、招标组织形式应当报项目审批、核准部门审批、核准。 （2）项目审批、核准部门应当及时将审批、核准确定的招标范围、招标方式、招标组织形式通报有关行政监督部门。 （3）国有投资的工程，招标人编制并公布的招标控制价，是工程招标时能接受的投标人报价的最高限价
6	招标公告与资格审核	（1）公开招标的项目，应发布招标公告、编制招标文件。 （2）招标人采用资格预审办法对潜在投标人进行资格审查的，应当发布资格预审公告、编制资格预审文件。 （3）依法必须进行招标的项目的资格预审公告和招标公告，应当在国务院发展改革部门依法指定的媒介发布。 （4）在不同媒介发布的同一招标项目的资格预审公告或者招标公告的内容应当一致。 （5）资格预审文件或者招标文件的发售期不得少于5日。 （6）依法必须进行招标的项目提交资格预审申请文件的时间，自资格预审文件停止发售之日起不得少于5日
7	澄清或者修改	（1）招标人可以对已发出的资格预审文件或者招标文件进行必要的澄清或者修改。 （2）澄清或者修改的内容可能影响资格预审申请文件或者投标文件编制的，招标人应当在提交资格预审申请文件截止时间至少3日前，或者投标截止时间至少15日前，以书面形式通知所有已获取资格预审文件或者招标文件的潜在投标人。不足3日或者15日的，招标人应当顺延提交资格预审申请文件或者投标文件的截止时间
8	合理划分标段	招标人对招标项目划分标段的，应当遵守《招标投标法》的有关规定，不得利用划分标段限制或者排斥潜在投标人。依法必须进行招标的项目的招标人不得利用划分标段规避招标，招标人对招标工程量清单的准确性、完整性负责
9	投标有效期	招标人应当在招标文件中载明投标有效期。投标有效期从提交投标文件的截止之日起算。招标人应当确定投标人编制投标文件所需要的合理时间。但是，依法必须进行招标的项目，自招标文件开始发出之日起至投标人提交投标文件截止之日止，最短不得少于20d
10	现场踏勘	招标人不得组织单个或者部分潜在投标人踏勘项目现场

建筑工程投标的主要管理要求

序号	项目	内容
1	投标人的限制主体	（1）投标人是响应招标、参加投标竞争的法人或者其他组织。 （2）与招标人存在利害关系可能影响招标公正性的法人、其他组织或者个人，不得参加投标。 （3）单位负责人为同一人或者存在控股、管理关系的不同单位，不得参加同一标段投标或者未划分标段的同一招标项目投标
2	提交投标文件要求	（1）投标人应当在招标文件要求提交投标文件的截止时间前，将投标文件送达投标地点。 （2）招标人收到投标文件后，应当签收保存，不得开启。 （3）投标人少于3个的，招标人应当依法重新招标。 （4）在招标文件要求提交投标文件的截止时间后送达的投标文件，招标人应当拒收
3	补充、修改、撤回投标文件的规定	（1）投标人在招标文件要求提交投标文件的截止时间前，可以补充、修改或者撤回已提交的投标文件，并书面通知招标人。补充、修改的内容为投标文件的组成部分。 （2）投标人撤回已提交的投标文件，应当在投标截止时间前书面通知招标人。招标人已收取投标保证金的，应当自收到投标人书面撤回通知之日起5d内退还。 （3）投标截止后投标人撤销投标文件的，招标人可以不退还投标保证金
4	属于投标人相互串通投标的情形	（1）投标人之间协商投标报价等投标文件的实质性内容。 （2）投标人之间约定中标人。 （3）投标人之间约定部分投标人放弃投标或者中标。 （4）属于同一集团、协会、商会等组织成员的投标人按照该组织要求协同投标。 （5）投标人之间为谋取中标或者排斥特定投标人而采取的其他联合行动
5	视为投标人相互串通投标的情形	（1）不同投标人的投标文件由同一单位或者个人编制。 （2）不同投标人委托同一单位或者个人办理投标事宜。 （3）不同投标人的投标文件载明的项目管理成员为同一人。 （4）不同投标人的投标文件异常一致或者投标报价呈规律性差异。 （5）不同投标人的投标文件相互混装。 （6）不同投标人的投标保证金从同一单位或者个人的账户转出
6	属于招标人与投标人串通投标的情形	（1）招标人在开标前开启投标文件并将有关信息泄露给其他投标人。 （2）招标人直接或者间接向投标人泄露标底、评标委员会成员等信息。 （3）招标人明示或者暗示投标人压低或者抬高投标报价。 （4）招标人授意投标人撤换、修改投标文件。 （5）招标人明示或者暗示投标人为特定投标人中标提供方便。 （6）招标人与投标人为谋求特定投标人中标而采取的其他串通行为

考点2　施工招标条件与程序

招标程序

序号	项目	内容
1	招标准备	（1）建设工程项目报建。建设工程项目的立项批准文件或年度投资计划下达后，按照国家或者地方的报建管理办法，向当地建设行政主管部门报建备案。报建的主要内容包括工程名称、建设地点、投资规模、当年投资额、工程规模、结构类型、发包方式、开竣工日期等。

序号	项目	内容
1	招标准备	（2）组织招标工作机构。 （3）招标申请。 （4）资格预审文件、招标文件的编制与送审。 （5）工程标的价格的编制。 （6）刊登资格预审通告、招标通告。 （7）资格预审
2	招标实施	（1）发售招标文件以及对招标文件的答疑。 （2）勘察现场。 （3）投标预备会。 （4）接受投标单位的投标文件。 （5）建立评标组织
3	开标定标	（1）召开开标会议、审查投标文件。 （2）评标，决定中标单位。 （3）发出中标通知书。 （4）与中标单位签订中标合同

考点3　施工投标条件与程序

投标人应具备的条件

序号	项目	内容
1	投标人应当具备承担招标项目的能力	（1）投标人应当具备与投标项目相适应的技术力量、机械设备、人员、资金等方面的能力，具有承担该招标项目的能力。 （2）参加投标项目是投标人的营业执照中的经营范围所允许的，并且投标人要具备相应的资质等级。 （3）承包建设项目的单位应在其资质等级许可的范围内承揽工程，禁止超越本企业资质等级许可的业务范围或者以其他企业的名义承揽建设项目
2	投标人应当符合招标文件规定的资格条件	（1）招标人可以在招标文件中对投标人的资格条件做出规定，投标人应当符合招标文件规定的资格条件，如果国家对投标人的资格条件有规定的，则依照其规定。 （2）对于参加建设项目设计、建筑安装以及主要设备、材料供应等投标的单位，必须具备下列条件： ① 具有招标条件要求的资质证书、营业执照、组织机构代码证、税务登记证、安全施工许可证，并为独立的法人实体。 ② 承担过类似建设项目的相关工作，并有良好的工作业绩和履约记录。 ③ 财产状况良好，没有处于财产被接管、破产或其他关、停、并、转状态。 ④在最近3年没有骗取合同以及其他经济方面的严重违法行为。 ⑤近几年有较好的安全纪录，投标当年内没有发生重大质量和特大安全事故。 ⑥荣誉情况

113

共同投标的联合体的基本条件

序号	项目	内容
1	联合体的一般规定	（1）两个以上法人或者其他组织可以组成一个联合体，以一个投标人的身份共同投标。 （2）联合体各方均应当具备承担招标项目的相应能力。国家有关规定或者招标文件对投标人资格条件有规定的，联合体各方均应当具备规定的相应资格条件。 （3）由同一专业的单位组成的联合体，按照资质等级较低的单位确定资质等级。 （4）联合体各方应当签订共同投标协议，明确约定各方拟承担的工作和责任，并将共同投标协议连同投标文件一并提交招标人。 （5）联合体中标的，联合体各方应当共同与招标人签订合同，就中标项目向招标人承担连带责任
2	投标主要程序	（1）研究并决策是否参加工程项目投标。 （2）报名参加投标。 （3）按照要求填报资格预审书。 （4）领取招标文件。 （5）研究招标文件。 （6）调查投标环境。 （7）按照招标文件要求编制投标文件。 （8）投送投标文件。 （9）参加开标会议。 （10）订立施工合同

投标报价

序号	项目	内容
1	投标报价一般要求	（1）投标人在投标报价中填写的工程量清单的项目编码、项目名称、项目特征、计量单位、工程数量必须与招标人招标文件中提供的一致。 （2）综合单价中要考虑招标人规定的风险内容、范围和风险费用。在施工过程中，当出现的风险内容及其范围在合同约定的范围内，合同价款不作调整。投标人的优惠必须体现在清单的综合单价或相关的费用中，不得以总价下浮方式进行报价，否则以废标处理
2	措施项目费规定	措施项目费由投标人自主确定，投标人的安全防护、文明施工措施费的报价，不得低于依据工程所在地工程造价主管部门公布计价标准所计算得出总费用的90%

2A320020　建设工程施工合同管理

【考点图谱】

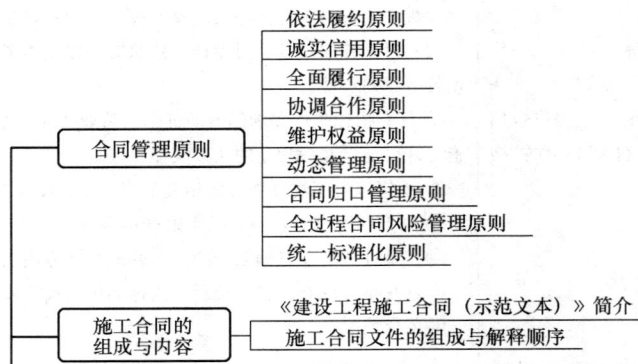

合同管理原则
- 依法履约原则
- 诚实信用原则
- 全面履行原则
- 协调合作原则
- 维护权益原则
- 动态管理原则
- 合同归口管理原则
- 全过程合同风险管理原则
- 统一标准化原则

施工合同的组成与内容
- 《建设工程施工合同（示范文本）》简介
- 施工合同文件的组成与解释顺序

```
                                          ┌─ 合同谈判的宗旨
                            ┌─ 施工合同谈判 ─┤─ 合同谈判的基本原则
                            │              └─ 合同谈判的准备工作
                            │              ┌─ 保持待签合同与招标文件、
                            │              │  投标文件的一致性
              ┌─ 施工合同的 ─┤─ 施工合 ──────┤─ 尽量采用当地行政部门制定
              │   签订与履行  │   同签约     │  的通用合同示范文本
              │              │              ├─ 审核合同的主体
              │              │              └─ 谨慎填写合同细节条款
              │              ├─ 合同的履行
              │              └─ 合同缺陷的 ─┬─ 协议补充
              │                 处理原则     └─ 按照合同有关条款
              │                               或者交易习惯确定
              │
              ├─ 总承包合同的应用
              │
              │                           ┌─ 工程承包人的工作
              │                           ├─ 专业分包人的工作
              │                           ├─ 分包人应当按照合同协议
              │              ┌─ 专业分包合 ─┤  书约定的开工日期开工
              │              │   同示范文件  ├─ 因承包人原因推迟开工日期
  建设工程施 ──┤─ 分包合同的 ─┤              ├─ 造成分包工程工期延误，工
  工合同管理   │   应用       │              │  期相应顺延的规定
              │              │              ├─ 分包人提出工期延期报告
              │              │              └─ 安全防护、文明施工措施的规定
              │              └─ 劳务分包合同示范文本 ─┬─ 工程承包人义务
              │                                      └─ 劳务分包人义务
              │
              │                           ┌─ 变更情形
              │                           ├─ 变更权
              │                           │              ┌─ 发包人提出变更
              │              ┌─ 合同 ──────┤─ 变更程序 ────┤─ 监理人提出变更建议
              │              │   变更       │              └─ 变更执行
              │              │              ├─ 变更估价 ───┬─ 变更估价原则
              │              │              │              └─ 变更估价程序
              │              │              ├─ 承包人的合理化建议
              │              │              └─ 变更引起的工期调整
              │              ├─ 工程签证
              └─ 施工合同变 ─┤                           ┌─ 客观性
                 更与索赔    │              ┌─ 索赔必须符合的基本条件 ─┤─ 合法性
                            │              │                        └─ 合理性
                            │              │              ┌─ 按照干扰事件的性质分类
                            │              ├─ 索赔的 ──────┤─ 按合同类型分类
                            │              │   分类       ├─ 按索赔要求分类
                            │              │              └─ 按索赔的起因分类
                            │              │              ┌─ 索赔意向通知
                            └─ 索赔 ───────┤─ 索赔步骤 ────┤─ 索赔的内部处理
                                          │              ├─ 提交索赔报告
                                          │              └─ 解决索赔
                                          ├─ 索赔证据 ───┬─ 索赔证据的基本要求
                                          │              └─ 证据的种类
                                          ├─ 施工索赔的 ─┬─ 工期索赔的计算方法
                                          │   计算方法    └─ 费用索赔计算方法
                                          └─ 反索赔
```

考点 1 施工合同的组成与内容

施工合同

序号	项目	内容
1	组成内容	由协议书、通用条款和专用条款三部分组成，并附有十一个附件
2	性质	非强制性使用文本
3	施工合同文件的组成及解释顺序	（1）中标通知书。 （2）投标函及其附录。 （3）专用合同条款及其附件。 （4）通用合同条款。 （5）技术标准和要求。 （6）图纸。 （7）已标价工程量清单或预算书。 （8）其他合同文件

考点 2 施工合同的签订与履行

合同的履行

序号	项目	内容
1	一般要求	（1）在企业的项目层级，项目经理部应在合同管理过程中严格执行公司对项目部的授权管理，按照依法履约、诚实信用、全面履行、协调合作、维护权益和动态管理的原则，严格执行合同。 （2）项目部合同管理人员应全过程跟踪检查合同执行情况、收集、整理合同信息和管理绩效，并按规定报告项目经理。 （3）实施过程中的合同变更应按程序规定进行书面签认，并成为合同的组成部分
2	项目部合同变更程序	（1）提出合同变更申请。 （2）报项目经理审查、批准。必要时，经企业合同管理部门负责人签认，重大的合同变更须报企业负责人签认。 （3）经业主签认，形成书面文件。 （4）组织实施
3	项目部合同争议处理	（1）准备并提供合同争议事件的证据和详细报告。 （2）通过"和解"或"调解"达成协议，解决争端。 （3）当"和解"或"调解"无效时，报请企业负责人同意后，按合同约定提交仲裁或诉讼处理。 （4）当事人应接受并执行最终裁定或判决的结果
4	项目部违约责任处理	（1）当事人应承担合同约定的责任和义务，并对合同执行效果承担应负的责任。 （2）当发包人或第三方违约并造成当事人损失时，合同管理人员应按规定追究违约方的责任，并获得损失的补偿。 （3）项目部应加强对连带责任引起的风险预测和控制
5	项目部索赔处理	（1）应执行合同约定的索赔程序和规定。 （2）在规定时限内向对方发出索赔通知，并提出书面索赔报告和索赔证据。 （3）对索赔费用和时间的真实性、合理性及正确性进行核定。 （4）按最终商定或裁定的索赔结果进行处理。索赔金额可作为合同总价的增补款或扣减款

序号	项目	内容
6	项目部合同文件管理要求	（1）明确合同管理人员在合同文件管理中的职责，并按合同约定的程序和规定进行合同文件管理。 （2）合同管理人员应对合同文件定义范围内的信息、记录、函件、证据、报告、图纸资料、标准规范及相关法规等及时进行收集、整理和归档。 （3）制定并执行合同文件的管理规定，保证合同文件不丢失、不损坏、不失密，并方便使用。 （4）合同管理人员应做好合同文件的整理、分类、收尾、保管或移交工作，以满足合同相关方的要求，避免或减少风险损失
7	项目部进行合同收尾工作要求	（1）合同收尾工作应按合同约定的程序、方法和要求进行。 （2）合同管理人员应对包括合同产品和服务的所有文件进行整理及核实，完成并提交一套完整、系统、方便查询的索引目录。 （3）合同管理人员确认合同约定的"缺陷通知期限"已满并完成了缺陷修补工作时，按规定审批后，及时向业主发出书面通知，要求业主组织核定工程最终结算及签发合同项目履约证书或验收证书，使合同达到关闭状态。 （4）试运行结束后，项目部应会同工程总承包企业合同管理部门按规定进行总结评价。其内容包括：对合同的订立及实施效果的评价，对合同履行过程及情况的评价以及对合同管理过程的评价

合同缺陷的交易习惯处理原则

序号	项目	内容
1	质量要求不明确条件下的建筑施工合同的履行	（1）施工合同中质量要求不明确的，应按照国家标准、行业标准履行。 （2）没有国家标准、行业标准的，按照通常标准或者符合合同目的的特定标准履行
2	价款或报酬约定不明确条件下的建筑工程合同的履行	（1）对于价款或者报酬约定不明确的，应按订立施工合同时履行地的市场价格履行。 （2）依法应当执行政府定价或者政府指导价格的，按照规定履行。在执行政府定价或政府指导价的情况下，在履行合同过程中，当价格发生变化时，按不利于违约人的价格执行
3	履行期限不明确条件下的建筑工程施工合同的履行	履行合同工期应进行明确，如果在合同中没有明确，一般应参照工期定额、工程实际情况和相类似工程项目案例进行确定。要确定合理的履行期限，以保证工程建设的顺利进行

考点 3　总承包合同的应用

总承包单位履行总承包合同注意事项：

（1）建立健全组织机构，对专业分包单位实行归口管理。

（2）配置相关专业的管理人员，实行有效管理，禁止以包代管。

（3）定期开展工作协调会，对工程各个专业在施工过程中的事项进行组织、计划、部署、配合、检查、督促、整改。

（4）总承包管理：是指对发包人自行采购的设备和材料进行管理与服务，以及对专业分包单位进行现场管理（例如提供由发包人办理的与分包工程相关的各种证件、批件、各种相关资料，组织分包人参加发包人组织的图纸会审，向分包人进行设计图纸交底等）、竣工资料汇总整理等管理及服务，并收取一定比例的总包管理费。

（5）总承包配合：为协调工程项目有序进行，避免增加不必要的成本，总包单位为专业分包单位提供住所、办公、水电接驳口、垃圾集中处理、脚手架、垂直运输设备、门窗洞口、管道洞口等。收取一定比例的总包配合费。

考点 4　分包合同的应用

专业分包合同的应用

序号	项目	内容
1	承包人的工作	（1）向分包人提供根据总包合同由发包人办理的与分包工程相关的各种证件、批件、各种相关资料，向分包人提供具备施工条件的施工场地。 （2）按合同专用条款约定的时间，组织分包人参加发包人组织的图纸会审，向分包人进行设计图纸交底。 （3）提供合同专用条款中约定的设备和设施，并承担因此发生的费用。 （4）随时为分包人提供确保分包工程的施工所要求的施工场地和通道等，满足施工运输的需要，保证施工期间的畅通。 （5）负责整个施工场地的管理工作，协调分包人与同一施工场地的其他分包人之间的交叉配合，确保分包人按照经批准的施工组织设计进行施工。 （6）承包人应做的其他工作，双方在合同专用条款内约定
2	分包人的工作	（1）分包人应按照分包合同的约定，对分包工程进行设计（分包合同有约定时）、施工、竣工和保修。分包人在审阅分包合同和（或）总包合同时，或在分包合同的施工中，如发现分包工程的设计或工程建设标准、技术要求存在错误、遗漏、失误或其他缺陷，应立即通知承包人。 （2）按照合同专用条款约定的时间，完成规定的设计内容，报承包人确认后在分包工程中使用。承包人承担由此发生的费用。 （3）在合同专用条款约定的时间内，向承包人提供年、季、月度工程进度计划及相应进度统计报表。分包人不能按承包人批准的进度计划施工时，应根据承包人的要求提交一份修订的进度计划，以保证分包工程如期竣工。 （4）分包人应在专用条款约定的时间内，向承包人提交一份详细施工组织设计，承包人应在专用条款约定的时间内批准，分包人方可执行。 （5）遵守政府有关主管部门对施工场地交通、施工噪声以及环境保护和安全文明生产等的管理规定，按规定办理有关手续，并以书面形式通知承包人，承包人承担由此发生的费用，因分包人责任造成的罚款除外。 （6）分包人应允许承包人、发包人、工程师及其三方中任何一方授权的人员在工作时间内，合理进入分包工程施工场地或材料存放的地点，以及施工场地以外与分包合同有关的分包人的任何工作或准备地点，分包人应提供方便。 （7）已竣工工程未交付承包人之前，分包人应负责已完分包工程的成品保护工作，保护期间发生损坏，分包人自费予以修复；对承包人要求分包人采取特殊措施保护的工程部位和相应的追加合同价款，双方在合同专用条款内约定。 （8）分包人应做的其他工作，双方在合同专用条款内约定

序号	项目	内容
3	开工日期	(1) 分包人应当按照本合同协议书约定开工。 (2) 分包人不能按时开工，应当不迟于本合同协议书约定的开工日期前5d，以书面形式向承包人提出延期开工的理由。 (3) 承包人应当在接到延期开工申请后的48h内以书面形式答复分包人。 (4) 承包人在接到延期开工申请后48h内不答复，视为同意分包人要求，工期相应顺延。 (5) 承包人不同意延期要求或分包人未在规定时间内提出延期开工要求，工期不予顺延
4	工程工期延误可以顺延（需经总包项目经理确认）	(1) 承包人根据总包合同从工程师处获得与分包合同相关的竣工时间延长。 (2) 承包人未按本合同专用条款的约定提供图纸、开工条件、设备设施、施工场地。 (3) 承包人未按约定日期支付工程预付款、进度款，致使分包工程施工不能正常进行。 (4) 项目经理未按分包合同约定提供所需的指令、批准或所发出的指令错误，致使分包工程施工不能正常进行。 (5) 非分包人原因的分包工程范围内的工程变更及工程量增加。 (6) 不可抗力的原因。 (7) 本合同专用条款中约定的或项目经理同意工期顺延的其他情况
5	工期顺延处理	(1) 分包人应在上述约定情况发生后14d内，就延误的工期以书面形式向承包人提出报告。 (2) 承包人在收到报告后14d内予以确认，逾期不予确认也不提出修改意见，视为同意顺延工期
6	其他	(1) 因承包人原因不能按照合同协议书约定的开工日期开工，项目经理应以书面形式通知分包人，推迟开工日期。承包人赔偿分包人因延期开工造成的损失，并相应顺延工期。 (2) 总包单位与分包单位应在分包合同中明确安全防护、文明施工费用由总包单位统一管理。安全防护、文明施工措施由分包单位实施的，由分包单位提出专项安全防护措施及施工方案，经总包单位批准后及时支付所需费用

劳务分包合同的主要内容

序号	项目	义务	内容
1	工程承包人义务	(1) 组建与工程相适应的项目管理班子	
		(2) 完成前期工作	① 向劳务分包人交付具备本合同项下劳务作业开工条件的施工场地。 ② 完成水、电、热、电讯等施工管线和施工道路，并满足完成本合同劳务作业所需的能源供应、通信及施工道路畅通。 ③ 向劳务分包人提供相应的工程地质和地下管网线路资料。 ④ 完成办理下列工作手续，包括各种证件、批件、规费，但涉及劳务分包人自身的手续除外。 ⑤ 向劳务分包人提供相应的水准点与坐标控制点位置。 ⑥ 向劳务分包人提供生产、生活临时设施
		(3) 负责编制施工组织设计，统一制定各项管理目标，组织编制年、季、月施工计划、物资需用量计划表，实施对工程质量、工期、安全生产、文明施工、计量检测、试验化验的控制、监督、检查和验收	

序号	项目	义务	内容
1	工程承包人义务		（4）负责工程测量定位、沉降观测、技术交底，组织图纸会审，统一安排技术档案资料的收集整理及交工验收
			（5）统筹安排、协调解决非劳务分包人独立使用的生产、生活临时设施、工作用水、用电及施工场地
			（6）按时提供图纸，及时交付应供材料、设备，所提供的施工机械设备、周转材料、安全设施保证施工需要
			（7）按合同约定，向劳务分包人支付劳动报酬
			（8）负责与发包人、监理、设计及有关部门联系，协调现场工作关系
2	劳务分包人义务		（1）对合同劳务分包范围内的工程质量向工程承包人负责，组织具有相应资格证书的熟练工人投入工作；未经工程承包人授权或允许，不得擅自与发包人及有关部门建立工作联系；自觉遵守法律法规及有关规章制度。 （2）劳务分包人根据施工组织设计中总进度计划的要求，每月底前提交下月施工计划，有阶段工期要求的提交阶段施工计划，必要时按工程承包人要求提交旬、周施工计划，以及与完成上述阶段、时段施工计划相应的劳动力安排计划，经工程承包人批准后严格实施。 （3）严格按照设计图纸、施工验收规范、有关技术要求及施工组织设计精心组织施工，确保工程质量达到约定的标准；科学安排作业计划，投入足够的人力、物力，保证工期；加强安全教育，认真执行安全技术规范，严格遵守安全制度，落实安全措施，确保施工安全；加强现场管理，严格执行建设主管部门及环保、消防、环卫等有关部门对施工现场的管理规定，做到文明施工；承担由于自身责任造成的质量修改、返工、工期拖延、安全事故、现场脏乱引起的损失及各种罚款。 （4）自觉接受工程承包人及有关部门的管理、监督和检查；接受工程承包人随时检查其设备、材料保管、使用情况及其操作人员的有效证件、持证上岗情况；与现场其他单位协调配合，照顾全局。 （5）按工程承包人统一规划堆放材料、机具，按工程承包人标准化工地要求设置标牌，搞好生活区的管理，做好自身责任区的治安保卫工作。 （6）按时提交报表、完整的原始技术经济资料，配合工程承包人办理交工验收。 （7）做好施工场地周围建筑物、构筑物和地下管线和已完工程部分的成品保护工作，因劳务分包人责任发生损坏，劳务分包人自行承担由此引起的一切经济损失及各种罚款。 （8）妥善保管、合理使用工程承包人提供或租赁给劳务分包人使用的机具、周转材料及其他设施。 （9）劳务分包人应服从工程承包人转发的发包人及工程师的指令。 （10）除非合同另有约定，劳务分包人应对其作业内容的实施、完工负责，劳务分包人应承担并履行总（分）包合同约定的、与劳务作业有关的所有义务及工作程序

考点5　施工合同变更与索赔

施工索赔的计算方法

序号	项目	内容
1	工期索赔的计算方法	（1）网络分析法：网络分析法通过分析延误前后的施工网络计划，比较两种工期计算结果，计算出工程应顺延的工程工期。 （2）比例分析法：在实际工程中，干扰事件常常仅影响某些单项工程、单位工程或分部分项工程的工期，分析它们对总工期的影响。 （3）其他方法：工程现场施工中，可以按照索赔事件实际增加的天数确定索赔的工期；通过发包方与承包方协议确定索赔的工期
2	费用索赔计算方法	（1）总费用法：又称为总成本法，通过计算出某单项工程的总费用，减去单项工程的合同费用，剩余费用为索赔的费用。 （2）分项法：按照工程造价的确定方法，逐项进行工程费用的索赔。可以按人工费、机械费、管理费、利润等分别计算索赔费用

2A320030　单位工程施工组织设计

【考点图谱】

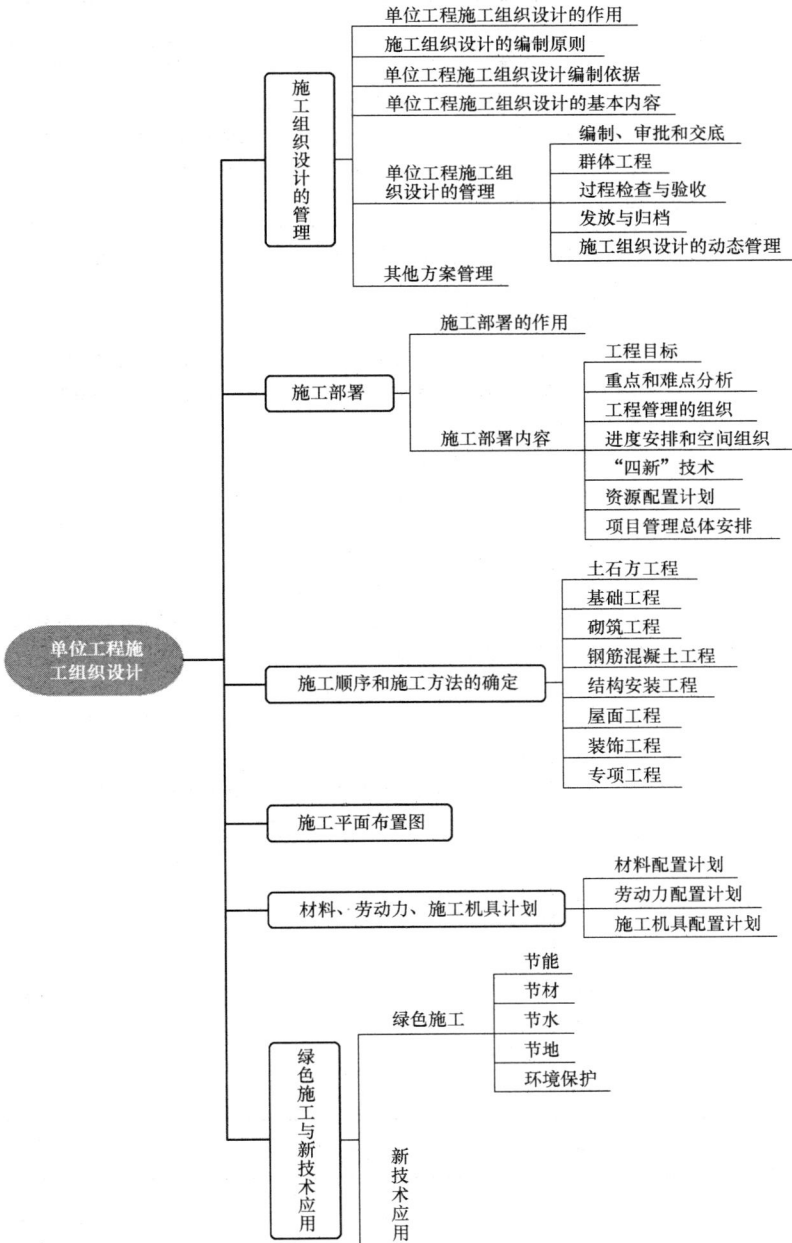

考点1 施工组织设计的管理

施工组织设计编制管理

序号	项目	内容
1	单位工程施工组织设计的作用	（1）单位工程施工组织设计是以单位（子单位）工程为主要对象编制的施工组织设计，对单位（子单位）工程的施工过程起指导和制约作用。 （2）单位工程施工组织设计是一个工程的战略部署，是宏观定性的，体现指导性和原则性，是一个将建筑物的蓝图转化为实物的指导组织各种活动的总文件，是对项目施工全过程管理的综合性文件
2	施工组织设计的编制原则	（1）符合施工合同或招标文件中有关工程进度、质量、安全、环境保护与节能、绿色施工、造价等方面的要求。 （2）积极开发、使用新技术和新工艺，推广应用新材料和新设备。 （3）坚持科学的施工程序和合理的施工顺序，采用流水施工和网络计划等方法，科学配置资源，合理布置现场，采取季节性施工措施，实现均衡施工，达到合理的经济技术指标。 （4）采取技术和管理措施，推广建筑节能和绿色施工。 （5）与质量、环境和职业健康安全三个管理体系有效结合
3	单位工程施工组织设计编制依据	（1）与工程建设有关的法律、法规和文件。 （2）国家现行有关标准和技术经济指标。 （3）工程所在地区行政主管部门的批准文件，建设单位对施工的要求。 （4）工程施工合同或招标投标文件。 （5）工程设计文件。 （6）工程施工范围内的现场条件，工程地质及水文地质、气象等自然条件。 （7）与工程有关的资源供应情况。 （8）施工企业的生产能力、机具设备状况、技术水平等
4	单位工程施工组织设计的基本内容	（1）编制依据。 （2）工程概况。 （3）施工部署。 （4）施工进度计划。 （5）施工准备与资源配置计划。 （6）主要施工方法。 （7）施工现场平面布置。 （8）主要施工管理计划

单位工程施工组织设计的管理

序号	项目	内容
1	编制、审批	（1）单位工程施工组织设计由项目负责人主持编制。 （2）项目经理部全体管理人员参加。 （3）施工单位主管部门审核。 （4）施工单位技术负责人或其授权的技术人员审批

序号	项目	内容
2	交底	（1）经上级单位技术负责人或其授权人审批后进行交底。 （2）应在工程开工前由施工单位项目负责人组织。 （3）应对项目部全体管理人员及主要分包单位逐级进行交底。 （4）应做好交底记录
3	过程检查与验收	（1）单位工程的施工组织设计在实施过程中应进行检查。 （2）过程检查可按照工程施工阶段进行。通常划分为地基基础、主体结构、装饰装修和机电设备安装三个阶段。 （3）过程检查由企业技术负责人或主管部门负责人主持，企业相关部门、项目经理部相关部门参加，检查施工部署、施工方法的落实和执行情况，如对工期、质量、效益有较大影响的应及时调整，并提出修改意见
4	发放	审批后应加盖受控章，由项目资料员报送及发放并登记记录，报送监理单位及建设单位，发放企业主管部门、项目相关部门、主要分包单位
5	归档	工程竣工后，项目经理部按照国家、地方有关工程竣工资料编制的要求，将《单位工程施工组织设计》整理归档
6	动态管理	发生以下情况之一时，施工组织设计应及时进行修改或补充： （1）工程设计有重大修改。 （2）有关法律、法规、规范和标准实施、修订和废止。 （3）主要施工方法有重大调整。 （4）主要施工资源配置有重大调整。 （5）施工环境有重大改变
7	备注	（1）群体工程应编制施工组织总设计，并根据单位工程开工情况及其特点及时编制单位工程施工组织设计。施工组织总设计应由总承包单位技术负责人审批。 （2）重点、难点分部（分项）工程和专项工程施工方案应由施工单位技术部门组织相关专家评审，施工单位技术负责人批准。 （3）由专业承包单位施工的分部（分项）工程或专项工程的施工方案，应由专业承包单位技术负责人或其授权的技术人员审批；有总承包单位时，应由总承包单位项目技术负责人核准备案。 （4）危险性较大的专项施工方案，施工单位应按规定组织专家论证，并按论证意见修改后完善报批手续。 （5）经修改或补充的施工组织设计应重新审批后才能实施

考点2 施 工 部 署

施工部署的主要内容

序号	项目	内容
1	工程目标	质量、进度、成本、安全、环保及节能、绿色施工等
2	重点和难点分析	工程施工组织管理和施工技术两个方面

序号	项目	内容
3	工程管理的组织	（1）包括管理的组织机构，项目经理部的工作岗位设置及其职责划分。 （2）岗位设置应和项目规模相匹配，人员组成应具备相应的上岗资格。 （3）项目管理组织机构形式应根据施工项目的规模、复杂程度、专业特点、人员素质和地域范围确定。大中型项目宜设置矩阵式项目管理组织结构，小型项目宜设置线性职能式项目管理组织结构，远离企业管理层的大中型项目宜设置事业部式项目管理组织结构
4	"四新"技术	包括新技术、新工艺、新材料、新设备
5	资源配置计划	（1）根据施工进度计划各阶段的工作量来确定劳动力的配置，画出劳动力阶段需求柱状图或曲线图。 （2）根据施工总体部署和施工进度计划要求，做出分包计划，劳动力使用计划，材料供应计划，机械设备供应计划
6	项目管理总体安排	（1）对主要分包项目施工单位的选择要求及管理方式应进行简要说明。 （2）对主要分包项目的施工单位的资质和能力应提出明确要求，对特殊工种人员提出具体要求。 （3）施工部署的各项内容，应能综合反映施工阶段的划分与衔接、施工任务的划分与协调、施工进度的安排与资源供应、组织指挥系统与调控机制
7	进度安排和空间组织	（1）工程主要施工内容及其进度安排应明确说明，施工顺序应符合工序逻辑关系。 （2）施工流水段划分应根据工程特点及工程量进行分阶段合理划分，并应说明划分依据及流水方向，确保均衡流水施工；单位工程施工阶段一般包括地基基础、主体结构、装饰装修和机电设备安装三个阶段

考点3 施工顺序和施工方法的确定

施工顺序和施工方法确定的一般规定

序号	项目	内容
1	施工顺序的确定原则	（1）工序合理。 （2）工艺先进。 （3）保证质量。 （4）安全施工。 （5）充分利用工作面。 （6）缩短工期
2	一般工程的施工顺序	（1）"先准备、后开工"。 （2）"先地下、后地上"。 （3）"先主体、后围护"。 （4）"先结构、后装饰"。 （5）"先土建、后设备"
3	施工方法的确定原则	先进性、可行性和经济性兼顾的原则

序号	项目	内容
1	土石方工程	（1）计算土石方工程量，确定土石方开挖或爆破方法，选择土方施工机械。 （2）确定放坡坡度或土壁支撑形式以及行车路线等施工方法。 （3）选择排除地面、地下水的方法，确定排水沟、集水井或井点布置。 （4）确定土石方平衡调配方案
2	基础工程	（1）浅基础中有垫层、混凝土基础和钢筋混凝土基础施工技术要求，以及地下室的施工技术要求。 （2）各类型桩基础的施工方法以及施工机械选择
3	砌筑工程	（1）砌体的组砌方法和质量要求。 （2）弹线及皮数杆的控制要求。 （3）措施构造要求及节点的处理方法。 （4）确定脚手架搭设方法及安全网的挂设方法
4	钢筋混凝土工程	（1）确定模板类型及模板支撑体系，对于复杂或有特殊要求的还需进行模板设计及绘制模板放样图。 （2）选择钢筋的加工、绑扎、焊接和机械连接方法及质量要求。 （3）选择混凝土的搅拌、运输及浇筑顺序和方法，确定混凝土浇筑振捣方法，选择设备的类型和规格，确定施工缝的留设位置，明确成型混凝土的质量要求。 （4）确定混凝土试验检验要求和混凝土的养护方法
5	结构安装工程	（1）确定结构安装方法；选择起重机械和机械位置、开行路线。 （2）确定构件运输及堆放要求
6	屋面工程	（1）明确屋面各个分项工程施工的操作要求。 （2）确定屋面材料的运输方式
7	装饰工程	（1）明确装饰各子分部工程的操作要求及方法。 （2）选择材料运输方式及存储要求
8	专项工程	对脚手架工程、起重吊装工程、临时用水用电工程、季节性施工等专项工程所采用的施工方法应进行必要的验算和说明。有要求时应组织专家论证

考点 4　施工平面布置图

施工现场平面布置图应包括以下基本内容：

1．工程施工场地状况。

2．拟建建（构）筑物的位置、轮廓尺寸、层数等。

3．工程施工现场的加工设施、存贮设施、办公和生活用房等的位置和面积。

4．布置在工程施工现场的垂直运输设施、供电设施、供水供热设施、排水排污设施和临时施工道路等。

5．施工现场必备的安全、消防、保卫和环境保护等设施。

6．相邻的地上、地下既有建（构）筑物及相关环境。

考点 5 材料、劳动力、施工机具计划

资 源 计 划

序号	项目	内容
1	材料配置计划	(1) 根据施工进度计划确定。 (2) 包括各施工阶段所需主要工程材料、设备的种类和数量
2	劳动力配置计划	(1) 划分各主要施工阶段，确定各施工阶段用工量。 (2) 根据施工进度总计划确定各施工阶段劳动力配置计划
3	施工机具配置计划	(1) 根据施工部署和施工进度计划确定。 (2) 包括各施工阶段所需主要周转材料、施工机具的种类和数量

考点 6 绿色施工与新技术应用

绿色施工

序号	项目	内容
1	节能	(1) 临时用电设备应符合下列规定： ①应采用节能型设施。 ②临时用电应设置合理，管理制度应齐全并应落实到位。 ③现场照明设计应符合国家现行标准《施工现场临时用电安全技术规范》JGJ 46—2005 的规定。 (2) 机械设备应符合下列规定： ①应采用能源利用效率高的施工机械设备。 ②施工机具资源应共享。 ③应定期监控重点耗能设备的能源利用情况，并有记录。 ④应建立设备技术档案，并应定期进行设备维护、保养。 (3) 临时设施应符合下列规定： ①施工临时设施应结合日照和风向等自然条件，合理采用自然采光、通风和外窗遮阳设施。 ②临时施工用房应使用热工性能达标的复合墙体和屋面板，顶棚宜采用吊顶。 (4) 材料运输与施工应符合下列规定： ①建筑材料的选用应缩短运输距离，减少能源消耗。 ②应采用能耗少的施工工艺。 ③应合理安排施工工序和施工进度。 ④应尽量减少夜间作业和冬期施工的时间
2	节材	(1) 材料的选择应符合下列规定： ①施工应选用绿色、环保材料。 ②临建设施应采用可拆迁、可回收材料或使用整体式（箱式）可周转设施。 ③应利用粉煤灰、矿渣、外加剂等新材料降低混凝土和砂浆中的水泥用量。粉煤灰、矿渣、外加剂等新材料掺量应按供货单位推荐掺量、使用要求、施工条件、原材料等因素通过试验确定。 (2) 材料节约应符合下列规定： ①应采用管件合一的脚手架和支撑体系。 ②应采用工具式模板和新型模板材料，如铝合金、塑料、玻璃钢和其他可再生材质的大模板和钢框镶边模板。

序号	项目	内容
2	节材	③材料运输方法应科学,应降低运输损耗率。 ④应优化线材下料方案。 ⑤面材、块材镶贴,应做到预先总体排版。 ⑥应因地制宜,采用新技术、新工艺、新设备、新材料。 ⑦应提高模板、脚手架体系的周转率。 (3) 资源再生利用应符合下列规定: ①建筑余料应合理使用。 ②板材、块材等下脚料和散落混凝土及砂浆应科学利用。 ③临建设施应充分利用既有建筑物、市政设施和周边道路。 ④现场办公用纸应分类摆放,纸张应两面使用,废纸应回收
3	节水	(1) 节约用水应符合下列规定: ①应根据工程特点,制定用水定额。 ②施工现场供、排水系统应合理适用。 ③施工现场办公区、生活区的生活用水应采用节水器具,节水器具配置率应达到100%。 ④施工现场的生活用水与工程用水应分别计量。 ⑤施工中应采用先进的节水施工工艺。 ⑥混凝土养护和砂浆搅拌用水应合理,应有节水措施。 ⑦管网和用水器具不应有渗漏。 (2) 水资源的利用应符合下列规定: ①基坑降水应储存使用。 ②冲洗现场机具、设备、车辆用水,应设立循环用水装置
4	节地	(1) 节约用地应符合下列规定: ①施工总平面布置应紧凑,并应尽量减少占地。 ②应在经批准的临时用地范围内组织施工。 ③应根据现场条件,合理设计场内交通道路。 ④施工现场临时道路布置应与原有及永久道路兼顾考虑,并应充分利用拟建道路为施工服务。 ⑤应采用预拌混凝土。 (2) 保护用地应符合下列规定: ①应采取防止水土流失的措施。 ②充分利用山地、荒地作为取、弃土场的用地。 ③施工后应恢复植被。 ④应对深基坑施工方案进行优化,并应减少土方开挖和回填量,保护用地。 ⑤在生态脆弱的地区施工完成后,应进行地貌复原
5	环境保护	(1) 资源保护应符合下列规定: ①应保护场地四周原有地下水形态,减少抽取地下水。 ②危险品、化学品存放处及污物排放应采取隔离措施。 (2) 人员健康应符合下列规定: ①施工作业区和生活办公区应分开布置,生活设施应远离有毒有害物质。 ②生活区应有专人负责管理,应有消暑或保暖措施。 ③现场工人劳动强度和工作时间应符合现行国家标准的有关规定。 ④从事有毒、有害、有刺激性气味和强光、强噪声施工的人员应佩戴与其相应的防护器具。

序号	项目	内容
5	环境保护	⑤深井、密闭环境、防水和室内装修施工应有自然通风或临时通风设施。 ⑥现场危险设备、地段、有毒物品存放地应配置醒目安全标志，施工应采取有效防毒、防污、防尘、防潮、通风等措施，应加强人员健康管理。 ⑦厕所、卫生设施、排水沟及阴暗潮湿地带应定期消毒。 ⑧食堂各类器具应清洁，个人卫生、操作行为应规范。 （3）扬尘控制应符合下列规定： ①现场应建立洒水清扫制度，配备洒水设备，并应有专人负责。 ②对裸露地面、集中堆放的土方应采取抑尘措施。 ③运送土方、渣土等易产生扬尘的车辆应采取封闭或遮盖措施。 ④现场进出口应设冲洗池和吸湿垫，应保持进出现场车辆清洁。 ⑤易飞扬和细颗粒建筑材料应封闭存放，余料应及时回收。 ⑥易产生扬尘的施工作业应采取遮挡、抑尘等措施。 ⑦拆除爆破作业应有降尘措施。 ⑧高空垃圾清运应采用封闭式管道或垂直运输机械完成。 ⑨现场使用散装水泥、预拌砂浆应有密闭防尘措施。 （4）废气排放控制应符合下列规定： ①进出场车辆及机械设备废气排放应符合国家年检要求。 ②不应使用煤作为现场生活的燃料。 ③电焊烟气的排放应符合现行国家标准的规定。 ④不应在现场燃烧废弃物。 （5）建筑垃圾处置应符合下列规定： ①建筑垃圾应分类收集、集中堆放。 ②废电池、废墨盒等有毒有害的废弃物应封闭回收，不应混放。 ③有毒有害废物分类率应达到100%。 ④垃圾桶应分为可回收利用与不可回收利用两类，应定期清运。 ⑤建筑垃圾回收利用率应达到30%。 ⑥碎石和土石方类等应用作地基和路基回填材料。 （6）污水排放应符合下列规定： ①现场道路和材料堆放场地周边应设排水沟。 ②工程污水和试验室养护用水应经处理达标后排入市政污水管道。 ③现场厕所应设置化粪池，化粪池应定期清理。 ④工地厨房应设隔油池，应定期清理。 ⑤雨水、污水应分流排放。 （7）光污染应符合下列规定： ①夜间焊接作业时，应采取挡光措施。 ②工地设置大型照明灯具时，应有防止强光线外泄的措施。 （8）噪声控制应符合下列规定： ①应采用先进机械、低噪声设备进行施工，机械、设备应定期保养维护。 ②产生噪声较大的机械设备，应尽量远离施工现场办公区、生活区和周边住宅区。 ③混凝土输送泵、电锯房等应设有吸声降噪屏或其他降噪措施。 ④夜间施工噪声声强值应符合国家有关规定。 ⑤吊装作业指挥应使用对讲机传达指令

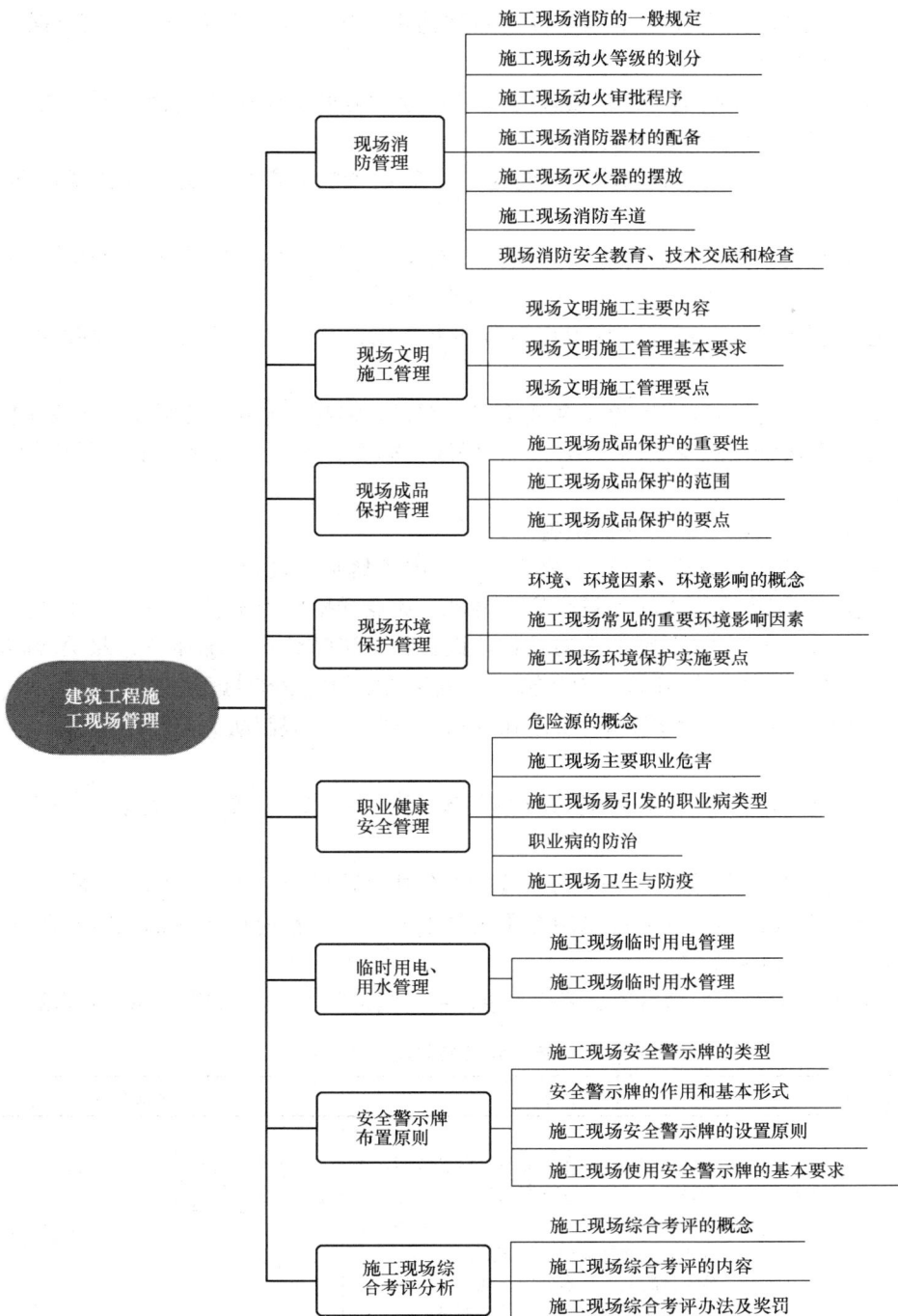

2A320040 建筑工程施工现场管理

【考点图谱】

建筑工程施工现场管理

- 现场消防管理
  - 施工现场消防的一般规定
  - 施工现场动火等级的划分
  - 施工现场动火审批程序
  - 施工现场消防器材的配备
  - 施工现场灭火器的摆放
  - 施工现场消防车道
  - 现场消防安全教育、技术交底和检查
- 现场文明施工管理
  - 现场文明施工主要内容
  - 现场文明施工管理基本要求
  - 现场文明施工管理要点
- 现场成品保护管理
  - 施工现场成品保护的重要性
  - 施工现场成品保护的范围
  - 施工现场成品保护的要点
- 现场环境保护管理
  - 环境、环境因素、环境影响的概念
  - 施工现场常见的重要环境影响因素
  - 施工现场环境保护实施要点
- 职业健康安全管理
  - 危险源的概念
  - 施工现场主要职业危害
  - 施工现场易引发的职业病类型
  - 职业病的防治
  - 施工现场卫生与防疫
- 临时用电、用水管理
  - 施工现场临时用电管理
  - 施工现场临时用水管理
- 安全警示牌布置原则
  - 施工现场安全警示牌的类型
  - 安全警示牌的作用和基本形式
  - 施工现场安全警示牌的设置原则
  - 施工现场使用安全警示牌的基本要求
- 施工现场综合考评分析
  - 施工现场综合考评的概念
  - 施工现场综合考评的内容
  - 施工现场综合考评办法及奖罚

考点1 现场消防管理

施工现场消防的一般规定

1. 施工现场的消防安全工作应以"预防为主、防消结合"为方针,健全防火组织,认真落实防火安全责任制。

2. 施工单位在编制施工组织设计时,必须包含防火安全措施内容,所采用的施工工艺、技术和材料必须符合防火安全要求。

3. 施工现场要有明显的防火宣传标志,必须设置临时消防车道,保持消防车道畅通无阻。

4. 施工现场应明确划分固定动火区和禁火区,现场动火必须严格履行动火审批程序,并采取可靠的防火安全措施,指派专人进行安全监护。

5. 施工现场材料的存放、使用应符合防火要求,易燃易爆物品应专库储存,并有严格的防火措施。

6. 施工现场使用的电气设备必须符合防火要求,临时用电系统必须安装过载保护装置。

7. 施工现场使用的安全网、防尘网、保温材料等必须符合防火要求,不得使用易燃、可燃材料。

8. 施工现场严禁工程明火保温施工。

9. 生活区的设置必须符合防火要求,宿舍内严禁明火取暖。

10. 施工现场食堂用火必须符合防火要求,火点和燃料源不能在同一房间内。

11. 施工现场应配备足够的消防器材,设置临时消防给水系统和应急照明等临时消防设施,并应指派专人进行日常维护和管理,确保消防设施和器材完好、有效。

12. 施工现场应认真识别和评价潜在的火灾危险源,编制防火安全应急预案,并定期组织演练。

13. 房屋建设过程中,临时消防设施应与在建工程同步设置,与主体结构施工进度差距不应超过3层。

14. 在建工程可利用已具备使用条件的永久性消防设施作为临时消防设施。

15. 施工现场的消防水泵应采用专用消防配电线路,且应从现场总配电箱的总断路上端接入,保持不间断供电。

16. 临时消防系统的给水池、消防水泵、室内消防竖管及水泵接合器应设置醒目标识。

施工现场的动火审批

序号	动火等级	表现情形	审批要求
1	一级	(1) 禁火区域内。 (2) 油罐、油箱、油槽车和储存过可燃气体、易燃液体的容器及与其连接在一起的辅助设备。 (3) 各种受压设备。 (4) 危险性较大的登高焊、割作业。 (5) 比较密封的室内、容器内、地下室等场所。 (6) 现场堆有大量可燃和易燃物质的场所	(1) 项目负责人组织编制防火安全技术方案,填写动火申请表。 (2) 报企业安全管理部门审查批准后,方可动火

序号	动火等级	表现情形	审批要求
2	二级	(1) 在具有一定危险因素的非禁火区域内进行临时焊、割等用火作业。 (2) 小型油箱等容器。 (3) 登高焊、割等用火作业	(1) 项目责任工程师组织拟定防火安全技术措施，填写动火申请表。 (2) 报项目安全管理部门和项目负责人审查批准后，方可动火
3	三级	在非固定的、无明显危险因素的场所进行用火作业，均属三级动火作业	(1) 所在班组填写动火申请表。 (2) 经项目责任工程师和项目安全管理部门审查批准后，方可动火

施工现场消防器材的配备

序号	项目	内容
1	配置灭火器的场所	(1) 易燃易爆危险品存放及使用场所。 (2) 动火作业场所。 (3) 可燃材料存放、加工及使用场所。 (4) 厨房操作间、锅炉房、发电机房、变配电房、设备用房、办公用房、宿舍等临时用房。 (5) 其他具有火灾危险的场所
2	配置数量	(1) 一般临时设施区，每100m² 配备两个10L的灭火器，大型临时设施总面积超过1200m²的，应备有消防专用的消防桶、消防锹、消防钩、盛水桶（池）、消防砂箱等器材设施。 (2) 临时木工加工车间、油漆作业间等，每25m²应配置一个种类合适的灭火器。 (3) 仓库、油库、危化品库或堆料厂内，应配备足够组数、种类的灭火器，每组灭火器不应少于4个，每组灭火器之间的距离不应大于30m。 (4) 高度超过24m的建筑工程，应保证消防水源充足，设置具有足够扬程的高压水泵，安装临时消防竖管，管径不得小于75mm，每层必须设消火栓口，并配备足够的水龙带
3	施工现场灭火器的摆放	(1) 灭火器应摆放在明显和便于取用的地点，且不得影响到安全疏散。 (2) 灭火器应摆放稳固，其铭牌必须朝外。 (3) 手提式灭火器应使用挂钩悬挂，或摆放在托架上、灭火箱内，也可直接放在室内干燥的地面上，其顶部离地面高度应小于1.5m，底部离地面高度宜大于0.15m。 (4) 灭火器不应摆放在潮湿或强腐蚀性的地点，必须摆放时，应采取相应的保护措施。 (5) 摆放在室外的灭火器应采取相应的保护措施。 (6) 灭火器不得摆放在超出其使用温度范围以外的地点，灭火器的使用温度范围应符合规范规定

施工现场消防车道

序号	项目	内容
1	临时消防车道设置	(1) 临时消防车道与在建工程、临时用房、可燃材料堆场及其加工场的距离，不宜小于5m，且不宜大于40m。 (2) 施工现场周边道路满足消防车通行及灭火救援要求时，施工现场内可不设置临时消防车道。 (3) 临时消防车道宜为环形，如设置环形车道确有困难，应在消防车道尽端设置尺寸不小于12m×12m的回车场。 (4) 临时消防车道的净宽度和净空高度均不应小于4m

序号	项目	内容
2	设置环形临时消防车道情形	(1) 建筑高度大于 24m 的在建工程。 (2) 建筑工程单体占地面积大于 3000m² 的在建工程。 (3) 超过 10 栋，且为成组布置的临时用房

现场消防安全教育、技术交底和检查

序号	项目	内容
1	消防安全教育和培训内容	(1) 施工现场消防安全管理制度、防火技术方案、灭火及应急疏散预案的主要内容。 (2) 施工现场临时消防设施的性能及使用、维护方法。 (3) 扑灭初起火灾及自救逃生的知识和技能。 (4) 报火警、接警的程序和方法
2	消防安全技术交底主要内容	(1) 施工过程中可能发生火灾的部位或环节。 (2) 施工过程应采取的防火措施及应配备的临时消防设施。 (3) 初起火灾的扑救方法及注意事项。 (4) 逃生方法及路线
3	消防安全检查主要内容	(1) 可燃物及易燃易爆危险品的管理是否落实。 (2) 动火作业的防火措施是否落实。 (3) 用火、用电、用气是否存在违章操作，电、气焊及保温防水施工是否执行操作规程。 (4) 临时消防设施是否完好有效。 (5) 临时消防车道及临时疏散设施是否畅通

考点 2　现场文明施工管理

现场文明施工

序号	项目	内容
1	现场文明施工主要内容	(1) 规范场容、场貌，保持作业环境整洁卫生。 (2) 创造文明有序和安全生产的条件和氛围。 (3) 减少施工过程对居民和环境的不利影响。 (4) 树立绿色施工理念，落实项目文化建设
2	现场文明施工管理基本要求	(1) 施工现场应当做到围挡、大门、标牌标准化、材料码放整齐化（按照现场平面布置图确定的位置集中、整齐码放）、安全设施规范化、生活设施整洁化、职工行为文明化、工作生活秩序化。 (2) 施工现场要做到工完场清、施工不扰民、现场不扬尘、运输无遗撒、垃圾不乱弃，努力营造良好的施工作业环境
3	现场文明施工管理要点	(1) 现场必须实施封闭管理，现场出入口应设大门和保安值班室，大门或门头设置企业名称和企业标识，车辆和人员出入口应分设，车辆出入口应设置车辆冲洗设施，人员进入施工现场的出入口应设置闸机。建立完善的保安值班管理制度，严禁非施工人员任意进出。场地四周必须采用封闭围挡，围挡要坚固、稳定、整洁、美观，并沿场地四周连续设置。一般路段的围挡高度不得低于 1.8m，市区主要路段的围挡高度不得低于 2.5m。 (2) 现场出入口明显处应设置"五牌一图"，即：工程概况牌、管理人员名单及监督电话牌、消防保卫牌、安全生产牌、文明施工和环境保护牌及施工现场总平面图。

序号	项目	内容
3	现场文明施工管理要点	（3）现场的场容管理应建立在施工平面图设计的合理安排和物料器具定位管理标准化的基础上，项目经理部应根据施工条件，按照施工总平面图、施工方案和施工进度计划的要求，进行所负责区域的施工平面图的规划、设计、布置、使用和管理。 （4）现场的主要机械设备、脚手架、密目式安全网与围挡、模板料具、施工临时道路、各种管线、施工材料制品堆场及仓库、土方及建筑垃圾堆放区、变配电间、消防栓、警卫室、现场的办公、生产和临时设施等的布置与搭设，均应符合施工平面图及相关规定的要求。 （5）现场的临时用房应选址合理，并应符合安全、消防要求和国家有关规定。 （6）现场的施工区域应与办公、生活区划分清晰，并应采取相应的隔离防护措施，在建工程内、伙房、库房不得兼作宿舍。宿舍必须设置可开启式外窗，床铺不得超过2层，通道宽度不得小于0.9m。宿舍室内净高不得小于2.5m，住宿人员人均面积不得小于2.5m²，且每间宿舍居住人员不得超过16人。 （7）现场设置的办公室、宿舍、食堂、厕所、淋浴间、开水房、文体活动室、密闭式垃圾站或容器（垃圾分类存放）及盥洗设施等临时设施，所用建筑材料应符合节能、环保、消防要求。 （8）现场应设置畅通的排水沟渠系统，保持场地道路的干燥坚实，泥浆和污水未经处理不得直接排放。施工场地应硬化处理，有条件时可对施工现场进行绿化布置。 （9）现场应建立防火制度和火灾应急响应机制，落实防火措施，配备防火器材。明火作业应严格执行动火审批手续和动火监护制度。高层建筑要设置专用的消防水源和消防立管，每层留设消防水源接口。 （10）现场应按要求设置消防通道，并保持畅通。 （11）现场应设宣传栏、报刊栏，悬挂安全标语和安全警示标志牌，加强安全文明施工宣传。 （12）施工现场应加强治安综合治理、社区服务和保健急救工作，建立和落实好现场治安保卫、施工环保、卫生防疫等制度，避免扰民和传染病等事件发生。针对社区服务工作应做好：夜间施工前，必须经相关机构批准方可进行施工。施工现场严禁焚烧各类废弃物。施工现场应制定防粉尘、防噪声、防光污染等措施。制定防止施工扰民的措施

考点3 现场成品保护管理

现场成品保护

序号	项目	内容
1	施工现场成品保护的范围	在施工过程中，对已完成或部分完成的检验批、分项、分部工程及安装的设备、五金件等成品、半成品都必须做好保护工作。 成品保护的范围主要包括： （1）结构施工时的测量控制桩，制作和绑扎的钢筋、模板、浇筑的混凝土构件（尤其是楼梯踏步、结构墙、梁、板、柱及门窗洞口的边、角等部位），砌体等，以及地下室、卫生间、盥洗室、厨房、屋面等部位的防水层。 （2）装饰施工时的墙面、顶棚、楼地面、地毯、石材、木作业、油漆及涂料、门窗及玻璃、幕墙、五金、楼梯饰面及扶手等工程。

序号	项目	内容
1	施工现场成品保护的范围	（3）安装的消防箱、配电箱、配电柜、插座、开关、烟感、喷淋、散热器、空调风口、卫生洁具、厨房器具、灯具、阀门、管线、水箱、设备配件等。 （4）安装的高低压配电柜、空调机组、电梯、发电机组、冷水机组、冷却塔、通风机、水泵、强弱电配套设施、风机盘管、智能照明设备、中水设备、厨房设备等
2	施工现场成品保护的要点	（1）根据工程实际，合理安排不同工序间施工先后顺序，防止后道工序损坏或污染前道工序。例如，采取房间内先刷浆或喷涂后安装灯具的施工顺序可防止浆料污染灯具。先做顶棚装修后做地面，也可避免顶棚装修施工对地面造成污染和损坏。 （2）根据产品的特点，可以分别对成品、半成品采取"护、包、盖、封"等具体保护措施： ①"护"就是提前防护。针对被保护对象采取相应的防护措施。例如，对楼梯踏步，可以采取固定木板进行防护。对于进出口台阶可以采取垫砖或搭设通道板的方法进行防护。对于门口、柱角等易被磕碰部位，可以固定专用防护条或包角等措施进行防护。 ②"包"就是进行包裹。将被保护物包裹起来，以防损伤或污染。例如，对镶面大理石柱可用立板包裹捆扎保护。铝合金门窗可用塑料布包扎保护等。 ③"盖"就是表面覆盖。用表面覆盖的办法防止堵塞或损伤。例如，对地漏、排水管落水口等安装就位后加以覆盖，以防异物落入而被堵塞。门厅、走道部位等大理石块材地面，可以采用软物辅以木（竹）胶合板覆盖加以保护等。 ④"封"就是局部封闭。采取局部封闭的办法进行保护。例如，房间水泥地面或地面砖铺贴完成后，可将该房间局部封闭，以防人员进入损坏地面。 （3）建立成品保护责任制，加强对成品保护工作的巡视检查，发现问题及时处理

考点4　现场环境保护管理

现场环境保护管理要点

序号	项目	内容
1	施工现场常见的重要环境影响因素	（1）施工机械作业、模板支拆、清理与修复作业、脚手架安装与拆除作业、混凝土浇筑作业等产生的噪声排放。 （2）施工场地平整作业，土、灰、砂、石搬运及存放，混凝土、砂浆搅拌、楼地面清理作业等产生的粉尘排放。 （3）现场渣土、商品混凝土、生活垃圾、建筑垃圾、原材料运输等过程中产生的遗撒。 （4）现场油品、化学品库房、作业点产生的油品、化学品泄漏。 （5）现场废弃的涂料桶、油桶、油手套、机械维修保养废液、废渣等产生的有毒有害废弃物排放。 （6）城区施工现场夜间照明、电焊作业造成的光污染。 （7）现场生活区、库房、作业点等处发生的火灾、爆炸。 （8）现场食堂、厕所、搅拌站、洗车点等处产生的生活、生产污水排放。 （9）现场钢材、木材等主要建筑材料的消耗。 （10）现场用水、用电等能源的消耗

序号	项目	内容
2	施工现场环境保护实施要点	（1）施工现场必须建立环境保护、环境卫生管理和检查制度，并应做好检查记录。对施工现场作业人员的教育培训、考核应包括环境保护、环境卫生、绿色施工等有关法律、法规和政策的内容。 （2）在城市市区范围内从事建筑工程施工，项目必须在工程开工前 7d 内向工程所在地县级以上地方人民政府环境保护管理部门申报登记。施工期间的噪声排放应当符合国家规定的建筑施工场界噪声排放标准，白天施工限值不超过 75dB（桩基施工时不超过 85dB），夜间施工限值不超过 55dB。夜间施工的（一般指当日 22 时至次日 6 时，特殊地区可由当地政府部门另行规定），需办理夜间施工许可证明，并公告附近社区居民。 （3）施工现场污水排放要与所在地县级以上人民政府市政管理部门签署污水排放许可协议、申领《临时排水许可证》。雨水排入市政雨水管网，污水经沉淀处理后二次使用或排入市政污水管网。现场产生的泥浆、污水未经处理不得直接排入城市排水设施、河流、湖泊、池塘。 （4）现场产生的固体废弃物应在所在地县级以上地方人民政府环卫部门申报登记，分类存放。建筑垃圾和生活垃圾应与所在地垃圾消纳中心签署环保协议，及时清运处置。有毒有害废弃物应运送到专门的有毒有害废弃物中心消纳。 （5）现场的主要道路必须进行硬化处理，土方应集中堆放。裸露的场地和集中堆放的土方应采取覆盖、固化或绿化等措施。现场土方作业应采取防止扬尘措施。 （6）拆除建筑物、构筑物时，应采用隔离、洒水等措施，并应在规定期限内将废弃物清理完毕。建筑物内施工垃圾的清运，必须采用相应的容器或管道运输，严禁凌空抛掷。 （7）现场使用的水泥和其他易飞扬的细颗粒建筑材料应密闭存放或采取覆盖等措施。混凝土搅拌场所应采取封闭、降尘措施。 （8）施工现场内严禁焚烧各类废弃物，禁止将有毒有害废弃物用作土方回填。 （9）在居民和单位密集区域进行爆破、打桩等施工作业前，施工单位除按规定报告申请批准外，还应将作业计划、影响范围、程度及有关情况向周边居民和单位通报说明，取得协作和配合。对于施工机械噪声与振动扰民，应有相应的降噪减振控制措施。 （10）施工时发现有文物、爆炸物、不明管线电缆等，应当停止施工，保护好现场，及时向有关部门报告，按照有关规定处理后方可继续施工。 （11）食堂应设置隔油池，并应及时清理。厕所的化粪池应做抗渗处理

考点 5　职业健康安全管理

职业健康与职业病防治等

序号	项目	内容
1	危险源的概念	危险源是指可能导致人员伤害或疾病、物质财产损失、工作环境破坏的情况或这些情况组合的根源或状态。危险因素与危害因素同属于危险源
2	施工现场主要职业危害	施工现场主要职业危害来自粉尘的危害、生产性毒物的危害、噪声的危害、振动的危害、紫外线的危害和环境条件危害等
3	施工现场易引发的职业病类型	施工现场易引发的职业病有矽肺、水泥尘肺、电焊尘肺、锰及其化合物中毒、氮氧化物中毒、一氧化碳中毒、苯中毒、甲苯中毒、二甲苯中毒、五氯酚中毒、中暑、手臂振动病、电光性皮炎、电光性眼炎、噪声聋、白血病等

序号	项目	内容
4	职业病的防治——工作场所职业卫生防护与管理要求	(1) 危害因素的强度或者浓度应符合国家职业卫生标准。 (2) 有与职业病危害防护相适应的设施。 (3) 现场施工布局合理，符合有害与无害作业分开的原则。 (4) 有配套的卫生保健设施。 (5) 设备、工具、用具等设施符合保护劳动者生理、心理健康的要求。 (6) 法律、法规和国务院卫生行政主管部门关于保护劳动者健康的其他要求
5	职业病的防治——生产过程中的职业卫生防护与管理要求	(1) 建立健全职业病防治管理制度。 (2) 采取有效的职业病防护设施，为劳动者提供个人使用且符合要求的职业病防护用具、用品。 (3) 应优先采用有利于防治职业病和保护劳动者健康的新技术、新工艺、新材料、新设备，不得使用国家明令禁止使用的可能产生职业病危害的设备或材料。 (4) 应书面告知劳动者工作场所或工作岗位所产生或者可能产生的职业病危害因素、危害后果和应采取的职业病防护措施。 (5) 应对劳动者进行上岗前的职业卫生培训和在岗期间的定期职业卫生培训。 (6) 对从事接触职业病危害作业的劳动者，应当组织上岗前、在岗期间和离岗时的职业健康检查。 (7) 不得安排未经上岗前职业健康检查的劳动者从事接触职业病危害的作业，不得安排有职业禁忌的劳动者从事其所禁忌的作业。 (8) 不得安排未成年工从事接触职业病危害的作业，不得安排孕期、哺乳期的女职工从事对本人和胎儿、婴儿有危害的作业。 (9) 用于预防和治理职业病危害、工作场所卫生检测、健康监护和职业卫生培训等费用，应在生产成本中据实列支，专款专用，不得以补贴形式发放给个人
6	施工现场卫生与防疫	(1) 施工单位应根据法律、法规的规定，制定施工现场的公共卫生突发事件应急预案。 (2) 施工现场应配备常用药品及绷带、止血带、颈托、担架等急救器材。 (3) 施工现场应结合季节特点，做好作业人员的饮食卫生和防暑降温、防寒取暖、防煤气中毒、防疫等各项工作，必要时配备专职和兼职卫生防疫人员。如发生法定传染病、食物中毒或急性职业中毒时，必须在2h内向所在地建设行政主管部门和有关部门报告，并应积极配合调查处理。同时法定传染病应及时进行隔离，由卫生防疫部门进行处置。 (4) 施工现场应设专职或兼职保洁员，负责现场日常的卫生清扫和保洁工作。现场办公区和生活区应采取灭鼠、灭蚊、灭蝇、灭蟑螂等措施，并应定期投放和喷洒药物。 (5) 食堂必须有卫生许可证，炊事人员必须持身体健康证上岗。 (6) 施工现场生活区内应设置开水炉、电热水器或饮用水保温桶，施工区应配备流动保温水桶，水质应符合饮用水安全卫生要求。 (7) 炊事人员上岗应穿戴洁净的工作服，工作帽和口罩，并应保持个人卫生。不得穿工作服出食堂，非炊事人员不得随意进入制作间

考点6 临时用电、用水管理

施工现场临时用电管理

序号	项目	内容
1	编制施工组织设计情形	现场临时用电设备在5台及以上或设备总容量在50kW及以上者，否则应制定安全用电和电气防火措施

序号	项目	内容
2	编制用电组织设计程序	（1）由电气工程技术人员组织编制，经相关部门审核及具有法人资格企业的技术负责人批准后实施。 （2）使用前必须经编制、审核、批准部门和使用单位共同验收，合格后方可投入使用
3	临时用电管理协议	工程总包单位与分包单位应订立临时用电管理协议，明确各方管理及使用责任
4	电工作业	（1）电工作业应持有效证件，电工等级应与工程的难易程度和技术复杂性相适应。 （2）电工作业由二人以上配合进行，并按规定穿绝缘鞋、戴绝缘手套、使用绝缘工具，严禁带电作业和带负荷插拔插头等
5	安全电压规定	（1）隧道、人防工程、高温、有导电灰尘、比较潮湿或灯具离地面高度低于2.5m等场所的照明，电流电压不应大于36V。 （2）潮湿和易触及带电体场所的照明，电源电压不得大于24V。 （3）特别潮湿场所、导电良好的地面、锅炉或金属容器内的照明，电源电压不得大于12V
6	临时用电安全技术档案内容	（1）用电组织设计的全部资料。 （2）修改用电组织设计的资料。 （3）用电技术交底资料。 （4）用电工程检查验收表。 （5）电气设备的试、检验凭单和调试记录。 （6）接地电阻、绝缘电阻和漏电保护器漏电动作参数测定记录表。 （7）定期检（复）查表。 （8）电工安装、巡检、维修、拆除工作记录

施工现场临时用水管理

序号	项目	内容
1	现场临时用水类型	包括生产用水、机械用水、生活用水和消防用水
2	消防用水规定	（1）一般利用城市或建设单位的永久消防设施。 （2）自行设计的消防干管直径应不小于100mm，消火栓处昼夜要有明显标志，配备足够的水龙带，周围3m内不准存放物品。 （3）高度超过24m的建筑工程，应安装临时消防竖管，管径不得小于75mm，严禁消防竖管作为施工用水管线。 （4）消防供水要保证足够的水源和水压。 （5）消防泵应使用专用配电线路，不间断供电，保证消防供水

考点7 安全警示牌布置原则

安全警示牌规定

序号	项目					
		类型	作用	基本形式	图形颜色	背景颜色
1	安全警示牌类型及作用	禁止	禁止不安全行为	红色斜杠圆边框	黑色	白色
		警告	提醒注意	黑色正三角形边框	黑色	黄色
		指令	强制做出或必须采取	黑色圆形边框	白色	蓝色
		提示	提供位置与信息	矩形边框	白色	绿色（消防为红色）

137

序号	项目	内容
2	设置原则	标准、安全、醒目、便利、协调、合理
3	基本要求	（1）现场存在安全风险的重要部位和关键岗位必须设置能提供相应安全信息的安全警示牌。根据有关规定，现场出入口、施工起重机械、临时用电设施、脚手架、通道口、楼梯口、电梯井口、孔洞、基坑边沿、爆炸物及有毒有害物质存放处等属于存在安全风险的重要部位，应当设置明显的安全警示标牌。例如，在爆炸物及有毒有害物质存放处设"禁止烟火"等禁止标志。在木工圆锯旁设置"当心伤手"等警告标志。在通道口处设置"安全通道"等提示标志等。 （2）安全警示牌应设置在所涉及的相应危险地点或设备附近最容易被观察到的地方。 （3）安全警示牌应设置在明亮的、光线充分的环境中，否则应考虑增加辅助光源。 （4）安全警示牌应牢固地固定在依托物上，不能产生倾斜、卷翘、摆动等现象，高度应尽量与人眼的视线高度相一致。 （5）安全警示牌不得设置在门、窗、架体等可移动的物体上，警示牌的正面或其邻近不得有妨碍人们阅读的固定障碍物，并尽量避免经常被其他临时性物体所遮挡。 （6）多个安全警示牌在一起布置时，应按警告、禁止、指令、提示类型的顺序，先左后右、先上后下进行排列。各标志牌之间的距离至少应为标志牌尺寸的0.2倍。 （7）有触电危险的场所，应选用由绝缘材料制成的安全警示牌。 （8）室外露天场所设置的消防安全标志宜选用由反光材料或自发光材料制成的警示牌。 （9）对有防火要求的场所，应选用由不燃材料制成的安全警示牌。 （10）现场布置的安全警示牌应进行登记造册，并绘制安全警示布置总平面图，按图进行布置，如布置的点位发生变化，应及时保持更新。 （11）现场布置的安全警示牌未经允许，任何人不得私自进行挪动、移位、拆除或拆换。 （12）施工现场应加强对安全警示牌布置情况的检查，发现有破损、变形、褪色等情况时，应及时进行修整或更换

考点8 施工现场综合考评分析

施工现场综合考评

序号	项目	内容
1	施工现场综合考评的内容	（1）施工组织管理 施工组织管理考评的主要内容是企业及项目经理资质情况、合同签订及履约管理、总分包管理、关键岗位培训及持证上岗、施工组织设计及实施情况等。 （2）工程质量管理 工程质量管理考评的主要内容是质量管理与质量保证体系、工程实体质量、工程质量保证资料等情况。工程质量检查按照现行国家标准、行业标准、地方标准和有关规定执行。 （3）施工安全管理 施工安全管理考评的主要内容是安全生产保证体系和施工安全技术、规范、标准的实施情况等。施工安全管理检查按照国家现行有关法规、标准、规范和有关规定执行。 （4）文明施工管理 文明施工管理考评的主要内容是场容场貌、料具管理、环境保护、社会治安情况等。 （5）建设单位、监理单位的现场管理 建设单位、监理单位现场管理考评的主要内容是有无专人或委托监理单位对现场实施管理、有无隐蔽验收确认、有无现场检查认可记录及执行合同情况等
2	施工现场综合考评办法及奖罚	（1）对于施工现场综合考评发现的问题，由主管考评工作的建设行政主管部门向建筑业企业、建设单位或监理单位提出警告。 （2）一个年度内同一个施工现场被两次警告的，根据责任情况，给予建筑业企业、建设单位或监理单位通报批评的处罚；给予项目经理或监理工程师通报批评的处罚。 （3）一个年度内同一个施工现场被三次警告的，根据责任情况，给予建筑业企业或监理单位降低资质一级的处罚；给予项目经理、监理工程师取消资格的处罚；责令该施工现场停工整顿

2A320050 建筑工程施工进度管理

【考点图谱】

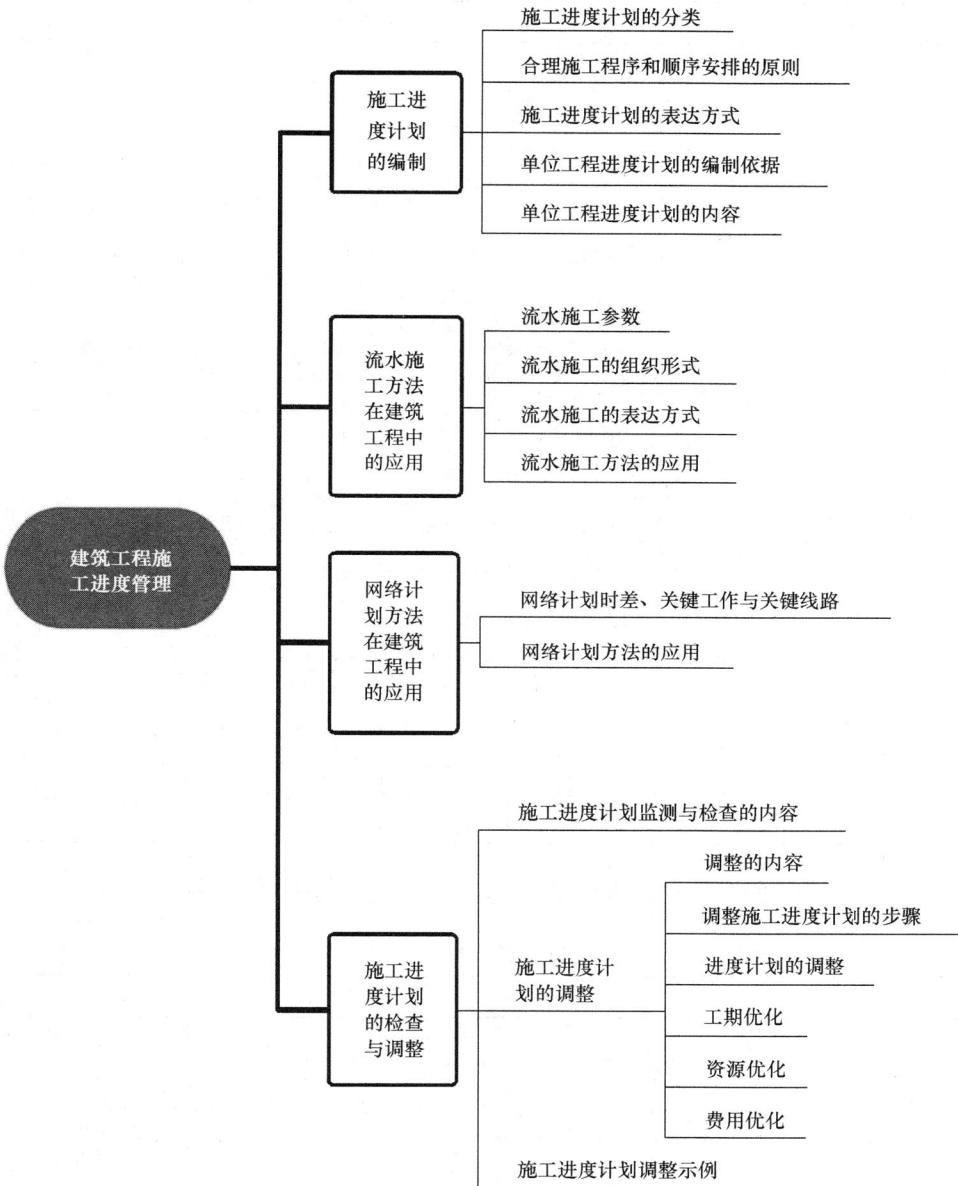

考点1　施工进度计划的编制

施工进度计划

序号	项目	内容
1	分类	按编制对象的不同可分为： （1）施工总进度计划。 （2）单位工程进度计划。 （3）分阶段（或专项工程）工程进度计划。 （4）分部分项工程进度计划
2	原则	（1）安排施工程序的同时，首先安排其相应的准备工作。 （2）首先进行全场性工程的施工，然后按照工程排队的顺序，逐个地进行单位工程的施工。 （3）"三通"工程应先场外后场内，由远而近，先主干后分支，排水工程要先下游后上游。先地下后地上和先深后浅的原则。 （4）主体结构施工在前，装饰工程施工在后。 （5）主体结构施工在前，装饰工程施工在后。 （6）既要考虑施工组织要求的空间顺序，又要考虑施工工艺要求的工种顺序。 （7）在满足施工工艺要求的条件下，尽可能地利用工作面，使相邻两个工种在时间上合理且最大限度地搭接起来
3	单位工程进度计划的编制依据	（1）主管部门的批示文件及建设单位的要求。 （2）施工图纸及设计单位对施工的要求。 （3）施工企业年度计划对该工程的安排和规定的有关指标。 （4）施工组织总设计或大纲对该工程的有关部门规定和安排。 （5）资源配备情况，如：施工中需要的劳动力、施工机具和设备、材料、预制构件和加工品的供应能力及来源情况。 （6）建设单位可能提供的条件和水电供应情况。 （7）施工现场条件和勘察资料。 （8）预算文件和国家及地方规范等资料
4	单位工程进度计划的内容	（1）工程建设概况：拟建工程的建设单位，工程名称、性质、用途、工程投资额，开竣工日期，施工合同要求，主管部门的有关部门文件和要求，以及组织施工的指导思想等。 （2）工程施工情况：拟建工程的建筑面积、层数、层高、总高、总宽、总长、平面形状和平面组合情况，基础、结构类型，室内外装修情况等。 （3）单位工程进度计划，分阶段进度计划，单位工程准备工作计划，劳动力需用量计划，主要材料、设备及加工计划，主要施工机械和机具需要量计划，主要施工方案及流水段划分，各项经济技术指标要求等

考点2　流水施工方法在建筑工程中的应用

流　水　施　工

序号	项目	内容
1	流水施工参数	（1）工艺参数，指组织流水施工时，用以表达流水施工在施工工艺方面进展状态的参数，通常包括施工过程和流水强度两个参数。 （2）空间参数，指组织流水施工时，表达流水施工在空间布置上划分的个数，可以是施工区（段），也可以是多层的施工层数，数目一般用 M 表示。 （3）时间参数，指在组织流水施工时，用以表达流水施工在时间安排上所处状态的参数，主要包括流水节拍、流水步距和流水施工工期三个方面
2	流水施工的组织形式	（1）等节奏流水施工。 （2）异节奏流水施工，其特例为成倍节拍流水施工。 （3）无节奏流水施工
3	流水施工的表达方式	（1）主要以横道图方式表示。 （2）横坐标表示流水施工的持续时间，纵坐标表示施工过程的名称或编号。 （3）n 条带有编号的水平线段表示 n 个施工过程或专业工作队的施工进度安排，其编号①、②……表示不同的施工段

考点3 网络计划方法在建筑工程中的应用

网络计划时差、关键工作与关键线路

1. 时差可分为总时差和自由时差两种。工作总时差，是指在不影响总工期的前提下，本工作可以利用的机动时间。工作自由时差，是指在不影响其所有紧后工作最早开始的前提下，本工作可以利用的机动时间。

2. 关键工作：是网络计划中总时差最小的工作，在双代号时标网络图上，没有波形线的工作即为关键工作。

3. 关键线路：由关键工作所组成的线路就是关键线路。关键线路的工期即为网络计划的计算工期。

考点4 施工进度计划的检查与调整

施工进度计划监测与检查的内容

序号	项目	内容
1	监测要求	（1）不断观测每一项工作的实际开始时间、实际完成时间、实际持续时间、目前现状等内容，并加以记录。 （2）定期观测关键工作的进度和关键线路的变化情况，并相应采取措施进行调整。 （3）观测检查非关键工作的进度，以便更好地发掘潜力，调整或优化资源，以保证关键工作按计划实施。 （4）定期检查工作之间的逻辑关系变化情况，以便适时进行调整。 （5）有关项目范围、进度目标、保障措施变更的信息等，并加以记录
2	书面进度报告的内容	（1）进度执行情况的综合描述。 （2）实际施工进度。 （3）资源供应进度。 （4）工程变更、价格调整、索赔及工程款收支情况。 （5）进度偏差状况及导致偏差的原因分析。 （6）解决问题的措施。 （7）计划调整意见

施工进度计划的调整

序号	项目	内容
1	调整的内容	工程量、起止时间、持续时间、工作关系、资源供应
2	进度计划的调整	（1）关键工作的调整：进度计划调整的重点。 （2）改变某些工作间的逻辑关系。 （3）剩余工作重新编制进度计划：根据工期要求，将剩余工作重新编制进度计划。 （4）非关键工作调整：必要时可对非关键工作的时差做适当调整。 （5）资源调整
3	工期优化考虑因素	（1）缩短持续时间对质量和安全影响不大的工作。 （2）有备用资源的工作。 （3）缩短持续时间所需增加的资源、费用最少的工作
4	资源优化的前提条件	（1）优化过程中，不改变网络计划中各项工作之间的逻辑关系。 （2）优化过程中，不改变网络计划中各项工作的持续时间。 （3）网络计划中各工作单位时间所需资源数量为合理常量。 （4）除明确可中断的工作外，优化过程中一般不允许中断工作，应保持其连续性
5	费用优化	（1）在既定工期的前提下，确定项目的最低费用。 （2）在既定的最低费用限额下完成项目计划，确定最佳工期。 （3）若需要缩短工期，则考虑如何使增加的费用最少。 （4）若新增一定数量的费用，则可计算工期缩短到多少

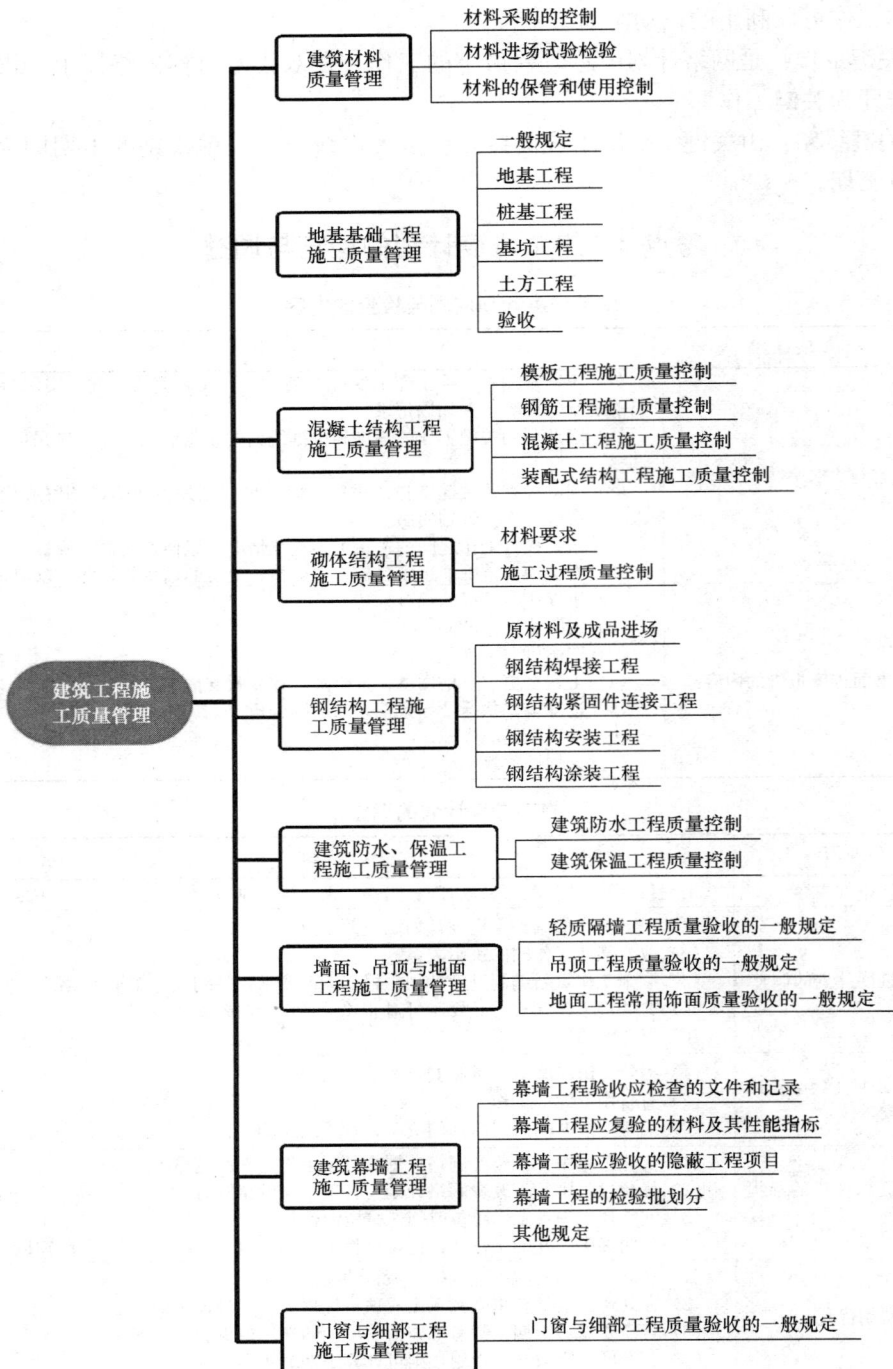

2A320060 建筑工程施工质量管理

【考点图谱】

建筑工程施工质量管理
- 建筑材料质量管理
  - 材料采购的控制
  - 材料进场试验检验
  - 材料的保管和使用控制
- 地基基础工程施工质量管理
  - 一般规定
  - 地基工程
  - 桩基工程
  - 基坑工程
  - 土方工程
  - 验收
- 混凝土结构工程施工质量管理
  - 模板工程施工质量控制
  - 钢筋工程施工质量控制
  - 混凝土工程施工质量控制
  - 装配式结构工程施工质量控制
- 砌体结构工程施工质量管理
  - 材料要求
  - 施工过程质量控制
- 钢结构工程施工质量管理
  - 原材料及成品进场
  - 钢结构焊接工程
  - 钢结构紧固件连接工程
  - 钢结构安装工程
  - 钢结构涂装工程
- 建筑防水、保温工程施工质量管理
  - 建筑防水工程质量控制
  - 建筑保温工程质量控制
- 墙面、吊顶与地面工程施工质量管理
  - 轻质隔墙工程质量验收的一般规定
  - 吊顶工程质量验收的一般规定
  - 地面工程常用饰面质量验收的一般规定
- 建筑幕墙工程施工质量管理
  - 幕墙工程验收应检查的文件和记录
  - 幕墙工程应复验的材料及其性能指标
  - 幕墙工程应验收的隐蔽工程项目
  - 幕墙工程的检验批划分
  - 其他规定
- 门窗与细部工程施工质量管理
  - 门窗与细部工程质量验收的一般规定

考点1 建筑材料质量管理

材料进场试验检验

序号	项目	内容
1	质量验证	(1) 包括材料品种、型号、规格、数量、外观检查和见证取样。验证结果记录后报监理工程师审批备案。 (2) 现场验证不合格的材料不得使用，也可经相关方协商后按有关标准规定降级使用
2	检测试验管理制度	包括：岗位职责、现场试样制取及养护管理制度、仪器设备管理制度、现场检测试验安全管理制度、检测试验报告管理制度
3	检测主体责任	(1) 建筑工程施工现场检测试验的组织管理和实施应由施工单位负责。 (2) 当建筑工程实行施工总承包时，可由总承包单位负责整体组织管理和实施，分包单位按合同确定的施工范围各负其责。 (3) 施工单位及其取样、送检人员必须确保提供的检测试样具有真实性和代表性。见证人员必须对见证取样和送检的过程进行见证，且必须确保见证取样和送检过程的真实性。 (4) 检测机构应确保检测数据和检测报告的真实性和准确性
4	施工检测试验计划	施工检测试验计划应在工程施工前由施工项目技术负责人组织有关人员编制，并应报送监理单位进行审查和监督实施。根据施工检测试验计划，应制订相应的见证取样和送检计划
5	施工过程材料质量检测试验	(1) 施工过程质量检测试验项目和主要检测试验参数应依据国家现行相关标准、设计文件、合同要求和施工质量控制的需要确定。 (2) 施工过程质量检测试样，除确定工艺参数可制作模拟试样外，必须从现场相应的施工部位抽取。 (3) 施工过程质量检测试验应依据施工流水段划分、工程量、施工环境及质量控制的需要确定抽检频次
6	材料检验见证与送样	(1) 现场试验人员应根据施工需要及有关标准的规定，将标识后的试样及时送至检测单位进行检测试验。 (2) 需要见证检测的检测项目，施工单位应在取样及送检前通知见证人员。 (3) 见证人员发生变化时，监理单位应通知相关单位，办理书面变更手续。 (4) 见证人员应对见证取样和送检的全过程进行见证并填写见证记录。 (5) 检测机构接收试样时应核实见证人员及见证记录，见证人员与备案见证人员不符或见证记录无备案见证人员签字时不得接收试样。 (6) 见证人员应核查见证检测的检测项目、数量和比例是否满足有关规定

施工过程质量检测试验主要内容

序号	类别	检测试验项目	主要检测试验参数	备注
1	土方回填	土工击实	最大干密度	
			最优含水量	
		压实程度	压实系数	
2	地基与基础	换填地基	压实系数或承载力	
		加固地基、复合地基	承载力	
		桩基	承载力	
			桩身完整性	钢桩除外

序号	类别	检测试验项目	主要检测试验参数	备注
3	基坑支护	土钉墙	土钉抗拔力	
		水泥土墙	墙身完整性	
			墙体强度	设计有要求时
		锚杆、锚索	锁定力	
4	钢筋连接	机械连接现场检验	抗拉强度	
		钢筋焊接工艺检验、闪光对焊、气压焊	抗拉强度	
			弯曲	适用于闪光对焊、气压焊接头，适用于气压焊水平连接筋
		电弧焊、电渣压力焊、预埋件钢筋 T 形接头	抗拉强度	
		网片焊接	抗剪力	热轧带肋钢筋
			抗拉强度	冷轧带肋钢筋
			抗剪力	
5	混凝土	配合比设计	工作性、强度等级	
		混凝土性能	标准养护试件强度	
			同条件试件强度	冬期施工或根据施工需要留置
			同条件转标养强度	
			抗渗性能	有抗渗要求时
6	砌筑砂浆	配合比设计	强度等级、稠度	
		砂浆力学性能	标准养护试件强度	
			同条件试件强度	冬期施工
7	钢结构	网架结构焊接球节点、螺栓球节点	承载力	安全等级一级、$L \geqslant$ 40m 且设计有要求时
		焊缝质量	焊缝探伤	
		后锚固（植筋、锚栓）	抗拔承载力	
8	装饰装修	饰面砖粘贴	粘结强度	

考点 2　地基基础工程施工质量管理

地基基础工程施工质量管理一般规定

序号	项目	内容
1	时限	地基施工结束，宜在一个间歇期后，进行质量验收，间歇期由设计确定
2	施工方法	（1）采用换填垫层法加固地基时，垫层的施工方法、分层铺填厚度、每层压实遍数等宜通过试验确定。 （2）换填垫层的施工质量检验必须分层进行，应在每层压实系数符合设计要求后铺填上土层

序号	项目	内容
3	灌注桩成孔的控制深度要求	（1）摩擦型桩：摩擦桩应以设计桩长控制成孔深度；端承摩擦桩必须保证设计桩长及桩端进入持力层深度。当采用锤击沉管法成孔时，桩管入土深度控制应以高程为主，以贯入度控制为辅。 （2）端承型桩：当采用钻（冲）、人工挖掘成孔时，必须保证桩端进入持力层的设计深度；当采用锤击沉管法成孔时，桩管入土深度控制应以贯入度为主，以高程控制为辅

地基工程施工质量管理规定

序号	项目	内容
1	灰土地基施工质量要点	（1）土料应采用就地挖出的黏性土及塑性指数大于 4 的粉质黏土，土内不得含有松软杂质和腐殖土；土料应过筛，最大粒径不应大于 15mm。 （2）石灰：用Ⅲ级以上新鲜的块灰，使用前 1～2d 消解并过筛，粒径不得大于 5mm，且不能夹有未熟化的生石灰块粒和其他杂质。 （3）铺设灰土前，必须进行验槽合格，基槽内不得有积水。 （4）灰土的配比符合设计要求。 （5）灰土施工时，灰土应拌合均匀。应控制其含水量，以用手紧握成团、轻捏能碎为宜。 （6）灰土应分层夯实，每层虚铺厚度：人力或轻型夯机夯实时控制在 200～250mm，双轮压路机夯实时控制在 200～300mm。 （7）分段施工时，不得在墙角、柱墩及承重窗间墙下接缝。上下两层的搭接长度不得小于 50cm
2	砂和砂石地基施工质量要点	（1）砂宜选用颗粒级配良好、质地坚硬的中砂或粗砂，选用细砂或粉砂时应掺加粒径 25～35mm 的碎石。 （2）铺筑前，先验槽并清除浮土及杂物，地基孔洞、沟、井等已填实，基槽内无积水。 （3）人工制作的砂石地基应拌合均匀，分段施工时，接头处应做成斜坡，每层错开 0.5～1m。在铺筑时，如地基底面深度不同，应预先挖成阶梯形式或斜坡形式，以先深后浅的顺序进行施工
3	强夯地基和重锤夯实地基施工质量要点	（1）施工前应进行试夯，选定夯锤重量、底面直径和落距，以便确定最后下沉量及相应的最少夯实遍数和总下沉量等施工参数，试夯的密实度和夯实深度必须达到设计要求。 （2）基坑（槽）的夯实范围应大于基础底面。开挖时，基坑（槽）每边比设计宽度加宽不宜小于 0.3m，以便于夯实工作的进行，基坑（槽）边坡适当放缓。 （3）夯实前，基坑（槽）底面应高出设计高程，预留土层的厚度可为试夯时的总下沉量加 50～100mm。 （4）夯实完毕，将坑（槽）表面拍实至设计高程。 （5）做好施工过程中的监测和记录工作，包括检查夯锤重和落距，对夯点放线进行复核，检查夯坑位置，按要求检查每个夯点的夯击次数、每夯的夯沉量等，对各项施工参数、施工过程实施情况做好详细记录，作为质量控制的依据

桩基工程施工质量管理规定

序号	项目	内容
1	材料质量控制	(1) 粗骨料：应采用质地坚硬的卵石、碎石，粒径应用 15～25mm。卵石不宜大于 50mm，碎石不宜大于 40mm，含泥量不大于 2%。 (2) 细骨料：应选用质地坚硬的中砂，含泥量不大于 5%，无垃圾、泥块等杂物。 (3) 水泥：宜用 42.5 级的普通硅酸盐水泥或硅酸盐水泥，使用前必须查明品种、强度等级、出厂日期，应有出厂质量证明，复试合格后方准使用。严禁使用快硬水泥浇筑水下混凝土。 (4) 水：宜采用饮用水，当采用其他水源时，水质应符合《混凝土用水标准》JGJ 63—2006 的规定。 (5) 钢筋：应有出厂质量证明书，分批随机抽样、见证复试合格后方可使用
2	钢筋笼制作与安装质量控制	(1) 钢筋笼宜分段制作，分段长度视成笼的整体刚度、材料长度、起重设备的有效高度三因素综合考虑。 (2) 加劲箍宜设在主筋外侧，主筋一般不设弯钩。为避免弯钩妨碍导管工作，根据施工工艺要求所设弯钩不得向内圆伸露。 (3) 钢筋笼的内径应比导管接头处外径大 100mm 以上。 (4) 为保证保护层厚度，钢筋笼上应设有保护层垫块，设置数量每节钢筋笼不应少于 2 组，长度大于 12m 的中间加设 1 组，每组块数不得小于 3 块，且均匀分布在同一截面的主筋上。 (5) 钢筋搭接焊缝宽度不应小于 $0.7d$，厚度不应小于 $0.3d$。搭接焊缝长度 HPB300 级钢筋单面焊 $8d$，双面焊 $4d$；HRB335 级钢筋单面焊 $10d$，双面焊 $5d$。 (6) 环形箍筋与主筋的连接应采用点焊连接，螺旋箍筋与主筋的连接可采用绑扎并相隔点焊，或直接点焊。 (7) 钢筋笼起吊吊点宜设在加强箍筋部位，运输、安装时采取措施防止变形
3	泥浆护壁钻孔灌注桩施工过程质量控制	(1) 成孔 机具就位平整垂直，护筒埋设牢固垂直，保证桩孔成孔的垂直。应防止地下水位高引起坍孔，应防桩孔出现严重偏斜、位移等。 (2) 护筒埋设 护筒内径要求：回转钻宜大于 100mm。冲击钻宜大于 200mm。护筒中心与桩位中心线偏差不得大于 20mm。 (3) 护壁泥浆和清孔 用泥浆循环清孔时，清孔后的泥浆相对密度控制在 1.15～1.25。第一次清孔在提钻前，第二次清孔在沉放钢筋笼、下导管后。 (4) 水下混凝土浇筑 第一次浇筑混凝土必须保证底端能埋入混凝土中 0.8～1.3m，以后的浇筑中导管埋深宜为 2～6m。灌注桩桩顶标高至少要比设计标高高出 0.8～1.0m

基坑工程、土方工程及验收规定

序号	项目	内容
1	基坑工程	(1) 当基坑开挖面上方的锚杆、土钉、支撑未达到设计要求时，严禁向下超挖土方。 (2) 采用锚杆或支撑的支护结构，在未达到设计规定的拆除条件时，严禁拆除锚杆或支撑。 (3) 基坑周边施工材料、设施或车辆荷载严禁超过设计要求的地面荷载限值

序号	项目	内容
2	土方工程	（1）当土方工程挖方较深时，施工单位应采取措施，防止基坑底部土的隆起并避免危害周边环境。 （2）在挖方前，做好地面排水和降低地下水位工作。挖土期间必须做好地表和坑内排水、地面截水和地下降水，地下水位应保持低于开挖面 500mm 以下。 （3）挖土前，应预先设置轴线控制桩及水准点桩，并要定期进行复测和校验控制桩的位置和水准点标高。工程轴线控制桩设置离建造物的距离一般应大于 2S（S 为挖土深度）。水准点标高可放在已有的建筑物或构筑物上（已稳定无变化），也可在离建造物稍远的地方设置水准点。 （4）平整场地的表面坡度应符合设计要求，设计无要求时，应向排水沟方向做不小于 2‰的坡度。平整后的场地表面应逐点检查，检查点为每 100～400m² 取一点，但不少于 10 点。长度、宽度和边坡均为每 20m 取一点，每边不少于 1 点。 （5）土方工程施工，应经常测量和校核其平面位置、水平标高和边坡坡度。平面控制桩和水准控制点采取可靠的保护措施，定期复测和检查。土方不应堆在基坑坡口处。 （6）施工区域内及施工区周围的上下障碍物，应做好拆迁处理或防护措施。 （7）基坑开挖完毕，应由总监理工程师或建设单位组织施工单位、设计单位、勘察单位等有关人员共同到现场进行检查、验槽，核对地质资料，检查地基土与工程地质勘察报告、设计图纸要求是否相符合，有无破坏原状土结构或发生较大扰动的现象。经检查合格，填写基坑槽验收、隐蔽工程验收记录，及时办理交接手续。 （8）验槽时，应做好验槽记录。对柱基、墙角、承重墙等沉降灵敏部位和受力较大的部位，应作出详细记录。如有异常部位，应会同设计等有关单位进行处理。 （9）土方回填： ①回填材料的粒径、含水率等应符合设计要求和规范规定。 ②土方回填前应清除基底的垃圾、树根等杂物，抽除积水，挖出淤泥，验收基底高程。 ③填筑厚度及压实遍数应根据土质、压实系数及所用机具经试验确定。填方应按设计要求预留沉降量，一般不超过填方高度的 3%。冬季填方每层铺土厚度应比常温施工时减少 20%～25%，预留沉降量比常温时适当增加。土方中不得含冻土块且填土层不得受冻
3	验收	地基基础分项工程、分部（子分部）工程质量的验收，均应在施工单位自检合格的基础上进行。施工单位确认自检合格后提出工程验收申请，然后由总监理工程师或建设单位项目负责人组织勘察、设计及施工单位的项目负责人、技术质量负责人，共同按设计要求和有关规范规定进行验收

考点3 混凝土结构工程施工质量管理

模板工程施工质量控制

序号	项目	内容
1	一般规定	（1）模板及支架应根据安装、使用和拆除工况进行设计，并应满足承载力、刚度和整体稳固性的要求；其安装的标高、尺寸、位置正确。 （2）控制模板起拱高度，消除在施工中因结构自重、施工荷载作用引起的挠度。对不小于 4m 的现浇钢筋混凝土梁、板，其模板应按设计要求起拱。设计无要求时，起拱高度宜为跨度的 1/1000～3/1000。 （3）当层间高度大于 5m 时，应选用桁架支模或钢管立柱支模。当层间高度小于或等于 5m 时，可采用木立柱支模

序号	项目	内容
2	扣件式钢管	（1）立杆上应每步设置双向水平杆，水平杆应与立杆扣接。 （2）立柱接长严禁搭接，必须采用对接扣件连接，相邻两立柱的对接接头不得在同一步内，且对接接头沿竖向错开的距离不宜小于500mm。 （3）严禁将上段的钢管立柱与下段钢管立柱错开固定在水平拉杆上。 （4）立杆底部宜设置垫板，在立杆底部的水平方向上应按纵下横上的次序设置扫地杆。 （5）满堂支撑架的可调底座、可调托撑螺杆伸出长度不宜超过300mm，插入立杆内的长度不得小于150mm。 （6）立杆的纵、横向间距应满足设计要求，立杆的步距不应大于1.8m；顶层立杆步距应适当减小，且不应大于1.5m；支架立杆的搭设垂直偏差不宜大于5/1000，且不应大于100mm。上下楼层模板支架的竖杆宜对准。 （7）承受模板荷载的水平杆与支架立杆连接的扣件，其拧紧力矩不应小于40N·m，且不应大于65N·m。
3	拆模要求	（1）底模及其支架拆除时，同条件养护试块的抗压强度应符合设计要求。 （2）模板及其支架的拆除一般是后支的先拆，先支的后拆；先拆非承重部分，后拆承重部分。 （3）后张预应力混凝土结构构件，侧模宜在预应力张拉前拆除；底模支架不应在结构构件建立预应力前拆除。 （4）大体积混凝土的拆模时间除应满足混凝土强度要求外，还应使混凝土内外温差降低到25℃以下时方可拆模。否则应采取有效措施防止产生温度裂缝

钢筋工程施工质量控制

序号	项目	内容
1	钢筋进场检验	（1）检查生产企业的生产许可证证书及钢筋的质量证明文件。 （2）按国家现行有关标准抽样检验屈服强度、抗拉强度、伸长率及单位长度重量偏差。 （3）经产品认证符合要求的钢筋，其检验批量可扩大一倍。在同一工程项目中，同一厂家、同一牌号、同一规格的钢筋（同一钢筋来源的成型钢筋）连续三批进场检验均一次检验合格时，其后的检验批量可扩大一倍。 （4）钢筋的外观质量应符合国家现行有关标准的规定。 （5）当无法准确判断钢筋品种、牌号时，应增加化学成分、晶粒度等检验项目
2	钢筋外观要求	（1）表面应清洁、无损伤，油渍、漆污和铁锈应在加工前清除干净。 （2）带有颗粒状或片状老锈的钢筋不得使用。 （3）钢筋除锈后如有严重表面缺陷，应重新检验该批钢筋力学性能及其他相关性能指标
3	成型钢筋进场检验	（1）应检查成型钢筋的质量证明文件、成型钢筋所用材料质量证明文件及检验报告。 （2）应抽样检验成型钢筋的屈服强度、抗拉强度、伸长率和重量偏差。 （3）检验批量可由合同约定，同一工程、同一原材料来源、同一组生产设备生产的成型钢筋，检验批量不宜大于30t
4	钢筋调直	（1）钢筋调直后，应检查力学性能和单位长度重量偏差。 （2）采用无延伸功能的机械设备调直的钢筋，可不进行此项检查

序号	项目	内容
5	受力钢筋的弯折规定	（1）光圆钢筋末端应作 180°弯钩，弯钩的弯后平直部分长度不应小于钢筋直径的 3 倍。作受压钢筋使用时，光圆钢筋末端可不作弯钩。 （2）光圆钢筋的弯弧内直径不应小于钢筋直径的 2.5 倍。 （3）335MPa 级、400MPa 级带肋钢筋的弯弧内直径不应小于钢筋直径的 4 倍。 （4）直径为 28mm 以下的 500MPa 级带肋钢筋的弯弧内直径不应小于钢筋直径的 6 倍，直径为 28mm 及以上的 500MPa 级带肋钢筋的弯弧内直径不应小于钢筋直径的 7 倍。 （5）框架结构的顶层端节点，对梁上部纵向钢筋、柱外侧纵向钢筋在节点角部弯折处；当钢筋直径为 28mm 以下时，弯弧内直径不宜小于钢筋直径的 12 倍，钢筋直径为 28mm 及以上时，弯弧内直径不宜小于钢筋直径的 16 倍。 （6）箍筋弯折处的弯弧内直径尚不应小于纵向受力钢筋直径
6	焊接工艺试验	（1）在工程开工正式焊接之前，参与该项施焊的焊工应进行现场条件下的焊接工艺试验，并经试验合格后，方可正式焊接。 （2）直径 12mm 钢筋电渣压力焊时，应采用小型焊接夹具，上下两钢筋对正，不偏歪，确保焊接质量
7	保护层厚度	设计无要求时，不应小于受力钢筋直径
8	钢筋的接头	（1）宜设置在受力较小处。 （2）同一纵向受力钢筋不宜设置两个或两个以上的接头。 （3）接头末端至钢筋弯起点的距离不应小于钢筋公称直径的 10 倍。 （4）当纵向受力钢筋采用机械连接接头或焊接接头时，设置在同一构件内的接头宜相互错开。 （5）每层柱第一个钢筋接头位置距楼地面高度不宜小于 500mm、柱高的 1/6 及柱截面长边（或直径）的较大值。 （6）连续梁、板的上部钢筋接头位置宜设置在跨中 1/3 跨度范围内，下部钢筋接头位置宜设置在梁端 1/3 跨度范围内。 （7）纵向受力钢筋机械连接接头及焊接接头连接区段的长度应为 $35d$（d 为纵向受力钢筋的较大直径）且不应小于 500mm。 （8）同一连接区段内，纵向受力钢筋接头面积百分率为该区段内有接头的纵向受力钢筋截面面积与全部纵向受力钢筋截面面积的比值

混凝土工程施工质量控制

序号	项目	内容
1	材料要求	（1）混凝土结构施工宜采用预拌混凝土。 （2）混凝土宜采用搅拌运输车运输。 （3）运输过程中应保证混凝土拌合物的均匀性和工作性
2	材料复验	（1）对水泥的强度、安定性、凝结时间及其他必要指标进行检验。同一生产厂家、同一品种、同一等级且连续进场的水泥袋装不超过 200t 为一检验批，散装不超过 500t 为一检验批。 （2）当在使用中对水泥质量有怀疑或水泥出厂超过三个月（快硬硅酸盐水泥超过一个月）时，应进行复验，并应按复验结果使用。 （3）对粗骨料的颗粒级配、含泥量、泥块含量、针片状含量指标进行检验，压碎指标可根据工程需要进行检验。应对细骨料颗粒级配、含泥量、泥块含量指标进行检验。

序号	项目	内容
2	材料复验	（4）应对矿物掺合料细度（比表面积）、需水量比（流动度比）、活性指数（抗压强度比）、烧失量指标进行检验。粉煤灰、矿渣粉、沸石粉不超过 200t 为一检验批，硅灰不超过 30t 为一检验批。 （5）应按外加剂产品标准规定对其主要匀质性指标和掺外加剂混凝土性能指标进行检验，同一品种外加剂不超过 50t 为一检验批。 （6）当采用饮用水作为混凝土用水时，可不检验。当采用中水、搅拌站清洗水或施工现场循环水等其他来源水时，应对其成分进行检验。 （7）未经处理的海水严禁用于钢筋混凝土和预应力混凝土的拌制和养护
3	文件资料	采用预拌混凝土时，供方应提供混凝土配合比通知单、混凝土抗压强度报告、混凝土质量合格证和混凝土运输单
4	禁止规定	（1）预应力混凝土结构、钢筋混凝土结构中，严禁使用含氯物的水泥。 （2）预应力混凝土结构中严禁使用含氯化物的外加剂。 （3）钢筋混凝土结构中，当使用含有氯化物的外加剂时，混凝土中氯化物的总含量必须符合现行国家标准的规定
5	混凝土浇筑前验收工作	（1）隐蔽工程验收和技术复核。 （2）对操作人员进行技术交底。 （3）根据施工方案中的技术要求，检查并确认施工现场具备实施条件。 （4）应填报浇筑申请单，并经监理工程师签认
6	开盘鉴定	首次使用的配合比应进行开盘鉴定： （1）混凝土的原材料与配合比设计所采用原材料的一致性。 （2）出机混凝土工作性与配合比设计要求的一致性。 （3）混凝土强度。 （4）混凝土凝结时间。 （5）工程有要求时，尚应包括混凝土耐久性能等
7	混凝土浇筑前检查	浇筑前应检查混凝土运输单，核对混凝土配合比，确认混凝土强度等级，检查混凝土运输时间，测定混凝土坍落度，必要时还应测定混凝土扩展度
8	混凝土拌合物入模	（1）温度：不应低于 5℃，且不应高于 35℃。 （2）运输、输送、浇筑：严禁加水，散落的混凝土严禁用于结构浇筑
9	特殊规定	柱、墙混凝土设计强度等级高于梁、板混凝土设计强度等级时，混凝土浇筑应符合下列规定： （1）柱、墙混凝土设计强度比梁、板混凝土设计强度高一个等级时，柱、墙位置梁、板高度范围内的混凝土经设计单位同意，可采用与梁、板混凝土设计强度等级相同的混凝土进行浇筑。 （2）柱、墙混凝土设计强度比梁、板混凝土设计强度高两个等级及以上时，应在交界区域采取分隔措施。分隔位置应在低强度等级的构件中，且距高强度等级构件边缘不应小于 500mm。 （3）宜先浇筑高强度等级混凝土，后浇筑低强度等级混凝土

序号	项目	内容
10	振捣措施	（1）宽度大于 0.3m 的预留洞底部区域应在洞口两侧进行振捣，并应适当延长振捣时间；宽度大于 0.8m 的洞口底部，应采取特殊的技术措施。 （2）后浇带及施工缝边角处应加密振捣点，并应适当延长振捣时间。 （3）钢筋密集区域或型钢与钢筋结合区域应选择小型振动棒辅助振捣、加密振捣点，并应适当延长振捣时间。 （4）基础大体积混凝土浇筑流淌形成的坡顶和坡脚应适时振捣，不得漏振
11	养护要求	（1）在已浇筑的混凝土强度未达到 1.2N/mm² 以前，不得在其上踩踏、堆放荷载或安装模板及支架。 （2）施工现场应具备混凝土标准试件制作条件，并应设置标准试件养护室或养护箱

装配式结构工程施工质量控制

序号	项目	内容
1	施工准备	（1）装配式结构工程应编制专项施工方案。 （2）装配式结构正式施工前，选有代表性单元或部分进行试制作和试安装。 （3）新作、改制及维修后的模具在使用前应进行全数检查。 （4）重复使用的标准模具每次使用前应检查外观质量及关键尺寸偏差
2	预制构件的吊运规定	（1）应采取措施保证起重设备的主钩位置、吊具及构件重心在竖直方向上重合；吊索与构件水平角夹角不宜小于 60°，尤其不应小于 45°；吊运过程应平稳，不应有偏斜和大幅度摆动。 （2）吊运过程中，应设专人指挥，操作人员应位于安全可靠位置，不应有人员随预制构件一同起吊
3	临时固定措施	（1）预制构件安装就位后，每个预制构件的临时支撑不宜少于 2 道。 （2）预制构件与吊具的分离应在校准定位及临时固定措施安装完成后进行。 （3）临时固定措施的拆除应在装配式结构能达到后续施工要求的承载力、刚度及稳定性要求后进行
4	性能要求	浇筑用材料的强度等级值不应低于连接处构件混凝土强度设计等级值的较大值

考点 4　砌体结构工程施工质量管理

砌体结构工程施工质量管理规定

序号	项目	内容
1	材料要求	（1）砌体结构工程所用的材料应有产品合格证书、产品性能型式检验报告，质量应符合国家现行有关标准的要求。块体、水泥、钢筋、外加剂尚应有材料主要性能的进场复验报告，并应符合设计要求。严禁使用国家明令淘汰的材料。 （2）当在使用中对水泥质量有怀疑或水泥出厂超过三个月（快硬硅酸盐水泥超过一个月）时，应复查试验，并按复验结果使用。不同品种的水泥，不得混合使用。 （3）应检查砂中的含泥量、泥块含量、石粉含量、云母、轻物质、有机物、硫化物、硫酸盐及氯盐含量（配筋砌体砌筑用砂）等指标，应符合现行行业标准《普通混凝土用砂、石质量及检验方法标准》JGJ 52—2006 的有关规定。

序号	项目	内容
1	材料要求	（4）砌筑砂浆应在砌筑前按设计要求申请配合比，施工中要严格按砂浆配合比通知单对材料进行计量，并充分搅拌。 （5）施工现场砌块应按品种、规格堆放整齐，堆置高度不宜超过 2m。有防雨要求的（如蒸压加气混凝土砌块）要防止雨淋，并做好排水，砌块保持干净
2	施工过程质量控制	（1）砌筑砂浆搅拌后的稠度以 30～90mm 为宜，砌筑砂浆的稠度可根据块体吸水特性及气候条件确定。 （2）砌体结构工程使用的湿拌砂浆，除直接使用外必须储存在不吸水的专用容器内，并根据气候条件采取遮阳、保温、防雨雪等措施，砂浆在储存过程中严禁随意加水。 （3）现场拌制的砂浆应随拌随用，拌制的砂浆应在 3h 内使用完毕。当施工期间最高气温超过 30℃时，应在 2h 内使用完毕。预拌砂浆及蒸压加气混凝土砌块专用砂浆的使用时间应按照厂家提供的说明书确定。 （4）砌筑砂浆应按要求随机取样，留置试块送试验室做抗压强度试验。每一检验批且不超过 250m³ 砌体的各类、各强度等级的普通砌筑砂浆，每台搅拌机应至少抽检一次。由边长为 7.07cm 的正方体试件，经过 28d 标准养护，测得一组三块试件的抗压强度值来评定。预拌砂浆中的湿拌砂浆稠度应在进场时取样检验。 （5）砌筑砖砌体时，砖应提前 1～2d 浇水湿润，混凝土多孔砖及混凝土实心砖不需浇水湿润。施工现场抽查砖含水率的简化方法可采用现场断砖，砖截面四周融水深度为 15～20mm 视为符合要求。 （6）施工采用的小砌块产品龄期不应小于 28d。砌筑小砌块时，应清除表面污物，剔除外观质量不合格的小砌块。承重墙体使用的小砌块应完整、无破损、无裂缝。 （7）墙体砌筑前应先在现场进行试排块，排块的原则是上下错缝，砌块搭接长度不宜小于砌块长度的 1/3。若砌块长度小于等于 300mm，其搭接长度不小于块长的 1/2。搭接长度不足时，应在灰缝中放置拉结钢筋。 （8）砌块排列应尽可能采用主规格，除必要部位外，尽量少镶嵌实心砖砌体，局部需要镶砖时其位置应分散且对称，以使砌体受力均匀。砌筑外墙时，不得留脚手眼，可采用里脚手或双排外脚手架。设计规定的洞口、沟槽、管道和预埋件应随砌随留和预埋，不得后凿。 （9）砌筑前设立皮数杆，皮数杆应立于房屋四角及内外墙交接处，间距以 10～15m 为宜，砌块应按皮数杆拉线砌筑。 （10）砖砌体组砌方法应正确，内外搭砌，上、下错缝。清水墙、窗间墙无通缝；混水墙中不得有长度大于 300mm 的通缝，长度 200～300mm 的通缝每间不超过 3 处，且不得位于同一面墙体上。砖柱不得采用包心砌法。 （11）砖砌体的灰缝应横平竖直，厚薄均匀。水平灰缝厚度和竖向灰缝宽度宜为 10mm，但不应小于 8mm，也不应大于 12mm。砌筑方法宜采用"三一"砌砖法，即"一铲灰、一块砖、一揉挤"的操作方法。竖向灰缝宜采用挤浆法或加浆法，使其砂浆饱满，严禁用水冲浆灌缝。如采用铺浆法砌筑，铺浆长度不得超过 750mm。施工气温超过 30℃时，铺浆长度不得超过 500mm。 （12）填充墙砌体砌筑，应待承重主体结构检验批验收合格后进行。填充墙与承重主体结构间的空（缝）隙部位施工，应在填充墙砌筑 14d 后进行。 （13）混凝土小型空心砌块墙体转角处和纵横交接处应同时砌筑。临时间断处应砌成斜槎，斜槎水平投影长度不应小于斜槎高度。施工洞口可预留直槎，但在洞口砌筑和补砌时，应在直槎上下搭砌的小砌块孔洞内用强度等级不低于 C20（或 Cb20）的混凝土灌实。

序号	项目	内容
2	施工过程质量控制	（14）窗台处和因安装门窗需要，在门窗洞口处两侧填充墙上、中、下部可采用其他块体局部嵌砌。对与框架柱、梁不脱开的填充墙，填塞填充墙顶部与梁之间缝隙可采用其他块体。 （15）在厨房、卫生间、浴室等处，当采用轻骨料混凝土小型空心砌块或蒸压加气混凝土砌块砌筑填充墙时，墙底部宜现浇混凝土坎台，其高度宜为150mm。 （16）在散热器、厨房和卫生间等设置的卡具安装处砌筑的小砌块，宜在施工前用强度等级不低于C20（或Cb20）的混凝土将其孔洞灌实。 （17）芯柱混凝土宜选用专用小砌块灌孔混凝土。浇筑芯柱混凝土应符合以下规定： ① 每次浇筑的高度宜为半个楼层，但不应大于1.8m。 ② 浇筑芯柱混凝土时，砌筑砂浆的强度应大于1MPa。 ③ 清除孔内掉落的砂浆及杂物，并用水冲淋孔壁。 ④ 浇筑芯柱混凝土前应先注入适量与芯柱混凝土成分相同的去石子砂浆。 ⑤ 每浇筑400～500mm高度捣实一次，或边浇筑边振捣

考点5　钢结构工程施工质量管理

钢　材　检　验

序号	项目	内容
1	全数抽样复验的范围	（1）国外进口钢材。 （2）钢材混批。 （3）板厚等于或大于40mm，且设计有Z向性能要求的厚板。 （4）建筑结构安全等级为一级，大跨度钢结构中主要受力构件所采用的钢材。 （5）设计有复验要求的钢材。 （6）对质量有疑义的钢材
2	钢材复验内容	包括力学性能试验和化学成分分析
3	逐张复验范围	有厚度方向要求的钢板，Z15级钢板每个检验批由同一牌号、同一炉号、同一厚度、同一交货状的钢板组成，每批重量不大于25t；Z25、Z35级钢板逐张复验
4	抽样复验	（1）用于重要焊缝的焊接材料，或对质量合格证明文件有疑义的焊接材料，应进行抽样复验。 （2）复验时焊丝宜按五个批（相当炉批）取一组试验，焊条宜按三个批（相当炉批）取一组试验
5	普通螺栓复验	普通螺栓作为永久性连接螺栓时，当设计文件要求或对其质量有疑义时，应进行螺栓实物最小拉力载荷复验，复验时每一规格螺栓抽查8个
6	高强螺栓复验	（1）高强度大六角头螺栓连接副和扭剪型高强度螺栓连接副应分别具有扭矩系数和紧固力（预拉力）的出厂合格检验报告，并随箱附带。 （2）当高强度螺栓连接副保管时间超过6个月后使用时，应按相关要求重新进行扭矩系数或紧固轴力试验，合格后方可使用。 （3）高强度大六角头螺栓连接副和扭剪型高强度螺栓连接副应分别进行扭矩系数和紧固轴力（预拉力）复验。 （4）试验螺栓应从施工现场待安装的螺栓批中随机抽取，每批抽取8套连接副进行复验

序号	项目	内容
1	材料质量要求	（1）必须有出厂质量合格证、检验报告等质量证明文件。 （2）对于下列情况之一的钢结构所采用的焊接材料应按其产品标准的要求进行抽样复验，复验结果应符合国家现行标准的规定并满足设计要求： ① 结构安全等级为一级的一、二级焊缝。 ② 结构安全等级为二级的一级焊缝。 ③ 需要进行疲劳验算构件的焊缝。 ④ 材料混批或质量证明文件不齐全的焊接材料。 ⑤ 设计文件或合同文件要求复检的焊接材料。 （3）采用焊缝金属与母材等强度的原则选用焊条、焊丝、焊剂等焊接材料。 （4）焊条、焊剂、药芯焊丝、电渣焊熔嘴和焊钉用的瓷环等在使用前，必须按照产品说明书及有关焊接工艺的规定进行烘焙
2	施工过程质量控制	（1）当焊接作业环境温度低于0℃但不低于－10℃时，应将焊接接头和焊接表面各方向大于或等于2倍钢板厚度且不小于100mm的范围加热到不低于20℃以上和规定的最低预热温度后方可施焊，且在焊接过程中均不应低于此温度。 （2）预热和道间温度控制宜采用电加热、火焰加热和红外线加热等加热方法，并采用专用的测温仪器测量。预热的加热区域应在焊接坡口两侧，宽度为焊件施焊处厚度的1.5倍以上，且不小于100mm。温度测量点，当为非封闭空间构件时宜在焊件受热面的背面离焊接坡口两侧不小于75mm处，当为封闭空间构件时宜在正面离焊接坡口两侧不小于100mm处。当工艺选用的预热温度低于规范最低要求时，应通过工艺评定试验确定。 （3）严禁在焊缝区以外的母材上打火引弧。在坡口内起弧的局部面积应焊接一次，不得留下弧坑。当引弧板、引出板和衬垫板为钢材时，应选用屈服强度不大于被焊钢材标称强度的钢材，且焊接性相近。 （4）多层焊缝宜连续施焊，每一层焊道焊完后应及时清理。 （5）消除应力宜采用电加热器局部退火和加热炉整体退火等方法进行应力消除处理；若仅为稳定结构尺寸，可采用振动法消除应力。 （6）用锤击法消除中间焊层应力时，应使用圆头手锤或小型振动工具进行，不应对根部焊缝、盖面焊缝或焊缝坡口边缘的母材进行锤击。 （7）碳素结构钢应在焊缝冷却到环境温度后，低合金钢应在完成焊接24h后进行焊缝无损检测检验。 （8）栓钉焊后应进行弯曲试验抽查，栓钉弯曲30°后焊缝和热影响区不得有肉眼可见裂纹。 （9）焊缝返修部位应连续焊成，若中断焊接时应采取后热、保温措施，防止产生裂纹；焊缝同一部位的缺陷返修次数不宜超过两次，返修后的焊接接头区域应增加磁粉或着色检查

序号	项目	内容
1	材料质量要求	（1）应具有质量证明书或合格证。 （2）高强度大六角螺栓连接副和扭剪型高强度螺栓连接副出厂时应随箱带有扭矩系数和紧固轴力（预应力）的检验报告，并应在施工现场随机抽样检验其扭矩系数和预应力

序号	项目	内容
2	安装前检验	（1）高强度螺栓连接摩擦面的抗滑移系数试验和复验。 （2）安装现场加工处理的摩擦面应单独进行摩擦面抗滑移系数试验，其结果应符合设计要求。 （3）高强度连接节点按承压型连接或张拉型连接进行强度设计时，可不进行摩擦面抗滑移系数的试验和复验
3	高强度螺栓摩擦面处理	（1）方法有喷砂、喷（抛）丸、酸洗、砂轮打磨。 （2）手工砂轮打磨时，打磨方向应与构件受力方向垂直，且打磨范围不小于螺栓孔径的4倍。 （3）经处理后的摩擦面采取保护措施，不得在摩擦面上作标记。 （4）摩擦面抗滑移系数复验应由制作单位和安装单位分别按制造批为单位进行见证送样试验
4	普通螺栓连接紧固要求	（1）普通螺栓紧固应从中间开始，对称向两边进行，大型接头宜采用复拧。 （2）普通螺栓作为永久性连接螺栓时，紧固时螺栓头和螺母侧应分别放置平垫圈，螺栓头侧放置的垫圈不应多于2个，螺母侧放置的垫圈不应多于1个。 （3）永久性普通螺栓紧固应牢固、可靠，外露丝扣不应少于2扣。对于承受动力荷载或重要部位的螺栓连接，设计有防松动要求时，应采取有防松动装置的螺母或弹簧垫圈，弹簧垫圈放置在螺母侧。 （4）紧固质量检验可采用锤敲检验
5	高强度螺栓紧固要求	（1）高强度螺栓应在构件安装精度调整后进行拧紧。 （2）扭剪型高强度螺栓安装时，螺母带圆台面的一侧应朝向垫圈有倒角的一侧。 （3）大六角头高强度螺栓安装时，螺栓头下垫圈有倒角的一侧应向螺栓头，螺母带圆台面的一侧应朝向垫圈有倒角的一侧。 （4）施拧及检验用的扭矩扳手在班前应进行校正标定，班后校验，施拧扳手扭矩精度误差不应超过±5%；检验用扳手扭矩精度误差不应超过±3%。 （5）施拧时，应在螺母上施加扭矩。 （6）高强度螺栓的紧固顺序应使螺栓群中所有螺栓都均匀受力，从节点中间向边缘施拧，初拧和终拧都应按一定顺序进行。 （7）当天安装的螺栓应在当天终拧完毕，外露丝扣应为2～3扣。 （8）扭剪型高强度螺栓，以拧掉尾部梅花卡头为终拧结束。初拧或复拧后应对螺母涂画颜色标记。 （9）高强度大六角头螺栓连接副的初拧、复拧、终拧宜在24h内完成。扭矩检查或转角检查均宜在螺栓终拧1h以后、24h之前完成

钢结构安装工程

序号	项目	内容
1	安装准备	（1）施工单位应具备相应的钢结构工程施工资质，并有安全、质量和环境管理体系。 （2）实施前，应有经施工单位技术负责人审批的施工组织设计、与其配套的专项施工方案等技术文件，并按有关规定报送监理工程师或业主代表；对于重要钢结构工程的施工技术方案和安全应急预案，应由施工单位组织专家论证。 （3）进场时应有产品质量证明文件，其焊接连接、紧固件连接、钢构件制作等分项工程验收应合格。 （4）验算构件吊装的稳定性，合理选择吊装机械，确定经济、可行的吊装方案。 （5）运输、堆放、吊装等造成的钢构件变形及涂层脱落，必须进行矫正和修补

序号	项目	内容
2	安装要求	（1）多层或高层框架构件的安装，在每一层吊装完成后，应根据中间验收记录、测量资料进行校正。 （2）钢结构安装校正时应考虑温度、日照和焊接变形等因素对结构变形的影响。 （3）用于大六角头高强度螺栓施工终拧值检测，以及校核施工扭矩扳手的标准扳手须经过计量单位的标定，并在有效期内使用，检测与校核用的扳手应为同一把扳手。 （4）钢柱脚采用钢垫板作支承时，垫板应设置在靠近地脚螺栓（锚栓）的柱脚底板加劲板或柱肢下，垫板与基础面和柱底面的接触应平整、紧密。柱底二次浇灌混凝土前垫板间应焊接固定。 （5）柱脚安装时，锚栓宜使用导入器或护套。首节钢柱安装后应及时进行垂直度、标高和轴线位置校正，钢柱的垂直度可采用经纬仪或线锤测量。首节以上的钢柱定位轴线应从地面控制轴线直接引上，不得从下层柱的轴线引上。 （6）钢梁可采用一机一吊或一机串吊的方式吊装，就位后应立即临时固定连接。 （7）单跨结构宜从跨端一侧向另一侧、中间向两端或两端向中间的顺序进行吊装。 （8）多跨结构，宜先吊主跨、后吊副跨；当有多台起重机共同作业时，也可多跨同时吊装

钢结构涂装工程

序号	项目	内容
1	材料质量要求	（1）钢结构用防腐涂料稀释剂和固化剂等材料出厂时应有产品证明书。 （2）钢结构用防火涂料应有产品证明书，生产该产品的生产许可证。 （3）选用的防火涂料有一定抗冲击能力，能牢固地附着在构件上，不腐蚀钢材
2	钢结构表面处理	（1）油漆防腐涂装与表面除锈之间的间隔时间一般宜在4h之内，在车间内作业或温度较低的晴天不应超过12h。 （2）钢结构表面处理与热喷涂施工的间隔时间，晴天或湿度不大的气候条件下应在12h以内，雨天、潮湿、有盐雾的气候条件下不超过2h。 （3）大气温度低于5℃或钢结构表面温度低于露点3℃时，应停止热喷涂操作
3	涂装方法	（1）金属热喷涂层的封闭剂或首道封闭油漆施工宜采用涂刷方式施工。 （2）摩擦型高强度螺栓连接节点接触面，施工图中注明的不涂层部位，均不得涂刷。安装焊缝处应留出30～50mm宽的范围暂时不涂
4	一般涂装要求	（1）钢结构无防锈涂料的钢表面除锈等级不应低于St2。 （2）钢构件连接处的缝隙应采用防火涂料或其他防火材料填平。 （3）防火涂料涂装施工应分层施工。 （4）薄型防火涂料面层应在底层涂装基本干燥后开始涂装。 （5）承受冲击、振动荷载的钢梁，涂层厚度较大（不小于40mm）的钢梁或桁架，涂料粘结强度小于或等于0.05MPa的钢构件，板墙和腹板高度超过1.5m的钢梁，宜在其厚型防火涂层内设置与钢构件相连的钢丝网或其他相应的加固措施
5	厚型防火涂料特殊规定	有下列情况之一时，应重新喷涂或补涂： （1）涂层干燥固化不良，粘结不牢或粉化、脱落。 （2）钢结构的接头、转角处的涂层有明显凹陷。 （3）涂层厚度小于设计规定厚度的85%时，或涂层厚度虽大于设计规定厚度的85%，但未达到规定厚度的涂层其连续面积的长度超过1m

考点6 建筑防水、保温工程施工质量管理

建筑防水工程质量控制

序号	项目	内容
1	防水基层质量控制要点	（1）基层表面应平整牢固，有足够的强度、刚度，表层坡度准确，无起砂、起皮、空鼓等缺陷。 （2）基层表面应清洁，干燥程度应根据所选防水卷材的特性确定。阴阳角处应做成圆弧形。 （3）基层阴阳角圆弧处、穿墙管、预埋件、变形缝、施工缝、后浇带等部位，应用密封材料及胎体增强材料进行密封和加强，然后再大面积施工
2	防水卷材进场检验	（1）防水层所用材料进场时，必须有出厂合格证和质量检验报告，同时在现场使用前，做见证抽样复验，合格后方可使用。 （2）应检验下列项目： ①高聚物改性沥青防水卷材的可溶物含量，拉力，最大拉力时延伸率，耐热度，低温柔性，不透水性。 ②合成高分子防水卷材的断裂拉伸强度、扯断伸长率、低温弯折性、不透水性
3	卷材防水层的施工环境温度	（1）热熔法和焊接法不宜低于－10℃。 （2）冷粘法和热粘法不宜低于5℃。 （3）自粘法不宜低于10℃
4	卷材防水施工质量控制要点	（1）卷材防水施工要严格按照施工工艺标准等规范要求和施工工艺流程进行。铺贴方向、顺序和层数，搭接位置、方向和长度等应符合设计和规范要求。 （2）卷材冷粘施工时，胶接材料要根据卷材性能配套选用胶粘剂，胶粘剂调配要专人负责，不得错用、混用。 （3）卷材防水层完成后经验收合格应及时做保护层
5	防水涂料和胎体增强材料检验项目	（1）高聚物改性沥青防水涂料的固体含量、耐热性、低温柔性、不透水性、断裂伸长率或抗裂性。 （2）合成高分子防水涂料和聚合物水泥防水涂料的固体含量、低温柔性、不透水性、拉伸强度、断裂伸长率。 （3）胎体增强材料的拉力、延伸率
6	涂膜防水层的施工环境温度	（1）水乳型及反应型涂料宜为5～35℃。 （2）溶剂型涂料宜为－5～35℃。 （3）热熔型涂料不宜低于－10℃。 （4）聚合物水泥涂料宜为5～35℃
7	涂膜防水层施工质量控制要点	（1）涂料防水层分为有机防水涂料和无机防水涂料。有机防水涂料宜用于结构主体的迎水面，无机防水涂料宜用于结构主体的背水面。施工前应对节点部位进行密封或增强处理。 （2）涂料防水层不宜留设施工缝，如面积较大须留设施工缝时，接涂部位搭接应大于100mm，且对接涂部位应处理干净。 （3）胎体增强材料涂膜，胎体材料同层相邻的搭接宽度应大于100mm，上下层接缝应错开1/3幅宽。

序号	项目	内容
7	涂膜防水层施工质量控制要点	(4) 涂料的配料温度、配料用量和顺序、搅拌时间和强度、施工环境温度、涂膜遍数和厚度应符合设计及规范要求。 (5) 涂料防水层完成后经验收合格应及时做保护层，以防涂膜损坏
8	密封材料检验项目	(1) 改性石油沥青密封材料的耐热性、低温柔性、拉伸粘结性、施工度。 (2) 合成高分子密封材料的拉伸模量、定伸粘结性、流动性、表干时间
9	包装保管要求	(1) 防水涂料包装容器应密封，容器表面应标明涂料名称、生产厂家、执行标准号、生产日期和产品有效期，并应分类存放。 (2) 反应型和水乳型涂料贮运和保管环境温度不宜低于5℃，溶剂型涂料贮运和保管环境温度不宜低于0℃，并不得日晒、碰撞和渗漏；保管环境应干燥、通风，并应远离火源、热源。 (3) 胎体增强材料贮运、保管环境应干燥、通风，并应远离火源、热源。 (4) 密封材料应防止日晒、雨淋、撞击、挤压，保管环境应通风、干燥，防止日光直接照射，并应远离火源、热源。 (5) 乳胶型密封材料在冬季时应采取防冻措施；密封材料应按类别、规格分别存放
10	接缝密封防水施工环境温度	(1) 改性沥青密封材料和溶剂型合成高分子密封材料宜为0～35℃。 (2) 乳胶型及反应型合成高分子密封材料宜为5～35℃

室内防水施工质量控制

序号	项目	内容
1	施工准备	(1) 防水材料，应有产品合格证书和出厂检验报告，材料进场时应按规范规定见证取样检验，并出具检验报告。 (2) 应建立各道工序的自检、交接检和专职人员检查的"三检"制度，并有完整的检查记录。 (3) 找平层表面应平整、坚固，不得有疏松、起砂、起皮现象。 (4) 基层排水坡度、含水率应符合设计要求
2	厕浴间、厨房的防水	(1) 宜设置高出楼地面150mm以上的现浇混凝土泛水。主体为装配式房屋结构的厕所、厨房等部位的楼板应采用现浇混凝土结构。 (2) 厕浴间、厨房等室内小区域复杂部位楼地面防水，宜选用防水涂料或刚性防水材料做迎水面防水，也可选用柔室较好且易于与基层粘贴牢固的防水卷材。 (3) 厕浴间、厨房四周墙根防水层泛水高度不应小于250mm，浴室花洒所在及邻近墙面防水层高度不应小于1.8m，其他墙面防水以可能溅到水的范围为基准向外延伸不应小于250mm。 (4) 墙面防水层宜选用刚性防水材料或经表面处理后与粉刷层有较好结合性的其他防水材料。 (5) 顶面防水层应选用刚性防水材料做防水层。 (6) 洗脸盆台板、浴盆与墙的交接角应用合成高分子密封材料进行密封处理。密封材料嵌填严密，粘结牢固，表面平整，不得有开裂、鼓泡现象。 (7) 室内防水工程不得使用溶剂型防水涂料

序号	项目	内容
3	穿楼板管道	（1）应设置止水套管或其他止水措施，套管直径应比管道大 1~2 级标准；套管高度应高出装饰地面 20~50mm。套管与管道间用阻燃密封材料填实，上口应留 10~20mm 凹槽嵌入高分子弹性密封材料。 （2）二次埋置的套管，其周围混凝土抗渗等级应比原混凝土提高一级（0.2MPa），并应掺膨胀剂。二次浇筑的混凝土结合面应清理干净后进行界面处理，混凝土应浇捣密实。加强防水层应覆盖施工缝，并超出边缘不小于 150mm
4	施工方法	（1）防水砂浆施工前，设备预埋件和管线应安装固定完毕。基层表面应平整、坚实、清洁，并应充分湿润，无积水。砂浆防水层平均厚度不应小于设计厚度，最薄处不应小于设计厚度的 80%。 （2）铺贴墙（地）砖宜用专用粘贴材料或符合粘贴性能要求的防水砂浆。 （3）地漏与地面混凝土间应留置凹槽，用合成高分子密封胶进行密封防水处理。地漏四周应设置加强防水层，加强层宽度不应小于 150mm。防水层在地漏收头处，应用合成高分子密封胶进行密封防水处理。 （4）墙面与楼地面交接部位、穿楼板（墙）的套管宜用防水涂料、密封材料或易粘贴的卷材进行加强防水处理。墙面与楼地面交接处、平面交接处、平面宽度与立面高度均不应小于 100mm。穿过楼板的套管，在管体的粘结高度不应小于 20mm，平面宽度不应小于 150mm。 （5）卷材铺贴方法和搭接顺序应符合设计要求，搭接宽度正确，接缝严密，不得有皱折、鼓泡和翘边等现象
5	施工效果检验	（1）防水层施工完后，应进行蓄水、淋水试验，观察无渗漏现象后交于下道工序。设备与饰面层施工完毕后还应进行第二次蓄水试验，达到最终无渗漏和排水畅通为合格，方可进行正式验收。 （2）楼地面防水层蓄水高度不应小于 20mm，独立水容器应满池蓄水，地面和水池的蓄水试验时间均不应小于 24h；墙面间歇淋水试验应达到 30min 以上进行检验不渗漏。 （3）防水施工完毕后的楼地面向地漏处的排水坡度不宜小于 1%，地面不得有积水现象

地下防水施工质量控制

序号	项目	内容
1	施工方案控制要求	（1）防水方案应根据工程规划、结构设计、材料选择、结构耐久性和施工工艺等因素确定。 （2）迎水面主体结构应采用防水混凝土，并应根据防水等级的要求采取其他防水措施
2	冻融侵蚀环境地下工程控制要点	（1）处于冻融侵蚀环境中的地下工程，其混凝土抗冻融循环不得小于 300 次。 （2）结构刚度较差或受振动作用的工程，宜采用延伸率较大的卷材、涂料等柔性防水材料

序号	项目	内容
3	防水混凝土质量控制要点	（1）水泥品种宜采用硅酸盐水泥、普通硅酸盐水泥。 （2）施工前应做好降排水工作，不得在有积水的环境中浇筑混凝土。 （3）防水混凝土拌合物在运输后如出现离析，必须进行二次搅拌。 （4）当坍落度损失后不能满足施工要求时，应加入原水胶比的水泥浆或掺加同品种的减水剂进行搅拌，严禁直接加水。 （5）防水混凝土结构内部设置的各种钢筋或绑扎铁丝，不得接触模板。 （6）用于固定模板的螺栓必须穿过混凝土结构时，可采用工具式螺栓或螺栓加堵头，螺栓上应加焊方形止水环。拆模后应将留下的凹槽用密封材料封堵密实，并应用聚合物水泥砂浆抹平。 （7）在终凝后应立即进行养护，养护时间不得少于14d。 （8）防水混凝土冬期施工时，混凝土入模温度不应低于5℃，应采取保温保湿养护措施，但不得采用电热法或蒸汽直接加热法
4	水泥砂浆防水层质量控制要点	（1）应在基础垫层、初期支护、围护结构及内衬结构验收合格后施工。 （2）施工前应将预埋件、穿墙管预留凹槽内嵌填密封材料后，再施工水泥砂浆防水层。 （3）防水砂浆宜采用多层抹压法施工。应分层铺抹或喷射，铺抹时应压实、抹平，最后一层表面应提浆压光。 （4）水泥砂浆防水层不得在雨天、五级及以上大风中施工。 （5）冬期施工时，气温不应低于5℃。夏季不宜在30℃以上或烈日照射下施工。 （6）水泥砂浆防水层终凝后，应及时进行养护，养护温度不宜低于5℃，并应保持砂浆表面湿润，养护时间不得少于14d。 （7）聚合物水泥防水砂浆拌合后应在规定时间内用完，施工中不得任意加水。 （8）聚合物水泥防水砂浆未达到硬化状态时，不得浇水养护或直接受雨水冲刷，硬化后应采用干湿交替的养护方法。潮湿环境中，可在自然条件下养护
5	卷材防水层质量控制要点	（1）卷材及其胶粘剂应具有良好的耐水性、耐久性、耐刺穿性、耐腐蚀性和耐菌性。 （2）防水卷材施工前，基面应干净、干燥，并应涂刷基层处理剂。 （3）当基面潮湿时，应涂刷固化型胶粘剂或潮湿界面隔离剂。 （4）卷材防水层基面阴阳角处应做成圆弧或45°坡角。 （5）铺贴自粘聚合物改性沥青防水材料，应排除卷材下面的空气，低温施工时，宜对卷材和基面适当加热，然后铺贴卷材。 （6）铺贴三元乙丙橡胶防水卷材应采用冷粘法施工。 （7）铺贴聚氯乙烯防水卷材，接缝采用焊接法施工时，应先焊长边搭接缝，后焊短边搭接缝。 （8）铺贴聚乙烯丙纶复合防水卷材时，应采用配套的聚合物水泥防水粘结材料。固化后的粘结料厚度不应小于1.3mm，施工完的防水层应及时做保护层。 （9）高分子自粘胶膜防水卷材宜采用预铺反粘法施工，卷材宜单层铺设。在潮湿基面铺设时，基面应平整坚固、无明显积水。卷材长边应采用自粘边搭接，短边应采用胶粘带搭接，卷材端部搭接区应相互错开

序号	项目	内容
6	涂料防水层质量控制要点	（1）无机防水涂料可选用掺外加剂、掺合料的水泥基防水涂料、水泥基渗透结晶型防水涂料。 （2）无机防水涂料施工前，基面应充分润湿，但不得有明水。潮湿基层宜选用与潮湿基面粘结力大的无机防水涂料，也可采用先涂无机防水涂料而后再涂有机防水涂料构成复合防水涂层。冬期施工宜选用反应型涂料。 （3）有机防水涂料可选用反应型、水乳型、聚合物水泥等涂料。 （4）有机防水涂料基面应干燥。当基面较潮湿时，应涂刷湿固化型胶结剂或潮湿界面隔离剂。 （5）铺贴胎体增强材料时，应使胎体层充分浸透防水涂料，不得漏涂褶皱

建筑保温工程质量控制

序号	项目	内容
1	屋面保温施工质量控制	（1）严寒和寒冷地区屋面热桥部位，应按设计要求采取节能保温等隔断热桥措施。 （2）倒置式屋面保温层铺设前，应先对施工完的防水层进行淋水或蓄水试验，合格后才能进行保温层铺设。 （3）采用卷材做隔汽层时，卷材宜空铺，卷材搭接缝应满粘，其搭接宽度不应小于80mm，与墙面交接处高出保温层上表面不小于150mm。采用涂膜做隔汽层时，涂料涂刷应均匀，涂层不得有堆积、起泡和露底现象。穿过隔汽层的管道周围应进行密封处理。 （4）屋面纵横排汽道的交叉处可埋设金属或塑料排汽管，排汽管宜设置在结构层上，穿过保温层及排汽道的管壁四周应打孔。排汽管应作好防水处理。 （5）板状材料保温层的基层应平整、干燥、干净，相邻板块应错缝拼接，分层铺设的板块上下层接缝应相互错开，板间缝隙应采用同类材料嵌填密实。 （6）纤维保温材料在施工时，应避免重压，并应采取防潮措施。纤维保温材料铺设时，平面拼接缝应贴紧，上下层拼接缝应相互错开。当屋面坡度较大时，纤维保温材料宜采用机械固定法施工。在铺设纤维保温材料时，应做好劳动保护工作。 （7）喷涂硬泡聚氨酯保温层的基层应平整、干燥、干净。施工前应对喷涂设备进行调试，并应喷涂试样进行材料性能检测。喷涂时喷嘴与施工基面的间距应由试验确定，喷涂硬泡聚氨酯的配比应准确计量，发泡厚度应均匀一致。一个作业面应分遍喷涂完成，每遍喷涂厚度不宜大于15mm，当日的工作面应连续喷涂完成，硬泡聚氨酯喷涂后20min内严禁上人。喷涂作业时，应采取防止污染的遮挡措施。 （8）现浇泡沫混凝土保温层基层应清理干净，不得有油污、浮尘和积水。泡沫混凝土应按设计要求的干密度和抗压强度进行配合比设计，拌制时应计量准确，并应搅拌均匀。泡沫混凝土应按设计的厚度设定浇筑面标高线，找坡时宜采取挡板辅助措施，泵送时应采取低压泵送。泡沫混凝土应分层浇筑，一次浇筑厚度不宜超过200mm，终凝后应进行保湿养护，养护时间不得少于7d。 （9）保温层的施工环境温度应符合下列规定： ① 干铺的保温材料可在负温度下施工。 ② 用水泥砂浆粘贴的板状保温材料不宜低于5℃。 ③ 喷涂硬泡聚氨酯宜为15～35℃，空气相对湿度宜小于85%，风速不宜大于三级。 ④ 现浇泡沫混凝土宜为5～35℃

序号	项目	内容
2	外墙外保温施工质量控制	（1）外墙外保温系统经耐候性试验后，不得出现饰面层起泡或剥落、保护层空鼓或脱落等破坏，不得产生渗水裂缝。 （2）外保温工程施工期间以及完工后 24h 内，基层及环境空气温度不应低于 5℃。夏季应避免阳光暴晒。在 5 级以上大风天气和雨天不宜施工。 （3）基层表面应清洁，无油污、隔离剂等妨碍粘结的附着物。凸起、空鼓、疏松的部位应剔除并找平。 （4）聚苯板应按顺砌方式粘贴，竖缝应逐行错缝。聚苯板应粘贴牢固，不得有空鼓和松动，涂胶粘剂面积不得小于聚苯板面积的 40%。 （5）墙角处聚苯板应交错互锁。门窗洞口四角处聚苯板应采用整板切割成型，不得拼接，接缝应离开角部至少 200mm。 （6）聚苯板粘结牢固后，按要求安装锚固件，锚固深度不小于 25mm。特殊情况下应对锚固件适当加长处理。 （7）底层距室外地面 2m 高的范围及装饰缝、门窗四角、阴阳角等可能遭受冲击力部位须铺设加强网。变形缝处应做好防水和保温构造处理

考点 7　墙面、吊顶与地面工程施工质量管理

轻质隔墙、吊顶、地面工程规定

序号	项目	内容
1	轻质隔墙工程质量验收的要点	（1）同一品种的轻质隔墙工程每 50 间（大面积房间和走廊按轻质隔墙的墙面 30m² 为一间）划分为一个检验批，不足 50 间也应划分为一个检验批。 （2）板材隔墙与骨架隔墙每个检验批应至少抽查 10%，并不得少于 3 间。不足 3 间时应全数检查。 （3）活动隔墙与玻璃隔墙每批应至少抽查 20%，并不得少于 6 间。不足 6 间时，应全数检查。 （4）隔墙板材的品种、规格、性能、外观应符合设计要求。有隔声、保温、防水、防潮等特殊要求的工程，板材应满足相应性能等级。 （5）隔墙板材安装应牢固。现制钢丝网水泥隔墙与周边墙体的连接方法应符合设计要求，并应连接牢固。 （6）隔墙板材所用接缝材料的品种及接缝方法应符合设计要求。 （7）隔墙板材安装应垂直、平整、位置正确，板材不应有裂缝、缺边、掉角、开裂等缺陷。 （8）板材隔墙表面应平整，接缝应均匀、顺直。 （9）隔墙上的孔洞、槽、盒应位置正确，套割方正、边缘整齐。 （10）骨架隔墙所用龙骨、配件、墙面板、填充材料及嵌缝材料的品种、规格、性能和木材的含水率应符合设计要求。有隔声、隔热、阻燃、防潮等特殊要求的工程，材料应有相应性能等级的检测报告。 （11）骨架隔墙工程边框龙骨必须与基体结构连接牢固，并应平整、垂直、位置正确。 （12）骨架隔墙中龙骨间距和构造连接方法应符合设计要求。骨架内设备管线的安装、门窗洞口等部位加强龙骨应安装牢固、位置正确，填充材料的设置应符合设计要求。 （13）木龙骨及木墙面板的防火和防腐处理必须符合设计要求。 （14）骨架隔墙的墙面板应安装牢固，无脱层、翘曲、折裂及缺损。

序号	项目	内容
1	轻质隔墙工程质量验收的要点	（15）墙面板所用接缝材料的接缝方法应符合设计要求。 （16）骨架隔墙表面应平整光滑、色泽一致、洁净、无裂缝，接缝应均匀、顺直。 （17）骨架隔墙上的孔洞、槽、盒应位置正确，套割吻合、边缘整齐。 （18）骨架隔墙内的填充材料应干燥，填充应密实、均匀、无下坠。 （19）活动隔墙所用墙板、轨道配件等材料的品种、规格、性能和人造木板甲醛释放量、燃烧性能应符合设计要求。 （20）活动隔墙轨道必须与基体结构连接牢固，并应位置正确。 （21）活动隔墙用于组装、推拉和制动的构配件必须安装牢固、位置正确，推拉必须安全、平稳、灵活。 （22）活动隔墙表面应色泽一致、平整光滑、洁净、线条应顺直、清晰。 （23）活动隔墙上的孔洞、槽、盒应位置正确，套割吻合、边缘整齐。活动隔墙推拉应无噪声。 （24）玻璃隔墙工程所用材料的品种、规格、性能、图案和颜色应符合设计要求。玻璃板隔墙应使用安全玻璃。 （25）有框玻璃板隔墙的受力杆件应与基体结构连接牢固，玻璃板安装橡胶垫位置应正确。玻璃板安装应牢固，受力应均匀。无框玻璃板隔墙的受力爪件应与基体结构连接牢固，爪件的数量、位置应正确，爪件与玻璃板的连接应牢固。 （26）玻璃隔墙表面应色泽一致、平整洁净、清晰美观。 （27）玻璃隔墙接缝应横平竖直，玻璃应无裂痕、缺损和划痕。 （28）玻璃板隔墙嵌缝及玻璃砖隔墙勾缝应密实平整、均匀顺直、深浅一致
2	吊顶工程质量验收的要点	（1）同一品种的吊顶工程同楼层每 50 间（大面积房间和走廊按吊顶面积 30m² 为一间）应划分一个检验批，不足 50 间也应划分一个检验批。 （2）每个检验批应至少抽查 10%，并不得少于 3 间。不足 3 间时应全数检查。 （3）吊顶标高、尺寸、起拱和造型应符合设计要求。 （4）吊顶饰面材料的材质、品种、规格、图案和颜色应符合设计要求。 （5）吊顶工程的吊杆、龙骨和饰面材料的安装必须牢固。 （6）吊杆、龙骨的材质、规格、安装间距及连接方式应符合设计要求。金属吊杆、龙骨应经过表面防腐处理。 （7）石膏板、硅酸钙板、水泥纤维板的接缝应按其施工工艺标准进行板缝防裂处理。安装双层石膏板时，面层板与基层板的接缝应错开，并不得在同一根龙骨上接缝。 （8）面层材料表面应洁净、色泽一致，不得有翘曲、裂缝及缺损。压条应平直、宽窄一致。 （9）饰面板上的灯具、烟感器、喷淋头、风口箅子、检修口等设备设施的位置应合理，与饰面板的交接应吻合、严密。面板与龙骨的搭接应平整、吻合，压条应平直、宽窄一致。 （10）吊顶内填充吸声材料的品种和铺设厚度应符合设计要求，并应有防散落措施。 （11）当吊顶饰面材料为玻璃板时，应使用安全玻璃或采取可靠的安全措施。 （12）板块面层吊顶面板的安装应稳固严密。面板与龙骨的搭接宽度应大于龙骨受力面宽度的 2/3。 （13）吊顶工程的吊杆和龙骨安装必须牢固。重型灯具、电扇及其他重型设备严禁安装在吊顶工程的龙骨上。 （14）板块面层吊顶金属龙骨的接缝应平整、吻合、颜色一致，不得有划伤、擦伤等表面缺陷。木质龙骨应平整、顺直，应无劈裂

163

序号	项目	内容
3	地面工程常用饰面质量验收的一般规定	（1）基层（各构造层）和各类面层的分项工程的施工质量验收应按每一层次或每层施工段（或变形缝）划分检验批，高层建筑的标准层可按每三层（不足三层按三层计）划分一个检验批。 （2）每检验批应以各子分部工程的基层（各构造层）和各类面层所划分的分项工程按自然间（或标准间）检验，抽查数量随机检验不应少于 3 间。不足 3 间的应全数检查。其中走廊（过道）应以 10 延长米为 1 间，工业厂房（按单跨计）、礼堂、门厅应以两个轴线为 1 间计算。 （3）有防水要求的建筑地面子分部工程的分项工程施工质量每检验批抽查数量应按其房间总数随机检验不应少于 4 间，不足 4 间，应全数检查。 （4）建筑地面工程的分项工程施工质量检验的主控项目，应达到规范规定的质量标准，认定为合格。一般项目 80％以上的检查点（处）符合规范规定的质量要求，其他检查点（处）不得明显影响使用，且最大偏差值不超过允许偏差值的 50％为合格。凡达不到质量标准时，应按现行国家标准《建筑工程施工质量验收统一标准》GB 50300—2013 的规定处理。 （5）建筑地面工程的施工质量验收应在建筑施工企业自检合格的基础上，由监理单位或建设单位组织有关单位对分项工程、子分部工程进行检验。 （6）砖面层、大理石、花岗岩所用板块产品应符合设计要求和国家现行有关标准的规定。砖面层所用板块产品进入施工现场时，应有放射性限量合格的检测报告。面层与下一层的结合（粘结）应牢固，无空鼓（单块砖边角允许有局部空鼓，但每自然间或标准间的空鼓砖不应超过总数的 5％）。砖面层的表面应洁净、图案清晰、色泽应一致，接缝应平整，深浅应一致，周边应顺直。板块应无裂纹、掉角和缺棱等缺陷。面层邻接处的镶边用料及尺寸应符合设计要求，边角应整齐、光滑。踢脚线表面应洁净，与柱、墙面的结合应牢固。踢脚线高度及出柱、墙厚度应符合设计要求，且均匀一致。楼梯、台阶踏步的宽度、高度应符合设计要求。踏步板块的缝隙宽度应一致。楼层梯段相邻踏步高度差不应大于 10mm。每踏步两端宽度差不应大于 10mm，旋转楼梯梯段的每踏步两端宽度的允许偏差不应大于 5mm。踏步面层应做防滑处理，齿角应整齐，防滑条应顺直、牢固。面层表面的坡度应符合设计要求，不倒泛水、无积水。与地漏、管道结合处应严密牢固，无渗漏。 （7）地毯面层采用的材料应符合设计要求和国家现行有关标准的规定。地毯面层采用的材料进入施工现场时，应有地毯、衬垫、胶粘剂中的挥发性有机化合物（VOC）和甲醛限量合格的检测报告。地毯表面应平整，拼缝处应粘贴牢固、严密平整、图案吻合。地毯表面不应起鼓、起皱、翘边、卷边、明显拼缝、露线和毛边，绒面毛应顺光一致，毯面应洁净、无污染和损伤。地毯同其他面层连接处、收口处和墙边、柱子周围应顺直压紧。 （8）实木地板、实木集成地板、竹地板面层采用的地板、铺设时的木（竹）材含水率、胶粘剂等应符合设计要求和国家现行有关标准的规定。实木地板、实木集成地板、竹地板面层采用的材料进入施工现场时，应有有害物质限量合格的检测报告；木搁栅、垫木和垫层地板等应做防腐、防蛀处理。木搁栅安装应牢固、平直。面层铺设应牢固。粘结应无空鼓、松动。实木地板、实木集成地板面层应刨平、磨光，无明显刨痕和毛刺等现象。图案应清晰、颜色应均匀一致。竹地板面层的品种与规格应符合设计要求，板面应无翘曲。面层缝隙应严密。接头位置应错开，表面应平整、洁净。面层采用粘、钉工艺时，接缝应对齐，粘、钉应严密。缝隙宽度应均匀一致。表面应洁净，无溢胶现象。踢脚线应表面光滑，接缝严密，高度一致

考点 8　建筑幕墙工程施工质量管理

建筑幕墙工程施工质量管理规定

序号	项目	内容
1	幕墙工程验收时应检查的文件和记录	（1）幕墙工程的施工图、结构计算书、热工性能计算书、设计变更文件、设计说明及其他设计文件。 （2）建筑设计单位对幕墙工程设计的确认文件。 （3）幕墙工程所用材料、构件、组件、紧固件及其他附件的产品合格证书、性能检验报告、进场验收记录和复验报告。 （4）幕墙工程所用硅酮结构胶的抽查合格证明；国家批准的检测机构出具的硅酮结构胶相容性和剥离粘结性检验报告；石材用密封胶的耐污染性检验报告。 （5）后置埋件和槽式预埋件的现场拉拔力检验报告。 （6）封闭式幕墙的气密性能、水密性能、抗风压性能及层间变形性能检验报告。 （7）注胶、养护环境的温度、湿度记录；双组分硅酮结构胶的混匀性试验记录及拉断试验记录。 （8）幕墙与主体结构防雷接地点之间的电阻检测记录。 （9）隐蔽工程验收记录。 （10）幕墙构件、组件和面板的加工制作检验记录。 （11）幕墙安装施工记录。 （12）张拉杆索体系预拉力张拉记录。 （13）现场淋水检验记录
2	幕墙工程应复验的材料及其性能指标	（1）铝塑复合板的剥离强度。 （2）石材、瓷板、陶板、微晶玻璃板、木纤维板、纤维水泥板和石材蜂窝板的抗弯强度；严寒、寒冷地区石材、瓷板、陶板、纤维水泥板和石材蜂窝板的抗冻性；室内用花岗石的放射性。 （3）幕墙用结构胶的邵氏硬度、标准条件拉伸粘结强度、相容性试验、剥离粘结性试验；石材用密封胶的污染性。 （4）中空玻璃的密封性能。 （5）防火、保温材料的燃烧性能。 （6）铝材、钢材主受力杆件的抗拉强度
3	幕墙工程应验收的隐蔽工程项目	（1）预埋件或后置埋件、锚栓及连接件。 （2）构件的连接节点。 （3）幕墙四周、幕墙内表面与主体结构之间的封堵。 （4）伸缩缝、沉降缝、防震缝及墙面转角节点。 （5）隐框玻璃板块的固定。 （6）幕墙防雷连接节点。 （7）幕墙防火、隔烟节点。 （8）单元式幕墙的封口节点

序号	项目	内容
4	幕墙工程的检验批划分	（1）相同设计、材料、工艺和施工条件的幕墙工程每 1000m² 应划分为一个检验批，不足 1000m² 也应划分为一个检验批。 （2）同一单位工程的不连续的幕墙工程应单独划分检验批。 （3）对于异形或有特殊要求的幕墙，检验批的划分应根据幕墙的结构、工艺特点及幕墙工程规模，由监理单位（或建设单位）和施工单位协商确定
5	其他规定	（1）幕墙及其连接件应具有足够的承载力、刚度和相对于主体结构的位移能力。当幕墙构架立柱的连接金属角码与其他连接件采用螺栓连接时，应有防松动措施。 （2）玻璃幕墙采用中性硅酮结构密封胶时，其性能应符合现行国家标准的规定；硅酮结构密封胶应在有效期内使用。 （3）不同金属材料接触时应采用绝缘垫片分隔。 （4）硅酮结构密封胶的注胶应在洁净的专用注胶室进行，且养护环境、温度、湿度条件应符合结构胶产品的使用规定。 （5）幕墙的防火应符合设计要求和现行国家标准的规定。 （6）幕墙与主体结构连接的各种预埋件，其数量、规格、位置和防腐处理必须符合设计要求。 （7）幕墙的变形缝等部位处理应保证缝的使用功能和饰面的完整性

考点 9　门窗与细部工程施工质量管理

门窗与细部工程质量验收的一般规定

1. 同一品种、类型和规格的木门窗、金属门窗、塑料门窗及门窗玻璃每 100 樘应划分为一个检验批，不足 100 樘也应划分为一个检验批。

2. 同一品种、类型和规格的特种门每 50 樘应划分为一个检验批，不足 50 樘也应划分为一个检验批。

3. 木门窗、金属门窗、塑料门窗及门窗玻璃，每个检验批应至少抽查 5%，并不得少于 3 樘，不足 3 樘时应全数检查。高层建筑的外窗，每个检验批应至少抽查 10%，并不得少于 6 樘，不足 6 樘时应全数检查。

4. 特种门每个检验批应至少抽查 50%，并不得少于 10 樘，不足 10 樘时应全数检查。

5. 门窗工程应对下列材料及其性能指标进行复验：

（1）人造木板的甲醛含量。

（2）建筑外窗的气密性能、水密性能和抗风压性能。

6. 门窗工程隐蔽工程应对下列隐蔽工程项目进行验收：

（1）预埋件和锚固件。

（2）隐蔽部位的防腐、填嵌处理。

（3）高层金属窗防雷连接节点。

7. 木门窗的木材品种、材质等级、规格、尺寸、框扇的线型及人造木板的甲醛含量应符合设计要求。木门窗应采用烘干的木材，含水率、防火、防腐、防虫处理应符合设计要求。

8. 木门窗的品种、类型、规格、开启方向、安装位置及连接方式应符合设计要求。

9. 木门窗框的安装必须牢固。预埋木砖的防腐处理、木门窗框固定点的数量、位置及固定方法应符合设计要求。

10. 木门窗扇必须安装牢固，并应开关灵活，关闭严密，无倒翘。

11. 木门窗配件的型号、规格、数量应符合设计要求，安装应牢固，位置应正确，功能应满足使用要求。

12. 木门窗表面应洁净，不得有刨痕、锤印。

13. 木门窗的割角、拼缝应严密平整。门窗框、扇裁口应顺直，刨面应平整。

14. 木门窗上的槽、孔应边缘整齐，无毛刺。

15. 木门窗与墙体间缝隙的填嵌材料应符合设计要求，填嵌应饱满。寒冷地区外门窗（或门窗框）与砌体间的空隙应填充保温材料。

16. 木门窗批水、盖口条、压缝条、密封条的安装应顺直，与门窗结合应牢固、严密。

2A320070　建筑工程施工安全管理

【考点图谱】

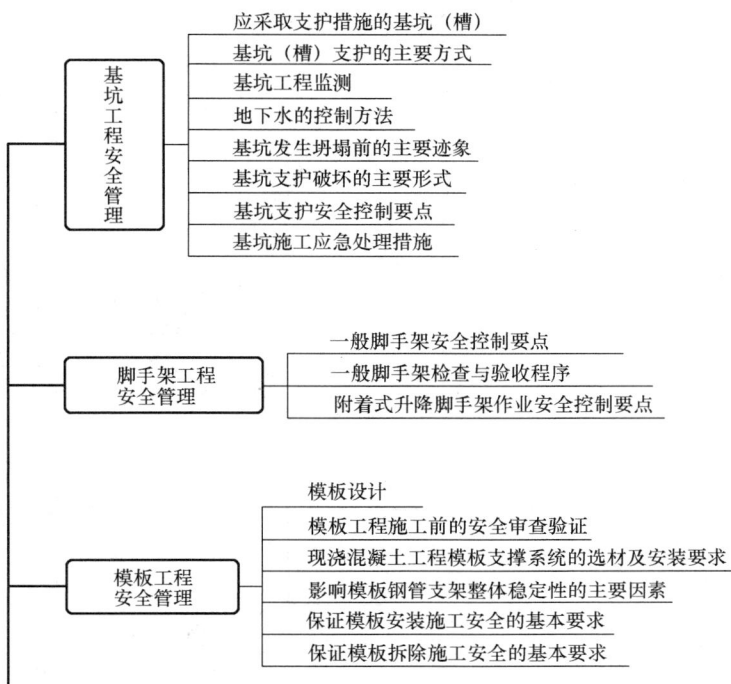

- 基坑工程安全管理
  - 应采取支护措施的基坑（槽）
  - 基坑（槽）支护的主要方式
  - 基坑工程监测
  - 地下水的控制方法
  - 基坑发生坍塌前的主要迹象
  - 基坑支护破坏的主要形式
  - 基坑支护安全控制要点
  - 基坑施工应急处理措施
- 脚手架工程安全管理
  - 一般脚手架安全控制要点
  - 一般脚手架检查与验收程序
  - 附着式升降脚手架作业安全控制要点
- 模板工程安全管理
  - 模板设计
  - 模板工程施工前的安全审查验证
  - 现浇混凝土工程模板支撑系统的选材及安装要求
  - 影响模板钢管支架整体稳定性的主要因素
  - 保证模板安装施工安全的基本要求
  - 保证模板拆除施工安全的基本要求

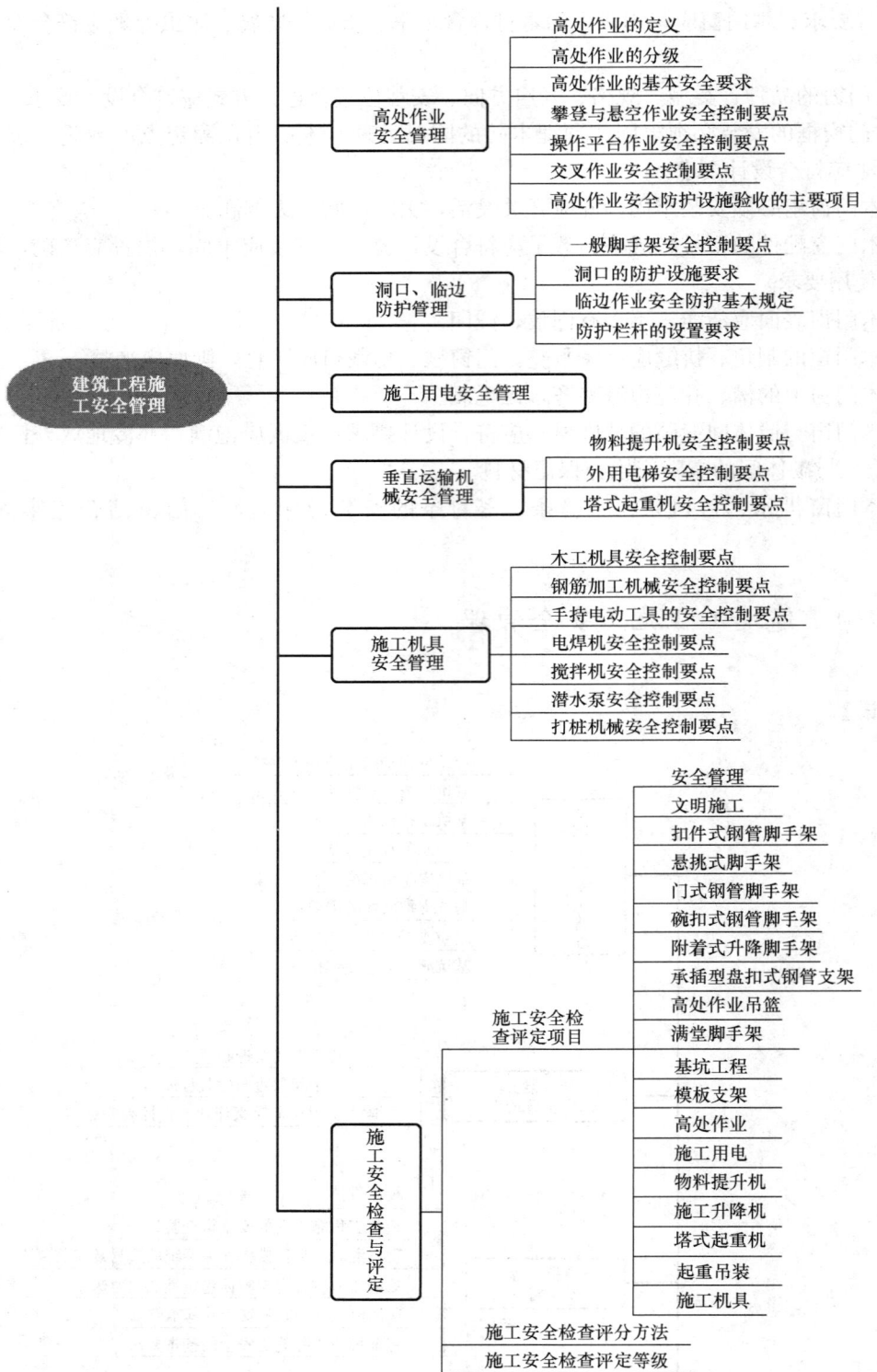

```
                                                  高处作业的定义
                                                  高处作业的分级
                                                  高处作业的基本安全要求
                              高处作业         攀登与悬空作业安全控制要点
                              安全管理         操作平台作业安全控制要点
                                                  交叉作业安全控制要点
                                                  高处作业安全防护设施验收的主要项目

                                                  一般脚手架安全控制要点
                              洞口、临边      洞口的防护设施要求
                              防护管理         临边作业安全防护基本规定
                                                  防护栏杆的设置要求

                              施工用电安全管理

                                                  物料提升机安全控制要点
                              垂直运输机      外用电梯安全控制要点
   建筑工程施                  械安全管理      塔式起重机安全控制要点
   工安全管理

                                                  木工机具安全控制要点
                                                  钢筋加工机械安全控制要点
                                                  手持电动工具的安全控制要点
                              施工机具         电焊机安全控制要点
                              安全管理         搅拌机安全控制要点
                                                  潜水泵安全控制要点
                                                  打桩机械安全控制要点

                                                              安全管理
                                                              文明施工
                                                              扣件式钢管脚手架
                                                              悬挑式脚手架
                                                              门式钢管脚手架
                                                              碗扣式钢管脚手架
                                                              附着式升降脚手架
                                                              承插型盘扣式钢管支架
                                                              高处作业吊篮
                                            施工安全检       满堂脚手架
                                            查评定项目       基坑工程
                              施                            模板支架
                              工                            高处作业
                              安                            施工用电
                              全                            物料提升机
                              检                            施工升降机
                              查                            塔式起重机
                              与                            起重吊装
                              评                            施工机具
                              定
                                            施工安全检查评分方法
                                            施工安全检查评定等级
```

168

考点1 基坑工程安全管理

基坑安全管理

序号	项目	内容
1	应采取支护措施的基坑（槽）	（1）基坑深度较大，且不具备自然放坡施工条件。 （2）地基土质松软，并有地下水或丰富的上层滞水。 （3）基坑开挖会危及邻近建（构）筑物、道路及地下管线的安全与使用
2	基坑（槽）支护的主要方式	简单水平支撑；钢板桩；水泥土桩；钢筋混凝土排桩；土钉；锚杆；地下连续墙；逆作拱墙；桩、墙加支撑系统；上述两种或两种以上方式的合理组合等
3	基坑工程监测——支护结构监测内容	（1）对围护墙侧压力、弯曲应力和变形的监测。 （2）对支撑（锚杆）轴力、弯曲应力的监测。 （3）对腰梁（围檩）轴力、弯曲应力的监测。 （4）对立柱沉降、抬起的监测等
4	基坑工程监测——周围环境监测内容	（1）坑外地形的变形监测。 （2）邻近建筑物的沉降和倾斜监测。 （3）地下管线的沉降和位移监测等
5	地下水的控制方法	有集水明排、真空井点降水、喷射井点降水、管井降水、截水和回灌等
6	基坑发生坍塌以前的主要迹象	（1）周围地面出现裂缝，并不断扩展。 （2）支撑系统发出挤压等异常响声。 （3）环梁或排桩、挡墙的水平位移较大，并持续发展。 （4）支护系统出现局部失稳。 （5）大量水土不断涌入基坑。 （6）相当数量的锚杆螺母松动，甚至有的槽钢（围檩）松脱等
7	基坑支护破坏的主要形式	（1）由支护的强度、刚度和稳定性不足引起的破坏。 （2）由支护埋置深度不足，导致基坑隆起引起的破坏。 （3）由止水帷幕处理不好，导致管涌、流沙等引起的破坏。 （4）由人工降水处理不好引起的破坏
8	基坑支护安全控制要点	（1）基坑支护与降水、土方开挖必须编制专项施工方案，并出具安全验算结果，经施工单位技术负责人、监理单位总监理工程师签字后实施。满足论证要求的应组织专家进行方案论证。 （2）基坑支护结构必须具有足够的强度、刚度和稳定性。 （3）基坑支护结构（包括支撑等）的实际水平位移和竖向位移，必须控制在设计允许范围内。 （4）控制好基坑支护与降水、止水帷幕等施工质量，并确保位置正确和实施效果。 （5）控制好基坑支护（含锚杆施工）、降水与开挖的顺序和时间间隙。 （6）控制好管涌、流沙、坑底隆起、坑外地下水位变化和地表的沉陷等。 （7）控制好坑外建筑物、道路和管线等的沉降、位移

序号	项目	内容
9	基坑施工应急处理措施	（1）出现渗水或漏水，应根据水量大小，采用坑底设沟排水、引流修补、密实混凝土封堵、压密注浆、高压喷射注浆等方法及时处理。 （2）水泥土墙等重力式支护结构做好位移监测，如位移持续发展，超过设计值较多，则应采用水泥土墙背后卸载、加快垫层施工及垫层加厚和加设支撑等方法及时处理。 （3）悬臂式支护结构发生位移时，应采取加设支撑或锚杆、支护墙背卸土等方法及时处理。悬臂式支护结构发生深层滑动应及时浇筑垫层，必要时也可加厚垫层，以形成下部水平支撑。 （4）支撑式支护结构如发生墙背土体沉陷，应采取增设坑内降水设备降低地下水、进行坑底加固、垫层随挖随浇、加厚垫层或采用配筋垫层、设置坑底支撑等方法及时处理。 （5）轻微的流沙现象，在基坑开挖后可采用加快垫层浇筑或加厚垫层的方法"压住"流沙。对较严重的流沙，应增加坑内降水措施。 （6）发生管涌，可在支护墙前再打设一排钢板桩，在钢板桩与支护墙间进行注浆。 （7）对邻近建筑物沉降的控制一般可采用跟踪注浆的方法。对沉降很大，而压密注浆又不能控制的建筑，如果基础是钢筋混凝土的，则可考虑静力锚杆压桩的方法。 （8）对基坑周围管线保护的应急措施一般包括打设封闭桩或开挖隔离沟、管线架空两种方法

考点 2　脚手架工程安全管理

脚手架工程安全管理要点

序号	项目	内容
1	一般脚手架安全控制要点	（1）脚手架搭设和拆除作业前，应根据工程特点编制脚手架专项施工方案，并应经审批后实施。脚手架专项施工方案应包括下列主要内容： ①工程概况和编制依据； ②脚手架类型选择； ③所用材料、构配件类型及规格； ④结构与构造设计施工图； ⑤结构设计计算书； ⑥搭设、拆除施工计划； ⑦搭设、拆除技术要求； ⑧质量控制措施； ⑨安全控制措施； ⑩应急预案。 （2）单排脚手架搭设高度不应超过 24m；双排脚手架一次搭设高度不宜超过 50m，高度超过 50m 的双排脚手架，应采用分段搭设的措施。 （3）脚手架地基与基础施工，必须根据脚手架搭设高度、搭设场地土质情况与现行国家标准有关规定进行。脚手架使用期间，严禁在脚手架立杆基础下方及附近实施挖掘作业。 （4）在主节点处固定横向水平杆、纵向水平杆、剪刀撑、横向斜撑等用的直角扣件、旋转扣件的中心点的相互距离不应大于 150mm。 （5）脚手架必须设置纵、横向扫地杆。纵向扫地杆应采用直角扣件固定在距钢管底端不大于 200mm 处的立杆上。横向扫地杆应采用直角扣件固定在紧靠纵向扫地杆下方的立杆上。

序号	项目	内容
1	一般脚手架安全控制要点	（6）作业脚手架的纵向外侧立面上应设置竖向剪刀撑，并应符合下列规定： ①每道剪刀撑的宽度应为4~6跨，且不应小于6m，也不应大于9m；剪刀撑斜杆与水平面的倾角应在45°~60°之间； ②当搭设高度在24m以下时，应在架体两端、转角及中间每隔不超过15m各设置一道剪刀撑，并应由底至顶连续设置；当搭设高度在24m及以上时，应在全外侧立面上由底至顶连续设置； ③悬挑脚手架、附着式升降脚手架应在全外侧立面上由底至顶连续设置。 （7）作业脚手架应按设计计算和构造要求设置连墙件，并应符合下列要求： ①连墙件应采用能承受压力和拉力的刚性构件，并应与工程结构和架体连接牢固； ②连墙点的水平间距不得超过3跨，竖向间距不得超过3步，连墙点之上架体的悬臂高度不应超过2步； ③在架体的转角处、开口型作业脚手架端部应增设连墙件，连墙件竖向间距不应大于建筑物层高，且不应大于4m； ④连墙件应靠近主节点设置，偏离主节点的距离不应大于300mm；应从底层第一步纵向水平杆处开始设置，当该处设置有困难时，应采用其他可靠措施固定。 （8）脚手架作业层应采取安全防护措施，应符合下列规定： ①作业脚手架、满堂支撑脚手架附着式升降脚手架作业层应满铺脚手板，并应满足稳固可靠的要求。当作业层边缘与结构外表面的距离大于150mm时，应采取防护措施。 ②采用挂钩连接的钢脚手板，应带有自锁装置且与作业层水平杆锁紧。 ③木脚手板、竹串片脚手板应有可靠的水平杆支承，并应绑扎稳固。 ④脚手架作业层外边缘应设置防护杆和挡脚板。 ⑤作业脚手架底层脚手板应采取封闭措施。 ⑥沿所施工建筑物每3层或高度不大于10m处应设置一层水平防护。 ⑦作业层外侧应采用安全网封闭。当采用密目安全网封闭时，密目安全网应满足阻燃要求。 ⑧脚手板伸出横向水平杆以外的部分不应大于200mm。 （9）脚手架的拆除作业应符合下列规定： ①架体拆除应按自上而下的顺序按步逐层进行，不应上下同时作业。 ②同层杆件和构配件应按先外后内的顺序拆除；剪刀撑、斜撑杆等加固杆件应在拆卸到该部位杆件时拆除。 ③作业脚手架连墙件应随架体逐层、同步拆除，不应先将连墙件整层或数层拆除后再拆架体。 ④作业脚手架拆除作业过程中，当架体悬臂段高度超过2步时，应加设临时拉结
2	脚手架工程检查验收组织	脚手架的检查与验收应由项目经理组织，项目施工、技术、安全、作业班组负责人等有关人员参加，按照技术规范、施工方案、技术交底等有关技术文件，对脚手架进行分段验收
3	脚手架搭设过程检查规定	脚手架搭设过程中，应在下列阶段进行检查，检查合格后方可使用；不合格应进行整改，整改合格后方可使用： （1）基础完工后及脚手架搭设前； （2）首层水平杆搭设后； （3）作业脚手架每搭设一个楼层高度； （4）附着式升降脚手架支座、悬挑脚手架悬挑结构搭设固定后；

序号	项目	内容
3	脚手架搭设过程检查规定	(5) 附着式升降脚手架在每次提升前、提升就位后，以及每次下降前、下降就位后； (6) 外挂防护架在首次安装完毕、每次提升前、提升就位后； (7) 搭设支撑脚手架，高度每2～4步或不大于6m。
4	脚手架验收规定	脚手架搭设达到设计高度或安装就位后，应进行验收，验收不合格的，不得使用。脚手架的验收应包括下列内容： (1) 材料与构配件质量； (2) 搭设场地、支承结构件的固定； (3) 架体搭设质量； (4) 专项施工方案、产品合格证、使用说明及检测报告、检查记录，测试记录等技术资料
5	脚手架使用中定期检查规定	脚手架在使用过程中，应定期进行检查，检查项目应符合下列规定： (1) 主要受力杆件、剪刀撑等加固杆件、连墙件应无缺失、无松动，架体应无明显变形； (2) 场地应无积水，立杆底端应无松动、无悬空； (3) 安全防护设施应齐全、有效，应无损坏缺失； (4) 附着式升降脚手架支座应牢固，防倾、防坠装置应处于良好工作状态，架体升降应正常平稳； (5) 悬挑脚手架的悬挑支承结构应固定牢固
6	附着式升降脚手架（整体提升脚手架或爬架）作业安全控制要点	(1) 附着式升降脚手架（整体提升脚手架或爬架）作业要根据提升工艺和施工现场作业条件编制专项施工方案，对达到超危大范围的还应组织专家论证。专项施工方案应包括设计、施工、检查、维护和管理等阶段全部内容。 (2) 安装搭设必须严格按照设计要求和规定程序进行，安装后经验收并进行荷载试验，确认符合设计要求后，方可正式使用。 (3) 进行提升和下降作业时，架上人员和材料的数量不得超过设计规定并尽可能减少。 (4) 升降前必须仔细检查附着连接和提升设备的状态是否良好，发现异常时应及时查找原因和采取措施解决。 (5) 升降作业应统一指挥、协调动作。 (6) 在安装、升降、拆除作业时，应划定安全警戒范围并安排专人进行监护。 (7) 附着式升降脚手架还应符合下列规定： ①竖向主框架、水平支承桁架应采用桁架或刚架结构，杆件应采用焊接或螺栓连接； ②应设有防倾、防坠、停层、荷载、同步升降控制装置，各类装置应灵敏可靠； ③在竖向主框架所覆盖的每个楼层均应设置一道附墙支座；每道附墙支座应能承担竖向主框架的全部荷载； ④采用电动升降设备时，电动升降设备连续升降距离应大于一个楼层高度，并应有制动和定位功能

考点3 模板工程安全管理

模板工程安全管理

序号	项目	内容
1	模板设计	包括模板面、支撑系统及连接配件等的设计
2	施工前的安全审查验证项目	（1）模板结构设计计算书的荷载取值是否符合工程实际，计算方法是否正确，审核手续是否齐全。 （2）模板设计图（包括：结构构件大样及支撑体系、连接件等）设计是否安全合理，图纸是否齐全。 （3）模板设计中的各项安全措施是否齐全
3	现浇混凝土工程模板支撑系统的安装要求	（1）支撑系统的选材及安装应按设计要求进行，基土上的支撑点应牢固平整，支撑在安装过程中应考虑必要的临时固定措施，以保证稳定性。 （2）支撑系统的立柱材料可用钢管、门形架、木杆，其材质和规格应符合设计和安全要求。 （3）立柱底部支承结构必须具有支承上层荷载的能力。为合理传递荷载，立柱底部应设置木垫板，禁止使用砖及脆性材料铺垫。当支承在地基上时，应验算地基土的承载力。 （4）立柱接长严禁搭接，必须采用对接扣件连接，相邻两立柱的对接接头不得在同一步内，且对接接头沿竖向错开的距离不宜小于500mm，各接头中心距主节点不宜大于步距的1/3。严禁将上段的钢管立柱与下段钢管立柱错开固定在水平拉杆上。 （5）为保证立柱的整体稳定，在安装立柱的同时，应加设水平拉结和剪刀撑。 （6）立柱的间距应经计算确定，按照施工方案要求进行施工。若采用多层支模，上下层立柱要保持垂直，并应在同一垂直线上。 （7）当层高在8~20m时，在最顶步距两水平拉杆中间应加设一道水平拉杆。当层高大于20m时，在最顶两步距水平拉杆中间应分别增加一道水平拉杆。所有水平拉杆的端部均应与四周建筑物顶紧顶牢。无处可顶时，应于水平拉杆端部和中部沿竖向设置连续式剪刀撑。满堂支撑架搭设高度不宜超过30m
4	影响模板钢管支架整体稳定性的主要因素	立杆间距、水平杆的步距、立杆的接长、连墙件的连接、扣件的紧固程度
5	保证模板安装施工安全的基本要求	（1）模板工程作业高度在2m及2m以上时，要有安全可靠的操作架子或操作平台，并按要求进行防护。 （2）操作架子上、平台上不宜堆放模板。 （3）冬期施工，对于操作地点和人行通道上的冰雪应事先清除。雨期施工，高耸结构的模板作业，要安装避雷装置，沿海地区要考虑抗风和加固措施。 （4）五级以上大风天气，应停止进行大块模板拼装和吊装作业。 （5）在架空输电线路下方进行模板施工，如果不能停电作业，应采取隔离防护措施。 （6）夜间施工，必须有足够的照明

序号	项目	内容
6	保证模板拆除施工安全的基本要求	（1）承重模板，应在与结构同条件养护的试块强度达到规定要求时，方可拆除。 （2）后张预应力混凝土结构底模必须在预应力张拉完毕后，才能进行拆除。 （3）在拆模过程中，如发现实际混凝土强度并未达到要求，有影响结构安全的质量问题时，应暂停拆模，经妥善处理实际强度达到要求后，才可继续拆除。 （4）已拆除模板及其支架的混凝土结构，应在混凝土强度达到设计的混凝土强度标准值后，才允许承受全部设计的使用荷载。 （5）拆除芯模或预留孔的内模时，应在混凝土强度能保证不发生塌陷和裂缝时，方可拆除
7	拆模方法	（1）拆模之前必须要办理拆模申请手续，在同条件养护试块强度记录达到规定要求时，技术负责人方可批准拆模。 （2）各类模板拆除的顺序和方法，应根据模板设计的要求进行。如果模板设计无具体要求时，可按先支的后拆，后支的先拆，先拆非承重的模板，后拆承重的模板及支架。 （3）模板拆除应分段进行，严禁成片撬落或成片拉拆。 （4）拆模作业区应设安全警戒线，以防有人误入。拆除的模板必须随时清理。 （5）用起重机吊运拆除模板时，模板应堆码整齐并捆牢后才可吊运。吊运大块或整体模板时，竖向吊运不应少于两个吊点，水平吊运不应少于四个吊点。吊运必须使用卡环连接，并应稳起稳落，待模板就位连接牢固后，方可摘除卡环。 （6）后浇带附近的水平模板及支撑严禁随其他模板一起拆除，待后浇带浇筑并达到拆模要求后方可拆除

考点4 高处作业安全管理

高处作业安全管理

序号	项目	内容
1	高处作业的定义	指凡在坠落高度基准面2m以上（含2m）有可能坠落的高处进行的作业
2	高处作业的分级	（1）高处作业高度在2～5m时，划定为一级高处作业，其坠落半径为2m。 （2）高处作业高度在5～15m时，划定为二级高处作业，其坠落半径为3m。 （3）高处作业高度在15～30m时，划定为三级高处作业，其坠落半径为4m。 （4）高处作业高度大于30m时，划定为四级高处作业，其坠落半径为5m
3	高处作业的基本安全要求	（1）施工单位应为从事高处作业的人员提供合格的安全帽、安全带、防滑鞋等必备的个人安全防护用具、用品。从事高处作业的人员应按规定正确佩戴和使用。 （2）在进行高处作业前，应认真检查所使用的安全设施是否安全可靠，脚手架、平台、梯子、防护栏杆、挡脚板、安全网等设置应符合安全技术标准要求。 （3）高处作业危险部位应悬挂安全警示标牌。夜间施工时，应保证足够的照明并在危险部位设红灯示警。 （4）从事高处作业的人员不得攀爬脚手架或栏杆上下，所使用的工具、材料等严禁投掷。 （5）因作业需要，临时拆除或变动安全防护设施时，必须经施工负责人同意，并采取相应的可靠措施。作业后应立即恢复。 （6）高处作业，上下应设联系信号或通信装置，并指定专人负责联络。 （7）在雨雪天从事高处作业，应采取防滑措施。在六级及六级以上强风和雷电、暴雨、大雾等恶劣气候条件下，不得进行露天高处作业。雨雪天气后，应对高处作业安全设施进行检查，当发现有松动、变形、损坏或脱落等现象，应立即修理完善，维修合格后方可使用

序号	项目	内容
4	攀登与悬空作业安全控制要点	（1）攀登作业使用的梯子、高凳、脚手架和结构上的登高梯道等工具和设施，在使用前应进行全面的检查，符合安全要求的方可使用。 （2）现场作业人员应在规定的通道内行走，不允许在阳台间或非正规通道处进行登高、跨越，不允许在起重机臂架、脚手架杆件或其他施工设备上进行攀登上下。 （3）对在高空需要固定、连接、施焊的工作，应预先搭设操作架或操作平台，作业时采取必要的安全防护措施。 （4）在高空安装管道时，管道上不允许人员站立和行走。 （5）在绑扎钢筋及钢筋骨架安装作业时，施工人员不允许站在钢筋骨架上作业和沿骨架攀登上下。 （6）在进行框架、过梁、雨篷、小平台混凝土浇筑作业时，施工人员不允许站在模板上或模板支撑杆上操作
5	操作平台作业安全控制要点	（1）移动式操作平台台面不得超过 $10m^2$，高度不得超过 5m，高宽比不应大于 2:1。台面脚手板要铺满钉牢，台面四周设置防护栏杆。平台移动时，作业人员必须下到地面，不允许带人移动平台。 （2）悬挑式操作平台的悬挑长度不宜大于 5m，设计应符合相应的结构设计规范要求，周围安装防护栏杆。悬挑式操作平台安装时不能与外围护脚手架进行拉结，应与建筑结构进行拉结。 （3）操作平台上要严格控制荷载，应在平台上标明负责人员和物料的总重量，使用过程中不允许超过设计的容许荷载。 （4）落地式操作平台高度不应大于 15m，高宽比不应大于 3:1，与建筑物应进行刚性连接或加设防倾措施，不得与脚手架连接
6	交叉作业安全控制要点	（1）交叉作业时，坠落半径内应设置安全防护棚或安全防护网等安全隔离措施。 （2）交叉作业人员不允许在同一垂直方向上操作，要做到上部与下部作业人员的位置错开，使下部作业人员的位置处在上部落物的可能坠落半径范围以外，当不能满足要求时，应设置安全隔离层进行防护。 （3）在拆除模板、脚手架等作业时，作业点下方不得有其他作业人员，防止落物伤人。拆下的模板等堆放时，不能过于靠近楼层边沿，应与楼层边沿留出不小于 1m 的安全距离，码放高度也不得超过 1m。 （4）结构施工自二层起，凡人员进出的通道口都应搭设符合规范要求的防护棚，高度超过 24m 的交叉作业，通道口应设双层防护棚进行防护。 （5）处于起重机臂架回转范围内的通道，应搭设安全防护棚
7	高处作业安全防护设施验收的主要项目	（1）所有临边、洞口等各类技术措施的设置情况。 （2）技术措施所用的配件、材料和工具的规格和材质。 （3）技术措施的节点构造及其与建筑物的固定情况。 （4）扣件和连接件的紧固程度。 （5）安全防护设施的用品及设备的性能与质量是否合格的验证

考点 5　洞口、临边防护管理

洞口、临边防护管理要求

序号	项目	内容
1	一般脚手架安全控制要点	（1）脚手架搭设之前，应根据工程的特点和施工工艺要求确定搭设（包括拆除）施工方案。 （2）坑槽、桩孔的上口，柱形、条形等基础的上口以及天窗等处，都要按洞口标准采取符合规范的防护措施。

序号	项目	内容
1	一般脚手架安全控制要点	（3）楼梯口、楼梯边应设置防护栏杆，或者用正式工程的楼梯扶手代替临时防护栏杆。 （4）电梯井口应设置防护门，其高度应不小于 1.5m，防护门底端距地面高度应不大于 50mm，并应设置挡脚板。在电梯施工前，还应在电梯井内每隔两层（不大于 10m）设一道安全平网进行防护。 （5）在建工程的地面入口处和施工现场人员流动密集的通道上方，应设置防护棚，防止因落物产生物体打击事故。 （6）施工现场大的坑槽、陡坡等处，除需设置防护设施与安全警示标牌外，夜间还应设红灯示警
2	洞口的防护设施要求	（1）楼板、屋面和平台等面上短边尺寸在 2.5～25cm 范围的孔口，必须用坚实的盖板盖严，盖板要有防止挪动移位的固定措施。 （2）楼板面等处边长为 25～50cm 的洞口、安装预制构件时的洞口以及因缺件临时形成的洞口，可用竹、木等作盖板，盖住洞口，盖板要保持四周搁置均衡，并有固定其位置不发生挪动移位的措施。 （3）边长为 50～150cm 的洞口，必须设置一层以扣件扣接钢管而成的网格栅，并在其上满铺竹笆或脚手板，也可采用贯穿于混凝土板内的钢筋构成防护网栅，钢筋网格间距不得大于 20cm。 （4）边长在 150cm 以上的洞口，四周必须设防护栏杆，洞口下张设安全平网防护。 （5）垃圾井道和烟道，应随楼层的砌筑或安装而逐一消除洞口，或按照预留洞口的作法进行防护。 （6）位于车辆行驶通道旁的洞口、深沟与管道坑、槽，所加盖板应能承受不小于当地额定卡车后轮有效承载力 2 倍的荷载。 （7）墙面等处的竖向洞口，凡落地的洞口应加装开关式、固定式或工具式防护门，门栅网格的间距不应大于 15cm，也可采用防护栏杆，下设挡脚板。 （8）下边沿至楼板或底面低于 80cm 的窗台等竖向洞口，如侧边落差大于 2m 时，应加设 1.2m 高的临时护栏。 （9）对邻近的人与物有坠落危险的其他横、竖向的孔、洞口，均应予以加盖或加以防护，并固定牢靠，防止挪动移位
3	临边作业安全防护基本规定	（1）在进行临边作业时，必须设置安全警示标牌。 （2）基坑周边、尚未安装栏杆或栏板的阳台周边、无外脚手架防护的楼面与屋面周边、分层施工的楼梯与楼梯段边、龙门架、井架、施工电梯或外脚手架等通向建筑物的通道的两侧边、框架结构建筑的楼层周边、斜道两侧边、料台与挑平台周边、雨篷与挑檐边、水箱与水塔周边等处必须设置防护栏杆、挡脚板，并封挂安全立网进行封闭。 （3）临边外侧靠近街道时，除设防护栏杆、挡脚板、封挂立网外，立面还应采取可靠的封闭措施，防止施工中落物伤人

序号	项目	内容
4	防护栏杆的设置要求	（1）防护栏杆应由上、下两道横杆及栏杆柱组成，上杆离地高度为 1.0~1.2m，下杆离地高度为 0.5~0.6m。除经设计计算外，横杆长度大于 2m 时，必须加设栏杆柱。 （2）当栏杆在基坑四周固定时，可采用钢管打入地面 50~70cm 深，钢管离边口的距离不应小于 50cm。当基坑周边采用板桩时，钢管可打在板桩外侧。 （3）当栏杆在混凝土楼面、屋面或墙面固定时，可用预埋件与钢管或钢筋焊牢。 （4）当栏杆在砖或砌块等砌体上固定时，可预先砌入带预埋铁的混凝土块，再通过预埋铁与钢管或钢筋焊牢。 （5）栏杆柱的固定及其与横杆的连接，其整体构造应使防护栏杆在杆上任何处都能经受任何方向的 1000N 外力。 （6）防护栏杆必须自上而下用安全立网封闭，或在栏杆下边设置高度不低于 18cm 的挡脚板或 40cm 的挡脚笆，板与笆下边距离底面的空隙不应大于 10mm

考点 6　施工用电安全管理

安全用电管理要求

序号	项目	内容
1	用电设施要求	（1）施工现场临时用电设备在 5 台及以上或设备总容量在 50kW 及以上者，应编制用电组织设计。临时用电设备在 5 台以下和设备总容量在 50kW 以下者，应制定安全用电和电气防火措施，临时用电组织设计及安全用电和电气防火措施应由电气工程技术人员组织编制，经编制、审核、批准部门和使用单位共同验收合格后方可投入使用。 （2）变压器中性点直接接地的低压电网临时用电工程，必须采用 TN-S 接零保护系统。 （3）当施工现场与外电线路共用同一供电系统时，电气设备的接地、接零保护应与原系统保持一致，不得一部分设备做保护接零，另一部分设备做保护接地
2	配电箱的设置	（1）施工用电配电系统应设置总配电箱（配电柜）、分配电箱、开关箱，并按照"总—分—开"顺序作分级设置，形成"三级配电"模式。 （2）施工用电配电系统各配电箱、开关箱的安装位置要合理。 （3）施工现场的动力用电和照明用电应形成两个用电回路，动力配电箱与照明配电箱应该分别设置。 （4）施工现场所有用电设备必须有各自专用的开关箱
3	电器装置的选择与装配	（1）施工用电回路和设备必须加装两级漏电保护器，总配电箱（配电柜）中应加装总漏电保护器，作为初级漏电保护，末级漏电保护器必须装配在开关箱内。 （2）施工用电配电系统各配电箱、开关箱中应装配隔离开关、熔断器或断路器。隔离开关、熔断器或断路器应依次设置于电源的进线端。 （3）开关箱中装配的隔离开关只可用于直接控制现场照明电路和容量不大于 3.0kW 的动力电路。容量大于 3.0kW 动力电路的开关箱中应采用断路器控制，用于频繁送断电操作的开关箱中应附设接触器或其他类型启动控制装置，用于启动电器设备的操作。 （4）施工用电配电系统各配电箱、开关箱中的电器装置其额定值和动作整定值要做到相互匹配，确保能够实现分级分段动作。 （5）在开关箱中作为末级保护的漏电保护器，其额定漏电动作电流不应大于 30mA，额定漏电动作时间不应大于 0.1s。在潮湿、有腐蚀性介质的场所中，漏电保护器要选用防溅型的产品，其额定漏电动作电流不应大于 15mA，额定漏电动作时间不应大于 0.1s。 （6）PE 线上严禁装设开关或熔断器，严禁通过工作电流，且严禁断线

序号	项目	内容
4	施工现场照明用电	(1) 在坑、洞、井内作业，夜间施工或厂房、道路、仓库、办公室、食堂、宿舍、料具堆放场所及自然采光差的场所，应设一般照明、局部照明或混合照明。一般场所宜选用额定电压为 220V 的照明器。 (2) 隧道、人防工程、高温、有导电灰尘、比较潮湿或灯具离地面高度低于 2.5m 等场所的照明，电源电压不应大于 36V。 (3) 潮湿和易触及带电体场所的照明，电源电压不得大于 24V。 (4) 特别潮湿场所、导电良好的地面、锅炉或金属容器内的照明，电源电压不得大于 12V。 (5) 照明变压器必须使用双绕组型安全隔离变压器，严禁使用自耦变压器。 (6) 室外 220V 灯具距地面不得低于 3m，室内 220V 灯具距地面不得低于 2.5m。 (7) 碘钨灯及钠、铊、铟等金属卤化物灯具的安装高度宜在 3m 以上，灯线应固定在接线柱上，不得靠近灯具表面。 (8) 夜间影响飞机或车辆通行的在建工程及机械设备，必须设置醒目的红色信号灯，电源应设在施工现场总电源开关的前侧，并应设置外电线路停止供电时的应急自备电源
5	其他	(1) 各类施工活动应与内、外电线路保持安全距离，达不到规范要求的最小安全距离时，必须采取可靠的防护和监护措施。 (2) 现场金属架（照明灯架、塔式起重机、施工电梯等垂直提升装置、高大脚手架）和各种大型设施必须按规定装设避雷装置

考点 7　垂直运输机械安全管理

垂直运输机械安全管理

序号	项目	内容
1	物料提升机安全控制要点	(1) 物料提升机在安装与拆除作业前，必须针对其类型特点、说明书的技术要求，结合施工现场的实际情况制定详细的施工方案，划定安全警戒区域并设监护人员，排除周边作业障碍。 (2) 物料提升机的基础应按图纸要求施工。高架提升机的基础应进行设计计算，低架提升机在无设计要求时，可按素土夯实后，浇筑 300mm（C20 混凝土）厚条形基础。 (3) 物料提升机的吊篮安全停靠装置、钢丝绳断绳保护装置、超高限位装置、钢丝绳过路保护装置、钢丝绳拖地保护装置、信号联络装置、警报装置、进料门及高架提升机的超载限制器、下极限限位器、缓冲器等安全装置必须齐全、灵敏、可靠。 (4) 为保证物料提升机整体稳定采用缆风绳时，高度在 20m 以下可设 1 组（不少于 4 根）；高度在 30m 以下不少于 2 组，超过 30m 时不应采用缆风绳锚固方法，应采用连墙杆等刚性措施。 (5) 物料提升机架体外侧应沿全高用立网进行防护。在建工程各层与提升机连接处应搭设卸料通道，通道两侧应按临边防护规定设置防护栏杆及挡脚板，并用立网封闭。 (6) 各层通道口处都应设置常闭型的防护门。地面进料口处应搭设防护棚，防护棚的尺寸应视架体的宽度和高度而定，防护棚两侧应挂安全立网。 (7) 物料提升机组装后应按规定进行验收，合格后方可投入使用

序号	项目	内容
2	外用电梯安全控制要点	（1）外用电梯在安装和拆卸之前必须针对其类型特点，说明书的技术要求，结合施工现场的实际情况制定详细的施工方案。 （2）外用电梯的安装和拆卸作业必须由取得相应资质的专业队伍进行，安装完毕经验收合格之日起 30 日内，由使用单位向工程所在地县级以上地方人民政府建设主管部门办理建筑起重机械使用登记。 （3）外用电梯的制动器，限速器，门联锁装置，上、下限位装置，断绳保护装置，缓冲装置等安全装置必须齐全、灵敏、可靠。 （4）外用电梯底笼周围 2.5m 范围内必须设置牢固的防护栏杆，进出口处的上部应根据电梯高度搭设足够尺寸和强度的防护棚。 （5）外用电梯与各层站过桥和运输通道，除应在两侧设置安全防护栏杆、挡脚板并用安全立网封闭外，进出口处尚应设置常闭型的防护门。 （6）多层施工交叉作业同时使用外用电梯时，要明确联络信号。 （7）外用电梯梯笼乘人、载物时，应使载荷均匀分布，防止偏重，严禁超载使用。 （8）外用电梯在大雨、大雾和六级及六级以上大风天气时，应停止使用。暴风雨过后，应组织对电梯各有关安全装置进行一次全面检查
3	塔式起重机安全控制要点	（1）塔式起重机在安装和拆卸之前必须针对其类型特点，说明书的技术要求，结合作业条件制定详细的施工方案。 （2）塔式起重机的安装和拆卸作业必须由取得相应资质的专业队伍进行，安装完毕经验收合格之日起 30 日内，由使用单位向工程所在地县级以上地方人民政府建设主管部门办理建筑起重机械使用登记。 （3）行走式塔式起重机的路基和轨道的铺设，必须严格按照其说明书的规定进行。固定式塔式起重机的基础施工应按设计图纸进行，其设计计算和施工详图应作为塔式起重机专项施工方案内容之一。 （4）塔式起重机的力矩限制器，超高、变幅、行走限位器，吊钩保险，卷筒保险，爬梯护圈等安全装置必须齐全、灵敏、可靠。 （5）施工现场多塔作业时，塔机间应保持安全距离，以免作业过程中发生碰撞。 （6）遇有风速在 12m/s（或六级）以上大风、大雨、大雪、大雾等恶劣天气，应停止作业，将吊钩升起。行走式塔式起重机要夹好轨钳。雨雪过后，应先经过试吊，确认制动器灵敏可靠后方可进行作业。 （7）在吊物载荷达到额定载荷的 90% 时，应先将吊物吊离地面 200～500mm 后，检查机械状况、制动性能、物件绑扎情况等，确认无误后方可起吊。对有晃动的物件，必须拴拉溜绳使之稳固

考点 8　施工机具安全管理

施工机具安全管理要求

序号	项目	安全控制要点
1	木工机具	（1）木工机具安装完毕，经验收合格后方可投入使用。 （2）不得使用合用一台电机的多功能木工机具。 （3）平刨的护手装置、传动防护罩、接零保护、漏电保护装置必须齐全有效，严禁拆除安全护手装置进行刨削，严禁戴手套进行操作。 （4）圆盘锯的锯片防护罩、传动防护罩、挡网或棘爪、分料器、接零保护、漏电保护装置必须齐全有效。 （5）机具应使用单向开关，不得使用倒顺双向开关

序号	项目	安全控制要点
2	钢筋加工机械	(1) 钢筋加工机械安装完毕，经验收合格后方可投入使用。 (2) 钢筋加工机械明露的机械传动部位应有防护罩，机械的接零保护、漏电保护装置必须齐全有效。 (3) 钢筋冷拉场地应设置警戒区，设置防护栏杆和安全警示标志。 (4) 钢筋冷拉作业应有明显的限位指示标记，卷扬机钢丝绳应经封闭式导向滑轮与被拉钢筋方向成直角
3	手持电动工具	(1) 在一般作业场所应使用 I 类手持电动工具，外壳应做接零保护，并加装防溅型漏电保护装置。潮湿场所或在金属构架等导电性良好的作业场所应使用 II 类手持电动工具。在狭窄场所（锅炉、金属容器、地沟、管道内等）宜采用 III 类工具。 (2) 手持电动工具自带的软电缆不允许任意拆除或接长，插头不得任意拆除更换。 (3) 工具中运动的危险部件，必须按有关规定装设防护罩
4	电焊机	(1) 电焊机安装完毕，经验收合格后方可投入使用。 (2) 露天使用的电焊机应设置在地势较高平整的地方，并有防雨措施。 (3) 电焊机的接零保护、漏电保护和二次侧空载降压保护装置必须齐全有效。 (4) 电焊机一次侧电源线应穿管保护，长度一般不超过 5m，焊把线长度一般不应超过 30m，并不应有接头，一二次侧接线端柱外应有防护罩。 (5) 电焊机施焊现场 10m 范围内不得堆放易燃、易爆物品
5	搅拌机	(1) 搅拌机安装完毕，经验收合格后方可投入使用。 (2) 作业场地应有良好的排水条件，固定式搅拌机应有可靠的基础，移动式搅拌机应在平坦坚硬的地坪上用方木或撑架架牢，并保持水平。 (3) 露天使用的搅拌机应搭设防雨棚。 (4) 搅拌机传动部位的防护罩、料斗的保险挂钩、操作手柄保险装置及接零保护、漏电保护装置必须齐全有效。 (5) 搅拌机的制动器、离合器应灵敏可靠。 (6) 料斗升起时，严禁在其正下方工作或穿行。当需在料斗下方进行清理和检修时，应将料斗提升至上止点，且必须用保险销锁牢或用保险链挂牢
6	潜水泵	(1) 潜水泵接零保护、漏电保护装置应齐全有效。 (2) 潜水泵的电源线应采用防水型橡胶电缆，并不得有接头。 (3) 潜水泵在水中应直立放置，水源不得小于 0.5m，泵体不得陷入污泥或露出水面。放入水中或提出水面时应提拉绳，禁止拉拽电缆或出水管，并应切断电源
7	打桩机械	(1) 打桩机应定期进行检测，安装验收合格后方可投入使用。 (2) 打桩机的各种安全装置应齐全有效。 (3) 施工前应针对作业条件和桩机类型编写专项施工方案。 (4) 打桩施工场地应按坡度不大于 1%、地基承载力不小于 83kPa 的要求进行平整压实，或按桩机的说明书要求进行。 (5) 桩机周围应有明显安全警示牌或围栏，严禁闲人进入。 (6) 高压线下两侧 10m 以内不得安装打桩机。 (7) 雷电天气无避雷装置的桩机应停止作业，遇有大雨、雪、雾和六级及六级以上强风等恶劣气候，应停止作业，并将桩机顺风向停置，并增加缆风绳

考点9 施工安全检查与评定

施工安全检查——安全管理

序号	项目	内容
1	安全管理检查评定项目	（1）保证项目：安全生产责任制、施工组织设计及专项施工方案、安全技术交底、安全检查、安全教育、应急救援。 （2）一般项目：分包单位安全管理、持证上岗、生产安全事故处理、安全标志
2	安全技术交底检查评定内容	（1）施工负责人在分派生产任务时，应对相关管理人员、施工作业人员进行书面安全技术交底。 （2）安全技术交底应按施工工序、施工部位、施工栋号分部分项进行。 （3）安全技术交底应结合施工作业场所状况、特点、工序，对危险因素、施工方案、规范标准、操作规程和应急措施进行交底。 （4）安全技术交底应由交底人、被交底人、专职安全员进行签字确认
3	安全检查检查评定内容	（1）工程项目部应建立安全检查制度。 （2）安全检查应由项目负责人组织，专职安全员及相关专业人员参加，定期进行并填写检查记录。 （3）对检查中发现的事故隐患应下达隐患整改通知单，定人、定时间、定措施进行整改。重大事故隐患整改后，应由相关部门组织复查
4	应急救援	（1）工程项目部应针对工程特点，进行重大危险源的辨识。应制定防触电、防坍塌、防高处坠落、防起重及机械伤害、防火灾、防物体打击等主要内容的专项应急救援预案，并对施工现场易发生重大安全事故的部位、环节进行监控。 （2）施工现场应建立应急救援组织、培训、配备应急救援人员，定期组织员工进行应急救援演练。 （3）按应急救援预案要求，应配备相应的应急救援器材和设备
5	分包单位安全管理	（1）总包单位应对承揽分包工程的分包单位进行资质、安全生产许可证和相关人员安全生产资格的审查。 （2）当总包单位与分包单位签订分包合同时，应签订安全生产协议书，明确双方的安全责任。 （3）分包单位应按规定建立安全机构，配备专职安全员
6	备注	文明施工检查评定保证项目应包括：现场围挡、封闭管理、施工场地、材料管理、现场办公与住宿、现场防火。一般项目应包括：综合治理、公示标牌、生活设施、社区服务

高处作业吊篮安全检查

序号	项目	内容
1	检查评定项目	（1）保证项目：施工方案、安全装置、悬挂机构、钢丝绳、安装作业、升降作业。 （2）一般项目：交底与验收、安全防护、吊篮稳定、荷载

序号	项目	内容
2	安全装置	（1）吊篮应安装防坠安全锁，并应灵敏有效。 （2）防坠安全锁不应超过标定期限。 （3）吊篮应设置作业人员专用的挂设安全带的安全绳或安全锁扣，安全绳应固定在建筑物可靠位置上，不得与吊篮上的任何部位有链接。 （4）吊篮应安装上限位装置，并应保证限位装置灵敏可靠
3	升降作业	（1）必须由经过培训合格的人员操作吊篮升降。 （2）吊篮内的作业人员不应超过2人。 （3）吊篮内作业人员应将安全带用安全锁扣正确挂置在独立设置的专用安全绳上。 （4）作业人员应从地面进出吊篮

基坑工程安全检查

序号	项目	内容
1	检查评定项目	（1）保证项目：施工方案、基坑支护、降排水、基坑开挖、坑边荷载、安全防护。 （2）一般项目：基坑监测、支撑拆除、作业环境、应急预案
2	施工方案	（1）基坑工程施工应编制专项施工方案，开挖深度超过3m（含3m）或虽未超过3m但地质条件和周边环境复杂的基坑土方开挖、支护、降水工程，应单独编制专项施工方案。 （2）专项施工方案应按规定进行审核、审批。 （3）开挖深度超过5m（含5m）的基坑土方开挖、支护、降水工程，应组织专家进行论证。 （4）当基坑周边环境或施工条件发生变化时，专项施工方案应重新进行审核、审批
3	安全防护	（1）开挖深度超过2m及以上的基坑周边必须安装防护栏杆，防护栏杆的安装应符合规范要求。 （2）基坑内应设置供施工人员上下的专用梯道。梯道应设置扶手栏杆，梯道的宽度不应小于1m，梯道搭设应符合规范要求。 （3）降水井口应设置防护盖板或围栏，并应设置明显的警示标志

模板支架安全检查

序号	项目	内容
1	检查评定项目	（1）保证项目：施工方案、支架基础、支架构造、支架稳定、施工荷载、交底与验收。 （2）一般项目：杆件连接、底座与托撑、构配件材质、支架拆除
2	施工方案	（1）模板支架搭设应编制专项施工方案，结构设计应进行计算，并应按规定进行审核、审批。 （2）模板支架搭设高度8m及以上；跨度18m及以上，施工总荷载15kN/m²及以上；集中线荷载20kN/m及以上的专项施工方案应按规定组织专家论证

高处作业安全检查

序号	项目	内容
1	检查评定项目	安全帽、安全网、安全带、临边防护、洞口防护、通道口防护、攀登作业、悬空作业、移动式操作平台、悬挑式物料钢平台
2	临边防护	（1）作业面边沿应设置连续的临边防护设施。 （2）临边防护设施的构造、强度应符合规范要求。 （3）防护设施宜定型化、工具式
3	洞口防护	（1）在建工程的预留洞口、楼梯口、电梯井口应采取防护措施。 （2）防护措施、设施应符合规范要求。 （3）防护设施宜定型化、工具化。 （4）电梯井内应每隔两层且不大于10m设置安全平网
4	通道口防护	（1）通道口防护应严密、牢固。 （2）防护棚两侧应采取封闭措施。 （3）防护棚宽度应大于通道口宽度，长度应符合规范要求。 （4）建筑物高度超过24m时，通道口防护顶棚应采用双层防护。 （5）防护棚的材质应符合规范要求

施工用电安全检查

序号	项目	内容
1	检查评定项目	（1）保证项目：外电防护、接地与接零保护系统、配电线路、配电箱与开关箱。 （2）一般项目：配电室与配电装置、现场照明、用电档案
2	配电箱与开关箱	（1）施工现场配电系统应采用三级配电、二级漏电保护系统，用电设备必须有各自专用的开关箱。 （2）箱体结构、箱内电器设置及使用应符合规范要求。 （3）配电箱必须分设工作零线端子板和保护零线端子板，保护零线、工作零线必须通过各自的端子板连接。 （4）总配电箱与开关箱应安装漏电保护器，漏电保护器参数应匹配并灵敏可靠。 （5）箱体应设置系统接线图和分路标记，并应有门、锁及防雨措施。 （6）箱体安装位置、高度及周边通道应符合规范要求。 （7）分配箱与开关箱间的距离不应超过30m，开关箱与用电设备间的距离不应超过3m

物料提升机安全检查

序号	项目	内容
1	检查评定项目	（1）保证项目：安全装置、防护设施、附墙架与缆风绳、钢丝绳、安拆、验收与使用。 （2）一般项目：基础与导轨架、动力与传动、通信装置、卷扬机操作棚、避雷装置
2	安全装置	（1）应安装起重量限制器、防坠安全器，并应灵敏可靠。 （2）安全停层装置应符合规范要求，并应定型化。 （3）应安装上行程限位并灵敏可靠，安全越程不应小于3m。 （4）安装高度超过30m的物料提升机应安装渐进式防坠安全器及自动停层、语音影像信号监控装置

施工升降机安全检查

序号	项目	内容
1	检查评定项目	(1) 保证项目：安全装置、限位装置、防护设施、附墙架、钢丝绳、滑轮与对重、安拆、验收与使用。 (2) 一般项目：导轨架、基础、电气安全、通信装置
2	安全装置	(1) 应安装起重量限制器，并应灵敏可靠。 (2) 应安装渐进式防坠安全器并应灵敏可靠，应在有效的标定期内使用。 (3) 对重钢丝绳应安装防松绳装置，并应灵敏可靠。 (4) 吊笼的控制装置应安装非自动复位型的急停开关，任何时候均可切断控制电路停止吊笼运行。 (5) 底架应安装吊笼和对重缓冲器，缓冲器应符合规范要求。 (6) SC 型施工升降机应安装一对以上安全钩

塔式起重机安全检查

序号	项目	内容
1	检查评定项目	(1) 保证项目：载荷限制装置、行程限位装置、保护装置、吊钩、滑轮、卷筒与钢丝绳、多塔作业、安拆、验收与使用。 (2) 一般项目：附着、基础与轨道、结构设施、电气安全
2	载荷限制装置	(1) 应安装起重量限制器并应灵敏可靠。当起重量大于相应挡位的额定值并小于该额定值的 110% 时，应切断上升方向上的电源，但机构可作下降方向的运动。 (2) 应安装起重力矩限制器且设备应灵敏可靠。当起重力矩大于相应工况下的额定值并小于该额定值的 110% 应切断上升和幅度增大方向的电源，但机构可作下降和减小幅度方向的运动

起重吊装安全检查

序号	项目	内容
1	检查评定项目	(1) 保证项目：施工方案、起重机械、钢丝绳与地锚、索具、作业环境、作业人员。 (2) 一般项目：起重吊装、高处作业、构件码放、警戒监护
2	施工方案	(1) 起重吊装作业应编制专项施工方案，并按规定进行审核、审批。 (2) 超规模的起重吊装作业，应组织专家对专项施工方案进行论证

施工安全检查评分方法及分级

序号	项目	内容
1	评分方法	(1) 建筑施工安全检查评定中，保证项目应全数检查。 (2) 建筑施工安全检查评定应符合各检查评定项目的有关规定
2	评定等级	(1) 优良：分项检查评分表无零分，汇总表得分值应在 80 分及以上。 (2) 合格：分项检查评分表无零分，汇总表得分值应在 80 分以下，70 分及以上。 (3) 不合格：当汇总表得分值不足 70 分时；或当有一分项检查评分表为零分时

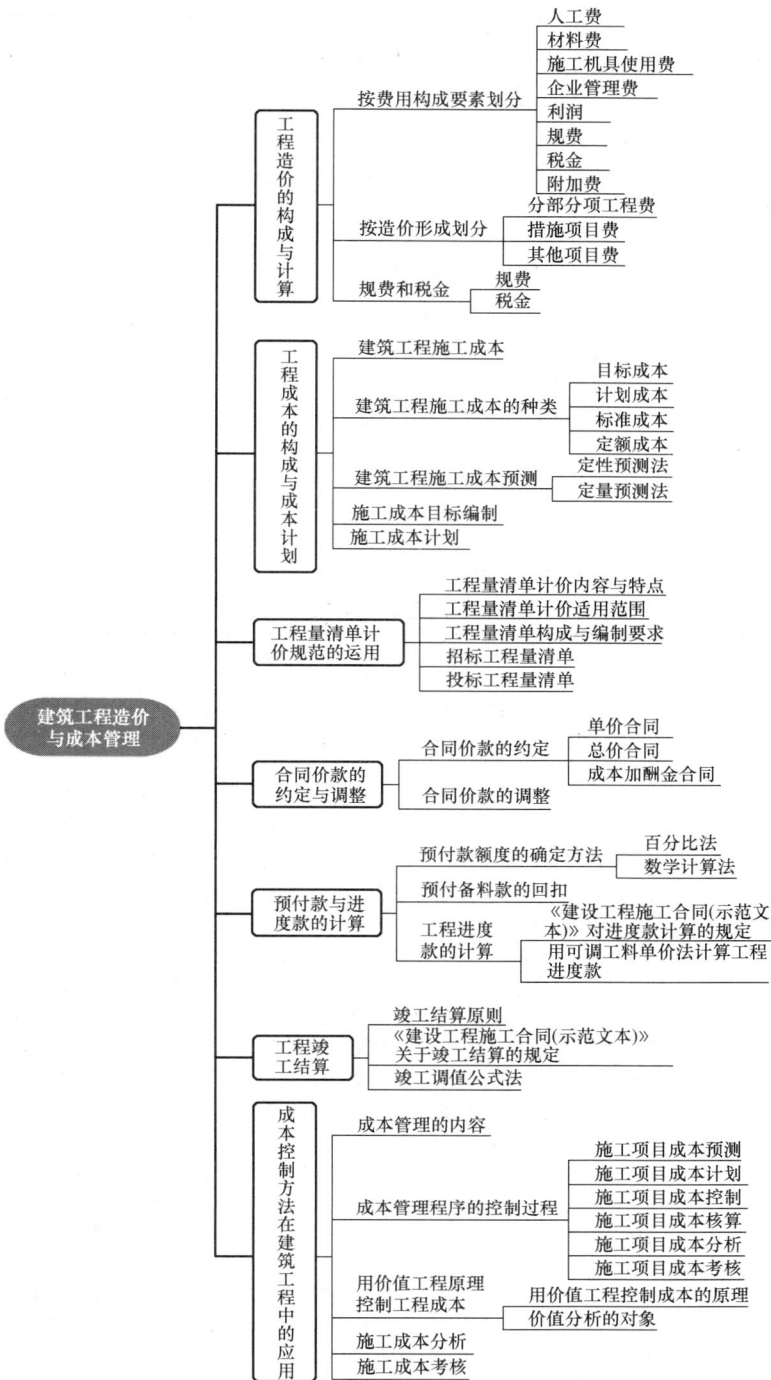

2A320080　建筑工程造价与成本管理

【考点图谱】

```
                                                         ┌─ 人工费
                                                         ├─ 材料费
                                                         ├─ 施工机具使用费
                                        ┌─ 按费用构成要素划分 ├─ 企业管理费
                                        │                ├─ 利润
                            ┌─ 工程造价的 │                ├─ 规费
                            │  构成与计算 │                ├─ 税金
                            │            │                └─ 附加费
                            │            │                ┌─ 分部分项工程费
                            │            ├─ 按造价形成划分 ├─ 措施项目费
                            │            │                └─ 其他项目费
                            │            └─ 规费和税金 ┌─ 规费
                            │                         └─ 税金
                            │
                            │            ┌─ 建筑工程施工成本
                            │            │                        ┌─ 目标成本
                            │ 工程成本的  │                        ├─ 计划成本
                            ├─ 构成与成本 ├─ 建筑工程施工成本的种类 ├─ 标准成本
                            │  计划       │                        └─ 定额成本
                            │            │                        ┌─ 定性预测法
                            │            ├─ 建筑工程施工成本预测 ┤
                            │            │                        └─ 定量预测法
                            │            ├─ 施工成本目标编制
                            │            └─ 施工成本计划
                            │
                            │            ┌─ 工程量清单计价内容与特点
                            │ 工程量清单计 ├─ 工程量清单计价适用范围
                            ├─ 价规范的运用 ├─ 工程量清单构成与编制要求
                            │            ├─ 招标工程量清单
        建筑工程造价          │            └─ 投标工程量清单
        与成本管理 ─────────┤
                            │                              ┌─ 单价合同
                            │ 合同价款的  ┌─ 合同价款的约定 ├─ 总价合同
                            ├─ 约定与调整 │                └─ 成本加酬金合同
                            │            └─ 合同价款的调整
                            │
                            │                              ┌─ 百分比法
                            │            ┌─ 预付款额度的确定方法 ┤
                            │            │                     └─ 数学计算法
                            │ 预付款与进  ├─ 预付备料款的回扣
                            ├─ 度款的计算 │            ┌─《建设工程施工合同(示范文
                            │            │            │  本)》对进度款计算的规定
                            │            └─ 工程进度  ┤
                            │              款的计算   └─ 用可调工料单价法计算工程
                            │                            进度款
                            │
                            │            ┌─ 竣工结算原则
                            │ 工程竣      ├─《建设工程施工合同(示范文本)》
                            ├─ 工结算     │  关于竣工结算的规定
                            │            └─ 竣工调值公式法
                            │
                            │            ┌─ 成本管理的内容
                            │            │                     ┌─ 施工项目成本预测
                            │ 成本控制    │                     ├─ 施工项目成本计划
                            │ 方法在建    │ 成本管理程序的控制过程 ├─ 施工项目成本控制
                            └─ 筑工程中   ┤                     ├─ 施工项目成本核算
                               的应用     │                     ├─ 施工项目成本分析
                                         │                     └─ 施工项目成本考核
                                         │ 用价值工程原理  ┌─ 用价值工程控制成本的原理
                                         ├─ 控制工程成本   └─ 价值分析的对象
                                         ├─ 施工成本分析
                                         └─ 施工成本考核
```

【考点精析】

考点1　工程造价的构成与计算

工程造价基础知识

序号	项目	内容
1	建设工程造价组成（投资者角度）	(1) 建筑工程费。 (2) 设备购置费。 (3) 设备安装费。 (4) 工具、器具及生产家具购置费。 (5) 其他工程费。 (6) 预备费。 (7) 固定资产投资方向调节税。 (8) 建设期投资贷款利息
2	建设工程造价组成（承包商角度）	(1) 人工费。 (2) 材料费。 (3) 施工机具使用费。 (4) 企业管理费。 (5) 利润。 (6) 规费。 (7) 税金

工程造价的构成

序号	项目	内容
1	按费用构成要素划分	(1) 人工费：是指按工资总额构成规定，支付给从事建筑安装工程施工的生产工人和附属生产单位工人的各项费用。内容包括：计时工资或计件工资、奖金、津贴补贴、加班加点工资、特殊情况下支付的工资。 (2) 材料费：是指施工过程中耗费的原材料、辅助材料、构配件、零件、半成品或成品、工程设备的费用。内容包括：材料原价、运杂费、运输损耗费、采购及保管费。 (3) 施工机具使用费：是指施工作业所发生的施工机械、仪器仪表使用费或其租赁费。内容包括：施工机械使用费（含折旧费、大修理费、经常修理费、安拆费及场外运费、人工费、燃料动力费、税费）、仪器仪表使用费。 (4) 企业管理费：是指建筑安装企业组织施工生产和经营管理所需的费用。内容包括：管理人员工资、办公费、差旅交通费、固定资产使用费、工具用具使用费、劳动保险和职工福利费、劳动保护费、检验试验费、工会经费、职工教育经费、财产保险费、财务费、税金（指企业按规定缴纳的房产税、车船使用税、土地使用税、印花税等）、其他（包括技术转让费、技术开发费、投标费、业务招待费、绿化费、广告费、公证费、法律顾问费、审计费、咨询费、保险费等）。 (5) 利润：是指施工企业完成所承包工程获得的盈利。 (6) 规费：是指按国家法律、法规规定，由省级政府和省级有关权力部门规定必须缴纳或计取的费用。内容包括：社会保险费（含养老保险费、失业保险费、医疗保险费、生育保险费、工伤保险费）、住房公积金、工程排污费。其他应列而未列入的规费，按实际发生计取。 (7) 税金：是指国家税法规定的应计入建筑安装工程造价内的增值税。 (8) 附加费：是指以销项税与进项税之差额为基数，应计取的城市维护建设税、教育附加以及地方教育附加

序号	项目	内容
2	按造价形成划分	（1）分部分项工程费：是指各专业工程的分部分项工程应予列支的各项费用。内容包括：专业工程（指按现行国家计量规范划分的房屋建筑与装饰工程、仿古建筑工程、通用安装工程、市政工程、园林绿化工程、矿山工程、构筑物工程、城市轨道交通工程、爆破工程等各类工程）、分部分项工程（指按现行国家计量规范对各专业工程划分的项目。如房屋建筑与装饰工程划分的土石方工程、地基处理与桩基工程、砌筑工程、钢筋及钢筋混凝土工程等）。各类专业工程的分部分项工程划分见现行国家或行业计量规范。 分部分项工程费=∑（分部分项工程量×综合单价） 式中：综合单价包括人工费、材料费、施工机具使用费、企业管理费、利润以及一定范围的风险费用。 （2）措施项目费：是指为完成建设工程施工，发生于该工程施工前和施工过程中的技术、生活、安全、环境保护等方面的费用。内容包括：安全文明施工费（包括环境保护费、文明施工费、安全施工费、临时设施费）、夜间施工增加费、二次搬运费、冬雨期施工增加费、已完工程及设备保护费、工程定位复测费、特殊地区施工增加费、大型机械设备进出场及安拆费、脚手架工程费。措施项目及其包含的内容详见各类专业工程的现行国家或行业计量规范。 ① 国家计量规范规定应予计量的措施项目，其计算公式为： 措施项目费=∑（措施项目工程量×综合单价） ② 国家计量规范规定不宜计量的措施项目计算方法如下： ×××费=计算基数×相应的费率（％） 计算基数应为定额基价（定额分部分项工程费+定额中可以计量的措施项目费）、定额人工费或定额人工费+定额机械费，其费率由工程造价管理机构根据各专业工程的特点综合确定。 （3）其他项目费。内容包括：暂列金额、计日工、总承包服务费、暂估价。其中暂估价又包括材料暂估单价、工程设备暂估单价、专业工程暂估单价。 ① 暂列金额是指建设单位在工程量清单中暂定并包括在工程合同价款中的一笔款项。用于施工合同签订时尚未确定或者不可预见的所需材料、工程设备、服务的采购，施工中可能发生的工程变更、合同约定调整因素出现时的工程价款调整以及发生的索赔、现场签证确认等的费用。 ② 总承包服务费是指总承包人为配合、协调建设单位进行的专业工程发包，对建设单位自行采购的材料、工程设备等进行保管以及施工现场管理、竣工资料汇总整理等服务所需的费用
3	规费和税金	（1）规费：是指按国家法律、法规规定，由省级政府和省级有关权力部门规定必须缴纳或计取的费用。内容包括：社会保障费（含养老保险费、失业保险费、医疗保险费）、住房公积金、工程排污费、工伤保险。其他应列而未列入的规费，应根据省级政府或者省级有关权力部门的规定列项。 （2）税金：是指国家税法规定的应计入建筑安装工程造价内的增值税

考点 2　工程成本的构成与成本计划

工程成本基础知识

序号	项目	内容
1	工程项目全面成本管理责任体系层次	（1）组织管理层。负责项目全面成本管理的决策，确定项目的合同价格和成本计划，确定项目管理层的目标成本。 （2）项目经理部。负责项目成本的管理，实施成本控制，实现项目管理目标责任书中的责任成本

序号	项目	内容
2	建筑工程施工成本管理程序	(1) 掌握生产要素的市场价格和变动状态。 (2) 确定项目合同价。 (3) 编制成本计划，确定成本实施目标。 (4) 进行成本动态控制，实现成本实施目标。 (5) 进行项目成本核算和工程价款结算，及时回收工程款。 (6) 进行项目成本分析。 (7) 进行项目成本考核，编制成本报告。 (8) 积累项目成本资料

建筑工程施工成本概念及种类

序号	项目	内容
1	建筑工程施工成本	(1) 建筑工程施工成本构成有两种，由此产生完全成本法和制造成本法。 (2) 完全成本法和制造成本法是两个不同的概念，核算范围不同，使用用途也不同。前者是建筑产品交易过程承发包双方确定的工程产品完全成本。后者是施工企业内部在特定管理方式下的现场施工成本或制造成本
2	建筑工程施工成本的种类——按照成本控制的不同标准划分	(1) 目标成本：是指企业在生产经营活动中某一时期内要求实现的成本目标，是为了控制生产经营过程中的劳动消耗和物资消耗，降低产品成本，实现企业的目标利润。 (2) 计划成本：是指根据计划期的各项平均先进消耗标准和有关资料确定的成本。 (3) 标准成本：是指企业在正常的生产经营条件下，以标准消耗量和标准价格计算的产品成本。具有科学性、正常性、稳定性、尺度性、目标性。 (4) 定额成本：是指根据一定时期的执行定额，例如国家、地方或企业定额
3	建筑工程施工成本的种类	(1) 按照成本与产量的关系划分为变动成本和固定成本。前者随着产量的增减而变动，后者在一定期间和一定业务范围内不随产量的增减而变动。 (2) 按照建筑工程施工项目成本的费用目标划分为：生产成本、质量成本、工期成本、不可预见成本（例如罚款等）

建筑工程施工成本预测

序号	项目	内容
1	定性预测法	(1) 专家会议法：是国内普遍采用的一种定性预测方法。它的优点是简便易行、信息量大、考虑的因素比较全面、与会者可以互相启发。缺点是参加会议的人数有限、代表性不够充分、容易受权威人士的影响。 (2) 德尔菲法：也叫专家预测法，是国际常用且被公认为可靠的基数测定方法。它实质上是利用专家的知识和经验，对那些带有很大模糊性、比较复杂且无法直接进行定量分析的问题，通过多次填写征询意见表的调查形式取得测定结论的方法
2	定量预测法	(1) 简单平均法：是指将过去各数据之和除以数据总点数，求得算术平均数为预测值，例如算数平均法、加权平均法、几何平均法、移动平均法。 (2) 时间序列法：就是把各种社会、经济的数量指标按照时间顺序排列起来的统计数据。 (3) 回归分析法：包括一元线性、多元线性、非线性回归法。一元线性回归法：是处理两个变量之间线性关系的一种用途广泛的方法。 (4) 量本利分析法：是根据商品销售数量、成本、利润之间的函数关系来预测某项经济指标的一种方法。 (5) 因素分析法：采用因素分析法（即消耗量×单价）确定项目施工责任成本就比较适合

施工成本目标和施工成本计划

序号	项目	内容
1	施工成本目标编制	（1）概念：它是以企业的目标利润和业主所能接受的价格为基础，根据企业定额和在计划期内能够实现的成本降低措施来确定。应依据可行性原则、先进性原则、科学性原则、统一性原则、适时性进行编制，真正起到控制施工成本的目的。常用的定性分析法是用目标利润百分比来确定目标成本。目标成本＝工程造价（除税金）×［1－目标利润率（％）］。 （2）编制的主要依据： ① 项目部与企业签订的项目目标责任书，包括各项管理指标。 ② 施工图计算出的工程量。 ③ 企业定额，包括人工、材料、机械等价格。 ④ 劳务分包合同及其他分包合同。 ⑤ 施工设计及施工方案。 ⑥ 项目岗位责任成本控制指标
2	施工成本计划	项目目标成本一经确定，就需要进行施工成本计划的编制，以便于把目标成本层层分解，落实到施工管理过程中的每个环节。程序如下： （1）搜集和整理各类有关资料。 （2）分解目标成本。 （3）编制成本计划草案。 （4）综合平衡，编制正式的成本计划

考点3　工程量清单计价规范的运用

工程量清单计价规范的基本规定

序号	项目	内容
1	工程量清单计价适用范围	（1）适用于中华人民共和国境内的所有建筑工程施工承发包计价活动。全部使用国有资金投资或国有资金投资为主（二者以下简称国有资金投资）的建设工程施工发承包，必须采用工程量清单计价。非国有资金投资的建设工程，宜采用工程量清单计价。不采用工程量清单计价的建设工程，应执行清单计价规范除工程量清单等专门性规定外的其他规定。 （2）工程量清单计价工作，贯穿于一项工程如何编制工程量清单和招标控制价、投标报价、合同价款约定以及工程计量与价款支付、工程价款调整、索赔、竣工结算、工程计价争议处理的各个过程
2	工程量清单构成与编制要求	（1）工程量清单是指建设工程的分部分项工程项目、措施项目、其他项目、规费项目和税金项目的名称和相应数量等的明细清单，是招标文件的组成部分，为潜在的投标者提供必要的信息，需要具有资格的工程造价人员承担，以综合单价形式出现。上述工程量清单与计价宜采用统一格式，由各省、自治区、直辖市建设行政主管部门和行业建设主管部门根据本地区、本行业的实际情况制定。例如分部分项工程量清单应按照规定完成项目编码、项目名称、项目特征、计量单位和工程计算规则进行编制，这五个要件在分部分项工程量清单的组成中缺一不可。 （2）工程量清单编码是用十二位阿拉伯数字及规定进行设置，一、二位为专业工程代码（01代表房屋建筑与装饰工程。07代表构筑物工程等），三、四位为附录分类顺序码，五、六位为分部工程顺序码，七、八、九位为分项工程项目名称顺序码，十至十二位为清单项目名称顺序码

序号	项目	内容
3	采用工程量清单计价形式构成的工程造价的解释	（1）采用工程量清单计价形式构成的工程造价是：工程造价＝（分部分项工程费＋措施费＋其他项目费）×（1＋规费）×（1＋税率）。 （2）分部分项工程费和措施费是指完成一个规定计量单位的分部分项工程量清单项目或措施清单项目所需的人工费、材料费、施工机械使用费和企业管理费与利润，以及一定范围内的风险费用。与国际上通用的综合单价不同，后者包括了规费及税金，是全费用综合单价。 （3）分部分项工程量清单应载明包括项目编码、项目名称、项目特征、计量单位和工程量，并根据拟建工程的实际情况列项。 （4）措施项目是指为完成工程项目施工，发生于该工程施工准备和施工过程中的技术、生活、安全、环境保护等方面的非工程实体项目。 （5）其他项目清单宜按照下列内容列项：暂列金额、暂估价、计日工、总承包服务费。其中暂列金额是指招标人在工程量清单中暂定并包括在合同价款中的一笔款项，并不直接属于承包人所有，而是由发包人暂定并掌握使用的一笔款项，用于施工合同签订时尚未确定或者不可预见的所需材料、设备、服务的采购，施工中可能发生的工程变更、合同约定调整因素出现时的工程价款调整以及发生的索赔、现场签证确认等的费用。暂估价则是指招标人在工程量清单中提供的用于支付必然发生但暂时不能确定的材料的单价以及专业工程的金额。 （6）规费项目清单应按照下列内容列项：工程排污费、工程定额测定费、社会保障费、住房公积金、危险作业意外伤害保险。 （7）税金是指国家税法规定的应计入建筑安装工程造价内增值税及附加
4	工程量清单计价基本步骤	熟悉工程量清单→研究招标文件→熟悉施工图纸→熟悉工程量计算规则→了解施工现场情况及施工组织设计特点→熟悉加工订货的有关情况→明确主材和设备的来源情况→计算分部分项工程工程量→计算分部分项工程综合单价→确定措施项目清单及费用→确定其他项目清单及费用→计算规费及税金→汇总各项费用计算工程造价

招投标工程量清单

序号	项目	内容
1	招标工程量清单	（1）招标工程量清单应由具有编制能力的招标人或受其委托，具有相应资质的工程造价咨询人或招标代理人编制。招标工程量清单必须作为招标文件的组成部分，其准确性和完整性由招标人负责。招标工程量清单是工程量清单计价的基础，应作为编制招标控制价、投标报价、计算工程量、工程索赔、工程结（决）算的依据之一。 （2）招标人应编制招标控制价以及组成招标控制价的各组成部分的详细内容，招标价不得上浮或者下浮，并在招标文件中予以公布。招标控制价超过批准的概算时，招标人应将其报原概算审批部门审核。招标控制价应在招标时公布，不应上调或下浮，招标人应将招标控制价及有关资料报送工程所在地工程造价管理机构备查。 （3）招标工程量清单标明的工程量是投标人投标报价的共同基础，竣工结算的工程量按发、承包双方在合同中约定应予计量且实际完成的工程量确定。 （4）采用工程量清单计价的工程，应在招标文件或合同中明确计价中的风险内容及其范围（幅度），不得采用无限风险、所有风险或类似语句规定计价中的风险内容及其范围（幅度）。该计价风险不包括：国家法律、法规、规章和政策变化。省级或行业建设主管部门发布的人工费调整。合同中已经约定的市场物价波动范围。不可抗力。 （5）分部分项工程量清单应根据相关工程现行国家计量规范规定的项目编码、项目名称、项目特征、计量单位和工程量计算规则进行编制

序号	项目	内容
2	投标工程量清单	（1）投标人应按招标人提供的工程量清单填报价格。填写的项目编码、项目名称、项目特征、计量单位、工程量必须与招标人提供的一致。招标文件投标价由投标人依据国家或省级、行业建设主管部门颁发的计价规定，使用国家或省级、行业主管部门颁发的计价定额，也可以是企业定额，采用市场价格或当地工程造价机构发布的工程造价信息，自主确定投标价，但不得低于成本。投标总价应当与分部分项工程费、措施项目费、其他项目费和规费、税金的合计金额一致。在施工过程中如果出现施工图纸或设计变更与工程量清单项目特征描述不一致时，发、承包双方应按实际施工的项目特征，依据合同约定重新确定综合单价。 （2）措施费应根据招标文件中的措施费项目清单及投标时拟定的施工组织设计或施工方案自主确定，但是措施项目清单中的安全文明施工费应按照不低于国家或省级、行业建设主管部门规定标准的 90% 计价，不得作为竞争性费用。规费和税金应按国家或省级、行业建设主管部门的规定计算，不得作为竞争性费用。暂列金额应按招标人在其他项目清单中列出的金额填写。材料暂估价应按招标人在其他项目清单中列出的单价计入综合单价。专业工程暂估价应按招标人在其他项目清单中列出的金额填写

考点 4　合同价款的约定与调整

合同价款的约定

序号	项目	内容
1	常用的合同价款约定方式	（1）单价合同。 （2）总价合同。 （3）成本加酬金合同
2	合同价款的调整	（1）工程量清单存在缺项、漏项的。 （2）工程量清单偏差超出专用合同条款约定的工程量偏差范围的。 （3）未按照国家现行计量规范强制性规定计量的
3	变更价款原则	（1）已标价工程量清单或预算书有相同项目的，按照相同项目单价认定。 （2）已标价工程量清单或预算书中无相同项目，但有类似项目的，参照类似项目的单价认定。 （3）变更导致实际完成的变更工程量与已标价工程量清单或预算书中列明的该项目工程量的变化幅度超过 15% 的，或已标价工程量清单或预算书中无相同项目及类似项目单价的，按照合理的成本与利润构成原则，由合同当事人进行商定，或者总监理工程师按照合同约定审慎做出公正的确定。任何合同一方当事人对总监理工程师的决定有异议时，按照合同约定的争议解决条款执行

考点 5　预付款与进度款的计算

预付款规定

序号	项目	内容
1	预付款额度的确定方法	（1）百分比法：百分比法是按年度工作量或合同造价（不含暂列金额）的一定比例确定预付备料款额度的一种方法，由各地区各部门根据各自的条件从实际出发分别制定预付备料款比例。建筑工程一般不得超过年度工作量或合同造价（不含暂列金额）的 25%，大量采用预制构件以及工期在 6 个月以内的工程，可以适当增加。安装工程一般不得超过当年安装工作量的 10%，安装材料用量较大的工程，可以适当增加。小型工程（一般指 30 万元以下）可以不预付备料款，直接分阶段拨付工程进度款等。

序号	项目	内容
1	预付款额度的确定方法	工程预付款＝年度工作量（或合同总造价）×预付款比例 （2）数学计算法：数学计算法是根据主要材料（含结构件等）占年度承包工程总价的比重、材料储备定额天数和年度施工天数等因素，通过数学公式计算预付备料款额度的一种方法。其计算公式是： $$工程备料款数额＝\frac{年度工作量（或合同造价）×材料比重（\%）}{年度施工天数}×材料储备天数$$ 公式中：年度施工天数按365日历天计算。材料储备天数由当地材料供应的在途天数、加工天数、整理天数、供应间隔天数、保险天数等因素决定
2	预付备料款的回扣	（1）在实际工作中，预付备料款的回扣方法可由发包人和承包人通过洽商用合同的形式予以确定，也可针对工程实际情况具体处理。如有些工程工期较短、造价较低，就无需分期扣还。有些工期较长，如跨年度工程，其备料款的占用时间很长，根据需要可以少扣或不扣。 （2）起扣点＝年度工作量（或合同造价）－（预付备料款/主要材料所占比重）
3	工程进度款的计算	（1）《建设工程施工合同（示范文本）》GF—2017—0201对进度款计算的规定 在确认计量结果后14d内，发包人应向承包人支付进度款。发包人超过约定的支付时间不支付进度款，承包人可向发包人发出要求付款的通知，发包人接到承包人通知后仍不能按要求付款，可与承包人协商签订延期付款协议，经承包人同意后可延期支付。协议应明确延期支付的时间和从计量结果确认后第15天起计算应付款的贷款利息。发包人不按合同约定支付进度款，双方又未达成延期付款协议，导致施工无法进行，承包人可停止施工，由发包人承担违约责任。 （2）用可调工料单价法计算工程进度款 在确定所完工程量之后，可按以下步骤计算工程进度款：根据所完工程量的项目名称，配上分项编号、单价，得出合价→将本月所完成的全部项目合价相加，得出分部分项工程费小计→按规定计算措施项目费、其他项目费、规费、税金→累计本月应收工程进度款

考点 6　工程竣工结算

工程竣工结算规定

序号	项目	内容
1	《建设工程施工合同（示范文本）》关于竣工结算的规定	工程竣工验收报告经发包人认可后28d内承包人向发包人提交竣工结算报告及完整的竣工结算资料，双方按照协议书约定的合同价款及专用条款约定的合同价款调整内容，进行工程竣工结算
2	竣工调值公式法	$$P = P_0(a_0 + a_1 A/A_0 + a_2 B/B_0 + a_3 C/C_0 + a_4 D/D_0)$$ 式中　　P——工程实际结算价款； 　　　　P_0——调值前工程进度款； 　　　　a_0——不调值部分比重； 　　　　a_1、a_2、a_3、a_4——调值因素比重； 　　　　A、B、C、D——现行价格指数或价格； 　　　　A_0、B_0、C_0、D_0——基期价格指数或价格

考点7 成本控制方法在建筑工程中的应用

成本管理的内容和成本管理程序的控制过程

序号	项目	内容
1	成本管理的内容	按照一般产品生产的成本管理理论，成本控制和成本管理严格上说是两个不同的概念，成本管理作为生产管理的一项职能，其内容包括： （1）确定成本目标。 （2）进行成本预测。 （3）编制成本计划。 （4）实施成本控制。 （5）开展成本核算。 （6）做好成本分析。 （7）编制成本报表。 注：工程成本控制是建筑施工企业成本管理体系中的决定性环节。预测阶段和计划阶段规定了成本目标，但目标能不能实现，关键在于工程成本的日常控制
2	成本管理程序的控制过程	（1）施工项目成本预测 施工项目成本预测是根据成本信息和施工项目的具体条件，运用一定的专门方法，对未来的成本水平及其可能发展趋势作出科学的估计，为制定施工成本计划和控制措施提供依据。 （2）施工项目成本计划 施工项目成本计划是项目经理部为实现项目责任成本目标，而对成本目标进行分解，确定控制方法和控制措施的过程。它以最经济合理的施工方案为基础，企业的施工定额为依据，确定各项施工内容的资源消耗数量和成本额度，是建立施工项目成本管理责任制、开展成本控制和核算的前提，也是施工项目成本预控的过程。 （3）施工项目成本控制 这里所说的施工项目成本控制，主要是指项目经理部对施工项目成本的发生或形成过程所进行的控制，即致力于按成本计划的要求，合理配置施工资源、控制物资和劳动消耗、挖潜提效、克服浪费、节支降本，使施工过程成本费用的支出，从局部到整体处于受控状态。 （4）施工项目成本核算 ① 施工项目成本核算是指项目施工过程中所发生的各种费用而形成的施工项目实际成本与计划目标成本，在保持统计口径一致的前提下，进行两相对比，找出差异。 ② 以成本制造法为例，现行建筑行业的财务系统在施工项目成本管理工作中，首先是按照工程的人工、机械、材料及其他直接费（例如二次搬运费、场地清理等）核算出直接费用（为完成合同所发生的、可以直接计入合同成本核算对象的各种支出），再由项目层次的管理费等（例如临时设施摊销、管理薪酬、劳动保护费、工程保修、办公费、差旅费等）作为工程项目的间接费（指为完成合同所发生的、不宜直接归属于合同成本对象而应分配计入有关合同成本核算对象的各项费用支出），而企业行政管理部门为组织和管理生产经营活动所发生的管理费用则属于期间费用，不计入施工成本中。 （5）施工项目成本分析 施工项目成本分析是在施工成本跟踪核算的基础上，动态分析各成本项目的节超原因。它贯穿于施工项目成本管理的全过程，也就是说施工项目成本分析主要是利用施工项目的成本核算资料（成本信息），与目标成本（计划成本）、预算成本以及类似的施工项目的实际成本等进行比较，了解成本的变动情况，同时也要分析主要技术经济指标对成本的影响，系统地研究成本变动的因素，检查成本计划的合理性，并通过成本分析，深入揭示成本变动的规律，寻找降低施工项目成本的途径。 （6）施工项目成本考核 所谓成本考核，就是施工项目完成后，对施工项目成本形成中的各责任者，按施工项目成本目标责任制的有关规定，将成本的实际指标与计划、定额、预算进行对比和考核，评定施工项目成本计划的完成情况和各责任者的业绩，并据此给以相应的奖励和处罚

用价值工程原理控制工程成本

序号	项目	内容
1	用价值工程控制成本的原理	按价值工程的公式 $V=F/C$ 分析，提高价值的途径有 5 条： （1）功能提高，成本不变。 （2）功能不变，成本降低。 （3）功能提高，成本降低。 （4）降低辅助功能，大幅度降低成本。 （5）成本稍有提高，大大提高功能。 其中（1）、（3）、（4）的途径是提高价值，同时也降低成本的途径。应当选择价值系数低、降低成本潜力大的工程作为价值工程的对象，寻求对成本的有效降低
2	价值分析的对象	（1）选择数量大，应用面广的构配件。 （2）选择成本高的工程和构配件。 （3）选择结构复杂的工程和构配件。 （4）选择体积与重量大的工程和构配件。 （5）选择对产品功能提高起关键作用的构配件。 （6）选择在使用中维修费用高、耗能量大或使用期的总费用较大的工程和构配件。 （7）选择畅销产品，以保持优势，提高竞争力。 （8）选择在施工（生产）中容易保证质量的工程和构配件。 （9）选择施工（生产）难度大、多花费材料和工时的工程和构配件。 （10）选择可利用新材料、新设备、新工艺、新结构及在科研上已有先进成果的工程和构配件

建筑工程成本分析方法

序号	项目	内容
1	基本分析方法	比较法，因素分析法，差额分析法和比率法
2	综合分析法	分部分项成本分析，月（季）度成本分析，年度成本分析，竣工成本分析

施 工 成 本 考 核

施工项目成本考核的目的，在于贯彻落实责权利相结合的原则，促进成本管理工作的健康发展。在施工项目成本的管理中，项目经理和所属岗位、甚至是分包队伍都有明确的成本管理责任，通过定期与不定期的成本考核，对他们既加强督促，也调动积极性，包括目标成本完成情况的考核和成本管理工作中业绩的考核。企业对项目经理部的考核内容主要如下：

1. 项目施工目标成本和阶段性成本目标的完成情况。

2. 建立以项目经理为核心的成本责任制落实情况。

3. 成本计划的编制和落实情况。

4. 对各部门、岗位的责任成本的检查和考核情况。

5. 施工成本核算的真实性、符合性。

6. 考核兑现。

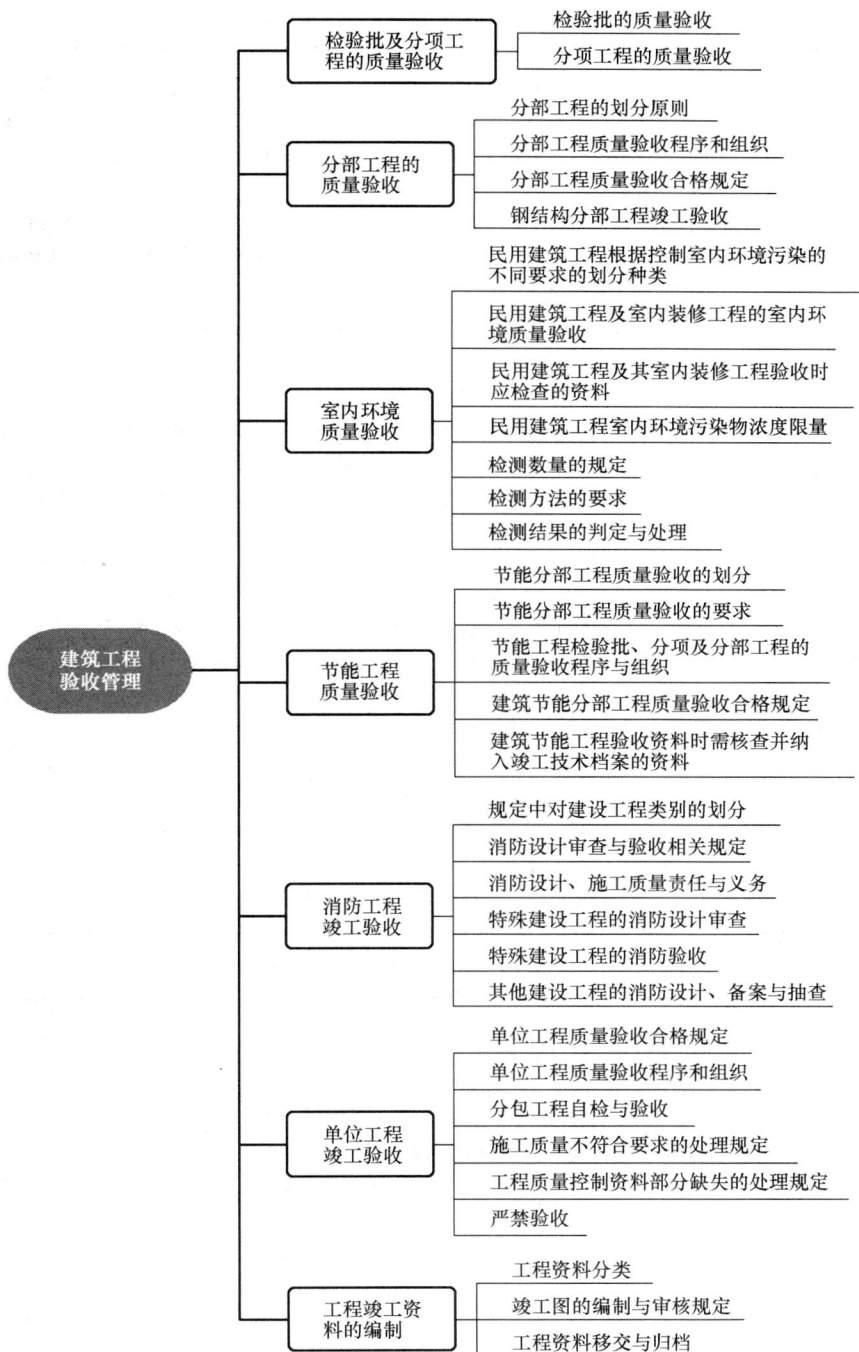

2A320090 建筑工程验收管理

【考点图谱】

```
                              ┌──────────────┬──────── 检验批的质量验收
                    ┌─ 检验批及分项工程的质量验收
                    │                        └──────── 分项工程的质量验收
                    │
                    │                        ┌──────── 分部工程的划分原则
                    │         分部工程的        ├──────── 分部工程质量验收程序和组织
                    ├─ 质量验收              ├──────── 分部工程质量验收合格规定
                    │                        └──────── 钢结构分部工程竣工验收
                    │
                    │                        ┌──────── 民用建筑工程根据控制室内环境污染的
                    │                        │         不同要求的划分种类
                    │                        ├──────── 民用建筑工程及室内装修工程的室内环
                    │                        │         境质量验收
                    │                        ├──────── 民用建筑工程及其室内装修工程验收时
                    │         室内环境          │         应检查的资料
                    ├─ 质量验收              ├──────── 民用建筑工程室内环境污染物浓度限量
                    │                        ├──────── 检测数量的规定
                    │                        ├──────── 检测方法的要求
                    │                        └──────── 检测结果的判定与处理
                    │
                    │                        ┌──────── 节能分部工程质量验收的划分
       建筑工程       │                        ├──────── 节能分部工程质量验收的要求
       验收管理 ──────┤         节能工程          ├──────── 节能工程检验批、分项及分部工程的
                    ├─ 质量验收              │         质量验收程序与组织
                    │                        ├──────── 建筑节能分部工程质量验收合格规定
                    │                        └──────── 建筑节能工程验收资料时需核查并纳
                    │                                  入竣工技术档案的资料
                    │
                    │                        ┌──────── 规定中对建设工程类别的划分
                    │                        ├──────── 消防设计审查与验收相关规定
                    │         消防工程          ├──────── 消防设计、施工质量责任与义务
                    ├─ 竣工验收              ├──────── 特殊建设工程的消防设计审查
                    │                        ├──────── 特殊建设工程的消防验收
                    │                        └──────── 其他建设工程的消防设计、备案与抽查
                    │
                    │                        ┌──────── 单位工程质量验收合格规定
                    │                        ├──────── 单位工程质量验收程序和组织
                    │         单位工程          ├──────── 分包工程自检与验收
                    ├─ 竣工验收              ├──────── 施工质量不符合要求的处理规定
                    │                        ├──────── 工程质量控制资料部分缺失的处理规定
                    │                        └──────── 严禁验收
                    │
                    │                        ┌──────── 工程资料分类
                    │         工程竣工资          ├──────── 竣工图的编制与审核规定
                    └─ 料的编制              └──────── 工程资料移交与归档
```

考点1　检验批及分项工程的质量验收

建设工程验收的基本原则

序号	项目	内容
1	建筑工程的施工质量控制规定	（1）建筑工程采用的主要材料、半成品、成品、建筑构配件、器具和设备应进行现场验收。凡涉及安全、节能、环境保护和主要使用功能的重要材料、产品，应按各专业工程施工规范、验收规范和设计文件等规定进行复验，并应经监理工程师检查认可。 （2）各施工工序应按施工技术标准进行质量控制，每道施工工序完成后，经施工单位自检符合规定后，才能进行下道工序施工。各专业工种之间的相关工序应进行交接检验，并应记录。 （3）对于监理单位提出检查要求的重要工序，应经监理工程师检查认可，才能进行下道工序施工
2	专业验收和专项验收	（1）当专业验收规范对工程中的验收项目未作出相应规定时，应由建设单位组织监理、设计、施工等相关单位制定专项验收要求。 （2）涉及安全、节能、环境保护等项目的专项验收要求应由建设单位组织专家论证
3	建筑工程施工质量验收要求	（1）工程质量验收均应在施工单位自检合格的基础上进行。 （2）参加工程施工质量验收的各方人员应具备相应的资格。 （3）检验批的质量应按主控项目和一般项目验收。 （4）对涉及结构安全、节能、环境保护和主要使用功能的试块、试件及材料，应在进场时或施工中按规定进行见证检验。 （5）隐蔽工程在隐蔽前应由施工单位通知监理单位进行验收，并应形成验收文件，验收合格后方可继续施工。 （6）对涉及结构安全、节能、环境保护和使用功能的重要分部工程，应在验收前按规定进行抽样检验。 （7）工程的观感质量应由验收人员现场检查，并应共同确认

质　量　验　收

序号	项目	划分依据	验收合格标准	验收组织
1	检验批	（1）检验批是工程质量验收的最小单位，是分项工程直至整个建筑工程质量验收的基础。 （2）根据施工、质量控制和专业验收的需要，按工程量、楼层、施工段、变形缝进行划分	（1）主控项目的质量经抽样检验均应合格。 （2）一般项目的质量经抽样检验合格。 （3）具有完整的施工操作依据、质量验收记录	专业监理工程师组织施工单位项目专业质量检查员、专业工长等进行验收

序号	项目	划分依据	验收合格标准	验收组织
2	分项工程	分项工程可按主要工种、材料、施工工艺、设备类别进行划分	（1）所含检验批的质量均应验收合格。 （2）所含检验批的质量验收记录应完整	专业监理工程师（建设单位项目专业技术负责人）组织施工单位项目专业技术负责人等进行验收
3	分部工程	（1）可按专业性质、工程部位确定。 （2）当分部工程较大或较复杂时，可按材料种类、施工特点、施工程序、专业系统及类别将分部工程划分为若干子分部工程	（1）所含分项工程的质量均应验收合格。 （2）质量控制资料应完整。 （3）有关安全、节能、环境保护和主要使用功能的抽样检验结果应符合相应规定。 （4）观感质量应符合要求	（1）由总监理工程师（建设单位项目负责人）组织施工单位项目负责人和项目技术负责人等进行验收。 （2）勘察、设计单位项目负责人和施工单位技术、质量部门负责人应参加地基与基础分部工程的验收。 （3）设计单位项目负责人和施工单位技术、质量部门负责人应参加主体结构、节能分部工程的验收
4	单位工程		（1）所含分部工程的质量均应验收合格。 （2）质量控制资料应完整。 （3）所含分部工程中有关安全、节能、环境保护和主要使用功能的检验资料应完整。 （4）主要使用功能的抽查结果应符合相关专业验收规范的规定。 （5）观感质量应符合要求	（1）单位工程完工后，施工单位应组织有关人员进行自检。 （2）总监理工程师应组织各专业监理工程师对工程质量进行竣工预验收。 （3）存在施工质量问题时，应由施工单位整改。 （4）预验收通过后，由施工单位向建设单位提交工程竣工报告，申请工程竣工验收。 （5）建设单位收到工程竣工报告后，应由建设单位项目负责人组织监理、施工、设计、勘察等单位项目负责人进行单位工程验收

考点 2　分部工程的质量验收

钢结构分部工程竣工验收

序号	项目	内容
1	验收单元	钢结构作为主体结构之一应按子分部工程竣工验收。当主体结构均为钢结构时应按分部工程竣工验收。大型钢结构工程可划分为若干子分部工程进行竣工验收
2	钢结构分部工程竣工验收时需要提供的文件和记录	（1）钢结构工程竣工图纸及相关设计文件。 （2）施工现场质量管理检查记录。 （3）有关安全及功能的检验和见证检测项目检查记录。 （4）有关观感质量检验项目检查记录。 （5）分部工程所含各分项工程质量验收记录。 （6）分项工程所含各检验批质量验收记录。 （7）强制性条文检验项目检查记录及证明文件。 （8）隐蔽工程检验项目检查验收记录。 （9）原材料、成品质量合格证明文件，中文产品标志及性能检测报告。 （10）不合格项的处理记录及验收记录。 （11）重大质量、技术问题实施方案及验收记录。 （12）其他有关文件和记录

考点 3　室内环境质量验收

民用建筑工程室内环境污染物浓度限量

污染物	Ⅰ类民用建筑工程	Ⅱ类民用建筑工程
氡（Bq/m³）	≤150	≤150
甲醛（mg/m³）	≤0.07	≤0.08
甲苯（mg/m³）	≤0.15	≤0.20
二甲苯（mg/m³）	≤0.20	≤0.20
苯（mg/m³）	≤0.06	≤0.09
氨（mg/m³）	≤0.15	≤0.20
TVOC（mg/m³）	≤0.45	≤0.50

注：1. 表中污染物浓度测量值，除氡外均指室内污染物浓度测量值扣除同步室外上风向空气中污染物浓度测量值（本底值）后的测量值。

2. 表中污染物浓度测量值的极限值判定，采用全数值比较法。

考点 4　节能工程质量验收

节能分部工程质量验收

序号	项目	内容
1	节能分部工程质量验收的划分	（1）建筑节能工程为单位建筑工程中的一个分部工程，建筑节能工程应按照分项工程为单位进行验收。 （2）当建筑节能某分项工程的工程量较大时，可以将分项工程划分为若干个检验批进行验收。 （3）当建筑节能工程验收无法按照上述要求划分分项工程或检验批时，可由建设、监理、施工等各方协商进行划分，但验收项目、验收内容、验收标准和验收记录均应遵守规范的规定。 （4）建筑节能分项工程和检验批的验收应单独填写验收记录，节能工程验收资料应单独组卷
2	质量验收要求	建筑节能分部工程的质量验收，应在施工单位自检合格，且检验批、分项工程全部验收合格的基础上，进行外墙节能构造、外窗气密性能现场实体检验和设备系统节能性能检测，严寒、寒冷和夏热冬冷地区的外窗气密性现场检测，以及系统节能性能检测和系统联合试运转与调试，确认建筑节能工程质量达到验收条件后方可进行
3	质量验收合格规定	（1）分项工程应全部合格。 （2）质量控制资料应完整。 （3）外墙节能构造现场实体检验结果应符合设计要求。 （4）严寒、寒冷和夏热冬冷地区的建筑外窗气密性能现场实体检测结果应符合设计要求、合格。 （5）建筑设备工程系统节能性能检测结果应合格
4	建筑节能工程验收资料时核查下列资料并纳入竣工技术档案	（1）设计文件、图纸会审记录、设计变更和洽商。 （2）主要材料、设备和构件的质量证明文件、进场检验记录、进场核查记录、进场复验报告、见证试验报告。 （3）隐蔽工程验收记录和相关图像资料。 （4）分项工程质量验收记录，必要时应核查检验批验收记录。 （5）建筑外墙围护结构节能构造现场实体检验报告或外墙传热系数检验报告记录。 （6）严寒、寒冷和夏热冬冷地区外窗气密性能现场实体检测检验报告。 （7）风管及系统严密性检验记录。 （8）现场组装的组合式空调机组的漏风量测试记录。 （9）设备单机试运转及调试记录。 （10）设备系统联合试运转及调试记录。 （11）设备系统节能性能检验报告。 （12）其他对工程质量有影响的重要技术资料

序号	项目	内容		
5	验收程序	**验收项目**	**主持人员**	**参加人员**
		节能检验批和隐蔽工程验收	专业监理工程师主持	施工单位相关专业的质量检查员与施工员参加
		节能分项工程	专业监理工程师主持	（1）施工单位项目技术负责人和相关专业的质量检查员、施工员参加。 （2）必要时可邀请主要设备、材料供应商及分包单位、设计单位相关专业的人员参加验收
		节能分部工程	总监理工程师（建设单位项目负责人）主持	（1）施工单位项目负责人、项目技术负责人和相关专业的负责人、质量检查员、施工员参加。 （2）施工单位的质量或技术负责人应参加。 （3）设计单位项目负责人及相关专业负责人应参加验收。 （4）主要设备、材料供应商及分包单位负责人、节能设计人员应参加验收

考点 5　消防工程竣工验收

规定中对建设工程类别的划分

序号	项目	内容
1	特殊建设工程	具有下列情形之一的建设工程是特殊建设工程： （1）总建筑面积大于 20000m² 的体育场馆、会堂，公共展览馆、博物馆的展览厅。 （2）总建筑面积大于 15000m² 的民用机场航站楼、客运车站候车室、客运码头候船厅。 （3）总建筑面积大于 10000m² 的宾馆、饭店、商场、市场。 （4）总建筑面积大于 2500m² 的影剧院，公共图书馆的阅览室，营业性室内健身、休闲场馆，医院的门诊楼，大学的教学楼、图书馆、食堂，劳动密集型企业的生产加工车间，寺庙、教堂。 （5）总建筑面积大于 1000m² 的托儿所、幼儿园的儿童用房，儿童游乐厅等室内儿童活动场所，养老院、福利院，医院、疗养院的病房楼，中小学校的教学楼、图书馆、食堂，学校的集体宿舍，劳动密集型企业的员工集体宿舍。 （6）总建筑面积大于 500m² 的歌舞厅、录像厅、放映厅、卡拉 OK 厅、夜总会、游艺厅、桑拿浴室、网吧、酒吧，具有娱乐功能的餐馆、茶馆、咖啡厅。 （7）国家工程建设消防技术标准规定的一类高层住宅建筑。 （8）城市轨道交通、隧道工程，大型发电、变配电工程。 （9）生产、储存、装卸易燃易爆危险物品的工厂、仓库和专用车站、码头，易燃易爆气体和液体的充装站、供应站、调压站。 （10）国家机关办公楼、电力调度楼、电信楼、邮政楼、防灾指挥调度楼、广播电视楼、档案楼。 （11）设有本条第一项至第六项所列情形的建设工程。 （12）本条第十项、第十一项规定以外的单体建筑面积大于 40000m² 或者建筑高度超过 50m 的公共建筑

序号	项目	内容
2	其他建设工程	是指特殊建设工程以外的其他按照国家工程建设消防技术标准需要进行消防设计的建设工程

消防设计审查验收与消防设计施工质量责任与义务

序号	项目	内容
1	消防设计审查与验收相关规定	（1）国务院住房和城乡建设主管部门负责指导监督全国建设工程消防设计审查验收工作。 （2）县级以上地方人民政府住房和城乡建设主管部门（以下简称消防设计审查验收主管部门）依职责承担本行政区域内建设工程的消防设计审查、消防验收、备案和抽查工作。 （3）跨行政区域建设工程的消防设计审查、消防验收、备案和抽查工作，由该建设工程所在行政区域消防设计审查验收主管部门共同的上一级主管部门指定负责。 （4）消防设计审查验收主管部门应当及时将消防验收、备案和抽查情况告知消防救援机构，并与消防救援机构共享建筑平面图、消防设施平面布置图、消防设施系统图等资料。 （5）从事建设工程消防设计审查验收的工作人员，以及建设、设计、施工、工程监理、技术服务等单位的从业人员，应当具备相应的专业技术能力，定期参加职业培训
2	消防设计、施工质量责任与义务	（1）建设单位依法对建设工程消防设计、施工质量负首要责任。设计、施工、工程监理、技术服务等单位依法对建设工程消防设计、施工质量负主体责任。建设、设计、施工、工程监理、技术服务等单位的从业人员依法对建设工程消防设计、施工质量承担相应的个人责任。 （2）建设单位应当履行下列消防设计、施工质量责任和义务： ① 不得明示或者暗示设计、施工、工程监理、技术服务等单位及其从业人员违反建设工程法律法规和国家工程建设消防技术标准，降低建设工程消防设计、施工质量。 ② 依法申请建设工程消防设计审查、消防验收，办理备案并接受抽查。 ③ 实行工程监理的建设工程，依法将消防施工质量委托监理。 ④ 委托具有相应资质的设计、施工、工程监理单位。 ⑤ 按照工程消防设计要求和合同约定，选用合格的消防产品和满足防火性能要求的建筑材料、建筑构配件和设备。 ⑥ 组织有关单位进行建设工程竣工验收时，对建设工程是否符合消防要求进行查验。 ⑦ 依法及时向档案管理机构移交建设工程消防有关档案。 （3）设计单位应当履行下列消防设计、施工质量责任和义务： ① 按照建设工程法律法规和国家工程建设消防技术标准进行设计，编制符合要求的消防设计文件，不得违反国家工程建设消防技术标准强制性条文。 ② 在设计文件中选用的消防产品和具有防火性能要求的建筑材料、建筑构配件和设备，应当注明规格、性能等技术指标，符合国家规定的标准。 ③ 参加建设单位组织的建设工程竣工验收，对建设工程消防设计实施情况签章确认，并对建设工程消防设计质量负责。 （4）施工单位应当履行下列消防设计、施工质量责任和义务： ① 按照建设工程法律法规、国家工程建设消防技术标准，以及经消防设计审查合格或者满足工程需要的消防设计文件组织施工，不得擅自改变消防设计进行施工，降低消防施工质量。

序号	项目	内容
2	消防设计、施工质量责任与义务	② 按照消防设计要求、施工技术标准和合同约定检验消防产品和具有防火性能要求的建筑材料、建筑构配件和设备的质量，使用合格产品，保证消防施工质量。 ③ 参加建设单位组织的建设工程竣工验收，对建设工程消防施工质量签章确认，并对建设工程消防施工质量负责。 （5）工程监理单位应当履行下列消防设计、施工质量责任和义务： ① 按照建设工程法律法规、国家工程建设消防技术标准，以及经消防设计审查合格或者满足工程需要的消防设计文件实施工程监理。 ② 在消防产品和具有防火性能要求的建筑材料、建筑构配件和设备使用、安装前，核查产品质量证明文件，不得同意使用或者安装不合格的消防产品和防火性能不符合要求的建筑材料、建筑构配件和设备。 ③ 参加建设单位组织的建设工程竣工验收，对建设工程消防施工质量签章确认，并对建设工程消防施工质量承担监理责任。 （6）提供建设工程消防设计图纸技术审查、消防设施检测或者建设工程消防验收现场评定等服务的技术服务机构，应当按照建设工程法律法规、国家工程建设消防技术标准和国家有关规定提供服务，并对出具的意见或者报告负责

特殊建设工程的消防设计审查与消防验收

序号	项目	内容
1	特殊建设工程的消防设计审查	（1）对特殊建设工程实行消防设计审查制度 特殊建设工程的建设单位应当向消防设计审查验收主管部门申请消防设计审查，消防设计审查验收主管部门依法对审查的结果负责。 特殊建设工程未经消防设计审查或者审查不合格的，建设单位、施工单位不得施工。 （2）建设单位申请消防设计审查，应当提交下列材料： ① 消防设计审查申请表。 ② 消防设计文件。 ③ 依法需要办理建设工程规划许可的，应当提交建设工程规划许可文件。 ④ 依法需要批准的临时性建筑，应当提交批准文件。 （3）特殊建设工程具有下列情形之一的，建设单位除提交上一条所列材料外，还应当同时提交特殊消防设计技术资料： ① 国家工程建设消防技术标准没有规定，必须采用国际标准或者境外工程建设消防技术标准的。 ② 消防设计文件拟采用的新技术、新工艺、新材料不符合国家工程建设消防技术标准规定的。 前款所称特殊消防设计技术资料，应当包括特殊消防设计文件，设计采用的国际标准、境外工程建设消防技术标准的中文文本，以及有关的应用实例、产品说明等资料。 （4）消防设计审查验收主管部门收到建设单位提交的消防设计审查申请后，对申请材料齐全的，应当出具受理凭证。申请材料不齐全的，应当一次性告知需要补正的全部内容。 （5）对具有特殊消防设计技术资料的建设工程，消防设计审查验收主管部门应当自受理消防设计审查申请之日起五个工作日内，将申请材料报送省、自治区、直辖市人民政府住房和城乡建设主管部门组织专家评审。

序号	项目	内容
1	特殊建设工程的消防设计审查	（6）省、自治区、直辖市人民政府住房和城乡建设主管部门应当建立由具有工程消防、建筑等专业高级技术职称人员组成的专家库，制定专家库管理制度。 （7）省、自治区、直辖市人民政府住房和城乡建设主管部门应当在收到申请材料之日起十个工作日内组织召开专家评审会，对建设单位提交的特殊消防设计技术资料进行评审。 评审专家从专家库随机抽取，对于技术复杂、专业性强或者国家有特殊要求的项目，可以直接邀请相应专业的中国科学院院士、中国工程院院士、全国工程勘察设计大师以及境外具有相应资历的专家参加评审。与特殊建设工程设计单位有利害关系的专家不得参加评审。 评审专家应当符合相关专业要求，总数不得少于七人，且独立出具评审意见。特殊消防设计技术资料经四分之三以上评审专家同意即为评审通过，评审专家有不同意见的，应当注明。省、自治区、直辖市人民政府住房和城乡建设主管部门应当将专家评审意见，书面通知报请评审的消防设计审查验收主管部门，同时报国务院住房和城乡建设主管部门备案。 （8）消防设计审查验收主管部门应当自受理消防设计审查申请之日起十五个工作日内出具书面审查意见。依照规定需要组织专家评审的，专家评审时间不超过二十个工作日。 （9）对符合下列条件的，消防设计审查验收主管部门应当出具消防设计审查合格意见： ① 申请材料齐全、符合法定形式。 ② 设计单位具有相应资质。 ③ 消防设计文件符合国家工程建设消防技术标准（特殊建设工程，特殊消防设计技术资料通过专家评审）。 对不符合前款规定条件的，消防设计审查验收主管部门应当出具消防设计审查不合格意见，并说明理由。 （10）实行施工图设计文件联合审查的，应当将建设工程消防设计的技术审查并入联合审查。 （11）建设、设计、施工单位不得擅自修改经审查合格的消防设计文件。确需修改的，建设单位应当依照规定重新申请消防设计审查
2	特殊建设工程的消防验收	（1）对特殊建设工程实行消防验收制度 特殊建设工程竣工验收后，建设单位应当向消防设计审查验收主管部门申请消防验收。未经消防验收或者消防验收不合格的，禁止投入使用。 （2）建设单位组织竣工验收时，应当对建设工程是否符合下列要求进行查验： ① 完成工程消防设计和合同约定的消防各项内容。 ② 有完整的工程消防技术档案和施工管理资料（含涉及消防的建筑材料、建筑构配件和设备的进场试验报告）。 ③ 建设单位对工程涉及消防的各分部分项工程验收合格。施工、设计、工程监理、技术服务等单位确认工程消防质量符合有关标准。 ④ 消防设施性能、系统功能联调联试等内容检测合格。 经查验不符合前款规定的建设工程，建设单位不得编制工程竣工验收报告。 （3）建设单位申请消防验收，应当提交下列材料： ① 消防验收申请表。

序号	项目	内容
2	特殊建设工程的消防验收	② 工程竣工验收报告。 ③ 涉及消防的建设工程竣工图纸。 　消防设计审查验收主管部门收到建设单位提交的消防验收申请后，对申请材料齐全的，应当出具受理凭证。申请材料不齐全的，应当一次性告知需要补正的全部内容。 （4）消防设计审查验收主管部门受理消防验收申请后，应当按照国家有关规定，对特殊建设工程进行现场评定。现场评定包括对建筑物防（灭）火设施的外观进行现场抽样查看。通过专业仪器设备对涉及距离、高度、宽度、长度、面积、厚度等可测量的指标进行现场抽样测量。对消防设施的功能进行抽样测试、联调联试消防设施的系统功能等内容。 （5）消防设计审查验收主管部门应当自受理消防验收申请之日起十五日内出具消防验收意见。对符合下列条件的，应当出具消防验收合格意见： ① 申请材料齐全、符合法定形式。 ② 工程竣工验收报告内容完备。 ③ 涉及消防的建设工程竣工图纸与经审查合格的消防设计文件相符。 ④ 现场评定结论合格。 　对不符合前款规定条件的，消防设计审查验收主管部门应当出具消防验收不合格意见，并说明理由。 （6）实行规划、土地、消防、人防、档案等事项联合验收的建设工程，消防验收意见由地方人民政府指定的部门统一出具

其他有关规定

序号	项目	内容
1	其他建设工程的消防设计、备案与抽查	（1）其他建设工程，建设单位申请施工许可或者申请批准开工报告时，应当提供满足施工需要的消防设计图纸及技术资料。 　未提供满足施工需要的消防设计图纸及技术资料的，有关部门不得发放施工许可证或者批准开工报告。 （2）对其他建设工程实行备案抽查制度。其他建设工程经依法抽查不合格的，应当停止使用。 （3）其他建设工程竣工验收合格之日起五个工作日内，建设单位应当报消防设计审查验收主管部门备案。 建设单位办理备案，应当提交下列材料： ① 消防验收备案表。 ② 工程竣工验收报告。 ③ 涉及消防的建设工程竣工图纸。 针对特殊建设工程在竣工验收消防查验的规定，同样适用于其他建设工程。 （4）消防设计审查验收主管部门收到建设单位备案材料后，对备案材料齐全的，应当出具备案凭证。备案材料不齐全的，应当一次性告知需要补正的全部内容。 （5）消防设计审查验收主管部门应当对备案的其他建设工程进行抽查。抽查工作推行"双随机、一公开"制度，随机抽取检查对象，随机选派检查人员。抽取比例由省、自治区、直辖市人民政府住房和城乡建设主管部门，结合辖区内消防设计、施工质量情况确定，并向社会公示。 　消防设计审查验收主管部门应当自其他建设工程被确定为检查对象之日起十五个工作日内，按照建设工程消防验收有关规定完成检查，制作检查记录。检查结果应当通知建设单位，并向社会公示。 （6）建设单位收到检查不合格整改通知后，应当停止使用建设工程，并组织整改，整改完成后，向消防设计审查验收主管部门申请复查。消防设计审查验收主管部门应当自收到书面申请之日起七个工作日内进行复查，并出具复查意见。复查合格后方可使用建设工程

序号	项目	内容
2	其他规定	（1）新颁布的国家工程建设消防技术标准实施之前，建设工程的消防设计已经依法审查合格的，按原审查意见的标准执行。 （2）住宅室内装饰装修、村民自建住宅、救灾和非人员密集场所的临时性建筑的建设活动，不适用本规定

考点6 单位工程竣工验收

单位工程质量验收

序号	项目	内容
1	单位工程质量验收合格规定	（1）所含分部工程的质量均应验收合格。 （2）质量控制资料应完整。 （3）所含分部工程中有关安全、节能、环境保护和主要使用功能的检验资料应完整。 （4）主要使用功能的抽查结果应符合相关专业验收规范的规定。 （5）观感质量应符合要求
2	单位工程质量验收程序和组织	（1）单位工程完工后，施工单位应组织有关人员进行自检。 （2）总监理工程师应组织各专业监理工程师对工程质量进行竣工预验收。 （3）存在施工质量问题时，应由施工单位整改。 （4）预验收通过后，由施工单位向建设单位提交工程竣工报告，申请工程竣工验收。 （5）建设单位收到工程竣工报告后，应由建设单位项目负责人组织监理、施工、设计、勘察等单位项目负责人进行单位工程验收
3	分包工程验收规定	（1）单位工程中的分包工程完工后，分包单位应对所承包的工程项目进行自检，并按规定程序进行验收。 （2）验收时，总包单位应派人参加。 （3）分包单位应将所分包工程的质量控制资料整理完整，并移交给总包单位。 （4）建设单位组织单位工程质量验收时，分包单位负责人应参加验收
4	建筑工程施工质量不符合要求时的处理规定	（1）经返工或返修的检验批，应重新进行验收。 （2）经有资质的检测机构检测鉴定能够达到设计要求的检验批，应予以验收。 （3）经有资质的检测机构检测鉴定达不到设计要求，但经原设计单位核算认可能够满足安全和使用功能的检验批，可予以验收。 （4）经返修或加固处理的分项、分部工程，满足安全及使用功能要求时，可按技术处理方案和协商文件的要求予以验收
5	工程质量控制资料部分缺失的处理规定	当工程质量控制资料部分缺失时，应委托有资质的检测机构按有关标准进行相应的实体检验或抽样试验
6	严禁验收规定	经返修或加固处理仍不能满足安全或重要使用要求的分部工程及单位工程，严禁验收

考点 7 工程竣工资料的编制

工程竣工资料的编制规定

序号	项目	内容
1	工程资料分类	(1) 根据《建筑工程资料管理规程》JGJ/T 185—2009 的规定，建筑工程资料可分为：工程准备阶段文件、监理资料、施工资料、竣工图和工程竣工文件 5 类。 (2) 工程准备阶段文件可分为决策立项文件、建设用地文件、勘察设计文件、招投标及合同文件、开工文件、商务文件 6 类。 (3) 施工资料可分为施工管理资料、施工技术资料、施工进度及造价资料、施工物资资料、施工记录、施工试验记录及检测报告、施工质量验收记录、竣工验收资料 8 类。 (4) 工程竣工文件可分为竣工验收文件、竣工决算文件、竣工交档文件、竣工总结文件 4 类
2	竣工图的编制与审核	(1) 新建、改建、扩建的建筑工程均应编制竣工图；竣工图应真实反映竣工工程的实际情况。 (2) 竣工图的专业类别应与施工图对应。 (3) 竣工图应依据施工图、图纸会审记录、设计变更通知单、工程洽商记录（包括技术核定单）等绘制。 (4) 当施工图没有变更时，可直接在施工图上加盖竣工图章形成竣工图。 (5) 竣工图的绘制应符合国家现行有关标准的规定。 (6) 竣工图应有竣工图章和相关责任人签字。 (7) 竣工图的绘制和装订应符合相关规定
3	工程资料移交	(1) 施工单位应向建设单位移交施工资料。 (2) 施工总承包的，各专业承包单位应向施工总承包单位移交施工资料。 (3) 监理单位应向建设单位移交监理资料。 (4) 工程资料移交时应及时办理相关移交手续，填写工程资料移交书、移交目录。 (5) 建设单位应按国家有关法规和标准规定向城建档案管理部门移交工程档案，并办理相关手续。有条件时，向城建档案管理部门移交的工程档案应为原件
4	工程资料归档	(1) 工程资料归档保存期限不宜少于 5 年。 (2) 建设单位工程资料归档保存期限应满足工程维修、改造、加固的需要。 (3) 施工单位工程资料归档保存期限应满足工程质量保修及质量追溯的需要

2A330000 建筑工程项目施工相关法规与标准

2A331000 建筑工程相关法规

2A331010 建筑工程管理相关法规

【考点图谱】

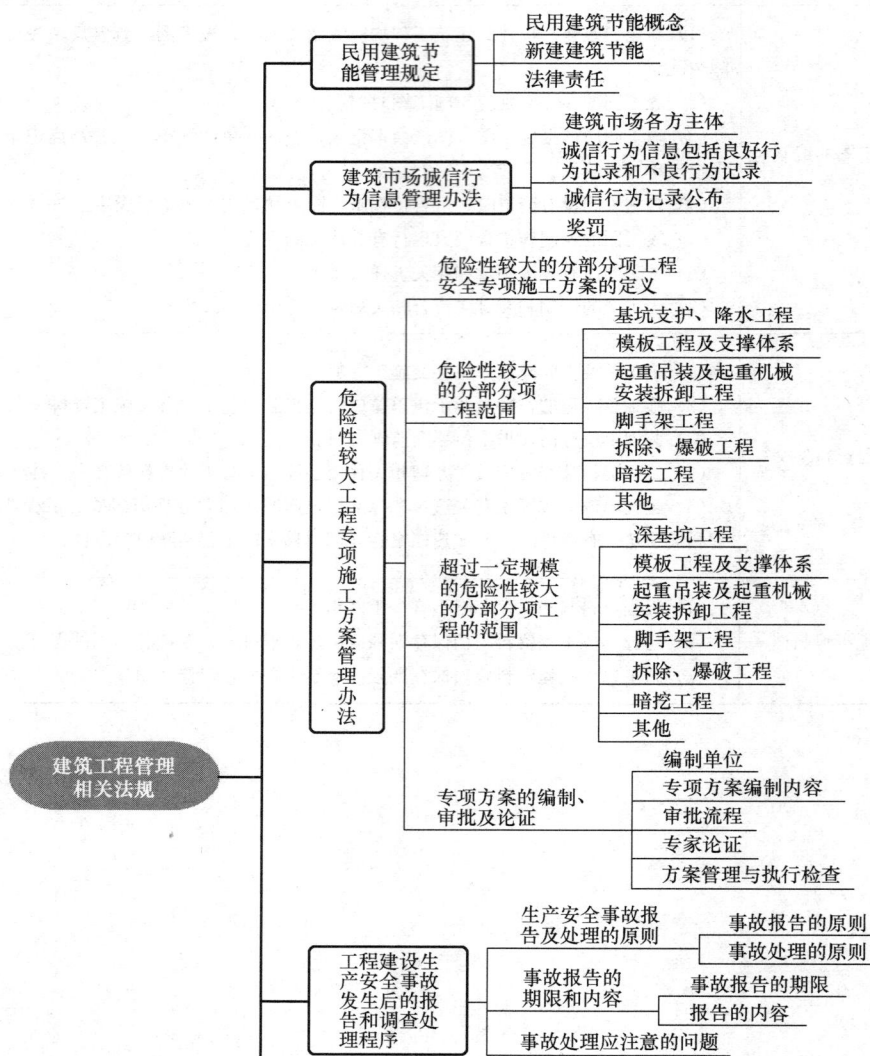

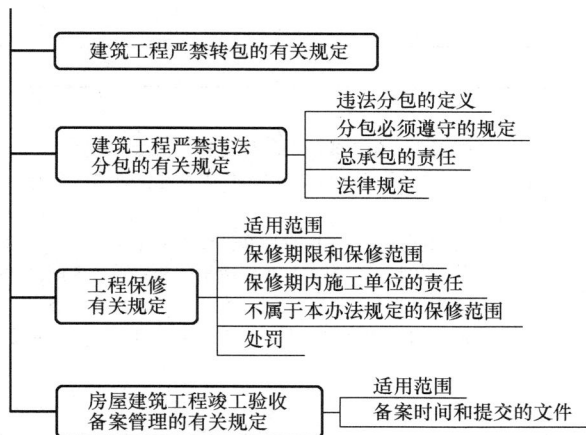

建筑工程严禁转包的有关规定

建筑工程严禁违法分包的有关规定 —— 违法分包的定义 / 分包必须遵守的规定 / 总承包的责任 / 法律规定

工程保修有关规定 —— 适用范围 / 保修期限和保修范围 / 保修期内施工单位的责任 / 不属于本办法规定的保修范围 / 处罚

房屋建筑工程竣工验收备案管理的有关规定 —— 适用范围 / 备案时间和提交的文件

【考点精析】

考点1 民用建筑节能管理规定

新建建筑节能及责任规定

序号	项目	内容
1	节能规定	（1）国务院节能工作主管部门、建设主管部门应当制定、公布并及时更新推广使用、限制使用、禁止使用目录。 （2）建设单位、设计单位、施工单位不得在建筑活动中使用列入禁止使用目录的技术、工艺、材料和设备。 （3）设计单位、施工单位、工程监理单位及其注册执业人员，应当按照民用建筑节能强制性标准进行设计、施工、监理。 （4）施工期间未经监理工程师签字的墙体材料、保温材料、门窗、采暖制冷系统和照明设备不得在建筑上使用或者安装。 （5）建设单位组织竣工验收，应当对民用建筑是否符合民用建筑节能强制性标准进行查验；对不符合民用建筑节能强制性标准的，不得出具竣工验收合格报告。 （6）在正常使用条件下，保温工程的最低保修期限为5年。保温工程的保修期，自竣工验收合格之日起计算。 （7）保温工程在保修范围和保修期内发生质量问题的，施工单位应当履行保修义务，并对造成的损失依法承担赔偿责任

序号	项目	行　为	法律后果
2	施工单位法律责任	施工单位未按照民用建筑节能强制性标准进行施工的	（1）由县级以上地方人民政府建设主管部门责令改正，处民用建筑项目合同价款2%以上4%以下的罚款。 （2）情节严重的，由颁发资质证书的部门责令停业整顿，降低资质等级或者吊销资质证书。 （3）造成损失的，依法承担赔偿责任

序号	项目	内容	
		行　为	法律后果
2	施工单位法律责任	（1）未对进入施工现场的墙体材料、保温材料、门窗、采暖制冷系统和照明设备进行查验的。 （2）使用不符合施工图设计文件要求的墙体材料、保温材料、门窗、采暖制冷系统和照明设备的。 （3）使用列入禁止使用目录的技术、工艺、材料和设备的	（1）由县级以上地方人民政府建设主管部门责令改正，处10万元以上20万元以下的罚款。 （2）情节严重的，由颁发资质证书的部门责令停业整顿，降低资质等级或者吊销资质证书。 （3）造成损失的，依法承担赔偿责任
		注册执业人员未执行民用建筑节能强制性标准的	（1）由县级以上人民政府建设主管部门责令停止执业3个月以上1年以下。 （2）情节严重的，由颁发资格证书的部门吊销执业资格证书，5年内不予注册

考点2　建筑市场诚信行为信息管理办法

建筑市场诚信行为信息管理

序号	项目	内容
1	诚信行为记录实行公布	（1）诚信行为记录由各省、自治区、直辖市建设行政主管部门在当地建筑市场诚信信息平台上统一公布。 （2）不良行为记录信息的公布时间为行政处罚决定做出后7d内，公布期限一般为6个月至3年。 （3）良好行为记录信息公布期限一般为3年，法律、法规另有规定的从其规定。 （4）形成信用档案，内部长期保留。 （5）属于《全国建筑市场各方主体不良行为记录认定标准》范围的不良行为记录除在当地发布外，还将由住房和城乡建设统一在全国公布，公布期限与地方确定的公布期限相同。 （6）各省、自治区、直辖市建设行政主管部门将确认的不良行为记录在当地发布之日起7d内报住房和城乡建设部
2	奖罚	按照诚信激励和失信惩戒的原则，逐步建立诚信奖惩机制

考点3　危险性较大工程专项施工方案管理办法

（超过一定规模的）危险性较大的分部分项工程范围

序号	类别	危险性较大的分部分项工程范围	超过一定规模的危险性较大的分部分项工程的范围
1	基坑支护、降水工程	（1）开挖深度超过3m（含3m）的基坑（槽）的土方开挖、支护、降水工程。 （2）开挖深度虽未超过3m，但地质条件、周围环境和地下管线复杂，或影响毗邻建、构筑物安全的基坑（槽）的土方开挖、支护、降水工程	开挖深度超过5m（含5m）的基坑（槽）的土方开挖、支护、降水工程

序号	类别	危险性较大的分部分项工程范围	超过一定规模的危险性较大的分部分项工程的范围
2	模板工程及支撑体系	（1）各类工具式模板工程：包括滑模、爬模、飞模、隧道模等工程。 （2）混凝土模板支撑工程：搭设高度5m及以上；搭设跨度10m及以上；施工总荷载（荷载效应基本组合的设计值，以下简称设计值）10kN/m² 及以上；集中线荷载（设计值）15kN/m 及以上；或高度大于支撑水平投影宽度且相对独立无联系构件的混凝土模板支撑工程。 （3）承重支撑体系：用于钢结构安装等满堂支撑体系	（1）各类工具式模板工程：包括滑模、爬模、飞模、隧道模等工程。 （2）混凝土模板支撑工程：搭设高度8m及以上；搭设跨度18m及以上；施工总荷载（设计值）15kN/m² 及以上；或集中线荷载（设计值）20kN/m 及以上。 （3）承重支撑体系：用于钢结构安装等满堂支撑体系，承受单点集中荷载7kN及以上
3	起重吊装及起重机械安装拆卸工程	（1）采用非常规起重设备、方法，且单件起吊重量在10kN及以上的起重吊装工程。 （2）采用起重机械进行安装的工程。 （3）起重机械安装和拆卸工程	（1）采用非常规起重设备、方法，且单件起吊重量在100kN及以上的起重吊装工程。 （2）起重量300kN及以上，或搭设总高度200m及以上，或搭设基础标高在200m及以上的起重机械安装和拆卸工程
4	脚手架工程	（1）搭设高度24m及以上的落地式钢管脚手架工程（包括采光井、电梯井脚手架）。 （2）附着式升降脚手架工程。 （3）悬挑式脚手架工程。 （4）高处作业吊篮。 （5）卸料平台、操作平台工程。 （6）异型脚手架工程	（1）搭设高度50m及以上落地式钢管脚手架工程。 （2）提升高度150m及以上附着式升降脚手架工程或附着式升降操作平台工程。 （3）分段架体搭设高度20m及以上的悬挑式脚手架工程
5	拆除、爆破工程	可能影响行人、交通、电力设施、通信设施或其他建、构筑物安全的拆除工程	（1）码头、桥梁、高架、烟囱、水塔或拆除中容易引起有毒有害气（液）体或粉尘扩散、易燃易爆事故发生的特殊建、构筑物的拆除工程。 （2）文物保护建筑、优秀历史建筑或历史文化风貌区控制范围内的拆除工程
6	暗挖工程	采用矿山法、盾构法、顶管法施工的隧道、洞室工程	采用矿山法、盾构法、顶管法施工的隧道、洞室工程
7	其他	（1）建筑幕墙安装工程。 （2）钢结构、网架和索膜结构安装工程。 （3）人工挖扩孔桩工程。 （4）水下作业工程。 （5）装配式建筑混凝土预制构件安装工程。 （6）采用新技术、新工艺、新材料、新设备可能影响工程施工安全，尚无国家、行业及地方技术标准的分部分项工程	（1）施工高度50m及以上的建筑幕墙安装工程。 （2）跨度36m及以上的钢结构安装工程；或跨度60m及以上的网架和索膜结构安装工程。 （3）开挖深度16m及以上的人工挖孔桩工程。 （4）水下作业工程。 （5）重量1000kN及以上的大型结构整体顶升、平移、转体等施工工艺。 （6）采用新技术、新工艺、新材料、新设备可能影响工程施工安全，尚无国家、行业及地方技术标准的分部分项工程

专项方案的编制、审批及论证

序号	项目	内容
1	编制单位	（1）施工单位应当在危大工程施工前组织工程技术人员编制专项施工方案，实行施工总承包的，专项施工方案应当由施工总承包单位组织编制。 （2）危大工程实行分包的，专项施工方案可由相关专业分包单位组织编制
2	危大工程专项施工方案的主要内容	（1）工程概况：危大工程概况和特点、施工平面布置、施工要求和技术保证条件。 （2）编制依据：相关法律、法规、规范性文件、标准、规范及施工图设计文件、施工组织设计等。 （3）施工计划：包括施工进度计划、材料与设备计划。 （4）施工工艺技术：技术参数、工艺流程、施工方法、操作要求、检查要求等。 （5）施工安全保证措施：组织保障措施、技术措施、监测监控措施等。 （6）施工管理及作业人员配备和分工：施工管理人员、专职安全生产管理人员、特种作业人员、其他作业人员等。 （7）验收要求：验收标准、验收程序、验收内容、验收人员等。 （8）应急处置措施。 （9）计算书及相关施工图纸
3	审批流程	（1）专项施工方案应当由施工单位技术负责人审核签字、加盖单位公章，并由总监理工程师审查签字、加盖执业印章后方可实施。 （2）危大工程实行分包并由分包单位编制专项施工方案的，专项施工方案应当由总承包单位技术负责人及分包单位技术负责人共同审核签字并加盖单位公章
4	专家论证	（1）对于超过一定规模的危大工程，施工单位应当组织召开专家论证会对专项施工方案进行论证。 （2）实行施工总承包的，由施工总承包单位组织召开专家论证会。 （3）专家论证前专项施工方案应当通过施工单位审核和总监理工程师审查
5	监测方案	进行第三方监测的危大工程监测方案的主要内容应当包括：工程概况、监测依据、监测内容、监测方法、人员及设备、测点布置与保护、监测频次、预警标准及监测成果报送等
6	危大工程验收人员	（1）总承包单位和分包单位技术负责人或授权委派的专业技术人员、项目负责人、项目技术负责人、专项施工方案编制人员、项目专职安全生产管理人员及相关人员。 （2）监理单位项目总监理工程师及专业监理工程师。 （3）有关勘察、设计和监测单位项目技术负责人
7	现场安全管理	（1）施工单位应当在施工现场显著位置公告危大工程名称、施工时间和具体责任人员，并在危险区域设置安全警示标志。 （2）施工单位应当对危大工程施工作业人员进行登记，项目负责人应当在施工现场履职。项目专职安全生产管理人员应当对专项施工方案实施情况进行现场监督，对未按照专项施工方案施工的，应当要求立即整改，并及时报告项目负责人，项目负责人应当及时组织限期整改。施工单位应当按照规定对危大工程进行施工监测和安全巡视，发现危及人身安全的紧急情况，应当立即组织作业人员撤离危险区域。 （3）监理单位应当结合危大工程专项施工方案编制监理实施细则，并对危大工程施工实施专项巡视检查。监理单位发现施工单位未按照专项施工方案施工的，应当要求其进行整改；情节严重的，应当要求其暂停施工，并及时报告建设单位。施工单位拒不整改或者不停止施工的，监理单位应当及时报告建设单位和工程所在地住房和城乡建设主管部门

专家论证的具体规定

序号	项目	内容
1	专家论证会的参会人员	(1) 专家组成员： ① 诚实守信、作风正派、学术严谨； ② 从事相关专业工作 15 年以上或具有丰富的专业经验； ③ 具有高级专业技术职称。 (2) 建设单位项目负责人。 (3) 有关勘察、设计单位项目技术负责人及相关人员。 (4) 总承包单位和分包单位技术负责人或授权委派的专业技术人员、项目负责人、项目技术负责人、专项施工方案编制人员、项目专职安全生产管理人员及相关人员。 (5) 监理单位项目总监理工程师及专业监理工程师
2	专家选取	(1) 专家应当从地方人民政府住房和城乡建设主管部门建立的专家库中选取，符合专业要求且人数不得少于 5 名。 (2) 与本工程有利害关系的人员不得以专家身份参加专家论证会
3	专家论证的主要内容	(1) 专项施工方案内容是否完整、可行。 (2) 专项施工方案计算书和验算依据、施工图是否符合有关标准规范。 (3) 专项施工方案是否满足现场实际情况，并能够确保施工安全
4	专家论证结果处理	(1) 专家论证会后，应当形成论证报告，对专项施工方案提出通过、修改后通过或者不通过的一致意见。 (2) 专家对论证报告负责并签字确认。 (3) 论证结论为"通过"的，施工单位参考专家意见自行修改完善。 (4) 结论为"修改后通过"的，专家意见要明确具体修改内容，施工单位按专家意见修改，并履行审核和审查手续后方可实施，修改情况应及时告知专家。 (5) 结论为"不通过"的，施工单位修改后按要求重新组织专家论证

考点 4 工程建设生产安全事故发生后的报告和调查处理程序

生产安全事故分类、处理、调查及法律责任

分类	监管部门的报告	事故报告内容	事故调查的管辖	事故调查报告的内容
特别重大	立即报告国务院	(1) 事故发生的时间、地点和工程项目、有关单位名称。 (2) 事故的简要经过。 (3) 事故已经造成或者可能造成的伤亡人数（包括下落不明的人数）和初步估计的直接经济损失。 (4) 事故的初步原因。 (5) 事故发生后采取的措施及事故控制情况。 (6) 事故报告单位或报告人员。 (7) 其他应当报告的情况	国务院或者国务院授权有关部门组织事故调查组	(1) 事故发生单位概况。 (2) 事故发生经过和事故救援情况。 (3) 事故造成的人员伤亡和直接经济损失。 (4) 事故发生的原因和事故性质。 (5) 事故责任的认定和对事故责任者的处理建议。 (6) 事故防范和整改措施
重大事故			分别由事故发生地省级人民政府、设区的市级人民政府、县级人民政府负责调查。可以直接调查，也可以授权或者委托有关部门组织事故调查组进行调查	
较大事故	逐级上报至国务院建设主管部门			
一般事故	逐级上报至省级建设主管部门			

生产安全事故报告的说明

项目	规定
事故单位报告	(1) 事故发生后，现场人员应立即向本单位负责人报告，单位负责人接到报告后，应当于 1h 内向事故发生地县级以上人民政府建设主管部门和有关部门报告。 (2) 情况紧急时，可以直接向事故发生地县级以上人民政府建设主管部门和有关部门报告。 (3) 实行施工总承包的建设工程，由总承包单位负责上报事故

项目	规定
监管部门报告	（1）必要时，建设主管部门可以越级上报事故情况。 （2）建设主管部门接到事故报告后，应通知安全生产监督部门、公安机关、劳动保障行政部门、工会和人民检察院。每级上报的时间不得超过 2h。 （3）事故报告后出现新情况，以及事故发生之日起 30d 内伤亡人数发生变化的，应当及时补报

注：事故发生后，有关单位和人员应当妥善保护事故现场以及相关证据，任何单位和个人不得破坏事故现场、毁灭相关证据。因抢救人员、防止事故扩大以及疏通交通等原因，需要移动事故现场物件的，应当做出标志，绘制现场简图并做出书面记录，妥善保存现场重要痕迹、物证。

考点5　建筑工程严禁转包的有关规定

转 包 的 规 定

1. 转包是指承包单位承包工程后，不履行合同约定的责任和义务，将其承包的全部工程或者将其承包的全部工程肢解后以分包的名义分别转给其他单位或个人施工的行为。

2. 存在下列情形之一的，应当认定为转包，但有证据证明属于挂靠或者其他违法行为的除外：

（1）承包单位将其承包的全部工程转给其他单位（包括母公司承接建筑工程后将所承接工程交由具有独立法人资格的子公司施工的情形）或个人施工的。

（2）承包单位将其承包的全部工程肢解以后，以分包的名义分别转给其他单位或个人施工的。

（3）施工总承包单位或专业承包单位未派驻项目负责人、技术负责人、质量管理负责人、安全管理负责人等主要管理人员，或派驻的项目负责人、技术负责人、质量管理负责人、安全管理负责人中一人及以上与施工单位没有订立劳动合同且没有建立劳动工资和社会养老保险关系，或派驻的项目负责人未对该工程的施工活动进行组织管理，又不能进行合理解释并提供相应证明的。

（4）合同约定由承包单位负责采购的主要建筑材料、构配件及工程设备或租赁的施工机械设备，由其他单位或个人采购、租赁，或施工单位不能提供有关采购、租赁合同及发票等证明，又不能进行合理解释并提供相应证明的。

（5）专业作业承包人承包的范围是承包单位承包的全部工程，专业作业承包人计取的是除上缴给承包单位"管理费"之外的全部工程价款的。

（6）承包单位通过采取合作、联营、个人承包等形式或名义，直接或变相将其承包的全部工程转给其他单位或个人施工的。

（7）专业工程的发包单位不是该工程的施工总承包或专业承包单位的，但建设单位依约作为发包单位的除外。

（8）专业作业的发包单位不是该工程承包单位的。

（9）施工合同主体之间没有工程款收付关系，或者承包单位收到款项后又将款项转拨给其他单位和个人，又不能进行合理解释并提供材料证明的。

3. 两个以上的单位组成联合体承包工程，在联合体分工协议中约定或者在项目实际实施过程中，联合体一方不进行施工也未对施工活动进行组织管理的，并且向联合体其他方收取管理费或者其他类似费用的，视为联合体一方将承包的工程转包给联合体其他方。

考点 6　建筑工程严禁违法分包的有关规定

违法分包的规定

1. 违法分包是指承包单位承包工程后违反法律法规规定，把单位工程或分部分项工程分包给其他单位或个人施工的行为。

2. 存在下列情形之一的，属于违法分包：

（1）承包单位将其承包的工程分包给个人的；

（2）施工总承包单位或专业承包单位将工程分包给不具备相应资质单位的；

（3）施工总承包单位将施工总承包合同范围内工程主体结构的施工分包给其他单位的，钢结构工程除外；

（4）专业分包单位将其承包的专业工程中非劳务作业部分再分包的；

（5）专业作业承包人将其承包的劳务再分包的；

（6）专业作业承包人除计取劳务作业费用外，还计取主要建筑材料款和大中型施工机械设备、主要周转材料费用的。

总分包之间的规定

序号	项目	内容
1	分包必须遵守的规定	（1）中标人只能将中标项目的非主体、非关键性工作分包给具有相应资质条件的单位。施工总承包的，建筑工程主体结构的施工必须由总承包单位自行完成。 （2）为防止中标人擅自将应当由自己完成的工程分包出去或者将工程分包给中标人所不信任的承包单位，分包的工程必须是招标采购合同约定可以分包的工程，合同中没有约定的，必须经招标人认可。 （3）禁止承包人将工程分包给不具备相应资质条件的单位。禁止分包单位将其承包的工程再分包。 （4）承包人不得将其承包的全部建设工程转给第三人或者将其承包的全部建设工程肢解以后以分包的名义分别转包给第三人
2	总承包的责任	（1）中标人应当就分包项目向招标人负责，接受分包的人就分包项目承担连带责任。 （2）建筑工程总承包单位按照总承包合同的约定对建设单位负责。分包单位按照分包合同的约定对总承包单位负责。总承包单位和分包单位就分包工程对建设单位承担连带责任。 （3）总承包人或者勘察、设计、施工承包人经发包人同意，可以将自己承包的部分工作交由第三人完成。第三人就其完成的工作成果与总承包人或者勘察、设计、施工承包人一起向发包人承担连带责任
3	法律责任	中标人违法转包、分包的，应承担如下法律责任： （1）转让、分包无效。《招标投标法》关于禁止中标人转让中标项目，禁止中标人违法分包的规定属于法律的强制规定。 （2）罚款。处罚对象是实施违法行为的中标人，罚款的金额为转让或分包项目金额的5‰以上10‰以下，具体数额由作出处罚决定的行政机关根据中标人违法行为的情节轻重决定。 （3）有违法行为的，没收违法所得。没收违法所得是指有关行政执法机关根据法律、法规的规定，将当事人的非法所得强制无偿收归国有。此处所称的违法所得，是指中标人违法转让和分包获得的金钱收入，按照《招标投标法》规定，这些收入应当没收。 （4）可以责令停业整顿。责令停业，是指国家行政机关对违反行政管理秩序的企业、事业单位、个体工商户，限其在一定期限内停止生产或经营的一种行政处罚，属于行为处罚的一种。本条规定的责令停业是一种供选择的行政处罚方式，行政执法机关应根据中标人的实际情况决定是否采用。 （5）情节严重的，吊销营业执照。吊销营业执照，是指国家行政机关对违反行政管理秩序的公民、法人或者其他组织依法实行剥夺当事人从事某项生产和经营活动的一种行政处罚。是一种比较严厉的行为能力处罚。根据招标投标法第58条的规定，只有中标人非法转让、分包的行为情节严重时，行政机关才应采取这种处罚方式

考点 7　工程保修有关规定

工程保修的规定

序号	项目	内容	说明
1	保修	保修范围	保修期限
		地基基础工程和主体结构工程	设计文件规定的合理使用年限
		屋面防水工程、有防水要求的卫生间、房间和外墙面的防渗漏	5 年
		供热与供冷系统	2 个采暖期、供冷期
		电气管线、给排水管道、设备安装、装修工程	2 年
2	保修期内施工单位的责任		施工单位应按照要求到现场进行修理，保修费用由质量缺陷的责任方承担
3	不属于保修的范围	（1）因使用不当或者第三方造成的质量缺陷。 （2）不可抗力造成的质量缺陷	
4	法律责任	行为	处罚
		（1）工程竣工验收后，不向建设单位出具质量保修书的。 （2）质量保修的内容、期限违反本办法规定的	由建设行政主管部门责令改正，并处 1 万元以上 3 万元以下的罚款
		施工单位不履行保修义务或者拖延履行保修义务的	由建设行政主管部门责令改正，并处 10 万元以上 20 万元以下的罚款

考点 8　房屋建筑工程竣工验收备案管理的有关规定

竣工验收备案期限及文件

序号	项目	内容
1	备案时间	工程竣工验收合格之日起 15d 内，向工程所在地的县级以上地方人民政府建设行政主管部门备案
2	验收备案文件	（1）工程竣工验收备案表。 （2）工程竣工验收报告。竣工验收报告应当包括工程报建日期，施工许可证号，施工图设计文件审查意见，勘察、设计、施工、工程监理等单位分别签署的质量合格文件及验收人员签署的竣工验收原始文件，市政基础设施的有关质量检测和功能性试验资料以及备案机关认为需要提供的有关资料。 （3）法律、行政法规规定应当由规划、环保等部门出具的认可文件或者准许使用文件。 （4）法律规定应当由公安消防部门出具的对大型的人员密集场所和其他特殊建设工程验收合格的证明文件。 （5）施工单位签署的工程质量保修书。 （6）法规、规章规定必须提供的其他文件。 （住宅工程还应当提交《住宅质量保证书》和《住宅使用说明书》）

2A332000 建筑工程标准

2A332010 建筑工程管理相关标准

【考点图谱】

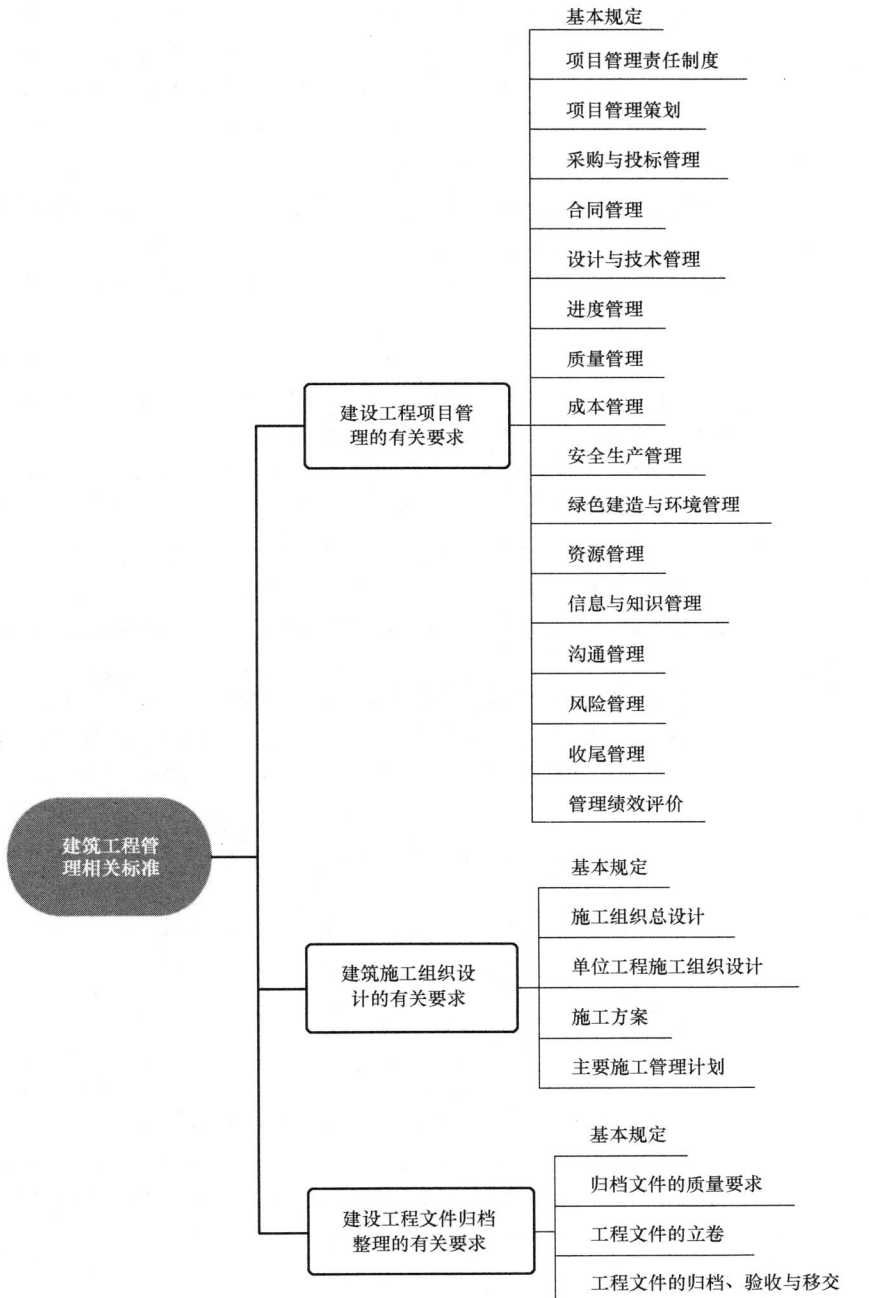

考点1 建设工程项目管理的有关要求

建设工程项目管理的有关要求

序号	项目	内容
1	项目范围管理	基本任务是项目结构分析，包括：项目分解，工作单元定义，工作界面分析。其中工作单元通常包括工作范围、质量要求、费用预算、时间安排、资源要求和组织职责等。工作界面是指工作单元之间的结合部，或叫接口部位，工作单元之间存在着相互作用、相互联系、相互影响的复杂关系
2	项目管理责任制度	（1）建设工程项目各实施主体和参与方法定代表人应书面授权委托项目管理机构负责人，并实行项目负责人责任制。 （2）项目管理目标责任书应在项目实施之前，由组织法定代表人或其授权人与项目管理机构负责人协商制定
3	项目管理策划	（1）项目管理规划应包括项目管理规划大纲和项目管理实施规划，项目管理配套策划应包括项目管理规划策划以外的所有项目管理策划内容。 （2）项目管理策划应遵循下列程序：识别项目管理范围；进行项目工作分解；确定项目的实施方法；规定项目需要的各种资源；测算项目成本；对各个项目管理过程进行策划
4	采购与投标管理	（1）采购计划应包括下列内容：采购工作范围、内容及管理标准；采购信息，包括产品或服务的数量、技术标准和质量规范；检验方式和标准；供方资质审查要求；采购控制目标及措施。 （2）组织应根据投标项目需求进行分析，确定下列投标计划内容：投标目标、范围、要求与准备工作安排；投标工作各过程及进度安排；投标所需要的文件和资料；与代理方以及合作方的协作；投标风险分析及信息沟通；投标策略与应急措施；投标监控要求
5	合同管理	（1）项目合同管理应遵循下列程序：合同评审；合同订立；合同实施计划；合同实施控制；合同管理总结。 （2）合同评审应包括下列内容：合法性、合规性评审；合理性、可行性评审；合同严密性、完整性评审；与产品或过程有关要求的评审；合同风险评估
6	设计与技术管理	（1）设计管理应根据项目实施过程，划分为下列阶段：项目方案设计；项目初步设计；项目施工图设计；项目施工；项目竣工验收与竣工图；项目后评价。 （2）项目管理机构应实施项目技术管理策划，确定项目技术管理措施，进行项目技术应用活动。项目技术管理措施应包括下列主要内容：技术规格书；技术管理规划；施工组织设计、施工措施、施工技术方案；采购计划

序号	项目	内容
7	进度管理	（1）项目进度管理应遵循下列程序：编制进度计划；进度计划交底，落实管理责任；实施进度计划，进行进度控制和变更管理。 （2）组织应提出项目控制性进度计划。项目管理机构应根据组织的控制性进度计划，编制项目的作业性进度计划。 （3）各类进度计划应包括下列内容：编制说明；进度安排；资源需求计划；进度保证措施。 （4）进度计划的检查应包括下列内容：工作完成数量；工作时间的执行情况；工作顺序的执行情况；资源使用及其与进度计划的匹配情况；前次检查提出问题的整改情况。 （5）进度计划变更可包括下列内容：工程量或工作量；工作的起止时间；工作关系；资源供应
8	质量管理	（1）项目质量管理应坚持缺陷预防的原则，按照策划、实施、检查、处置的循环方式进行系统运作。 （2）项目质量计划应包括下列内容：质量目标和质量要求；质量管理体系和管理职责；法律法规和标准规范；质量控制点的设置与管理；项目生产要素的质量控制；实施质量目标和质量要求所采取的措施；项目质量文件管理
9	成本管理	（1）项目成本管理应遵循下列程序：掌握生产要素的价格信息；确定项目合同价；编制成本计划，确定成本实施目标；进行成本控制；进行项目过程成本分析；进行项目过程成本考核；编制项目成本报告；项目成本管理资料归档。 （2）项目管理机构应按规定的会计周期进行项目成本核算。项目成本核算应坚持形象进度、产值统计、成本归集同步的原则，项目管理机构应编制项目成本报告。 （3）成本分析宜包括下列内容：时间节点成本分析；工作任务分解单元成本分析；组织单元成本分析；单项指标成本分析；综合项目成本分析。 （4）组织应以项目成本降低额、项目成本降低率作为对项目管理机构成本考核主要指标
10	安全生产管理	（1）组织应建立安全生产管理制度，坚持以人为本、预防为主，确保项目处于安全状态。 （2）组织应按规定提供安全生产资源和安全文明施工费用，定期对安全生产状况进行评价，确定并实施项目安全生产管理计划，落实整改措施
11	绿色建造与环境管理	（1）绿色建造计划应包括下列内容：绿色建造范围和管理职责分工；绿色建造目标和控制指标；重要环境因素控制计划及响应方案；节能减排及污染物控制的主要技术措施；绿色建造所需的资源和费用。 （2）施工项目管理机构应实施下列绿色施工活动：选用符合绿色建造要求的绿色技术、建材和机具，实施节能降耗措施；进行节约土地的施工平面布置；确定节约水资源的施工方法；确定降低材料消耗的施工措施；确定施工现场固体废弃物的回收利用和处置措施；确保施工产生的粉尘、污水、废气、噪声、光污染的控制效果。 （3）建设单位项目管理机构应协调设计与施工单位，落实绿色设计或绿色施工的相关标准和规定，对绿色建造实施情况进行检查，进行绿色建造设计或绿色施工评价。 （4）项目管理机构应根据环境管理计划进行环境管理交底，实施环境管理培训，落实环境管理手段、设施和设备

序号	项目	内容
12	资源管理	（1）项目管理机构应编制人力资源需求计划、人力资源配置计划和人力资源培训计划。项目管理人员应在意识、培训、经验、能力方面满足规定要求。 （2）施工现场应实行劳务实名制管理，建立劳务突发事件应急管理预案。组织宜为从事危险作业的劳务人员购买意外伤害保险。 （3）项目管理机构应制定材料管理制度，规定材料的使用、限额领料、监督使用、回收过程，并应建立材料使用台账。项目管理机构应编制工程材料与设备的需求计划和使用计划。 （4）施工机具与设施操作人员应具备相应技能并符合持证上岗的要求。项目管理机构应确保投入使用的施工机具与设施性能和状态合格，并定期进行维护和保养，形成运行使用记录。 （5）项目管理机构应编制项目资金需求计划、收入计划和使用计划。项目公司应按资金使用计划控制资金使用，节约开支；应按会计制度规定设立资金台账，记录项目资金收支情况，实施财务核算和盈亏盘点。项目管理机构应进行资金使用分析，对比计划收支与实际收支的差异，分析原因，改进资金管理
13	信息与知识管理	（1）信息管理应包括下列内容：信息计划管理；信息过程管理；信息安全管理；文件与档案管理；信息技术应用管理。 （2）项目信息需求应明确实施项目相关方所需的信息，包括：信息的类型、内容、格式、传递要求，并应进行信息价值分析
14	沟通管理	（1）项目管理机构应在项目运行之前，由项目负责人组织编制项目沟通管理计划。 （2）项目沟通管理计划应包括下列内容：沟通范围、对象、内容与目标；沟通方法、手段及人员职责；信息发布时间与方式；项目绩效报告安排及沟通需要的资源；沟通效果检查与沟通管理计划的调整
15	风险管理	（1）项目风险管理应包括下列程序：风险识别，风险评估，风险应对，风险监控。 （2）项目管理机构应采取下列措施应对负面风险：风险规避，风险减轻，风险转移，风险自留
16	收尾管理	（1）发包人接到工程承包人提交的工程竣工验收申请后，组织工程竣工验收，验收合格后编写竣工验收报告。工程竣工验收后，承包人应在合同约定的期限内进行工程移交。 （2）工程竣工结算应由承包人实施，发包人审查，双方共同确认后支付。 （3）发包人应依据规定编制并实施工程竣工决算
17	管理绩效评价	（1）项目管理绩效评价应包括下列内容：项目管理特点；项目管理理念、模式；主要管理对策、调整和改进；合同履行与相关方满意度；项目管理过程检查、考核、评价；项目管理实施成果。 （2）管理绩效评价宜分为优秀、良好、合格、不合格四个等级

考点 2 建筑施工组织设计的有关要求

施工组织设计的主要内容和有关规定

序号	项目	内容
1	施工组织总设计	（1）施工组织总设计是以若干单位工程组成的群体工程或特大型项目为主要对象编制的施工组织设计，对整个项目的施工过程起统筹规划、重点控制的作用。 （2）施工组织总设计主要包括：工程概况、总体施工部署、施工总进度计划、总体施工准备与主要资源配置计划、主要施工方法、施工总平面布置等几个方面。 （3）工程概况应包括项目主要情况和项目主要施工条件等内容。 （4）总体施工部署应对以下方面进行宏观部署： ① 确定项目施工总目标。 ② 根据总目标，确定项目分阶段（期）交付计划。 ③ 项目分阶段（期）施工的合理顺序及空间组织。 总体施工部署中还应对项目施工的重点和难点进行简要分析。对于施工中开发和使用的新技术、新工艺要做出明确部署，并对主要分包施工单位的资质和能力提出明确要求。 （5）总体施工准备包括技术准备、现场准备和资金准备等。主要资源配置计划应包括劳动力配置计划和物资配置计划等方面。 （6）施工组织总设计应对项目涉及的单位（子单位）工程和主要分部（分项）工程所采用的施工方法进行简要说明。对脚手架工程、起重吊装工程、临时用水用电工程、季节性施工等专项工程所采用的施工方法进行简要说明。 （7）施工总平面布置应符合如下原则： ① 平面布置科学合理，施工场地占用面积小。 ② 合理组织运输，减少二次搬运。 ③ 施工区域的划分和场地的临时占用应符合总体施工部署和施工流程的要求，减少相互干扰。 ④ 充分利用既有建（构）筑物和既有设施为项目施工服务，降低临时设施的建造费用。 ⑤ 临时设施应方便生产和生活，办公区、生活区和生产区宜分离设置。 ⑥ 符合节能、环保、安全和消防等要求。 ⑦ 遵守当地主管部门和建设单位关于施工现场安全文明施工的相关规定
2	单位工程施工组织设计	（1）单位工程施工组织设计主要包括工程概况、施工部署、施工进度计划、施工准备与资源配置计划、主要施工方案、施工现场平面布置等几个方面。 （2）工程概况应包括工程主要情况、各专业设计简介和工程施工条件等情况。 （3）首先根据施工合同、招标文件以及本单位对工程管理目标的要求等确定工程施工目标，包括进度、质量、安全、环境和成本等目标。 （4）施工部署中，工程主要施工内容及其进度安排应明确说明，施工顺序应符合工序逻辑关系。施工流水段应结合工程具体情况分阶段进行划分，单位工程施工阶段的划分一般包括地基基础、主体结构、装饰装修和机电设备安装三个阶段。 （5）对工程施工的重点和难点进行分析，并包括组织管理和施工技术两个方面的详细分析。 （6）施工进度计划可采用网络图或横道图表示，并附必要说明。对于工程规模较大或较复杂的工程，宜采用网络图表示。 （7）单位工程应按照《建筑工程施工质量验收统一标准》GB 50300—2013 中的分部、分项工程划分原则，对主要分部、分项工程制定有针对性的施工方案。对脚手架工程、起重吊装工程、临时用水用电工程、季节性施工等专项工程所采用的施工方案应进行必要的验算和说明

序号	项目	内容
3	施工方案	（1）施工方案主要包括工程概况、施工安排、施工进度计划、施工准备与资源配置计划、施工方法及工艺要求等几个方面。 （2）工程概况包括工程主要情况、设计简介和工程施工条件等。 （3）施工安排中应确定施工顺序，以及流水段的划分情况等。 （4）明确分部（分项）工程或专项工程施工方法并进行必要的技术核算，并明确主要分项工程（工序）的施工工艺要求。对易发生质量通病、易出现安全问题、施工难度大、技术含量高的分项工程（工序）等应做出重点说明。对开发和使用新技术、新工艺以及采用新材料、新设备的应通过必要的试验或论证并制定详细计划，此外还要提出详细的季节性施工安排
4	主要施工管理计划	（1）施工管理计划应包括进度管理计划、质量管理计划、安全管理计划、环境管理计划、成本管理计划以及其他管理计划等内容。 （2）其他管理计划宜包括绿色施工管理计划、防火保安管理计划、合同管理计划、组织协调管理计划、创优质工程管理计划、质量保修管理计划以及对施工现场人力资源、施工机具、材料设备等生产要素的管理计划等

施工组织设计的制定与审批

序号	项目	编制	审批
1	施工组织总设计	项目负责人主持编制，可根据项目实际需要分阶段编制和审批	总承包单位技术负责人审批
2	单位工程施工组织设计［规模较大的分部（分项）工程和专项工程的施工方案］		施工单位技术负责人或技术负责人授权的技术人员审批
3	施工方案		项目技术负责人审批
4	重点、难点分部（分项）工程和专项工程施工方案		施工单位技术部门组织相关专家评审，施工单位技术负责人批准
5	专业承包单位施工的分部（分项）工程或专项工程的施工方案		（1）专业承包单位技术负责人或其授权的技术人员审批； （2）有总承包单位时，应由总承包单位项目技术负责人核准备案

考点3 建设工程文件归档整理的有关要求

建设工程文件归档整理

序号	项目	内容
1	基本规定	（1）每项建设工程应编制一套电子档案，随纸质档案一并移交城建档案管理机构。 （2）在组织工程竣工验收前，提请当地的城建档案管理机构对工程档案进行预验收；未取得工程档案验收认可的文件，不得组织工程竣工验收。 （3）对列入城建档案管理机构接收范围的工程，工程竣工验收后3个月内，应向当地城建档案管理机构移交一套符合规定的工程档案。 （4）勘察、设计、施工、监理等单位应将本单位形成的工程文件立卷后向建设单位移交。 （5）建设工程项目实行总承包管理的，总包单位应负责收集、汇总各分包单位形成的工程档案，并应及时向建设单位移交；各分包单位应将本单位形成的工程文件整理、立卷后及时移交总承包单位。 （6）建设工程项目由几个单位承包的，各承包单位负责收集、整理立卷其承包项目的工程文件，并应及时向建设单位移交
2	归档文件的质量要求	（1）归档的工程文件应为原件。 （2）工程文件应采用碳素墨水、蓝黑墨水等耐久性强的书写材料。 （3）归档的建设工程电子文件的内容必须与其纸质档案一致。 （4）工程文件中文字材料幅面尺寸规格宜为A4幅面，图纸标题栏露在外面。 （5）所有竣工图均应加盖竣工图章，盖在图标栏上方空白处
3	工程文件的立卷	（1）由多个单位工程组成时，工程文件应按单位工程立卷。不同载体的文件应分别立卷。 （2）专业承（分）包施工的分部、子分部（分项）工程应分别单独立卷，室外工程应单独立卷；部分内容不能按一个单位工程分类立卷时，可按建设工程立卷。 （3）案卷不宜过厚，文件材料不宜超过20mm，图纸不宜超过50mm。 （4）文字材料按事项、专业顺序排列。同一事项的请示与批复、同一文件的印本与定稿、主件与附件不能分开，并按批复在前、请示在后，印本在前、定稿在后，主件在前、附件在后的顺序排列。 （5）图纸按专业排列，同专业图纸按图号顺序排列。 （6）既有文字材料又有图纸的案卷，文字材料排前，图纸排后。 （7）卷内目录、卷内备考表、案卷内封面应采用70g以上白色书写纸制作，幅面统一采用A4幅面
4	工程文件的归档、验收与移交	（1）根据建设程序和工程特点，归档可以分阶段分期进行，也可以在单位或分部工程通过竣工验收后进行。 （2）工程档案的编制不得少于两套，一套应由建设单位保管，一套（原件）应移交当地城建档案管理机构保存

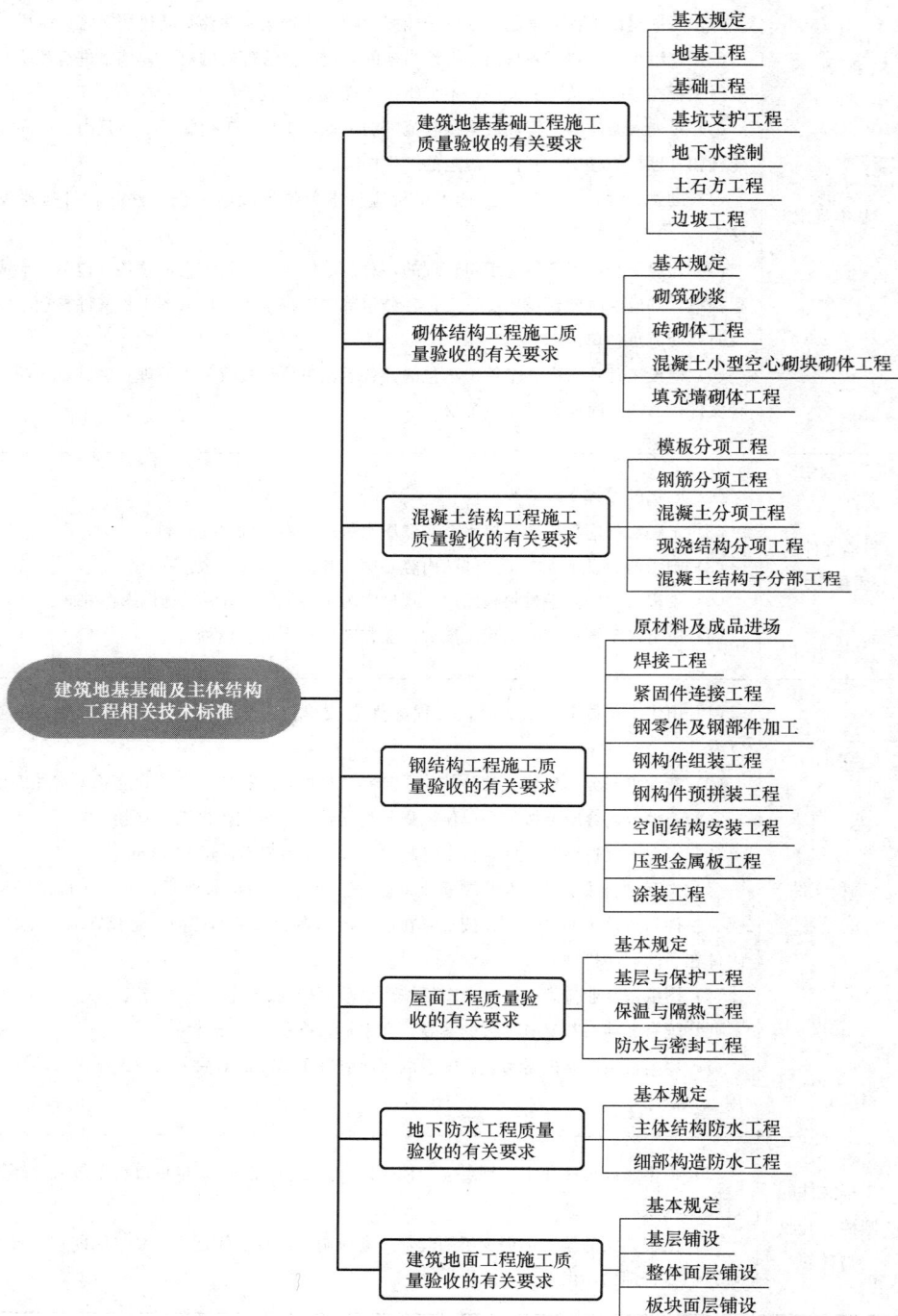

2A332020 建筑地基基础及主体结构工程相关技术标准

【考点图谱】

建筑地基基础及主体结构工程相关技术标准

- 建筑地基基础工程施工质量验收的有关要求
  - 基本规定
  - 地基工程
  - 基础工程
  - 基坑支护工程
  - 地下水控制
  - 土石方工程
  - 边坡工程

- 砌体结构工程施工质量验收的有关要求
  - 基本规定
  - 砌筑砂浆
  - 砖砌体工程
  - 混凝土小型空心砌块砌体工程
  - 填充墙砌体工程

- 混凝土结构工程施工质量验收的有关要求
  - 模板分项工程
  - 钢筋分项工程
  - 混凝土分项工程
  - 现浇结构分项工程
  - 混凝土结构子分部工程

- 钢结构工程施工质量验收的有关要求
  - 原材料及成品进场
  - 焊接工程
  - 紧固件连接工程
  - 钢零件及钢部件加工
  - 钢构件组装工程
  - 钢构件预拼装工程
  - 空间结构安装工程
  - 压型金属板工程
  - 涂装工程

- 屋面工程质量验收的有关要求
  - 基本规定
  - 基层与保护工程
  - 保温与隔热工程
  - 防水与密封工程

- 地下防水工程质量验收的有关要求
  - 基本规定
  - 主体结构防水工程
  - 细部构造防水工程

- 建筑地面工程施工质量验收的有关要求
  - 基本规定
  - 基层铺设
  - 整体面层铺设
  - 板块面层铺设

考点1　建筑地基基础工程施工质量验收的有关要求

建筑地基基础工程施工质量验收的有关要求

序号	项目	内容
1	地基工程	（1）地基承载力检验时，静载试验最大加载量不应小于设计要求的承载力特征值的2倍。 （2）素土、灰土地基。施工结束后，应进行地基承载力检验。 （3）砂和砂石地基。施工结束后，应进行地基承载力检验。 （4）强夯地基。施工结束后，应进行地基承载力、地基土的强度、变形指标及其他设计要求指标检验。 （5）注浆地基。施工结束后，应进行地基承载力、地基土强度和变形指标检验。 （6）预压地基。施工结束后，应进行地基承载力与地基土强度和变形指标检验。 （7）砂石桩复合地基。施工结束后，应进行复合地基承载力、桩体密实度等检验。 （8）高压喷射注浆复合地基。施工结束后，应检验桩体的强度和平均直径，以及单桩与复合地基的承载力等。 （9）水泥土搅拌桩复合地基。施工结束后，应检验桩体的强度和直径，以及单桩与复合地基的承载力。 （10）土和灰土挤密桩复合地基。施工结束后，应检验成桩的质量及复合地基承载力。 （11）水泥粉煤灰碎石桩复合地基。施工结束后，应对桩体质量、单桩及复合地基承载力进行检验。 （12）夯实水泥土桩复合地基。施工结束后，应对桩体质量、复合地基承载力及褥垫层夯填度进行检验
2	基础工程	（1）扩展基础、筏形与箱形基础、沉井与沉箱，施工前应对放线尺寸进行复核；桩基工程施工前应对放好的轴线和桩位进行复核。 （2）灌注桩混凝土强度检验的试件应在施工现场随机抽取。来自同一搅拌站的混凝土，每浇筑50m³必须至少留置1组试件；当混凝土浇筑量不足50m³时，每连续浇筑12h必须至少留置1组试件。对单柱单桩，每根桩应至少留置1组试件。 （3）工程桩应进行承载力和桩身完整性检验。 （4）设计等级为甲级或地质条件复杂时，应采用静载试验的方法对桩基承载力进行检验，检验桩数不应少于总桩数的1%，且不应少于3根，当总桩数少于50根时，不应少于2根。在有经验和对比资料的地区，设计等级为乙级、丙级的桩基可采用高应变法对桩基进行竖向抗压承载力检测，检测数量不应少于总桩数的5%，且不应少于10根。 （5）工程桩的桩身完整性的抽检数量不应少于总桩数的20%，且不应少于10根。每根柱子承台下的桩抽检数量不应少于1根。 （6）无筋扩展基础。施工结束后，应对混凝土强度、轴线位置、基础顶面标高等进行检验。 （7）钢筋混凝土扩展基础。施工结束后，应对混凝土强度、轴线位置、基础顶面标高进行检验。 （8）筏形与箱形基础。施工结束后，应对筏形和箱形基础的混凝土强度、轴线位置、基础顶面标高及平整度进行验收。 （9）钢筋混凝土预制桩。施工结束后应对承载力及桩身完整性等进行检验。 （10）泥浆护壁成孔灌注桩。施工后应对桩身完整性、混凝土强度及承载力进行检验。 （11）干作业成孔灌注桩。施工结束后应检验桩的承载力、桩身完整性及混凝土的强度。 （12）长螺旋钻孔压灌桩。施工结束后应对混凝土强度、桩身完整性及承载力进行检验。 （13）沉管灌注桩。施工结束后应对混凝土强度、桩身完整性及承载力进行检验。 （14）钢桩。施工结束后应对承载力进行检验。 （15）锚杆静压桩。施工结束后应进行桩的承载力检验。 （16）岩石锚杆基础。施工结束后应对抗拔和锚固体强度进行检验

序号	项目	内容
3	基坑支护工程	（1）基坑支护工程验收应以保证支护结构安全和周围环境安全为前提。 （2）基坑开挖前截水帷幕的强度指标应满足设计要求，强度检测宜采用钻芯法。截水帷幕采用单轴水泥土搅拌桩、双轴水泥土搅拌桩、三轴水泥土搅拌桩、高压喷射注浆时，取芯数量不宜少于总桩数的1%，且不应少于3根。截水帷幕采用渠式切割水泥土连续墙时，取芯数量宜沿基坑周边每50延米取1个点，且不应少于3个。 （3）型钢水泥土搅拌墙。施工前，应对进场的H型钢进行检验。基坑开挖前应检验水泥土桩（墙）体强度，宜采用钻芯法确定，强度指标应符合设计要求。 （4）土钉墙。土钉应进行抗拔承载力检验，检验数量不宜少于土钉总数的1%，且同一土层中的土钉检验数量不应少于3根。 （5）地下连续墙。兼作永久结构的地下连续墙，其与地下结构底板、梁及楼板之间连接的预埋钢筋接驳器应按原材料检验要求进行抽样复验，取每500套为一个检验批，每批应抽查3件，复验内容为外观、尺寸、抗拉强度等。作为永久结构的地下连续墙墙体施工结束后，应采用声波透射法对墙体质量进行检验，同类型槽段的检验数量不应少于10%，且不得少于3幅。 （6）重力式水泥土墙。水泥土搅拌桩的桩身强度应满足设计要求，强度检测宜采用钻芯法。取芯数量不宜少于总桩数的1%，且不得少于6根。 （7）土体加固。检验点的位置应根据注浆加固布置和现场条件确定，每200m²检测数量不应少于1点，且总数量不应少于5点。 （8）锚杆。锚杆应进行抗拔承载力检验，检验数量不宜少于锚杆总数的5%，且同一土层中的锚杆检验数量不应少于3根
4	地下水控制	（1）排水系统最大排水能力不应小于工程所需最大排量的1.2倍。 （2）降排水运行中，应检验基坑降排水效果是否满足设计要求。分层、分块开挖的地质基坑，开挖前潜水水位应控制在土层开挖面以下0.5～1.0m；承压含水层水位应控制在安全水位埋深以下。岩质基坑开挖施工前，地下水位应控制在边坡坡脚或坑中的软弱结构面以下。 （3）采用含水明排的基坑，应检验排水沟、含水井的尺寸。排水时含水井内水位应低于设计要求水位不小于0.5m。 （4）回灌管井正式施工时应进行试成孔，试成孔数量不应少于2个。回灌管井施工完成后的休止期不应少于14d，休止期结束后应进行试回灌，检验成井质量和回灌效果
5	土石方工程	（1）土石方的开挖应遵循"开槽支撑，先撑后挖，分层开挖，严禁超挖"的原则。 （2）土石方回填施工。施工结束后，应进行标高及压实系数检验
6	边坡工程	（1）按支护类型、施工缝或施工段划分若干检验批。 （2）对边坡工程的质量验收，应在钢筋、混凝土、预应力锚杆、挡土墙等验收合格的基础上，进行质量控制资料的检查及感观质量验收，并对涉及结构安全的材料、试件、施工工艺和结构的重要部位进行见证检测或结构实体检验。 （3）边坡工程应进行监控量测

考点2　砌体结构工程施工质量验收的有关要求

砌体结构工程施工质量验收

序号	项目	内容
1	基本规定	(1) 砌体结构工程所用的材料应有产品合格证书、产品性能型式检验报告。 (2) 块体、水泥、钢筋、外加剂尚应有材料主要性能的进场复验报告。 (3) 砌体结构工程施工前，应编制砌体结构工程施工方案。 (4) 砌体结构标高、轴线，应引自基准控制点
2	砌筑顺序	(1) 基底标高不同时，应从低处砌起，并应由高处向低处搭砌。当设计无要求时，搭接长度不应小于基础底的高差。 (2) 砌体的转角处和交接处应同时砌筑，当不能同时砌筑时，应按规定留槎、接槎
3	质量控制等级	分为 A、B、C 三级，配筋砌体不得为 C 级
4	检验批的划分	(1) 所用材料类型及同类型材料的强度等级相同。 (2) 不超过 250m³ 砌体。 (3) 主体结构砌体一个楼层（基础砌体可按一个楼层计），填充墙砌体量少时可多个楼层合并
5	检验批验收	(1) 主控项目应全部符合规范的规定，一般项目应有 80% 及以上的抽检处符合规范的规定。 (2) 有允许偏差的项目，最大超差值为允许偏差值的 1.5 倍

砖 砌 体 工 程

序号	项目	内容	抽检/要求
1	一般规定	(1) 砌体砌筑时，混凝土多孔砖、混凝土实心砖、蒸压灰砂砖、蒸压粉煤灰砖等块体的产品龄期不应小于 28d。不同品种的砖不得在同一楼层混砌。 (2) 有冻胀环境和条件的地区，地面以下或防潮层以下的砌体，不应采用多孔砖。 (3) 240mm 厚承重墙的每层墙最上一皮砖、砖砌体的台阶水平面上及挑出层的外皮砖，应整砖丁砌。 (4) 砖过梁底部的模板及其支架拆除时，灰缝砂浆强度不应低于设计强度的 75%	
2	主控项目	(1) 砖和砂浆的强度等级必须符合设计要求，每一生产厂家，烧结普通砖、混凝土实心砖每 15 万块，烧结多孔砖、混凝土多孔砖、蒸压灰砂砖及蒸压粉煤灰砖每 10 万块各为一个验收批	抽检数量为 1 组
		(2) 砖砌体的转角处和交接处应同时砌筑，严禁无可靠措施的内外墙分砌施工。在抗震设防烈度为 8 度及 8 度以上地区，对不能同时砌筑而又必须留置的临时间断处应砌成斜槎，普通砖砌体斜槎水平投影长度不应小于高度的 2/3，多孔砖砌体的斜槎长高比不应小于 1/2。斜槎高度不得超过一步脚手架的高度	每检验批抽查不应少于 5 处
		(3) 非抗震设防及抗震设防烈度为 6 度、7 度地区的临时间断处，当不能留斜槎时，除转角处外，可留直槎，但直槎必须做成凸槎，且应加设拉结钢筋	

混凝土小型空心砌块砌体工程

序号	项目	内容	抽检/要求
1	一般规定	（1）施工时所用的小砌块的产品龄期不应小于 28d。 （2）底层室内地面以下或防潮层以下的砌体，应采用强度等级不低于 C20（或 Cb20）的混凝土灌实小砌块的孔洞。 （3）承重墙体使用的小砌块应完整、无破损、无裂缝。 （4）小砌块墙体应孔对孔、肋对肋错缝搭砌。单排孔小砌块的搭接长度应为块体长度的 1/2；多排孔小砌块的搭接长度可适当调整，但不宜小于小砌块长度的 1/3，且不应小于 90mm。墙体的个别部位不能满足上述要求时，应在灰缝中设置拉结钢筋或钢筋网片，但竖向通缝仍不得超过两皮小砌块。 （5）小砌块应将生产时的底面朝上反砌于墙上	
2	主控项目	（1）小砌块和芯柱混凝土、砌筑砂浆的强度等级必须符合设计要求	每一生产厂家，每 1 万块小砌块为一验收批，不足 1 万块按一批计，抽检数量为 1 组。用于多层以上建筑的基础和底层的小砌块抽检数量不应少于 2 组
		（2）墙体转角处和纵横墙交接处应同时砌筑。临时间断处应砌成斜槎，斜槎水平投影长度不应小于斜槎高度。施工洞口可预留直槎，但在洞口砌筑和补砌时，应在直槎上下搭砌的小砌块孔洞内用强度等级不低于 C20（或 Cb20）的混凝土灌实	每检验批抽查不应少于 5 处

填充墙砌体工程

序号	项目	内容	抽检/要求
1	一般规定	（1）砌筑填充墙时，轻骨料混凝土小型空心砌块和蒸压加气混凝土砌块的产品龄期不应小于 28d，蒸压加气混凝土砌块的含水率宜小于 30%。 （2）烧结空心砖、蒸压加气混凝土砌块、轻骨料混凝土小型空心砌块等的运输、装卸过程中，严禁抛掷和倾倒。进场后应按品种、规格分别堆放整齐，堆置高度不宜超过 2m。蒸压加气混凝土砌块在运输及堆放中应防止雨淋。 （3）采用普通砌筑砂浆砌筑填充墙时，烧结空心砖、吸水率较大的轻骨料混凝土小型空心砌块应提前 1～2d 浇（喷）水湿润。蒸压加气混凝土砌块采用蒸压加气混凝土砌筑砂浆或普通砌筑砂浆砌筑时，应在砌筑当天对砌块砌筑面喷水湿润。 （4）在厨房、卫生间、浴室等处采用轻骨料混凝土小型空心砌块、蒸压加气混凝土砌块砌筑墙体时，墙底部宜现浇混凝土坎台，其高度宜为 150mm	
2	主控项目	（1）烧结空心砖、小砌块和砌筑砂浆的强度等级应符合设计要求	（1）抽检数量：烧结空心砖每 10 万块为一验收批，小砌块每 1 万块为一验收批，不足上述数量时按一批计，抽检数量为 1 组。 （2）检验方法：查砖、小砌块进场复验报告和砂浆试块试验报告
		（2）填充墙砌体应与主体结构可靠连接，其连接构造应符合设计要求	未经设计同意，不得随意改变连接构造方法
		（3）当填充墙与承重墙、柱、梁的连接钢筋采用化学植筋时，应进行实体检测	检验方法：原位试验检查

序号	项目	内容	抽检/要求
3	一般项目	（1）填充墙留置的拉结钢筋或网片的位置应与块体皮数相符合。 （2）砌筑填充墙时应错缝搭砌。 （3）填充墙砌体灰缝厚度和宽度应正确	检验方法：水平灰缝厚度用尺量 5 皮小砌块的高度折算，竖向灰缝宽度用尺量 2m 砌体长度折算

考点 3　混凝土结构工程施工质量验收的有关要求

混凝土结构工程施工质量验收要点

序号	项目	知识要点
1	模板分项工程	（1）爬升式模板工程、工具式模板工程及高大模板支架工程的施工方案，应按有关规定进行技术论证。 （2）跨度不小于 4m 的现浇钢筋混凝土梁、板，其模板应按设计要求起拱；当设计无具体要求时，起拱高度宜为跨度的 $1/1000\sim3/1000$
2	钢筋分项工程	对按一、二、三级抗震等级设计的框架和斜撑构件（含梯段）中的纵向受力普通钢筋应采用 HRB335E、HRB400E、HRB500E、HRBF400E 或 HRBF500E 钢筋，应符合下列规定： （1）钢筋的抗拉强度实测值与下屈服强度实测值的比值不应小于 1.25。 （2）钢筋的屈服强度实测值与屈服强度标准值的比值不应大于 1.3。 （3）钢筋的最大力下总伸长率不应小于 9%
3	混凝土分项工程	（1）混凝土强度分批检验评定时，划入同一检验批的混凝土，其施工持续时间不宜超过 3 个月。 （2）使用中对水泥质量有怀疑或水泥出厂超过三个月（快硬硅酸盐水泥超过一个月）时，应进行复验，并按复验结果使用。钢筋混凝土结构、预应力混凝土结构中，严禁使用含氯化物的水泥。检查数量：按同一生产厂家、同一等级、同一品种、同一批号且连续进场的水泥，袋装不超过 200t 为一批，散装不超过 500t 为一批，每批抽样不少于一次。 （3）对于同一配合比的混凝土，取样与试件留置应符合下列规定： ①每拌制 100 盘且不超过 100m³ 同配合比的混凝土，取样不得少于一次。 ②每工作班拌制不足 100 盘时，取样不得少于一次。 ③每次连续浇筑超过 1000m³ 时，每 200m³ 取样不得少于一次。 ④每一楼层取样不得少于一次。 ⑤每次取样至少留置一组标准养护试件，同条件养护试件留置组数根据实际需要确定。 （4）对有抗渗要求的混凝土结构，其混凝土试件应在浇筑地点随机取样。同一工程、同一配合比的混凝土，取样不应少于一次，留置组数应根据实际需要确定
4	现浇结构分项工程	（1）对已经出现的现浇结构外观质量严重缺陷，由施工单位提出技术处理方案，经监理（建设）单位认可后进行处理。对裂缝、连接部位出现的严重缺陷及其他影响结构安全的严重缺陷，技术处理方案尚应经设计单位认可。对经处理的部位应重新验收。 （2）对超过尺寸允许偏差且影响结构性能和安装、使用功能的部位，由施工单位提出技术处理方案，经监理（建设）、设计单位认可后进行处理。对经处理的部位应重新验收

序号	项目	知识要点
5	混凝土结构子分部工程	（1）对涉及混凝土结构安全的有代表性的部位应进行结构实体检验，结构实体检验应在监理工程师（建设单位项目专业技术负责人）见证下，由施工项目技术负责人组织实施。 （2）混凝土结构子分部工程施工质量验收合格应符合下列规定：所含分项工程质量验收应合格；应有完整的质量控制资料；观感质量验收合格；结构实体检验结果满足规范要求。 （3）当混凝土结构施工质量不符合要求时，应按下列规定进行处理： ①经返工、返修或更换构件、部件的，应重新进行验收。 ②经有资质的检测机构检测鉴定达到设计要求的，应予以验收。 ③经有资质的检测机构检测鉴定达不到设计要求，但经原设计单位核算并确认仍可满足结构安全和使用功能的，可予以验收。 ④经返修或加固处理能够满足结构可靠性要求的，可根据技术处理方案和协商文件进行验收

考点4 钢结构工程施工质量验收的有关要求

钢结构工程施工质量验收的有关要求

序号	项目	内容
1	焊接工程一般规定	焊缝应冷却到环境温度后方可进行外观检测，无损检测应在外观检测合格后进行。 焊缝施焊后应按焊接工艺规定在相应焊缝及部位做出标志
2	钢构件焊接工程	（1）焊接材料与母材的匹配应符合设计文件的要求及国家现行标准的规定；焊接材料在使用前，应按其产品说明书及焊接工艺文件的规定进行烘焙和存放。全数检查质量证明书和烘焙记录。 （2）焊工必须经考试合格并取得合格证书。持证焊工必须在其焊工合格证书规定的认可范围内施焊。严禁无证焊工施焊，应全数检查所有焊工的合格证及其认可范围、有效期。 （3）施工单位应按《钢结构焊接规范》GB 50661—2011的规定进行焊接工艺评定，根据评定报告确定焊接工艺，编写焊接工艺规程并进行全过程质量控制。 （4）设计要求的一、二级焊缝应进行内部缺陷的无损检测，一、二级焊缝的质量等级和检测要求详见《钢结构工程施工质量验收标准》GB 50205—2020的规定。检验方法：超声或射线探伤记录。 （5）对于需要进行预热或后热的焊缝，其预热温度或后热温度应符合国家现行标准的规定或通过焊接工艺评定确定。应全数检查预热后热施工记录和焊接工艺评定报告。 （6）栓钉焊瓷环保存时应有防潮措施，受潮的焊接瓷环使用前应在120～150℃范围内烘焙1～2h
3	紧固件连接工程	（1）普通螺栓作为永久性连接螺栓时，当设计有要求或对其质量有疑义时，应进行螺栓实物最小拉力载荷复验。每一规格螺栓应抽查8个，检查螺栓实物复验报告。 （2）永久普通螺栓紧固应牢固、可靠、外露丝扣不应少于2扣。 检查数量：按连接节点数抽查10%，且不应少于3个。 检验方法：观察和用小锤敲击检查。 （3）钢结构制作和安装单位应分别进行高强度螺栓连接摩擦面（含涂层摩擦面）的抗滑移系数试验和复验，现场处理的构件摩擦面应单独进行摩擦面抗滑移系数试验。 （4）对于扭剪型高强度螺栓连接副，除因构造原因无法使用专用扳手拧掉梅花头者外，螺栓尾部梅花头拧断为终拧结束。未在终拧中拧掉梅花头的螺栓数不应大于该节点螺栓数的5%，对所有梅花头未拧掉的扭剪型高强度螺栓连接副应采用扭矩法或转角法进行终拧并做标记

序号	项目	内容
4	钢零件及钢部件加工	（1）碳素结构钢在环境温度低于−16℃，低合金结构钢在环境温度低于−12℃时，不应进行剪切、冲孔，也不应进行冷矫正和冷弯曲。 （2）热轧碳素结构钢和低合金结构钢，当采用热加工成型或加热矫正时，加热温度、冷却温度等工艺应符合现行国家标准《钢结构工程施工规范》GB 50755—2012的规定。 （3）焊接球的半球由钢板压制而成，钢板压成半球后，表面不应有裂缝、褶皱，焊接球的两半球对接处坡口宜采用机械加工，对接焊缝表面应打磨平整。 （4）铸钢件可用机械、加热的方法进行矫正，矫正后的表面不得有明显的凹痕或其他损伤
5	钢构件组装工程	（1）钢材、钢部件拼接或对接时所采用的焊缝质量等级应满足设计要求。当设计无要求时，应采用质量等级不低于二级的熔透焊缝，对直接承受拉力的焊缝，应采用一级熔透焊缝。 （2）钢吊车梁的下翼缘不得焊接工装夹具、定位板、连接板等临时工件。钢吊车梁和吊车桁架组装、焊接完成后在自重荷载下不允许有下挠
6	钢构件预拼装工程	（1）预拼装所用的支承凳或平台应测量找平，检查时应拆除全部临时固定和拉紧装置。 （2）实体预拼装时，高强度螺栓和普通螺栓连接的多层板叠，应采用试孔器进行螺栓孔通过率检查
7	单层、多高层钢结构安装工程	（1）钢结构安装检验批应在原材料及构件进场验收和紧固件连接、焊接连接、防腐等分项工程验收合格的基础上进行验收。 （2）结构安装测量校正、高强度螺栓连接副及摩擦面抗滑移系数、冬雨期施工及焊接等，应在实施前制定相应的施工工艺或方案。 （3）安装偏差的检测，应在结构形成空间稳定单元并连接固定且临时支承结构拆除前进行。 （4）在形成空间稳定单元后，应立即对柱底板和基础顶面的空隙进行二次浇灌。 （5）多节柱安装时，每节柱的定位轴线应从基准面控制轴线直接引上，不得从下层柱的轴线引上
8	空间结构安装工程	（1）预应力索杆安装应有专项施工方案和相应的监测措施，并应经设计和监理认可。 （2）空间结构的安装检验应在原材料及成品进场验收、构件制作、焊接连接和紧固件连接等分项工程验收合格的基础上进行验收。 （3）钢网架、网壳结构总拼完成后及屋面工程完成后应分别测量其挠度值，且所测的挠度值不应超过相应荷载条件下挠度计算值的1.15倍。 （4）钢管（闭口截面）构件应有预防管内进水、存水的构造措施，严禁钢管内存水
9	压型金属板工程	压型金属板、泛水板、包角板和屋脊盖板等应固定可靠、牢固，防腐涂料涂刷和密封材料敷设应完好，连接件数量、规格、间距应符合设计要求和国家现行标准的规定
10	涂装工程一般规定	（1）钢结构普通涂料涂装工程应在钢结构构件组装、预拼装或钢结构安装工程检验批的施工质量验收合格后进行。钢结构防火涂料涂装工程应在钢结构安装工程检验批和钢结构防腐涂装检验批的施工质量验收合格后进行。 （2）采用涂料防腐，表面除锈处理后宜在4h内进行涂装，采用金属热喷涂防腐时，钢结构表面处理与热喷涂施工的间隔时间，晴天或湿度不大的气候条件下不应超过12h，雨天、潮湿、有盐雾的气候条件下不应超过2h。 （3）采用防火防腐一体化体系（含防火防腐双功能涂料）时，防腐涂装和防火涂装可以合并验收。

序号	项目	内容
10	涂装工程一般规定	（4）防腐涂料、涂装遍数、涂层厚度均应满足设计文件、涂料产品标准的要求。当设计对涂层厚度无要求时，涂层干漆膜总厚度：室外不应小于 $150\mu m$，室内不应小于 $125\mu m$。 （5）膨胀型（超薄型、薄涂型）防火涂料、厚涂型防火涂料的涂层厚度及隔热性能应满足国家现行标准有关耐火极限的要求，且不应小于 $200\mu m$。当采用厚涂型防火涂料涂装时，80%及以上涂层面积应满足国家现行标准有关耐火极限的要求，且最薄处厚度不应低于设计要求的 85%

考点5　屋面工程质量验收的有关要求

屋面工程质量验收要点

序号	项目	内容
1	屋面工程各分项工程划分	按屋面面积每 500～1000m^2 划分为一个检验批，不足 500m^2 应按一个检验批
2	基层与保护工程	（1）屋面找坡应满足设计排水坡度要求，结构找坡不应小于 3%，材料找坡宜为 2%；檐沟、天沟纵向找坡不应小于 1%，沟底水落差不得超过 200mm。 （2）基层与保护工程各分项工程每个检验批的抽检数量，应按屋面面积每 100m^2 抽查 1 处，每处应为 10m^2，且不得少于 3 处。 （3）找坡层宜采用轻骨料混凝土，找平层宜采用水泥砂浆或细石混凝土。找平层分格缝纵横间距不宜大于 6m，分格缝的宽度宜为 5～20mm
3	保温与隔热工程	（1）保温与隔热工程各分项工程每个检验批的抽检数量，应按屋面面积每 100m^2 抽查 1 处，每处应为 10m^2，且不得少于 3 处。 （2）板状材料保温层采用干铺法施工时，保温材料应紧靠在基层表面上，且应铺平垫稳；分层铺设的板块上下层接缝应相互错开，板间缝隙应采用同类材料的碎屑嵌填密实。 （3）架空隔热制品：非上人屋面的砌块强度等级不应低于 MU7.5，上人屋面的砌块强度等级不应低于 MU10；混凝土板的强度等级不应低于 C20，板厚及配筋应符合设计要求。 （4）蓄水隔热层与屋面防水层之间应设隔离层。蓄水池的所有孔洞应预留，不得后凿，所设置的给水管、排水管和溢水管等，均应在蓄水池混凝土施工前安装完毕。每个蓄水区的防水混凝土应一次浇筑完毕，不得留施工缝。防水混凝土初凝后应覆盖养护，终凝后浇水养护不得少于 14d；蓄水后不得断水
4	卷材防水层	（1）屋面坡度大于 25% 时，卷材应采取满粘和钉压固定措施。 （2）卷材铺贴方向宜平行于屋脊，且上下层卷材不得相互垂直铺贴。 （3）平行屋脊的卷材搭接缝应顺流水方向，卷材搭接宽度应符合规范相关规定。相邻两幅卷材短边搭接缝应错开，且不得小于 500mm。上下层卷材长边搭接缝应错开，且不得小于幅宽的 1/3
5	涂膜防水层	（1）防水涂料应多遍涂布，并应待前一遍涂布的涂料干燥成膜后，再涂布后一遍涂料，且前后两遍涂料的涂布方向应相互垂直。 （2）涂膜防水层的平均厚度应符合设计要求，且最小厚度不得小于设计厚度的 80%

序号	项目	内容
6	复合防水层	（1）卷材与涂料复合使用时，涂膜防水层宜设置在卷材防水层的下面。 （2）卷材与涂膜应粘贴牢固，不得有空鼓和分层现象
7	细部构造工程	（1）女儿墙和山墙的压顶向内排水坡度不应小于 5%，压顶内侧下端应做成鹰嘴或滴水槽。 （2）水落口杯上口应设在沟底的最低处，水落口处不得有渗漏和积水现象。 （3）变形缝处防水层应铺贴或涂刷至泛水墙的顶部。等高变形缝顶宜加扣混凝土或金属盖板；高低跨变形缝在高跨墙面上的防水卷材封盖和金属盖板，应用金属压条钉压固定，并应用密封材料封严

考点 6　地下防水工程质量验收的有关要求

地下工程防水等级标准

防水等级	标准
一级	不允许渗水，结构表面无湿渍
二级	不允许漏水，结构表面可有少量湿渍。 　房屋建筑地下工程：总湿渍面积不应大于总防水面积（包括顶板、墙面、地面）的 1/1000；任意 100m² 防水面积上的湿渍不超过 2 处，单个湿渍最大面积不大于 0.1m²
二级	其他地下工程：总湿渍面积不应大于总防水面积的 2/1000，任意 100m² 防水面积上的湿渍不超过 3 处，单个湿渍最大面积不大于 0.2m²；其中隧道工程平均渗水量不大于 0.05L/(m²·d)，任意 100m² 防水面积的渗水量不大于 0.15L/(m²·d)
三级	有少量漏水点，不得有线流和漏泥砂。 　任意 100m² 防水面积上的漏水或湿渍点数不超过 7 处，单个漏水点的最大漏水量不大于 2.5L/d，单个湿渍最大面积不大于 0.3m²
四级	有漏水点，不得有线流和漏泥砂。 　整个工程平均漏水量不大于 2L/(m²·d)；任意 100m² 防水面积的平均漏水量不大于 4L/(m²·d)

防　水　要　求

序号	项目	内容
1	基本规定	（1）地下防水工程施工期间，必须保持地下水位稳定在工程底部最低高程 500mm 以下。 （2）地下防水工程不得在雨天、雪天和五级风及其以上时施工
2	防水混凝土材料及配合比	（1）宜采用普通硅酸盐水泥或硅酸盐水泥，不同品种或强度等级的水泥严禁混用。 （2）砂宜选用中粗砂，不宜使用海砂。当必须使用时，控制氯离子含量不得大于 0.06%。 （3）对长期处于潮湿环境的重要结构混凝土用砂、石，应进行碱活性检验。 （4）外加剂的品种和用量应经试验确定，掺加引气剂或引气型减水剂的混凝土，其含气量宜控制在 3%～5%。 （5）试配要求的抗渗水压值应比设计值提高 0.2MPa

231

序号	项目	内容
3	防水混凝土拌制和浇筑过程控制	（1）拌制混凝土每工作班检查不应少于两次。 （2）混凝土在浇筑地点的坍落度，每工作班至少检查两次。 （3）泵送混凝土在交货地点的入泵坍落度，每工作班至少检查两次。 （4）防水混凝土拌合物运输后出现离析时必须二次搅拌。当坍落度损失后不能满足施工要求时，应加入原水胶比的水泥浆或掺加同品种的减水剂进行搅拌，严禁直接加水
4	防水混凝土抗渗性能	（1）应采用标准条件下养护混凝土抗渗试件的试验结果评定，试件应在混凝土浇筑地点随机取样后制作。 （2）连续浇筑的防水混凝土，每 $500m^3$ 应留置一组 6 个抗渗试件，且每项工程不得少于两组
5	水泥砂浆防水层	（1）水泥砂浆防水层适用于地下工程主体结构的迎水面或背水面。不适用于受持续振动或环境温度高于 80℃ 的地下工程。 （2）水泥砂浆防水层应采用聚合物水泥防水砂浆；掺外加剂或掺合料的防水砂浆。 （3）水泥砂浆终凝后应及时进行养护，养护温度不宜低于 5℃，并应保持砂浆表面湿润，养护时间不得少于 14d。聚合物水泥防水砂浆未达到硬化状态时，不得浇水养护或直接受雨水冲刷，硬化后应采用干湿交替的养护方法。潮湿环境中，可在自然条件下养护
6	卷材防水层	（1）防水层经验收合格后应及时做保护层。顶板的细石混凝土保护层与防水层之间宜设置隔离层；细石混凝土保护层厚度：机械回填时不宜小于 70mm，人工回填时不宜小于 50mm。底板的细石混凝土保护层厚度不应小于 50mm。侧墙宜采用软质保护材料或铺抹 20mm 厚1：2.5 水泥砂浆。 （2）卷材防水层分项工程检验批的抽样检验数量，应按铺贴面积每 $100m^2$ 抽查 1 处，每处 $10m^2$，且不得少于 3 处
7	涂料防水层	（1）涂料防水层适用于受侵蚀性介质作用或受振动作用的地下工程；有机防水涂料宜用于主体结构的迎水面，无机防水涂料宜用于主体结构的迎水面或背水面。 （2）有机防水涂料应采用反应型、水乳型、聚合物水泥等涂料；无机防水涂料应采用掺外加剂、掺合料的水泥基防水涂料或水泥基渗透结晶型防水涂料。 （3）有机防水涂料基面应干燥。当基面较潮湿时，应涂刷湿固化型胶结剂或潮湿界面隔离剂；无机防水涂料施工前，基面应充分润湿，但不得有明水。 （4）涂料防水层最小厚度不得小于设计厚度的 90%。检验方法：用针测法检查。 （5）涂料防水层分项工程检验批的抽样检验数量，应按涂层面积每 $100m^2$ 抽查 1 处，每处 $10m^2$，且不得少于 3 处

考点7　建筑地面工程施工质量验收的有关要求

建筑地面工程施工质量验收要点

序号	项目	内容
1	建筑地面工程施工各层环境温度	（1）采用掺有水泥、石灰的拌合料铺设以及用石油沥青胶结料铺贴时，不应低于 5℃。 （2）采用有机胶粘剂粘贴时，不应低于 10℃。 （3）采用砂、石材料铺设时，不应低于 0℃。 （4）采用自流平、涂料铺设时，不应低于 5℃，也不应高于 30℃

序号	项目	内容
2	建筑地面工程施工质量的检验	（1）基层（各构造层）和各类面层的分项工程施工质量验收应按每一层次或每层施工段（或变形缝）划分检验批，高层建筑的标准层可按每三层（不足三层按三层计）划分检验批。 （2）每检验批应以各子分部工程的基层（各构造层）和各类面层所划分的分项工程按自然间（或标准间）检验，抽查数量应随机检验且不应少于 3 间；不足 3 间，应全数检查；其中走廊（过道）应以 10 延长米为 1 间，工业厂房（按单跨计）、礼堂、门厅应以两个轴线为 1 间计算。 （3）有防水要求的建筑地面子分部工程的分项工程施工质量每检验批抽查数量应按其房间总数随机检验不少于 4 间，不足 4 间，应全数检查。 （4）检查防水隔离层应采用蓄水方法，蓄水深度最浅处不得小于 10mm，蓄水时间不得少于 24h；检查有防水要求的建筑地面的面层应采用泼水方法
3	基层铺设	（1）灰土垫层应采用熟化石灰与黏土（或粉质黏土、粉土）的拌合料铺设，其厚度不应小于 100mm。熟化石灰可采用磨细生石灰，亦可用粉煤灰代替。 （2）砂垫层厚度不应小于 60mm；砂石垫层厚度不应小于 100mm。 （3）碎石垫层和碎砖垫层厚度不应小于 100mm。 （4）三合土垫层采用石灰、砂（可掺入少量黏土）与碎砖的拌合料铺设，其厚度不应小于 100mm；四合土垫层应采用水泥、石灰、砂（可掺少量黏土）与碎砖的拌合料铺设，其厚度不应小于 80mm。 （5）炉渣垫层采用炉渣、水泥与炉渣或水泥、石灰与炉渣的拌合料铺设，其厚度不应小于 80mm。炉渣或水泥炉渣垫层中的炉渣，使用前应浇水闷透；水泥石灰炉渣垫层的炉渣，使用前应用石灰浆或用熟化石灰浇水拌合闷透；闷透时间均不得少于 5d。 （6）水泥混凝土垫层的厚度不应小于 60mm，陶粒混凝土垫层的厚度不应小于 80mm
4	整体面层铺设	（1）铺设整体面层时，其水泥类基层的抗压强度不得小于 1.2MPa。 （2）整体面层施工后，养护时间不应少于 7d；抗压强度应达到 5MPa 后，方准上人行走。 （3）水泥混凝土面层中混凝土采用的粗骨料，其最大粒径不应大于面层厚度的 2/3；细石混凝土面层采用的石子粒径不应大于 16mm。水泥混凝土面层的强度不应小于 C20。 （4）水泥砂浆面层的砂浆强度等级不应小于 M15；宜采用硅酸盐水泥、普通硅酸盐水泥，不同品种、不同强度等级的水泥严禁混用；砂应为中粗砂，当采用石屑时，其粒径应为 1～5mm，且含泥量不应大于 3%。防水水泥砂浆采用的砂或石屑，其含泥量不应大于 1%。同一工程、同一强度等级、同一配合比检查一次
5	板块面层铺设	（1）铺设板块面层时，其水泥类基层的抗压强度不得小于 1.2MPa。 （2）面层铺设后，表面应覆盖、湿润，养护不少于 7d

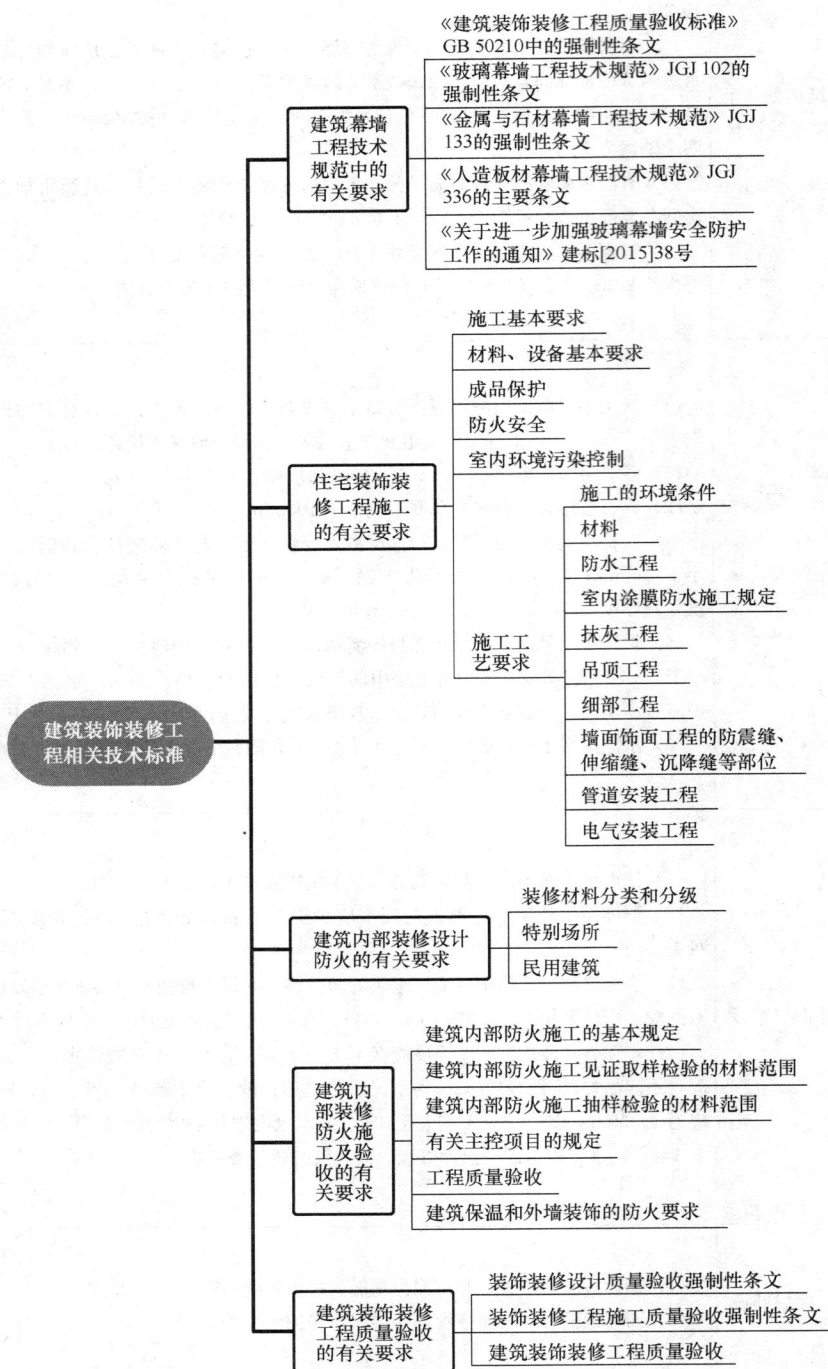

2A332030 建筑装饰装修工程相关技术标准

【考点图谱】

建筑装饰装修工程相关技术标准
- 建筑幕墙工程技术规范中的有关要求
  - 《建筑装饰装修工程质量验收标准》GB 50210中的强制性条文
  - 《玻璃幕墙工程技术规范》JGJ 102的强制性条文
  - 《金属与石材幕墙工程技术规范》JGJ 133的强制性条文
  - 《人造板材幕墙工程技术规范》JGJ 336的主要条文
  - 《关于进一步加强玻璃幕墙安全防护工作的通知》建标[2015]38号
- 住宅装饰装修工程施工的有关要求
  - 施工基本要求
  - 材料、设备基本要求
  - 成品保护
  - 防火安全
  - 室内环境污染控制
  - 施工工艺要求
    - 施工的环境条件
    - 材料
    - 防水工程
    - 室内涂膜防水施工规定
    - 抹灰工程
    - 吊顶工程
    - 细部工程
    - 墙面饰面工程的防震缝、伸缩缝、沉降缝等部位
    - 管道安装工程
    - 电气安装工程
- 建筑内部装修设计防火的有关要求
  - 装修材料分类和分级
  - 特别场所
  - 民用建筑
- 建筑内部装修防火施工及验收的有关要求
  - 建筑内部防火施工的基本规定
  - 建筑内部防火施工见证取样检验的材料范围
  - 建筑内部防火施工抽样检验的材料范围
  - 有关主控项目的规定
  - 工程质量验收
  - 建筑保温和外墙装饰的防火要求
- 建筑装饰装修工程质量验收的有关要求
  - 装饰装修设计质量验收强制性条文
  - 装饰装修工程施工质量验收强制性条文
  - 建筑装饰装修工程质量验收

考点1 建筑幕墙工程技术规范中的有关要求

建筑幕墙工程技术规范要点

序号	项目	内容
1	《建筑装饰装修工程质量验收标准》GB 50210 中的强制性条文	幕墙与主体结构连接的各种预埋件，其数量、规格、位置和防腐处理必须符合设计要求
2	《玻璃幕墙工程技术规范》JGJ 102 的强制性条文	（1）隐框和半隐框玻璃幕墙，其玻璃与铝型材的粘结必须采用中性硅酮结构密封胶。全玻幕墙和点支承玻璃幕墙采用镀膜玻璃时，不应采用酸性硅酮结构密封胶粘结。 （2）硅酮结构密封胶和硅酮建筑密封胶必须在有效期内使用。 （3）硅酮结构密封胶使用前，应经国家认可的检测机构进行与其相接触材料的相容性和剥离粘结性试验，并对邵氏硬度、标准状态拉伸粘结性能进行复验。检验不合格的产品不得使用。进口硅酮结构密封胶应具有商检报告。 （4）人员流动密度大、青少年或幼儿活动的公共场所以及使用中容易受到撞击的部位，其玻璃幕墙应采用安全玻璃。对使用中容易受到撞击的部位，尚应设置明显的警示标志。 （5）幕墙结构构件应按规定验算承载力和挠度。 （6）主体结构或结构构件，应能够承受幕墙传递的荷载和作用。连接件与主体结构的锚固承载力设计值应大于连接件本身的承载力设计值。 （7）硅酮结构密封胶应根据不同的受力情况进行承载力极限状态验算。在风荷载、水平地震作用下，硅酮结构密封胶的拉应力或剪应力设计值不应大于其强度设计值。在永久荷载作用下，硅酮结构密封胶的拉应力或剪应力设计值不应大于其强度设计值。 （8）横梁截面主要受力部位的厚度：当横梁跨度不大于 1.2m 时，铝合金型材截面主要受力部位的厚度不应小于 2.0mm。当横梁跨度大于 1.2m 时，其截面主要受力部位的厚度不应小于 2.5mm。型材孔壁与螺钉之间直接采用螺纹受力连接时，其局部截面厚度不应小于螺钉的公称直径。钢型材截面主要受力部位的厚度不应小于 2.5mm。 （9）立柱截面主要受力部位的厚度：铝型材截面开口部位的厚度不应小于 3.0mm，闭口部位的厚度不应小于 2.5mm。型材孔壁与螺钉之间直接采用螺纹受力连接时，其局部厚度尚不应小于螺钉的公称直径。钢型材截面主要受力部位的厚度不应小于 3.0mm。对偏心受压立柱，其截面宽厚比应符合规范相应规定。 （10）全玻幕墙的板面不得与其他刚性材料直接接触。板面与装修面或结构面之间的空隙不应小于 8mm，且应采用密封胶密封。 （11）全玻幕墙玻璃肋的截面厚度不应小于 12mm，截面高度不应小于 100mm。 （12）采用胶缝传力的全玻幕墙，其胶缝必须采用硅酮结构密封胶。 （13）点支撑玻璃幕墙采用浮头式连接件的幕墙玻璃厚度不应小于 6mm。采用沉头式连接件的幕墙玻璃厚度不应小于 8mm，安装连接件的夹层玻璃和中空玻璃，其单片厚度也应符合上述要求。玻璃之间的空隙宽度不应小于 10mm，且应采用硅酮建筑密封胶嵌缝。 （14）除全玻幕墙外，不应在现场打注硅酮结构密封胶。 （15）当高层建筑的玻璃幕墙安装与主体结构施工交叉作业时，在主体结构的施工层下方应设置防护网。在距地面约 3m 高度处，应设置挑出宽度不小于 6m 的水平防护网

序号	项目	内容
3	金属与石材幕墙工程技术规范	(1) 花岗石板材的弯曲强度应经法定检测机构检测确定,其弯曲强度不应小于 8.0MPa。 (2) 同一幕墙工程应采用同一品牌的单组分或双组分的硅酮结构密封胶,并应有保质年限的质量证书,用于石材幕墙的硅酮结构密封胶还应有证明无污染的试验报告。 (3) 同一幕墙工程应采用同一品牌的硅酮结构密封胶和硅酮耐候密封胶配套使用。 (4) 用硅酮结构密封胶粘结固定构件时,注胶应在温度15℃以上30℃以下、相对湿度50%以上且洁净、通风的室内进行,胶的宽度、厚度应符合设计要求。 (5) 金属、石材幕墙与主体结构连接的预埋件,应在主体结构施工时按设计要求埋设。预埋件应牢固,位置准确,预埋件的位置误差应按设计要求进行复查。当设计无明确要求时,预埋件的标高偏差不应大于 10mm,预埋件位置差不应大于20mm。 (6) 金属板、石板空缝安装时,必须有防水措施,并应有符合设计要求的排水出口。 (7) 幕墙构架的立柱与横梁在风荷载标准值作用下,钢型材的相对挠度不应大于 $l/300$(l 为立柱或横梁两支点间的跨度),绝对挠度不应大于 15mm;铝合金型材的相对挠度不应大于 $l/180$,绝对挠度不应大于 20mm。 (8) 幕墙在风荷载标准值除以阵风系数后的风荷载值作用下,不应发生雨水渗漏。其雨水渗漏性能应符合设计要求。 (9) 钢销式石材幕墙可在非抗震设计或 6 度、7 度抗震设计幕墙中应用,幕墙高度不宜大于 20m,石板面积不宜大于 1.0m²。钢销和连接板应采用不锈钢。连接板截面尺寸不宜小于 40mm×4mm,钢销与孔的要求应符合规定。 (10) 横梁应通过角码、螺钉或螺栓与立柱连接,角码应能承受横梁的剪力。螺钉直径不得小于 4mm,每处连接螺钉数量不应少于 3 个,螺栓不应少于 2 个。横梁与立柱之间应有一定的相对位移能力。 (11) 上下立柱之间应有不小于 15mm 的缝隙,并应采用芯柱连接。芯柱总长度不应小于 400mm。芯柱与立柱应紧密接触。芯柱与下柱之间应采用不锈钢螺栓固定。 (12) 立柱应采用螺栓与角码连接,并再通过角码与预埋件或钢构件连接。螺栓直径不应小于 10mm,连接螺栓应按现行国家标准《钢结构设计标准》GB 50017 进行承载力计算。立柱与角码采用不同金属材料时应采用绝缘垫片分隔。 (13) 钢销式安装的石板加工应符合下列规定: ① 钢销的孔位应根据石板的大小而定。孔位距离边端不得小于石板厚度的 3 倍,也不得大于 180mm。钢销间距不宜大于 600mm。边长不大于 1.0m 时应采用复合连接。 ② 石板的钢销孔的深度宜为 22~33mm,孔的直径宜为 7mm 或 8mm,钢销直径宜为 5mm 或 6mm,钢销长度宜为 20~30mm。 ③ 石板的钢销孔处不得有损坏或崩裂现象,孔径内应光滑、洁净。 (14) 金属与石材幕墙构件应按同一类构件的5%进行抽样检查,且每种构件不得少于 5件。当有一个构件抽检不符合上述规定时,应加倍抽样复检,全部合格后方可出厂。 (15) 幕墙安装施工应对下列项目进行验收: ① 主体结构与立柱、立柱与横梁连接节点安装及防腐处理。 ② 幕墙的防火、保温安装。 ③ 幕墙的伸缩缝、沉降缝、防震缝及阴阳角的安装。 ④ 幕墙的防雷节点的安装。 ⑤ 幕墙的封口安装
4	人造板材幕墙工程技术规范	(1) 适用于地震区和抗震设防烈度不大于 8 度地震区的民用建筑用瓷板、陶板、微晶玻璃板、石材蜂窝复合板、高压热固化木纤维板和纤维水泥板等外墙用人造板材幕墙工程。人造板材幕墙的应用高度不宜大于 100m。 (2) 强制性条文:幕墙应与主体结构可靠连接。连接件与主体结构的锚固承载力设计值应大于连接件本身的承载力设计值

序号	项目	内容
5	玻璃幕墙设计和施工最新规定	（1）新建住宅、党政机关办公楼、医院门诊急诊楼和病房楼、中小学校、托儿所、老年人建筑，不得在二层及以上采用玻璃幕墙。 （2）人员密集、流动性大的商业中心，交通枢纽，公共文化体育设施等场所，临近道路、广场及下部为出入口、人员通道的建筑，严禁采用全隐框玻璃幕墙。以上建筑在二层及以上安装玻璃幕墙的，应在幕墙下方周边区域合理设置绿化带或裙房等缓冲区域，也可采用挑檐、防冲击雨篷等防护设施。 （3）玻璃幕墙宜采用夹层玻璃、均质钢化玻璃或超白玻璃

考点2 住宅装饰装修工程施工的有关要求

住宅装饰装修工程施工管理要点

序号	项目	内容
1	基本要求	（1）施工中，严禁损坏房屋原有绝热设施；严禁损坏受力钢筋；严禁超荷载集中堆放物品；严禁在预制混凝土空心楼板上打孔安装埋件。 （2）施工中，严禁擅自改动建筑主体、承重结构或改变房间主要使用功能；严禁擅自拆改燃气、暖气、通信等配套设施。 （3）管道、设备工程的安装及调试应在装饰装修工程施工前完成，必须同步进行的应在饰面层施工前完成。装饰装修工程不得影响管道、设备的使用和维修
2	施工现场用电规定	（1）施工现场用电应从户表以后设立临时施工用电系统。 （2）安装、维修或拆除临时施工用电系统，应由电工完成。 （3）临时施工供电开关箱中应装设漏电保护器。进入开关箱的电源线不得用插销连接。 （4）临时用电线路应避开易燃、易爆物品堆放地。 （5）暂停施工时应切断电源
3	施工现场用水规定	（1）不得在未做防水的地面蓄水。 （2）临时用水管不得有破损、滴漏。 （3）暂停施工时应切断水源
4	成品保护	（1）各工种在施工中不得污染、损坏其他工种的半成品、成品。 （2）材料表面保护膜应在工程竣工时撤除。 （3）对邮箱、消防、供电、电视、报警、网络等公共设施应采取保护措施
5	防火安全	（1）易燃物品应相对集中放置在安全区域并应有明显标识。施工现场不得大量积存可燃材料。 （2）易燃易爆材料的施工，应避免敲打、碰撞、摩擦等可能出现火花的操作。配套使用的照明灯、电动机、电气开关应有安全防爆装置。 （3）使用油漆等挥发性材料时，应随时封闭其容器。擦拭后的棉纱等物品应集中存放且远离热源。 （4）施工现场动用电气焊等明火时，必须清除周围及焊渣滴落区的可燃物质，并设专人监督。 （5）施工现场必须配备灭火器、砂箱或其他灭火工具。严禁在施工现场吸烟。 （6）严禁在运行中的管道、装有易燃易爆的容器和受力构件上进行焊接和切割

序号	项目	内容
6	室内环境污染控制	控制的室内环境污染为：氡、甲醛、氨、苯、甲苯、二甲苯和挥发性有机物（TVOC）
7	室内涂膜防水施工规定	（1）涂膜涂刷应均匀一致，不得漏刷。总厚度应符合产品技术性能要求。 （2）玻纤布的接槎应顺流水方向搭接，搭接宽度应不小于100mm。两层以上玻纤布的防水施工，上、下搭接应错开幅宽的1/2
8	抹灰用的水泥	（1）宜为硅酸盐水泥、普通硅酸盐水泥，其强度等级不应小于32.5。 （2）不同品种不同强度等级的水泥不得混合使用。 （3）抹灰用石灰膏的熟化期不应少于15d。 （4）罩面用磨细石灰粉的熟化期不应少于3d
9	抹灰施工规定	（1）抹灰应分层进行，每遍厚度宜为5～7mm。 （2）抹石灰砂浆和水泥混合砂浆每遍厚度宜为7～9mm。 （3）当抹灰总厚度超出35mm时，应采取加强措施。 （4）底层的抹灰层强度不得低于面层的抹灰层强度
10	管道处理	嵌入墙体、地面的管道应进行防腐处理并用水泥砂浆保护，其厚度应符合下列要求：墙内冷水管不小于10mm，热水管不小于15mm，嵌入地面的管道不小于10mm
11	电气安装	（1）工程配线时，相线与零线的颜色应不同；同一住宅相线（L）颜色应统一，零线（N）宜用蓝色，保护线（PE）必须用黄绿双色线。 （2）同一回路电线应穿入同一根管内，但管内总根数不应超过8根，电线总截面积（包括绝缘外皮）不应超过管内截面积的40%。电源线与通信线不得穿入同一根管内。 （3）电源线及插座与电视线及插座的水平间距不应小于500mm。电线与暖气、热水、煤气管之间的平行距离不应小于300mm，交叉距离不应小于100mm。同一室内的电源、电话、电视等插座面板应在同一水平标高上，高差应小于5mm。电源插座底边距地宜为300mm，平开关板底边距地宜为1400mm

考点3　建筑内部装修设计防火的有关要求

建筑内部装修设计防火的有关要求

序号	项目	内容
1	装修材料分类	装修材料按其使用部位和功能，可划分为顶棚装修材料、墙面装修材料、地面装修材料、隔断装修材料、固定家具、装饰织物、其他装修材料七类
2	装修材料分级	（1）装修材料按其燃烧性能应划分为四级： A级：不燃性；B_1级：难燃性；B_2级：可燃性；B_3级：易燃性。 （2）安装在金属龙骨上燃烧性能达到B_1级的纸面石膏板、矿棉吸声板，可作为A级装修材料使用。 （3）单位面积质量小于300g/m²的纸质、布质壁纸，当直接粘贴在A级基材上时，可作为B_1级装修材料使用。施涂于A级基材上的无机装饰涂料，可作为A级装修材料使用；施涂于A级基材上，湿涂覆比小于1.5kg/m²，且涂层干膜厚度不大于1.0mm的有机装修涂料，可作为B_1级装修材料使用

序号	项目	内容
3	特别场所规定	（1）建筑内部装修不应擅自减少、改动、拆除、遮挡消防设施、疏散指示标志、安全出口、疏散出口、疏散走道和防火分区、防烟分区等。 （2）建筑内部消火栓箱门不应被装饰物遮掩，消火栓箱门四周的装修材料颜色应与消火栓箱门的颜色有明显区别或在消火栓箱门表面设置发光标志。 （3）疏散走道和安全出口的顶棚、墙面不应采用影响人员安全疏散的镜面反光材料。 （4）地上建筑的水平疏散走道和安全出口的门厅，其顶棚应采用 A 级装修材料，其他部位应采用不低于 B_1 级装修材料；地下民用建筑的疏散走道和安全出口门厅，其顶棚、墙面和地面均应采用 A 级装修材料。 （5）疏散楼梯间和前室的顶棚、墙面和地面均应采用 A 级装修材料。 （6）建筑物内设有上下层相连通的中庭、走马廊、开敞楼梯、自动扶梯时，其连通部位的顶棚、墙面应采用 A 级装修材料，其他部位应采用不低于 B_1 级的装修材料。 （7）无窗房间内部装修材料的燃烧性能等级除 A 级外，应在常规要求的基础上提高一级。 （8）消防水泵房、机械加压送风排烟机房、固定灭火系统钢瓶间、配电室、变压器室、发电机房、储油间、通风和空调机房等，其内部所有装修均应采用 A 级装修材料。 （9）消防控制室等重要房间，其顶棚和墙面应采用 A 级装修材料，地面及其他装修应采用不低于 B_1 级的装修材料。 （10）建筑物内的厨房，其顶棚、墙面、地面均应采用 A 级装修材料。 （11）经常使用明火器具的餐厅、科研试验室，其装修材料的燃烧性能等级除 A 级外，应在常规要求的基础上提高一级。 （12）民用建筑内的库房或贮藏间，其内部所有装修除应符合相应场所规定外，应采用不低于 B_1 级的装修材料。 （13）展览性场所装修设计：展台材料应采用不低于 B_1 级的装修材料；展厅设置电加热设备的餐饮操作区内，与电加热设备贴邻的墙面、操作台均应采用 A 级装修材料；展台与卤钨灯等高温照明灯具贴邻部位的材料应采用 A 级装修材料。 （14）住宅建筑装修设计：不应改动住宅内部烟道、风道；厨房内的固定橱柜宜采用不低于 B_1 级的装修材料；卫生间顶棚宜采用 A 级装修材料；阳台装修宜采用不低于 B_1 级的装修材料。 （15）照明灯具及电气设备、线路的高温部位，当靠近非 A 级装修材料或构件时，应采取隔热、散热等防火保护措施，与窗帘、帷幕、幕布、软包等装修材料的距离不应小于 500mm；灯饰应采用不低于 B_1 级的材料。 （16）当室内顶棚、墙面、地面和隔断装修材料内部安装电加热供暖系统时，室内采用的装修材料和绝热材料的燃烧性能等级应为 A 级。当室内顶棚、墙面、地面和隔断装修材料内部安装水暖（或蒸汽）供暖系统时，其顶棚采用的装修材料和绝热材料的燃烧性能应为 A 级，其他部位的装修材料和绝热材料的燃烧性能不应低于 B_1 级，且尚应符合相关规范有关公共场所的规定。 （17）建筑内部不宜设置采用 B_3 级装饰材料制成的壁挂、布艺等，当需要设置时，不应靠近电气线路、火源或热源，或采取隔离措施

考点 4　建筑内部装修防火施工及验收的有关要求

建筑内部防火施工规定要点

序号	项目	内容
1	基本规定	（1）装修材料进入施工现场后，应按规范的有关规定，在监理单位或建设单位监督下，由施工单位有关人员现场取样，并应由具备相应资质的检验单位进行见证取样检验。 （2）建筑工程内部装修不得影响消防设施的使用功能。装修施工过程中，当确需变更防火设计时。应经原设计单位或具有相应资质的设计单位按有关规定进行。 （3）装修施工过程中，应分阶段对所选用的防火装修材料按规范的规定进行抽样检验。对隐蔽工程的施工，应在施工过程中及完工后进行抽样检验。现场进行阻燃处理、喷涂、安装作业的施工，应在相应的施工作业完成后进行抽样检验

序号	项目	内容
2	见证取样检验范围	（1）B_1、B_2级纺织织物及现场对纺织织物进行阻燃处理所使用的阻燃剂。 （2）B_1级木质材料及现场进行阻燃处理所使用的阻燃剂及防火涂料。 （3）B_1、B_2级高分子合成材料及现场进行阻燃处理所使用的阻燃剂及防火涂料。 （4）B_1、B_2级复合材料及现场进行阻燃处理所使用的阻燃剂及防火涂料。 （5）B_1、B_2级其他材料及现场进行阻燃处理所使用的阻燃剂及防火涂料
3	抽样检验范围	（1）现场阻燃处理后的纺织织物，每种取 $2m^2$ 检验燃烧性能。 （2）施工过程中受潮、燃烧性能可能受影响的纺织织物，每种取 $2m^2$ 检验燃烧性能。 （3）现场阻燃处理后的木质材料。每种取 $4m^2$ 检验燃烧性能。 （4）表面进行加工后的 B_1 级木质材料，每种取 $4m^2$ 检验燃烧性能。 （5）现场阻燃处理后的泡沫塑料每种取 $0.1m^3$ 检验燃烧性能。 （6）现场阻燃处理后的复合材料每种取 $4m^2$ 检验燃烧性能。 （7）现场阻燃处理后的其他材料应进行抽样检验燃烧性能。

建筑内部装修防火工程质量验收

序号	项目	内容
1	验收合格要求	（1）技术资料应完整。 （2）所用装修材料或产品的见证取样检验结果应满足设计要求。 （3）装修施工过程中的抽样检验结果。包括隐蔽工程的施工过程中及完工后的抽样检验结果应符合设计要求。 （4）现场进行阻燃处理、喷涂、安装作业的抽样检验结果应符合设计要求。 （5）施工过程中的主控项目检验结果应全部合格。 （6）施工过程中的一般项目检验结果合格率应达到 80%
2	验收组织	工程质量验收应由建设单位项目负责人组织施工单位项目负责人、监理工程师和设计单位项目负责人等进行

建筑保温和外墙装饰的防火要求

序号	项目	内容
1	基本规定	（1）建筑内、外保温系统，宜采用燃烧性能为 A 级的保温材料，不宜采用 B_2 级保温材料，严禁采用 B_3 级保温材料。 （2）建筑外墙采用内保温系统时，保温系统应符合下列规定： ①对于人员密集场所，用火、燃油、燃气等具有火灾危险性的场所以及各类建筑内的疏散楼梯间、避难走道、避难间、避难层等场所或部位，应采用燃烧性能为 A 级的保温材料。 ②对于其他场所，应采用低烟、低毒且燃烧性能不低于 B_1 级的保温材料。 ③保温系统应采用不燃材料做防护层。采用燃烧性能为 B_1 级的保温材料时，防护层的厚度不应小于 10mm。 （3）建筑外墙采用保温材料与两侧墙体构成无空腔复合保温结构体时，该结构体的耐火极限应符合国家现行有关规定的要求；当保温材料的燃烧等级为 B_1、B_2 级时，保温材料两侧的墙体应采用不燃材料且厚度均不应小于 50mm。 （4）建筑外墙外保温系统与基层墙体、装饰层之间的空腔，应在每层楼板处采用防火封堵材料封堵。 （5）设置为人员密集场所的建筑，其外墙外保温材料的燃烧性能应为 A 级

序号	项目	内容
2	与基层墙体、装饰层之间无空腔的建筑外墙外保温系统保温材料规定	（1）住宅建筑 ① 建筑高度大于 100m 时，保温材料的燃烧性能应为 A 级。 ② 建筑高度大于 27m，但不大于 100m 时，保温材料的燃烧性能不应低于 B_1 级。 ③ 建筑高度不大于 27m 时，保温材料的燃烧性能不应低于 B_2 级。 （2）除住宅建筑和设置人员密集场所的建筑外，其他建筑 ① 建筑高度大于 50m 时，保温材料的燃烧性能应为 A 级。 ② 建筑高度大于 24m，但不大于 50m 时，保温材料的燃烧性能不应低于 B_1 级。 ③ 建筑高度不大于 24m 时，保温材料的燃烧性能不应低于 B_2 级
3	建筑外墙外保温系统采用燃烧性能为 B_1、B_2 级的保温材料规定	（1）除采用 B_1 级保温材料且建筑高度不大于 24m 的公共建筑或采用 B_1 级保温材料且建筑高度不大于 27m 的住宅建筑外，建筑外墙上门、窗的耐火完整性不应低于 0.50h。 （2）应在保温系统中每层设置水平防火隔离带。防火隔离带应采用燃烧性能等级为 A 级的材料，防火隔离带的高度不应小于 300mm
4	其他规定	（1）建筑的外墙外保温系统应采用不燃材料在其表面设置防护层，防护层应将保温材料完全包覆。除有关规定的情况外，应按规定采用 B_1、B_2 级材料保温时，防护层厚度首层不应小于 15mm，其他层不应小于 5mm。 （2）建筑外墙的装饰层应采用燃烧性能为 A 级的材料，但建筑高度不大于 50m 时，可采用 B_1 级材料

考点 5　建筑装饰装修工程质量验收的有关要求

建筑装饰装修工程质量验收要点

序号	项目	内容
1	设计质量验收	既有建筑装饰装修工程设计涉及主体和承重结构变动时，必须在施工前委托原结构设计单位或者具有相应资质条件的设计单位提出设计方案，或由检测鉴定单位对建筑结构的安全性进行鉴定
2	施工质量验收	（1）建筑外门窗安装必须牢固。在砌体上安装门窗严禁采用射钉固定。 （2）推拉门窗扇必须牢固，必须安装防脱落装置。 （3）重型设备和有振动荷载的设备严禁安装在吊顶工程的龙骨上

有关安全和功能的检测项目表

项次	子分部工程	检测项目
1	门窗工程	建筑外窗的气密性能、水密性能和抗风压性能
2	饰面板工程	饰面板后置埋件的现场拉拔力
3	饰面砖工程	外墙饰面砖样板及工程的饰面砖粘结强度
4	幕墙工程	（1）硅酮结构胶的相容性和剥离粘结性。 （2）幕墙后置埋件和槽式预埋件的现场拉拔力。 （3）幕墙的气密性、水密性、耐风压性能及层间变形性能

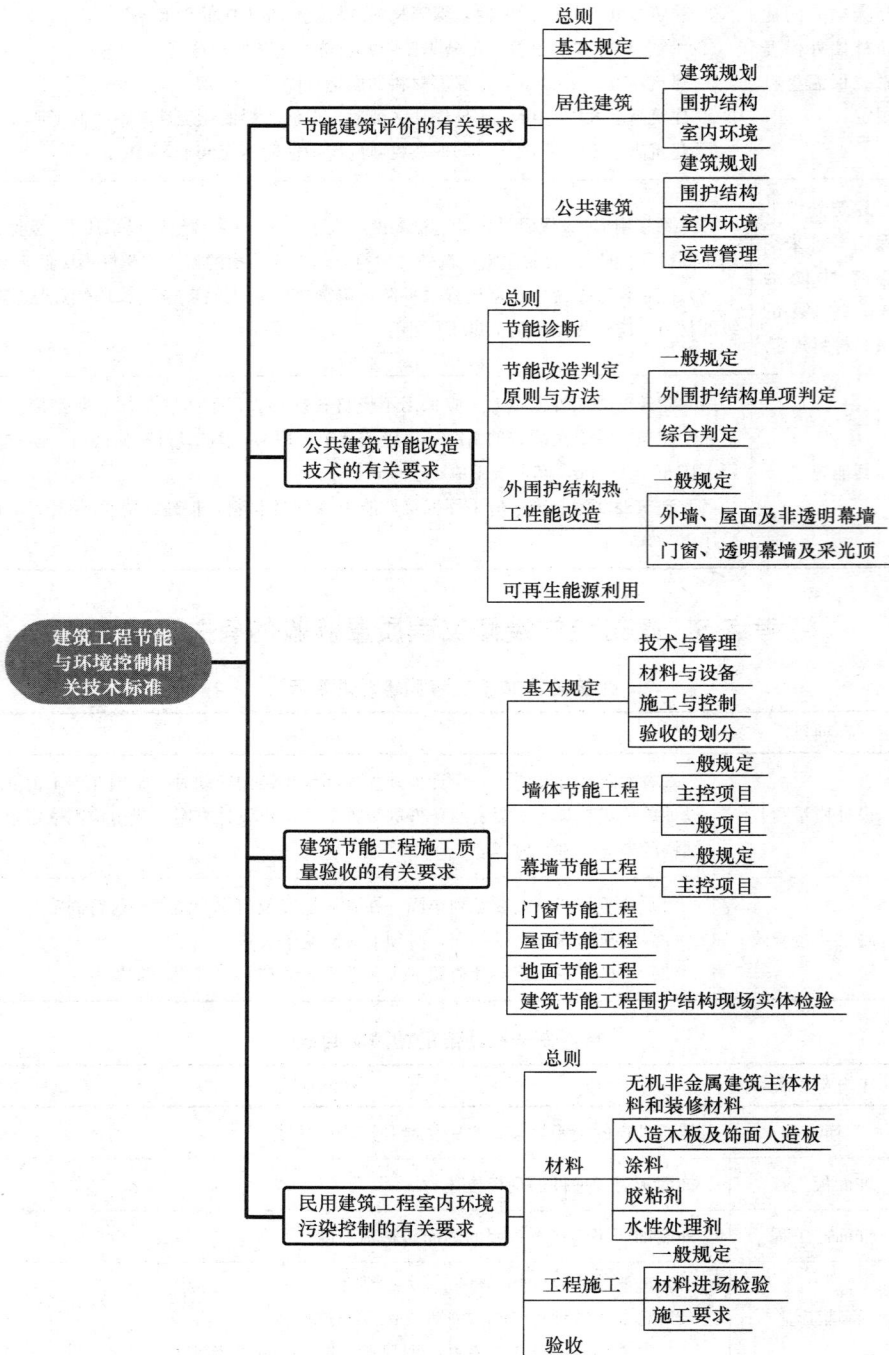

2A332040 建筑工程节能与环境控制相关技术标准

【考点图谱】

建筑工程节能与环境控制相关技术标准

- 节能建筑评价的有关要求
  - 总则
  - 基本规定
  - 居住建筑
    - 建筑规划
    - 围护结构
    - 室内环境
  - 公共建筑
    - 建筑规划
    - 围护结构
    - 室内环境
    - 运营管理

- 公共建筑节能改造技术的有关要求
  - 总则
  - 节能诊断
  - 节能改造判定原则与方法
    - 一般规定
    - 外围护结构单项判定
    - 综合判定
  - 外围护结构热工性能改造
    - 一般规定
    - 外墙、屋面及非透明幕墙
    - 门窗、透明幕墙及采光顶
  - 可再生能源利用

- 建筑节能工程施工质量验收的有关要求
  - 基本规定
    - 技术与管理
    - 材料与设备
    - 施工与控制
    - 验收的划分
  - 墙体节能工程
    - 一般规定
    - 主控项目
    - 一般项目
  - 幕墙节能工程
    - 一般规定
    - 主控项目
  - 门窗节能工程
  - 屋面节能工程
  - 地面节能工程
  - 建筑节能工程围护结构现场实体检验

- 民用建筑工程室内环境污染控制的有关要求
  - 总则
  - 材料
    - 无机非金属建筑主体材料和装修材料
    - 人造木板及饰面人造板
    - 涂料
    - 胶粘剂
    - 水性处理剂
  - 工程施工
    - 一般规定
    - 材料进场检验
    - 施工要求
  - 验收

考点 1 节能建筑评价的有关要求

节能评价基本规定

序号	项目	内容
1	节能建筑评价范围	(1) 节能建筑的评价应包括建筑及其用能系统，涵盖设计和运营管理两个阶段。 (2) 节能建筑的评价应在达到适用的室内环境的前提下进行
2	基本规定	(1) 节能建筑评价应包括节能建筑设计评价和节能建筑工程评价两个阶段。 (2) 节能建筑工程评价指标体系包括：建筑规划、建筑围护结构、采暖通风与空气调节、给水排水、电气与照明、室内环境和运营管理

建筑节能要求

序号	项目	居住建筑	公共建筑
1	建筑规划	(1) 居住建筑的选址和总体规划设计应符合城市规划和居住区规划的要求。 (2) 居住建筑小区的日照、建筑密度应符合要求。 (3) 居住建筑的项目建议书或可行性研究报告、设计文件中应有节能专项的内容	(1) 公共建筑的选址、总体设计、建筑密度和间距规划应符合城市规划的要求。 (2) 新建公共建筑要保证不影响附近既有居住建筑的日照时数。 (3) 项目建议书或设计文件中应有节能专项内容。 (4) 公共建筑规划、建筑单体设计时，进行自然通风专项化设计和分析。 (5) 公共建筑规划、建筑单体设计时，进行天然采光专项优化设计和分析
2	围护结构	(1) 严寒、寒冷地区外墙与屋面的热桥部位，外窗（门）洞口室外部分的侧墙面应进行保温处理。 (2) 夏热冬冷、夏热冬暖地区能保证围护结构热桥部位的内表面温度不低于设计状态下的室内空气露点温度。 (3) 严寒、寒冷地区单元入口门设有门斗或其他避风防渗透措施。 (4) 夏热冬冷、夏热冬暖地区建筑屋面、外墙外表面材料太阳辐射吸收系数小于 0.6。 (5) 夏热冬冷、夏热冬暖地区分户墙、分户楼板采取保温措施	(1) 透明幕墙材料要求复试中空玻璃露点、玻璃遮阳系数、可见光透射比。 (2) 采暖空调建筑入口处设置门斗、旋转门、空气幕等避风、防空气渗透、保温隔热措施。 (3) 寒冷地区、夏热冬冷和夏热冬暖地区，南向、西向、东向的外窗和透明幕墙设有活动的外遮阳装置
3	室内环境	(1) 厨房和无外窗的卫生间应设有通风措施，或预留安装排风机的位置和条件。 (2) 相对湿度较大的地区围护结构应具有防潮措施	(1) 建筑围护结构内部和表面应无结露、发霉现象。 (2) 建筑中每个房间的外窗可开启面积不小于该房间外窗面积的 30%；透明幕墙具有不小于房间透明面积 10% 的可开启部分
4	运营管理		公共建筑夏季室内空调温度设置不应低于 26℃，冬季室内空调温度设置不应高于 20℃

考点 2 公共建筑节能改造技术的有关要求

公共建筑节能改造诊断

序号	项目	内容
1	改造原则	（1）应在保证室内热舒适环境的基础上，提高建筑的能源利用效率，降低能源消耗。 （2）从技术可靠性、可操作性和经济性等方面进行综合分析，选取合理可行的节能改造方案和技术措施
2	节能诊断范围	（1）建筑物外围护结构热工性能。 （2）采暖通风空调及生活热水供应系统。 （3）供配电与照明系统。 （4）监测与控制系统
3	建筑外围护结构热工性能节能诊断选择性指标	（1）传热系数。 （2）热工缺陷及热桥部位内表面温度。 （3）遮阳设施的综合遮阳系数。 （4）外围护结构的隔热性能。 （5）玻璃或其他透明材料的可见光透射比、遮阳系数。 （6）外窗、透明幕墙的气密性。 （7）房间气密性或建筑物整体气密性

节能改造判定原则与方法

序号	项目	内容
1	一般规定	（1）公共建筑进行节能改造前，应首先根据节能诊断结果，并结合公共建筑节能改造判定原则与方法，确定是否需要进行节能改造及节能改造内容。 （2）公共建筑节能改造应根据需要采用下列一种或多种判定方法：单项判定；分项判定；综合判定
2	外围护结构单项判定	（1）当公共建筑因结构或防火等方面存在安全隐患而需进行改造时，宜同步进行外围护结构方面的节能改造。 （2）当公共建筑外墙、屋面的热工性能存在下列情况时，宜对外围护结构进行节能改造： ①严寒、寒冷地区，公共建筑外墙、屋面保温性能不满足内表面温度不结露要求。 ②夏热冬冷、夏热冬暖地区，公共建筑外墙、屋面隔热性能不满足内表面温度不应低于室内空气露点温度要求。 （3）公共建筑外窗、透明幕墙的传热系数及综合遮阳系数存在不符合规定数值时，宜对外窗、透明幕墙进行节能改造
3	综合判定	采暖通风空调及生活热水供应系统、照明系统的全年能耗降低 30% 以上，且静态投资回收期小于或等于 6 年时，应进行节能改造

外围护结构热工性能改造

序号	项目	内容
1	一般规定	(1) 公共建筑外围护结构进行节能改造后，所改造部位的热工性能应符合不同气候条件及不同房间的设计要求。 (2) 对外围护结构进行节能改造时，应对原结构的安全性进行复核、验算；当结构安全不能满足节能改造要求时，应采取结构加固措施。 (3) 公共建筑的外围护结构节能改造应根据建筑自身特点，确定采用的构造形式以及相应的改造技术。保温、隔热、防水、装饰改造应同时进行。对原有外立面的建筑造型、凸窗应有相应的保温改造技术措施。 (4) 外围护结构节能改造施工前应编制施工组织设计文件
2	外墙、屋面及非透明幕墙基墙墙面处理措施	(1) 对裂缝、渗漏、冻害、析盐、侵蚀所产生的损坏进行修复。 (2) 对墙面缺损、孔洞应填补密实，损坏的砖或砌块应进行更换。 (3) 对表面油迹、疏松的砂浆进行清理。 (4) 外墙饰面砖应根据实际情况全部或部分剔除，也可采用界面剂处理
3	公共建筑的外窗改造	(1) 采用只换窗扇、换整窗或加窗的方法，满足外窗的热工性能要求。 (2) 加窗时，应避免层间结露。 (3) 窗框与墙体之间应采取合理保温密封构造，不应采用普通水泥砂浆补缝
4	外门、非采暖楼梯间门节能改造措施	(1) 严寒、寒冷地区建筑的外门口应设门斗或热空气幕。 (2) 非采暖楼梯间门宜为保温、隔热、防火、防盗一体的单元门。 (3) 外门、楼梯间门应在缝隙部位设置耐久性和弹性好的密封条。 (4) 应设置闭门装置，或设置旋转门、电子感应式自动门等

考点3　建筑节能工程施工质量验收的有关要求

建筑节能工程施工质量验收的基本规定

序号	项目	内容
1	验收程序	单位工程竣工验收应在建筑节能工程分部工程验收合格后进行
2	技术与管理	(1) 当工程设计变更时，建筑节能性能不得降低，且不得低于国家现行有关建筑节能设计标准的规定。 (2) 单位工程施工组织设计应包括建筑节能工程的施工内容。建筑节能工程施工前，施工单位应编制建筑节能工程专项施工方案。施工单位应对从事建筑节能工程施工作业的人员进行技术交底和必要的实际操作培训
3	材料与设备	(1) 进入施工现场用于节能工程的材料、构件和设备均应具有出厂合格证、中文说明书及相关性能检测报告。 (2) 涉及建筑节能效果的定型产品、预制构件，以及采用成套技术现场施工安装的工程，相关单位应提供型式检验报告。当无明确规定时，型式检验报告的有效期不应超过2年
4	施工与控制	(1) 建筑节能工程施工应按照经审查合格的设计文件和经审查批准的专项施工方案施工。 (2) 建筑节能工程的施工作业环境和条件，应符合国家现行相关标准的规定和施工工艺的要求。节能保温材料不宜在雨雪天气中露天施工

序号	项目	内容
5	验收的划分	（1）建筑节能工程为单位工程的一个分部工程。当建筑节能工程验收无法按要求划分分项工程或检验批时，可由建设、监理、施工等各方协商划分检验批；其验收项目、验收内容、验收标准和验收记录均应符合标准的规定。 （2）当在同一个单位工程项目中，建筑节能分项工程和检验批的验收内容与其他各专业分部工程、分项工程或检验批的验收内容相同且验收结果合格时，可采用其验收结果，不必进行重复检验。 （3）建筑节能分部工程验收资料应单独组卷

考点 4　民用建筑工程室内环境污染控制的有关要求

一　般　规　定

序号	项目	内容
1	受控制的室内环境污染物	氡（Rn-222）、甲醛、氨、苯、甲苯、二甲苯和总挥发性有机化合物（TVOC）
2	民用建筑工程环境分类	根据控制室内环境污染的不同要求，划分为以下两类： （1）Ⅰ类民用建筑工程：住宅、居住功能公寓、老年人照料房屋设施、幼儿园、学校教室、学生宿舍等。 （2）Ⅱ类民用建筑工程：办公楼、商店、旅馆、文化娱乐场所、书店、图书馆、展览馆、体育馆、公共交通等候室、餐厅等

工程施工要求

序号	项目	内容
1	一般规定	民用建筑工程室内装修，当多次重复使用同一设计时，宜先作样板间，并对其室内环境污染物浓度进行检测
2	施工要求	（1）Ⅰ类民用建筑工程当采用异地土作为回填土时，该回填土应进行镭-266、钍-232、钾-40的比活度的测定。 （2）民用建筑工程室内装修所采用的稀释剂和溶剂，严禁使用苯、工业苯、石油苯、重质苯及混苯。不应使用苯、甲苯、二甲苯和汽油进行除油和清除旧油漆作业。严禁在民用建筑工程室内用有机溶剂清洗施工用具。 （3）涂料、胶粘剂、水性处理剂、稀释剂和溶剂等使用后，应及时封闭存放，废料应及时清出室内

民用建筑工程及室内装修工程环境质量验收

序号	项目	内容
1	验收时间	（1）民用建筑工程及室内装修工程的室内环境质量验收，应在工程完工至少7d以后、工程交付使用前进行。 （2）当对民用建筑室内环境中的甲醛、氨、苯、甲苯、二甲苯、TVOC浓度检测时，装饰装修工程中完成的固定式家具应保持正常使用状态；采用集中通风的民用建筑工程，应在通风系统正常运行的条件下进行；采用自然通风的民用建筑工程，检测应在对外门窗关闭1h后进行。 （3）民用建筑室内环境中氡浓度检测时，对采用集中通风的民用建筑工程，应在通风系统正常运行的条件下进行；采用自然通风的民用建筑工程，应在房间的对外门窗关闭24h以后进行。Ⅰ类建筑无架空层或地下车库结构时，一、二层房间抽检比例不宜低于总抽检房间数的40%

序号	项目	内容
2	验收要求	（1）民用建筑工程验收时，必须进行室内环境污染物浓度检测。 （2）民用建筑工程验收时，应抽检每个建筑单体有代表性的房间室内环境污染物浓度，氡、甲醛、氨、苯、甲苯、二甲苯、TVOC 的抽检数量不得少于房间总数的 5%，每个建筑单体不得少于 3 间；房间总数少于 3 间时，应全数检测。 （3）民用建筑工程验收时，凡进行了样板间室内环境污染物浓度检测且检测结果合格的，抽检数量减半，并不得少于 3 间。 （4）当房间内有 2 个及以上检测点时，应采用对角线、斜线、梅花状均衡布点，并应取各点检测结果的平均值作为该房间的检测值。 （5）民用建筑工程验收时，环境污染物浓度现场检测点应距内墙面不小于 0.5m，距楼地面高度 0.8～1.5m。检测点应均匀分布，避开通风道和通风口。 （6）当室内环境污染物浓度检测结果不符合规范规定时，应对不符合项目再次加倍抽样检测，并应包括原不合格的同类型房间及原不合格房间；当再次检测的结果符合规范规定时，应判定该工程室内环境质量合格。再次加倍抽样检测的结果不符合规范规定时，应查找原因并采取措施进行处理，直至检测合格。 （7）室内环境质量验收不合格的民用建筑工程，严禁投入使用

2A333000　二级建造师（建筑工程）注册执业管理规定及相关要求

【考点图谱】

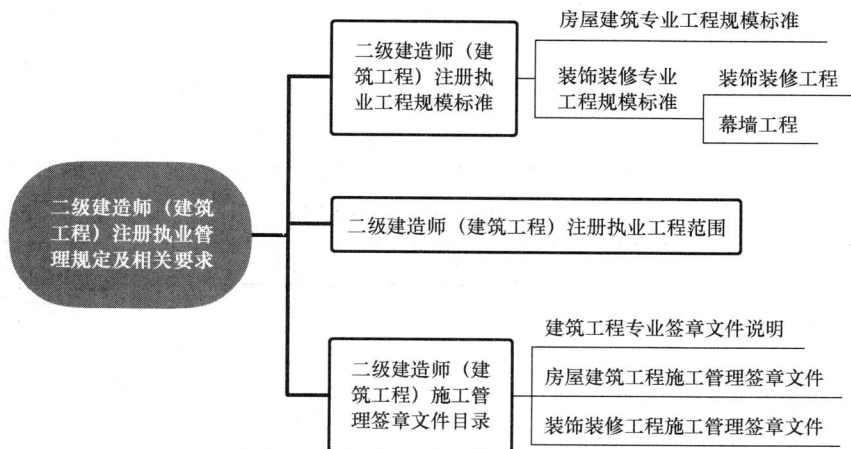

考点1 二级建造师（建筑工程）注册执业工程规模标准

房屋建筑专业工程规模标准（部分）

项目	分类	工程规模标准
		中型
一般房屋建筑工程	工业、民用与公共建筑工程	（1）建筑物层数5～25层。 （2）建筑物高度15～100m。 （3）单跨跨度15～30m。 （4）单体建筑面积3000～30000m²
	住宅小区或建筑群体工程	建筑群建筑面积3000～100000m²
	其他一般房屋建筑工程	单项工程合同额300万～3000万元
地基与基础工程	房屋建筑地基与基础工程	层数5～25层
	构筑物地基与基础工程	构筑物高度25～100m
	基坑围护工程	基坑深度3～8m
	软卧地基处理工程	地基处理深度4～13m
	其他地基与基础工程	单项工程合同额100万～1000万元
土石方工程	挖方或填方工程	土石方量15万～60万m³
	其他挖方或填方工程	单项工程合同额300万～3000万元
建筑防水工程	—	单项工程合同额50万～200万元
防腐保温工程	—	单项工程合同额50万～200万元
附着升降脚手架		高度15～80m

装饰装修专业工程规模标准

序号	项目	大型	中型	小型
1	装饰装修工程	单项工程合同额≥1000万元	单项工程合同额100万～1000万元	单项工程合同额<100万元
2	幕墙工程	单体建筑幕墙高度≥60m或面积≥6000m²	单体建筑幕墙高度<60m且面积<6000m²	无

考点2 二级建造师（建筑工程）注册执业工程范围

建筑工程专业工程范围分为：房屋建筑、装饰装修，地基与基础、土石方、建筑装修装饰、建筑幕墙、预拌商品混凝土、混凝土预制构件、园林古建筑、钢结构、高耸建筑物、电梯安装、消防设施、建筑防水、防腐保温、附着升降脚手架、金属门窗、预应力、爆破与拆除、建筑智能化、特种专业。

考点 3　二级建造师（建筑工程）施工管理签章文件目录

建筑工程专业签章文件规定

序号	项目	内容
1	签章范围	（1）房屋建筑工程包括：一般房屋建筑工程、高耸构筑物工程、地基与基础、土石方工程、园林古建筑工程、钢结构工程、建筑防水工程、防腐保温工程、附着升降脚手架工程、金属门窗工程、预应力工程、爆破与拆除工程、体育场地设施工程和特种专业工程。 （2）装饰装修工程包括：建筑装修装饰工程和建筑幕墙工程
2	签章要求	（1）凡是担任建筑工程项目的施工负责人，根据工程类别必须在房屋建筑、装饰装修工程施工管理签章文件上签字并加盖本人注册建造师专用章。 （2）签章要求：在配套表格中"施工项目负责人（签章）处"签章
3	签章文件	（1）房屋建筑工程施工管理签章文件代码为 CA，分为七个部分。 （2）装饰装修工程施工管理签章文件代码为 CN，分为七个部分

下篇 考 点 归 纳

一、工 艺 流 程

1. 泥浆护壁法钻孔灌注桩施工工艺流程

场地平整→桩位放线→开挖浆池、浆沟→护筒埋设→钻机就位、孔位校正→成孔、泥浆循环、清除废浆、泥渣→第一次清孔→质量验收→下钢筋笼和钢导管→第二次清孔→水下浇筑混凝土→成桩。

2. 沉管灌注桩成桩施工工艺流程

桩机就位→锤击（振动）沉管→上料→边锤击（振动）边拔管，并继续浇筑混凝土→下钢筋笼，继续浇筑混凝土及拔管→成桩。

3. 钢结构构件生产的工艺流程

放样→号料→切割下料→平直矫正→边缘及端部加工→滚圆→煨弯→制孔→钢结构组装→焊接→摩擦面的处理→涂装。

4. 吊顶工程施工工艺流程

弹吊顶标高水平线→画主龙骨分档线→吊顶内管道、设备的安装、调试及隐蔽验收→吊杆安装→龙骨安装（边龙骨安装、主龙骨安装、次龙骨安装）→填充材料的安装→安装饰面板→安装收口、收边压条。

5. 板材隔墙施工工艺流程

结构墙面、地面、顶棚清理找平→按安装排板图放线→细石混凝土墙垫（有防水要求）→配板→配置胶结材料→安装定位板→安装固定卡→安装门窗框→安装隔墙板→机电配合安装、板缝处理。

6. 骨架隔墙施工工艺流程

墙位放线→安装沿顶龙骨、沿地龙骨→安装门洞口框的龙骨→竖向龙骨分档→安装竖向龙骨→安装横向贯通龙骨、横撑、卡档龙骨→水电暖等专业工程安装→安装一侧的饰面板→墙体填充材料→安装另一侧的饰面板→板缝处理。

7. 活动隔墙施工工艺流程

墙位放线→预制隔扇（帷幕）→安装轨道→安装隔扇（帷幕）。

8. 玻璃板隔墙施工工艺流程

墙位放线→制作隔墙型材框架→安装隔墙框架→安装玻璃→嵌缝打胶→边框装饰→保洁。

9. 混凝土、水泥砂浆、水磨石地面施工工艺流程

清理基层→找面层标高、弹线→设标志（打灰饼、冲筋）→镶嵌分格条→结合层（刷水泥浆或涂刷界面处理剂）→铺水泥类等面层→养护（保护成品）→磨光、打蜡、抛光（适用于水磨石类）。

10. 自流平地面施工工艺流程

清理基层→抄平设置控制点→设置分段条→涂刷界面剂→滚涂底层→批涂批刮层→研磨清洁批补层→漫涂面层→养护（保护成品）。

11. 板、块面层（不包括活动地板面层、地毯面层）施工工艺流程

清理基层→找面层标高、弹线→设标志→天然石材"防碱背涂"处理→板、块试拼、编号→分格条镶嵌（设计有时）、板材浸湿、晾干（需要时）→分段铺设结合层、板材→

铺设楼梯踏步和台阶板材、安装踢脚线→勾缝、压缝或填缝→养护（保护成品）→竣工清理。

12. 木、竹面层空铺方式施工工艺流程

清理基层→找面层标高、弹线（面层标高线、安装木搁栅位置线）→安装木搁栅（木龙骨）→铺设毛地板→铺设面层板→镶边（需要时）→保护成品。

13. 木、竹面层实铺方式施工工艺流程

清理基层→找面层标高、弹线→安装木搁栅（木龙骨）→可填充轻质材料（单层条式面板含此项，双层条式面板不含此项）→铺设毛地板（双层条式面板含此项，单层条式面板不含此项）→铺设衬垫→铺设面层板→安装踢脚线→保护成品。

14. 木、竹面层粘贴法施工工艺流程

清理基层→找面层标高、弹线→铺设衬垫→满粘或点粘面层板→安装踢脚线→保护成品。

15. 木门窗安装工艺流程

定位放线→安装门、窗框→安装门、窗扇→安装门、窗玻璃→安装门、窗配件→框与墙体之间的缝隙、框与扇之间填嵌、密封→清理→保护成品。

16. 金属门窗工艺流程

定位放线→安装门、窗框（包括金属门窗的副框）→校正门、窗框→固定门、窗框（与主体结构连接）→安装门、窗扇→安装门、窗玻璃→安装门、窗配件→框与墙体之间的缝隙填嵌、密封→清理→保护成品。

17. 塑料门窗工艺流程

洞口找中线→补贴保护膜→框上找中线→安装固定片→框进洞口→调整定位→门窗框固定→框与洞口之间填缝→装玻璃（或门窗扇）→配件安装→清理→成品保护。

18. 门窗玻璃安装施工工艺

清理门窗框→量尺寸→下料→裁割→安装。

19. 工程量清单计价基本步骤

熟悉工程量清单→研究招标文件→熟悉施工图纸→熟悉工程量计算规则→了解施工现场情况及施工组织设计特点→熟悉加工订货的有关情况→明确主材和设备的来源情况→计算分部分项工程工程量→计算分部分项工程综合单价→确定措施项目清单及费用→确定其他项目清单及费用→计算规费及税金→汇总各项费用计算工程造价。

20. 预制剪力墙墙板吊装工艺流程

基层处理→测量放线→预制墙板起吊→下层竖向钢筋对孔→预制墙板就位→安装临时支撑→预制墙板校正→临时支撑固定→摘钩→堵缝、灌浆。

21. 预制楼梯吊装工艺流程

测量放线→钢筋调直→垫片找平→预制楼梯起吊—钢筋对孔校正—位置、标高确认→摘钩→灌浆。

22. 预制阳台板、空调板安装吊装工艺流程

测量放线→临时支撑搭设→预制阳台板、空调板起吊→预制阳台板、空调板落位→位置、标高确认→摘钩。

23. 预制外墙板接缝施工工艺流程

表面清洁处理→底涂基层处理→贴美纹纸→背衬材料施工→施打密封胶→密封胶整平处理→板缝两侧外观清洁→成品保护。

24. 用可调工料单价法计算工程进度款

在确定所完工程量之后，可按以下步骤计算工程进度款：根据所完工程量的项目名称，配上分项编号、单价，得出合价→将本月所完成的全部项目合价相加，得出分部分项工程费小计→按规定计算措施项目费、其他项目费、规费、税金→累计本月应收工程进度款。

二、时　间　要　求

1. 国家标准规定，采用胶砂法来测定水泥的 3d 和 28d 的抗压强度和抗折强度，根据测定结果来确定该水泥的强度等级。

2. 混凝土立方体抗压标准强度（或称立方体抗压强度标准值）是指按标准方法制作和养护的边长为 150mm 的立方体试件，在 28d 龄期，用标准试验方法测得的抗压强度总体分布中具有不低于 95％保证率的抗压强度值，以 $f_{cu,k}$ 表示。

3. 砌筑砂浆的强度用强度等级来表示。砂浆强度等级是以边长为 70.7mm 的立方体试件，在标准养护条件下，用标准试验方法测得 28d 龄期的抗压强度值（单位为 MPa）确定。砌筑砂浆的强度等级可分为 M30、M25、M20、M15、M10、M7.5、M5 七个等级。

4. 砖石基础施工时，砖应提前 1～2d 浇水湿润，烧结普通砖的相对含水率宜为 60％～70％。清除砌筑部位处所残存的砂浆、杂物等。

5. 大体积混凝土的养护

（1）养护方法分为保温法和保湿法两种。

（2）养护时间：大体积混凝土浇筑完毕后，应在 12h 内加以覆盖和浇水养护（非冬施）。采用普通硅酸盐水泥拌制的混凝土养护时间不得少于 14d；采用矿渣水泥、火山灰水泥等拌制的混凝土养护时间由其相关水泥性能确定，同时应满足施工方案要求。

6. 后浇带的设置和处理

后浇带通常根据设计要求留设，并保留一段时间（若设计无要求，则至少保留 14d 并经设计确认）后再浇筑，将结构连成整体。后浇带应采取钢筋防锈或阻锈等保护措施。填充后浇带可采用微膨胀混凝土，强度等级比原结构强度提高一级，并保持至少 14d 的湿润养护。后浇带接缝处按施工缝的要求处理。

7. 混凝土的养护

（1）混凝土浇筑后应及时进行保湿养护，保湿养护可采用洒水、覆盖、喷涂养护剂等方式。选择养护方式应考虑现场条件、环境温湿度、构件特点、技术要求、施工操作等因素。

（2）对已浇筑完毕的混凝土，应在混凝土终凝前（通常为混凝土浇筑完毕后 8～12h 内）开始进行自然养护。

（3）混凝土的养护时间应符合下列规定：

① 采用硅酸盐水泥、普通硅酸盐水泥或矿渣硅酸盐水泥配制的混凝土，不应少于 7d；

采用其他品种水泥时，养护时间应根据水泥性能确定；

② 采用缓凝型外加剂、大掺量矿物掺合料配制的混凝土，不应少于 14d；

③ 抗渗混凝土、强度等级 C60 及以上的混凝土，不应少于 14d；

④ 后浇带混凝土的养护时间不应少于 14d；

⑤ 地下室底层墙、柱和上部结构首层墙、柱宜适当增加养护时间；

⑥ 基础大体积混凝土养护时间应根据施工方案及相关规范确定。

8. 大体积混凝土施工

（1）大体积混凝土施工应编制施工组织设计或施工技术方案。大体积混凝土工程施工前，宜对施工阶段大体积混凝土浇筑体的温度、温度应力及收缩应力进行试算，并确定施工阶段大体积混凝土浇筑体的升温峰值、里表温差及降温速率的控制指标，制定相应的温控技术措施。

（2）温控指标宜符合下列规定：

① 混凝土浇筑体的入模温度不宜大于 30℃，最大温升值不宜大于 50℃；

② 混凝土浇筑块体的里表温差（不含混凝土收缩的当量温度）不宜大于 25℃；

③ 混凝土浇筑体的降温速率不宜大于 2.0℃/d；

④ 混凝土浇筑体表面与大气温差不宜大于 20℃。

（3）大体积混凝土施工前，应做好各项施工前准备工作，并关注近期气象情况。必要时，应增添相应的技术措施，在冬期施工时，尚应符合国家现行有关混凝土冬期施工的规定。

（4）配制大体积混凝土所用水泥应选用中、低热硅酸盐水泥或低热矿渣硅酸盐水泥，大体积混凝土施工所用水泥 3d 的水化热不宜大于 240kJ/kg，7d 的水化热不宜大于 270kJ/kg。细骨料宜采用中砂，粗骨料宜选用粒径 5～31.5mm，并连续级配；当采用非泵送施工时，粗骨料的粒径可适当增大。

（5）大体积混凝土采用混凝土 60d 或 90d 强度作为指标时，应将其作为混凝土配合比的设计依据。所配制的混凝土拌合物，到浇筑工作面的坍落度不宜低于 160mm。拌合水用量不宜大于 175kg/m³；水胶比不宜大于 0.55；砂率宜为 38%～42%；拌合物泌水量宜小于 10L/m³。

（6）当运输过程中出现离析或使用外加剂进行调整时，搅拌运输车应进行快速搅拌，搅拌时间应不少于 120s；运输过程中严禁向拌合物中加水。运输过程中，坍落度损失或离析严重，经补充外加剂或快速搅拌已无法恢复混凝土拌合物的工艺性能时，不得浇筑入模。入模温度的测量，每台班不少于 2 次。

9. 超长大体积混凝土施工，应选用下列方法控制结构不出现有害裂缝：

（1）留置变形缝；

（2）设置后浇带；

（3）跳仓法施工：跳仓的最大分块尺寸不宜大于 40m，跳仓间隔施工的时间不宜小于 7d，跳仓接缝处按施工缝的要求设置和处理。

10. 大体积混凝土应进行保温保湿养护，在每次混凝土浇筑完毕后，除应按普通混凝土进行常规养护外，尚应及时按温控技术措施的要求进行保温养护。保湿养护的持续时间不得少于 14d，应经常检查塑料薄膜或养护剂涂层的完整情况，保持混凝土表面湿润。保温覆盖层的拆除应分层逐步进行，当混凝土的表面温度与环境最大温差小于 20℃时，可全部拆除。在混凝土浇筑完毕初凝前，宜立即进行喷雾养护工作。

11. 大体积混凝土浇筑体里表温差、降温速率、环境温度及温度应变的测试，在混凝土浇筑后 1～4 天，每 4h 不应少于 1 次；5～7 天，每 8h 不应少于 1 次；7 天后，每 12h 不应少于 1 次，直至测温结束。

12. 拌制水泥混合砂浆，采用建筑生石灰、建筑生石灰粉制作石灰膏时，其熟化时间分别不得少于 7d 和 2d。

13. 砌筑用砖的规定

(1) 烧结普通砖根据尺寸偏差、外观质量、泛霜和石灰爆裂的程度分为优等品、一等品、合格品三个质量等级。优等品适用于清水墙，一等品、合格品可用于混水墙。

(2) 烧结普通砖的外形为直角六面体，其公称尺寸为：长 240mm、宽 115mm、高 53mm。

(3) 混凝土砖、蒸压砖的生产龄期应达到 28d 后，方可用于砌体的施工。

14. 砌筑烧结普通砖、烧结多孔砖、蒸压灰砂砖、蒸压粉煤灰砖砌体时，砖应提前 1～2d 适度湿润，严禁采用干砖或处于吸水饱和状态的砖砌筑，块体湿润程度应符合规定。

15. 混凝土小型空心砌块砌体工程

(1) 混凝土小型空心砌块分为普通混凝土小型空心砌块和轻骨料混凝土小型空心砌块（简称小砌块）两种。

(2) 施工采用的小砌块的产品龄期不应小于 28d。承重墙体使用的小砌块应完整、无破损、无裂缝。防潮层以上的小砌块砌体，宜采用专用砂浆砌筑。

(3) 普通混凝土小型空心砌块砌体，砌筑前不需对小砌块浇水湿润；但遇天气干燥炎热，宜在砌筑前对其浇水湿润；对轻骨料混凝土小砌块，宜提前 1～2d 浇水湿润。雨天及小砌块表面有浮水时，不得施工。

16. 填充墙砌体工程

(1) 砌筑填充墙时，轻骨料混凝土小型空心砌块和蒸压加气混凝土砌块的产品龄期不应小于 28d，蒸压加气混凝土砌块的含水率宜小于 30%。

(2) 砌块进场后应按品种、规格堆放整齐，堆置高度不宜超过 2m。蒸压加气混凝土砌块在运输及堆放中应防止雨淋。

(3) 吸水率较小的轻骨料混凝土小型空心砌块及采用薄灰砌筑法施工的蒸压加气混凝土砌块，砌筑前不应对其浇（喷）水湿润。

采用普通砂浆砌筑填充墙时，烧结空心砖、吸水率较大的轻骨料混凝土小型空心砌块应提前 1～2d 浇水湿润；蒸压加气混凝土砌块采用专用砂浆或普通砂浆砌筑时，应在砌筑当天对砌块砌筑面浇水湿润。

(4) 轻骨料混凝土小型空心砌块或蒸压加气混凝土砌块墙如无切实有效措施，不得使用于下列部位或环境：

① 建筑物防潮层以下墙体；

② 长期浸水或化学侵蚀环境；

③ 砌块表面温度高于 80℃的部位；

④ 长期处于有振动源环境的墙体。

（5）在厨房、卫生间、浴室等处采用轻骨料混凝土小型空心砌块、蒸压加气混凝土砌块砌筑墙体时，墙底部宜现浇混凝土坎台，其高度宜为 150mm。

（6）填充墙砌体砌筑，应在承重主体结构检验批验收合格后进行；填充墙顶部与承重主体结构之间的空隙部位，应在填充墙砌筑 14d 后进行砌筑。

17. 采用钢筋套筒灌浆连接时，应符合下列规定：

（1）灌浆前应制定钢筋套筒灌浆操作的专项质量保证措施，套筒内表面和钢筋表面应洁净，被连接钢筋偏离套筒中心线的角度不应超过 7°，灌浆操作全过程应由监理人员旁站；

（2）灌浆料应由经培训合格的专业人员按配置要求计量灌浆材料和水的用量，经搅拌均匀后测定其流动度，满足设计要求后方可灌注；

（3）竖向构件的水平拼缝应采用与结构混凝土同强度或高一级强度等级的水泥砂浆进行周边坐浆密封，1d 以后方可进行灌浆作业；

（4）浆料应在制备后 30min 内用完，灌浆作业应采取压浆法从下口灌注，当浆料从上口流出时应及时封堵，持压 30s 后再封堵下口，灌浆后 24h 内不得使构件与灌浆层受到振动、碰撞；

（5）灌浆作业应及时做好施工质量检查记录，并按要求每工作班应制作 1 组且每层不应少于 3 组 40mm×40mm×160mm 的长方体试件，标准养护 28d 后进行抗压强度试验；

（6）灌浆施工时环境温度不应低于 5℃；当连接部位温度低于 10℃时，应对连接处采取加热保温措施；

（7）灌浆作业应留下影像资料，作为验收资料。

18. 房屋建筑的混凝土楼盖应满足楼盖竖向振动舒适度要求；混凝土结构高层建筑应满足 10 年重现期水平风荷载作用的振动舒适度要求。

19. 预制构件接缝混凝土浇筑完成后可采取洒水、覆膜、喷涂养护剂等养护方式，养护时间不应少于 14d。

20. 防水混凝土掺引气剂或引气型减水剂时，混凝土含气量应控制在 3%～5%；预拌混凝土的初凝时间宜为 6～8h，混凝土中各类材料的总碱含量不得大于 3kg/m³，氯离子含量不超过胶凝材料总量的 0.1%。防水混凝土拌合物应采用机械搅拌，搅拌时间不宜小于 2min。

21. 防水混凝土留设水平施工缝时，遇水膨胀止水条（胶）应与接缝表面密贴；选用的遇水膨胀止水条（胶）应具有缓胀性能，7d 的净膨胀率不宜大于最终膨胀率的 60%，最终膨胀率宜大于 220%。

22. 大体积防水混凝土宜选用水化热低和凝结时间长的水泥，宜掺入减水剂、缓凝剂等外加剂和粉煤灰、磨细矿渣粉等掺合料。在设计许可的情况下，掺粉煤灰混凝土设计强度等级的龄期宜为 60d 或 90d。炎热季节施工时，入模温度不宜大于 30℃；冬期施工时，入模温度不应低于 5℃。混凝土内部预埋管道，宜进行水冷散热。大体积防水混凝土应采取保温保湿养护，混凝土中心温度与表面温度的差值不应大于 25℃，表面温度与大气温度的差值不应大于 20℃，养护时间不得少于 14d。

23. 水泥砂浆防水层终凝后，应及时进行养护，养护温度不宜低于 5℃，并应保持砂浆表面湿润，养护时间不得少于 14d。

24. 卷材防水层施工

（1）卷材防水层宜用于经常处于地下水环境，且受侵蚀介质作用或受振动作用的地下工程。

（2）铺贴卷材严禁在雨天、雪天、五级及以上大风中施工；冷粘法、自粘法施工的环境气温不宜低于 5℃，热熔法、焊接法施工的环境气温不宜低于 -10℃。施工过程中下雨或下雪时，应做好已铺卷材的防护工作。

25. 屋面防水基本要求：保温层上的找平层应在水泥初凝前压实抹平，并应留设分格缝，缝宽宜为 5~20mm，纵横缝的间距不宜大于 6m。水泥终凝前完成收水后应二次压光，并应及时取出分格条。养护时间不得少于 7d。卷材防水层的基层与突出屋面结构的交接处，以及基层的转角处，找平层均应做成圆弧形，且应整齐平顺。

26. 室内防水混凝土终凝后应立即进行养护，养护时间不得少于 14d。防水混凝土冬期施工时，其入模温度不应低于 5℃。

27. 室内防水砂浆施工环境温度不应低于 5℃。终凝后应及时进行养护，养护温度不宜低于 5℃，养护时间不应小于 14d。

28. 现浇泡沫混凝土保温层施工应符合下列规定：

（1）基层应清理干净，不得有油污、浮尘和积水；

（2）泡沫混凝土应按设计要求的干密度和抗压强度进行配合比设计，拌制时应计量准确，并应搅拌均匀；

（3）泡沫混凝土应按设计的厚度设定浇筑面标高线，找坡时宜采取挡板辅助措施；

（4）泡沫混凝土的浇筑出料口离基层的高度不宜超过 1m，泵送时应采取低压泵送；

（5）泡沫混凝土应分层浇筑，一次浇筑厚度不宜超过 200mm，终凝后应进行保湿养护，养护时间不得少于 7d。

29. 在条板隔墙上横向开槽、开洞敷设电气暗线、暗管、开关盒时，选用隔墙厚度不宜小于 90mm。开槽应在隔墙安装 7d 后进行，开槽长度不得大于条板宽度的 1/2。严禁在隔墙两侧同一部位开槽、开洞，其间距应错开 150mm 以上。单层条板隔墙内不宜设计暗埋配电箱、控制柜，不宜横向暗埋水管。

30. 地面工程成品保护：整体面层施工后，养护时间不应小于 7d；抗压强度应达到 5MPa 后，方准上人行走；抗压强度应达到设计要求后，方可正常使用。

31. 冬期施工期限划分原则是：根据当地多年气象资料统计，当室外日平均气温连续 5d 稳定低于 5℃ 即进入冬期施工，当室外日平均气温连续 5d 高于 5℃ 即解除冬期施工。凡进行冬期施工的工程项目，应编制冬期施工专项方案。

32. 暖棚法施工时的砌体养护时间表

暖棚内温度（℃）	5	10	15	20
养护时间（d）	≥6	≥5	≥4	≥3

注：砂浆试块的留置，除应按常温规定的要求外，尚应增加一组与砌体同条件养护的试块，用于检验转入常温 28d 的强度。

33. 钢筋工程的电渣压力焊焊接前，应进行现场负温条件下的焊接工艺试验，经检验满足要求后方可正式作业；焊接完毕，应停歇 20s 以上方可卸下夹具回收焊剂，回收的焊剂内不得混入冰雪，接头渣壳应待冷却后清理。

34. 混凝土养护期间的温度测量应符合下列规定：

（1）采用蓄热法或综合蓄热法时，在达到受冻临界强度之前应每隔 4～6h 测量一次；

（2）采用负温养护法时，在达到受冻临界强度之前应每隔 2h 测量一次；

（3）采用加热法时，升温和降温阶段应每隔 1h 测量一次，恒温阶段每隔 2h 测量一次；

（4）混凝土在达到受冻临界强度后，可停止测温。

35. 防水混凝土的冬期施工，应符合下列规定：

（1）混凝土入模温度不应低于 5℃。

（2）混凝土养护宜采用蓄热法、综合蓄热法、暖棚法、掺化学外加剂等方法。

（3）应采取保湿保温措施。大体积防水混凝土的中心温度与表面温度的差值不应大于 25℃，表面温度与大气温度的差值不应大于 20℃，温降梯度不得大于 3℃/d，养护时间不应少于 14d。

36. 冬期施工水泥砂浆防水层施工气温不应低于 5℃，养护温度不宜低于 5℃，并应保持砂浆表面湿润，养护时间不得少于 14d。

37. 招标人应当在招标文件中载明投标有效期。投标有效期从提交投标文件的截止之日起算。招标人应当确定投标人编制投标文件所需要的合理时间；但是，依法必须进行招标的项目，自招标文件开始发出之日起至投标人提交投标文件截止之日止，最短不得少于 20d。

38. 投标人撤回已提交的投标文件，应当在投标截止时间前书面通知招标人。招标人已收取投标保证金的，应当自收到投标人书面撤回通知之日起 5d 内退还。投标截止后投标人撤销投标文件的，招标人可以不退还投标保证金。

39. 专业分包人应当按照合同协议书约定的开工日期开工。分包人不能按时开工，应当不迟于合同协议书约定的开工日期前 5d，以书面形式向承包人提出延期开工的理由。承包人应当在接到延期开工申请后的 48h 内以书面形式答复分包人。承包人在接到延期开工申请后 48h 内不答复，视为同意分包人要求，工期相应顺延。承包人不同意延期要求或分包人未在规定时间内提出延期开工要求，工期不予顺延。

40. 专业分包人应在约定情况发生后 14d 内，就延误的工期以书面形式向承包人提出报告。承包人在收到报告后 14d 内予以确认，逾期不予确认也不提出修改意见，视为同意顺延工期。

41. 《建设工程施工劳务分包合同（示范文本）》GF—2003—0214 规定，全部工作完成，经工程承包人认可后 14d 内，劳务分包人向工程承包人递交完整的结算资料，双方按照合同约定的计价方式，进行劳务报酬的最终支付。工程承包人收到劳务分包人递交的结算资料后 14d 内进行核实，给予确认或者提出修改意见。工程承包人确认结算资料后 14d 内向劳务分包人支付劳务报酬尾款。

42. 在城市市区范围内从事建筑工程施工，项目必须在工程开工前 7d 内向工程所在地县级以上地方人民政府环境保护管理部门申报登记。施工期间的噪声排放应当符合国家规定的建筑施工场界噪声排放标准，白天施工限值不超过 75dB（桩基施工时不超过

85dB），夜间施工限值不超过 55dB。夜间施工的（一般指当日 22 时至次日 6 时，特殊地区可由当地政府部门另行规定），需办理夜间施工许可证明，并公告附近社区居民。

43. 地基工程的灰土地基施工质量要点，石灰：用Ⅲ级以上新鲜的块灰，使用前 1～2d 消解并过筛，粒径不得大于 5mm，且不能夹有未熟化的生石灰块粒和其他杂质。

44. 砌体结构施工质量控制

（1）砌筑砂浆应按要求随机取样，留置试块送试验室做抗压强度试验。每一检验批且不超过 250m³ 砌体的各类、各强度等级的普通砌筑砂浆，每台搅拌机应至少抽检一次。由边长为 7.07cm 的正方体试件，经过 28d 标准养护，测得一组三块试件的抗压强度值来评定。预拌砂浆中的湿拌砂浆稠度应在进场时取样检验。

（2）砌筑砖砌体时，砖应提前 1～2d 浇水湿润，混凝土多孔砖及混凝土实心砖不需浇水湿润。施工现场抽查砖含水率的简化方法可采用现场断砖，砖截面四周融水深度为15～20mm 视为符合要求。

（3）施工采用的小砌块产品龄期不应小于 28d。砌筑小砌块时，应清除表面污物，剔除外观质量不合格的小砌块。承重墙体使用的小砌块应完整、无破损、无裂缝。

（4）填充墙砌体砌筑，应待承重主体结构检验批验收合格后进行。填充墙与承重主体结构间的空（缝）隙部位施工，应在填充墙砌筑 14d 后进行。

45. 地下防水施工质量控制

（1）在终凝后应立即进行养护，养护时间不得少于 14d。

（2）水泥砂浆防水层终凝后，应及时进行养护，养护温度不宜低于 5℃，并应保持砂浆表面湿润，养护时间不得少于 14d。

46. 建筑保温工程，现浇泡沫混凝土保温层基层应清理干净，不得有油污、浮尘和积水。泡沫混凝土应按设计要求的干密度和抗压强度进行配合比设计，拌制时应计量准确，并应搅拌均匀。泡沫混凝土应按设计的厚度设定浇筑面标高线，找坡时宜采取挡板辅助措施，泵送时应采取低压泵送。泡沫混凝土应分层浇筑，一次浇筑厚度不宜超过 200mm，终凝后应进行保湿养护，养护时间不得少于 7d。

47. 《建设工程施工合同（示范文本）》GF—2017—0201 中，针对不同情况分别做出规定。例如变更估价程序：承包人应在收到变更指示后 14d 内，向监理人提交变更估价申请。监理人应在收到承包人提交的变更估价申请后 7d 内审查完毕并报送发包人，监理人对变更估价申请有异议，通知承包人修改后重新提交。发包人应在承包人提交变更估价申请后 14d 内审批完毕。发包人逾期未完成审批或未提出异议的，视为认可承包人提交的变更估价申请。

48. 承包人应在签订合同或向发包人提供与预付款等额预付款保函（如合同中有此约定）后向发包人提交预付款支付申请。发包人应在收到申请后的 7d 内进行核实，然后向承包人发出工程预付款支付证书，并在签发支付证书后的 7d 内向承包人支付预付款。

49. 发包人没有按时支付预付款的，承包人可催告发包人支付；发包人在付款期满后 7d 内仍未支付的，承包人可在付款期满后的第 8 天起暂停施工。发包人应承担由此增加的费用和延误的工期，并向承包人支付合理的利润。

50. 建筑工程预付款一般不得超过年度工作量或合同造价（不含暂列金额）的 25%，大量采用预制构件以及工期在 6 个月以内的工程，可以适当增加；安装工程一般不得超过当年安装工作量的 10％，安装材料用量较大的工程，可以适当增加；小型工程（一般指 30 万元以下）可以不预付备料款，直接分阶段拨付工程进度款等。

51. 《建设工程施工合同（示范文本）》对进度款计算的规定

在确认计量结果后 14d 内，发包人应向承包人支付进度款。发包人超过约定的支付时间不支付进度款，承包人可向发包人发出要求付款的通知，发包人接到承包人通知后仍不能按要求付款，可与承包人协商签订延期付款协议，经承包人同意后可延期支付。协议应明确延期支付的时间和从计量结果确认后第 15 天起计算应付款的贷款利息。发包人不按合同约定支付进度款，双方又未达成延期付款协议，导致施工无法进行，承包人可停止施工，由发包人承担违约责任。

52. 《建设工程施工合同（示范文本）》关于竣工结算的规定

工程竣工验收报告经发包人认可后 28d 内承包人向发包人提交竣工结算报告及完整的竣工结算资料，双方按照协议书约定的合同价款及专用条款约定的合同价款调整内容，进行工程竣工结算。之后，发包人在其后的 28d 内进行核实、确认后，通知经办银行向承包人结算。承包人收到竣工结算价款后 14d 内将竣工工程交付发包人。如果发包人在 28d 之内无正当理由不支付竣工结算价款，从第 29 天起按承包人同期向银行贷款利率支付拖欠工程款利息并承担违约责任。

53. 民用建筑工程及室内装修工程的室内环境质量验收，应在工程完工至少 7d 以后、工程交付使用前进行。

54. 《建筑市场各方主体不良行为记录认定标准》范围的不良行为记录除在当地发布外，还将由住房和城乡建设部统一在全国公布，公布期限与地方确定的公布期限相同，法律、法规另有规定的从其规定。各省、自治区、直辖市建设行政主管部门将确认的不良行为记录在当地发布之日起 7d 内报住房和城乡建设部。

55. 事故发生后，事故现场有关人员应当立即向施工单位负责人报告；施工单位负责人接到报告后，应当于 1h 内向事故发生地县级以上人民政府建设主管部门和有关部门报告。事故报告后出现新情况，以及事故发生之日起 30d 内伤亡人数发生变化的，应当及时补报。

56. 建设单位应当自工程竣工验收合格之日起 15d 内，依照规定，向工程所在地的县级以上地方人民政府建设行政主管部门备案。

57. 采用水泥土搅拌桩、高压喷射注浆等土体加固的桩身强度检测宜采用钻芯法，取芯数量不宜少于总桩数的 0.5％，且不得少于 3 根。注浆法加固结束 28d 后，宜采用静力触探、动力触探、标准贯入等原位测试方法对加固土层进行检验。检验点的位置应根据注浆加固布置和现场条件确定，每 200㎡ 检测数量不应少于 1 点，且总数量不应少于 5 点。

58. 地下水控制时，回灌管井正式施工时应进行试成孔，试成孔数量不应少于 2 个。回灌管井施工完成后的休止期不应少于 14d，休止期结束后应进行试回灌，检验成井质量和回灌效果。

59. 砂浆强度应以标准养护且龄期 28d 的试块抗压强度为准，制作砂浆试块的砂浆稠度应与配合比设计一致。

60. 砌体砌筑时，混凝土多孔砖、混凝土实心砖、蒸压灰砂砖、蒸压粉煤灰砖等块体的产品龄期不应小于 28d。不同品种的砖不得在同一楼层混砌。

61. 混凝土小型空心砌块砌体工程，施工时所用的小砌块的产品龄期不应小于28d。

62. 填充墙砌体工程，砌筑填充墙时，轻骨料混凝土小型空心砌块和蒸压加气混凝土砌块的产品龄期不应小于28d，蒸压加气混凝土砌块的含水率宜小于30%。采用普通砌筑砂浆砌筑填充墙时，烧结空心砖、吸水率较大的轻骨料混凝土小型空心砌块应提前1～2d浇（喷）水湿润。蒸压加气混凝土砌块采用蒸压加气混凝土砌筑砂浆或普通砌筑砂浆砌筑时，应在砌筑当天对砌块砌筑面喷水湿润。

63. 蓄水隔热层与屋面防水层之间应设隔离层。蓄水池的所有孔洞应预留，不得后凿，所设置的给水管、排水管和溢水管等，均应在蓄水池混凝土施工前安装完毕。每个蓄水区的防水混凝土应一次浇筑完毕，不得留施工缝。防水混凝土初凝后应覆盖养护，终凝后浇水养护不得少于14d；蓄水后不得断水。

64. 地下工程防水等级标准

防水等级	防水标准
一级	不允许渗水，结构表面无湿渍
二级	不允许漏水，结构表面可有少量湿渍。 房屋建筑地下工程：总湿渍面积不应大于总防水面积（包括顶板、墙面、地面）的1‰，任意100m²防水面积上的湿渍不超过2处，单个湿渍的最大面积不大于0.1m²；其他地下工程：总湿渍面积不应大于总防水面积的2‰，任意100m²防水面积上的湿渍不超过3处，单个湿渍的最大面积不大于0.2m²；其中隧道工程平均渗水量不大于0.05L/(m²·d)，任意100m²防水面积的渗水量不大于0.15L/(m²·d)
三级	有少量漏水点，不得有线流和漏泥砂。 任意100m²防水面积上的漏水或湿渍点数不超过7处，单个漏水点的最大漏水量不大于2.5L/d，单个湿渍的最大面积不大于0.3m²
四级	有漏水点，不得有线流和漏泥砂。 整个工程平均漏水量不大于2L/(m²·d)，任意100m²防水面积上的平均漏水量不大于4L/(m²·d)

65. 主体结构防水工程，水泥砂浆终凝后应及时进行养护，养护温度不宜低于5℃，并应保持砂浆表面湿润，养护时间不得少于14d。聚合物水泥防水砂浆未达到硬化状态时，不得浇水养护或直接受雨水冲刷，硬化后应采用干湿交替的养护方法。潮湿环境中，可在自然条件下养护。

66. 细部构造防水工程的后浇带

（1）采用掺膨胀剂的补偿收缩混凝土，其抗压强度、抗渗性能和限制膨胀率必须符合设计要求。

检验方法：检查混凝土抗压强度、抗渗性能和水中养护14d后的限制膨胀率检验报告。

（2）补偿收缩混凝土浇筑前，后浇带部位和外贴式止水带应采取保护措施。

（3）后浇带两侧的接缝表面应先清理干净，再涂刷混凝土界面处理剂或水泥基渗透结晶型防水涂料；后浇混凝土的浇筑时间应符合设计要求。

（4）后浇带混凝土应一次浇筑，不得留施工缝；混凝土浇筑后应及时养护，养护时间不得少于28d。

67. 建筑地面工程基层铺设时，炉渣垫层采用炉渣、水泥与炉渣或水泥、石灰与炉渣的拌合料铺设，其厚度不应小于 80mm。炉渣或水泥炉渣垫层中的炉渣，使用前应浇水焖透；水泥石灰炉渣垫层的炉渣，使用前应用石灰浆或用熟化石灰浇水拌合焖透；焖透时间均不得少于 5d。整体面层施工后，养护时间不应少于 7d；抗压强度应达到 5MPa 后，方准上人行走；抗压强度应达到设计要求后，方可正常使用。铺设水泥混凝土板块、水磨石板块、人造石板块、陶瓷锦砖、陶瓷地砖、缸砖、水泥花砖、料石、大理石、花岗石等面层的结合层和填缝材料采用水泥砂浆时，在面层铺设后，表面应覆盖、湿润，养护不少于 7d。当板块面层的水泥砂浆结合层的抗压强度达到设计要求后，方可正常使用。

68. 抹灰工程

（1）抹灰用的水泥宜为硅酸盐水泥、普通硅酸盐水泥，其强度等级不应小于 32.5。不同品种不同强度等级的水泥不得混合使用。抹灰用石灰膏的熟化期不应少于 15d。罩面用磨细石灰粉的熟化期不应少于 3d。（2）抹灰应分层进行，每遍厚度宜为 5～7mm。抹石灰砂浆和水泥混合砂浆每遍厚度宜为 7～9mm。当抹灰总厚度超出 35mm 时，应采取加强措施。底层的抹灰层强度不得低于面层的抹灰层强度。

三、俗语简称

1. 建筑构造设计的原则

（1）坚固实用；

（2）技术先进；

（3）经济合理；

（4）美观大方。

2. 抗震设防的基本目标

"小震不坏、中震可修、大震不倒"。

3. 结构的功能要求

结构的设计、施工和维护应使结构在规定的设计使用年限内以规定的可靠度满足规定的各项功能要求。应满足的功能要求有：

（1）能承受在施工和使用期间可能出现的各种作用；

（2）保持良好的使用性能；

（3）具有足够的耐久性能；

（4）当发生火灾时，在规定的时间内可保持足够的承载力；

（5）当发生爆炸、撞击、人为错误等偶然事件时，结构能保持必要的整体稳固性，不出现与起因不相称的破坏后果，防止出现结构的连续倒塌。

4. 既有结构的可靠性评定

既有结构的可靠性评定可分为承载能力评定、适用性评定、耐久性评定和抵抗偶然作用能力评定。

5. 模板工程设计的主要原则

（1）实用性：模板要保证构件形状尺寸和相互位置的正确，且构造简单、支拆方便、表面平整、接缝严密不漏浆等。

（2）安全性：要具有足够的强度、刚度和稳定性，保证施工中不变形、不破坏、不倒塌。

（3）经济性：在确保工程质量、安全和工期的前提下，尽量减少一次性投入，增加模板周转次数，减少支拆用工，实现文明施工。

6. 砖砌体施工方法

砌筑方法有"三一"砌筑法、挤浆法（铺浆法）、刮浆法和满口灰法四种。通常宜采用"三一"砌筑法，即一铲灰、一块砖、一揉压的砌筑方法。当采用铺浆法砌筑时，铺浆长度不得超过750mm，施工期间气温超过30℃时，铺浆长度不得超过500mm。

砖墙砌筑形式：根据砖墙厚度不同，可采用全顺、两平一侧、全丁、一顺一丁、梅花丁或三顺一丁等砌筑形式。

7. "四新"技术

"四新"技术包括：新技术、新工艺、新材料、新设备。

8. 施工顺序

（1）确定原则：工序合理、工艺先进、保证质量、安全施工、充分利用工作面、缩短工期。

（2）一般工程的施工顺序："先准备、后开工"，"先地下、后地上"，"先主体、后围护"，"先结构、后装饰"，"先土建、后设备"。

（3）施工方法的确定原则：遵循先进性、可行性和经济性兼顾的原则。

9. 合理施工程序和顺序安排的原则

（1）安排施工程序的同时，首先安排其相应的准备工作；

（2）首先进行全场性工程的施工，然后按照工程排队的顺序，逐个地进行单位工程的施工；

（3）"三通"工程应先场外后场内，由远而近，先主干后分支，排水工程要先下游后上游；

（4）先地下后地上和先深后浅的原则；

（5）主体结构施工在前，装饰工程施工在后，随着建筑产品生产工厂化程度的提高，它们之间的先后时间间隔的长短也将发生变化；

（6）既要考虑施工组织要求的空间顺序，又要考虑施工工艺要求的工种顺序；必须在满足施工工艺要求的条件下，尽可能地利用工作面，使相邻两个工种在时间上合理且最大限度地搭接起来。

10. 建筑室内防水工程的施工"三检"制度

应建立各道工序的自检、交接检和专职人员检查的"三检"制度，并有完整的检查记录。对上道工序未经检查确认，不得进行下道工序的施工。

11. 配电箱的设置

施工用电配电系统应设置总配电箱（配电柜）、分配电箱、开关箱，并按照"总—分—开"顺序作分级设置，形成"三级配电"模式。

12. 施工现场消防的一般规定

施工现场的消防安全工作应以"预防为主、防消结合"为方针，健全防火组织，认真落实防火安全责任制。

13. "五牌一图"

现场出入口明显处应设置"五牌一图",即:工程概况牌、管理人员名单及监督电话牌、消防保卫牌、安全生产牌、文明施工和环境保护牌及施工现场总平面图。

14. 现场成品、半成品保护措施

(1)"护"就是提前防护。针对被保护对象采取相应的防护措施。例如,对楼梯踏步,可以采取固定木板进行防护;对于进出口台阶可以采取垫砖或搭设通道板的方法进行防护;对于门口、柱角等易被磕碰部位,可以固定专用防护条或包角等措施进行防护。

(2)"包"就是进行包裹。将被保护物包裹起来,以防损伤或污染。例如,对镶面大理石柱可用立板包裹捆扎保护;铝合金门窗可用塑料布包扎保护等。

(3)"盖"就是表面覆盖。用表面覆盖的办法防止堵塞或损伤。例如,对地漏、排水管落水口等安装就位后加以覆盖,以防异物落入而被堵塞;门厅、走道部位等大理石块材地面,可以采用软物辅以木(竹)胶合板覆盖加以保护等。

(4)"封"就是局部封闭。采取局部封闭的办法进行保护。例如,房间水泥地面或地面砖铺贴完成后,可将该房间局部封闭,以防人员进入损坏地面。

15. 施工现场安全警示牌类型

安全标志分为禁止标志、警告标志、指令标志和提示标志四大类型。

禁止标志基本形式是红色带斜杠的圆边框,图形是黑色,背景为白色。

警告标志基本形式是黑色正三角形边框,图形是黑色,背景为黄色。

指令标志基本形式是黑色圆形边框,图形是白色,背景为蓝色。

提示标志基本形式是矩形边框,图形文字是白色,背景是所提供的标志,为绿色;消防设施提示标志用红色。

16. 施工现场安全警示牌的设置原则

施工现场安全警示牌的设置应遵循"标准、安全、醒目、便利、协调、合理"的原则。

(1)"标准"是指图形、尺寸、色彩、材质应符合标准。

(2)"安全"是指设置后其本身不能存在潜在危险,应保证安全。

(3)"醒目"是指设置的位置应醒目。

(4)"便利"是指设置的位置和角度应便于人们观察和捕获信息。

(5)"协调"是指同一场所设置的各种标志牌之间应尽量保持其高度、尺寸及与周围环境的协调统一。

(6)"合理"是指尽量用适量的安全标志反映出必要的安全信息,避免漏设和滥设。

17. 生产安全事故报告及处理的原则

(1)事故报告的原则

事故报告应当及时、准确、完整,任何单位和个人对事故不得迟报、漏报、谎报或者瞒报。

(2)事故处理的原则

事故调查处理应当坚持实事求是、尊重科学的原则,及时准确地查清事故经过、事故原因和事故损失,查明事故性质,认定事故责任,总结事故教训,提出整改措施,并对事故责任者依法追究责任。

18. 转包的情形

转包是指承包单位承包工程后，不履行合同约定的责任和义务，将其承包的全部工程或者将其承包的全部工程肢解后以分包的名义分别转给其他单位或个人施工的行为。

存在下列情形之一的，应当认定为转包，但有证据证明属于挂靠或者其他违法行为的除外：

（1）承包单位将其承包的全部工程转给其他单位（包括母公司承接建筑工程后将所承接工程交由具有独立法人资格的子公司施工的情形）或个人施工的；

（2）承包单位将其承包的全部工程肢解以后，以分包的名义分别转给其他单位或个人施工的；

（3）施工总承包单位或专业承包单位未派驻项目负责人、技术负责人、质量管理负责人、安全管理负责人等主要管理人员，或派驻的项目负责人、技术负责人、质量管理负责人、安全管理负责人中一人及以上与施工单位没有订立劳动合同且没有建立劳动工资和社会养老保险关系，或派驻的项目负责人未对该工程的施工活动进行组织管理，又不能进行合理解释并提供相应证明的；

（4）合同约定由承包单位负责采购的主要建筑材料、构配件及工程设备或租赁的施工机械设备，由其他单位或个人采购、租赁，或施工单位不能提供有关采购、租赁合同及发票等证明，又不能进行合理解释并提供相应证明的；

（5）专业作业承包人承包的范围是承包单位承包的全部工程，专业作业承包人计取的是除上缴承包单位"管理费"之外的全部工程价款的；

（6）承包单位通过采取合作、联营、个人承包等形式或名义，直接或变相将其承包的全部工程转给其他单位或个人施工的；

（7）专业工程的发包单位不是该工程的施工总承包或专业承包单位的，但建设单位依约作为发包单位的除外；

（8）专业作业的发包单位不是该工程承包单位的；

（9）施工合同主体之间没有工程款收付关系，或者承包单位收到款项后又将款项转拨给其他单位和个人，又不能进行合理解释并提供材料证明的。

两个以上的单位组成联合体承包工程，在联合体分工协议中约定或者在项目实际实施过程中，联合体一方不进行施工也未对施工活动进行组织管理的，并且向联合体其他方收取管理费或者其他类似费用的，视为联合体一方将承包的工程转包给联合体其他方。

19. 违法分包的情形

违法分包是指承包单位承包工程后违反法律法规规定，把单位工程或分部分项工程分包给其他单位或个人施工的行为。

存在下列情形之一的，属于违法分包：

（1）承包单位将其承包的工程分包给个人的；

（2）施工总承包单位或专业承包单位将工程分包给不具备相应资质单位的；

（3）施工总承包单位将施工总承包合同范围内工程主体结构的施工分包给其他单位的，钢结构工程除外；

（4）专业分包单位将其承包的专业工程中非劳务作业部分再分包的；

（5）专业作业承包人将其承包的劳务再分包的；

（6）专业作业承包人除计取劳务作业费用外，还计取主要建筑材料款和大中型施工机械设备、主要周转材料费用的。